炼油装置技术手册丛书

催化重整装置技术手册

主　编　王治卿
副主编　王佩琳　马志军

中国石化出版社

内 容 提 要

本书对催化重整装置的技术发展及工业应用情况进行了系统的总结。内容包括：催化重整的原料和生产方案、原料预处理、连续重整催化剂循环系统、反应系统的环境控制、催化重整催化剂的失活与再生、芳烃抽提与抽提精馏、过程自动控制及仪表、催化重整主要设备和催化重整的开停工及事故处理等。本书由长期从事催化重整生产的专家撰写，具有较强的实用性。

本书可供石化行业从事催化重整生产和技术管理的工作者及高等院校相关专业的师生阅读与参考。

图书在版编目(CIP)数据

催化重整装置技术手册／王治卿主编．—北京：中国石化出版社，2018.1
(炼油装置技术手册丛书)
ISBN 978-7-5114-4704-3

Ⅰ．①催… Ⅱ．①王… Ⅲ．①催化重整-生产设备-技术手册 Ⅳ．①TE624.4-62

中国版本图书馆CIP数据核字(2017)第301980号

中国石化出版社出版发行
地址：北京市朝阳区吉市口路9号
邮编：100020 电话：(010)59964500
发行部电话：(010)59964526
http://www.sinopec-press.com
E-mail：press@sinopec.com
北京科信印刷有限公司印刷
全国各地新华书店经销
*
787×1092毫米 16开本 19.5印张 474千字
2018年1月第1版 2018年1月第1次印刷
定价：160.00元

《炼油装置技术手册丛书》

编　委　会

《催化重整装置技术手册》

编 委 会

主　编　王治卿

副主编　王佩琳　马志军

委　员　田华峰　董　蒙　刘　波　杨传根　王余东

徐　超　王哲龙　张亚伟　腾伟峰　顾邦国

甘德华　静国荣　裘来庆　徐　栋　李世伟

前　言

自1940年世界上第一套催化重整工业装置问世以来，至今已有70多年的发展历史，随着社会的不断发展进步，催化重整过程在工艺、催化剂和主要设备上都取得了长足进步。

在这70多年的发展过程中，炼厂加工的原油不断劣质化，为此炼厂必然要大力发展各种加氢技术，氢的需求也因之大幅增加，目前炼厂中氢的用量已达原油加工量的0.8%~1.4%。在各种加氢技术中，氢的费用在加工成本中占有较大比重，重整副产氢与各种制氢方法所产氢相比，价格是最低的，其产量可满足全厂用氢的1/3左右，所以催化重整在炼厂的清洁生产中起重要作用，其地位显得越来越重要，成为炼厂必不可少的工艺过程。

催化重整通过催化提升化学反应的特定基团，实现将低辛烷值的直馏石脑油提升为较高辛烷值的发动机燃料掺混组分。炼油加工过程中的反应过程(热裂解、焦化等)中产出的石脑油沸程的产物也被送至提高辛烷值催化重整装置进行处理。如今催化重整工艺已经应用拓展到芳烃生产领域。高纯苯、甲苯和混二甲苯都是可用于化工行业的石油馏分，它们是通过催化重整、芳烃抽提和分馏加工的制品。而且重整反应的“副产品”氢是炼厂重要的氢气来源，可支持重整装置的预加氢单元及其他加氢处理单元。重整裂解反应的轻烃气体和副产物都被添加到炼厂燃料气系统。丁烷馏分、其他裂解副产品，常用来调节各种汽油调和组分的蒸气压。因此，大多数炼油厂和石化生产厂家都认为，催化重整工艺已经是一种越来越有价值的生产方法。由于这种作用的改变，使催化重整在炼厂中的地位越来越重要，成为炼油厂中的重要生产过程之一，得到了快速发展。据统计，2012年全世界共有655个炼厂，其中469个炼厂拥有519套催化重整装置，总生产能力为4.94亿吨/年，占原油加工能力的11.1%。

随着人们对环境的要求也越来越高，我国的炼油行业将面临着油品质量不断升级，以满足车用汽油质量的升级换代。因此，在我国石油化工工业的发展转型之际，无论从自身原油劣质化的发展方向，还是承担的油品质量升级改善环境的社会责任来看，催化重整还将进一步发展。

为此，为帮助从事催化重整行业的人员提升技术水平，管理好重整装置稳定安全运行，发挥重整在国民经济中的作用，我们根据上海石化重整装置的特点，结合学习其他兄弟企业的先进经验，组织相关人员编写此书。

由于编者水平有限，疏漏之处在所难免，敬请广大读者批评指正。

编　者

目　　录

第一章　绪　　论

催化重整(Catalytic Reforming)是石油炼制和石油化工主要过程之一。它是在一定温度、压力、临氢和催化剂存在的条件下，使石脑油转变成富含芳烃的重整生成油，并副产氢气的过程。

重整生成油具有辛烷值高并可调节、烯烃含量低、基本不含硫的特点，可直接用作车用汽油的调和组分，是炼油厂主要汽油调和组分之一。另外，重整生成油经芳烃抽提制取苯、甲苯和二甲苯，是石油化工工业的基本原料。重整装置副产的氢气是炼油厂加氢装置(加氢精制、加氢裂化等)用氢的重要来源之一。

一般催化重整装置加工能力约占原油一次加工能力的10%~30%(体积分数)。至今，世界上大部分炼油厂均有催化重整装置，主要用于生产高辛烷值汽油或芳烃，催化重整工艺目前乃至今后相当长一段时期仍是炼油工艺中主要加工工艺之一，尤其是当今随着全球运输燃料需求的增长和全球环境法规、条例趋于严格的条件下，催化重整工艺又成为当今炼油工业生产清洁燃料和石油化工基础原料必不可少的加工工艺之一。

催化重整过程的主要化学反应有：六元环烷烃脱氢生成芳烃的反应、五元环烷烃扩环成六元环烷烃的反应、正构烷烃的异构化、烷烃的脱氢环化反应、加氢裂化反应、脱甲基反应、芳烃脱烷基反应、积炭反应等。

重整催化剂主要由三大部分组成：金属组元、载体和酸性组元。重整催化剂按金属组元分为两大类：非贵金属催化剂和贵金属催化剂。重整催化剂是负载型催化剂，一般均以氧化铝为载体。重整催化剂上的酸性组元为卤素的氯(Cl)或氟(F)组元。由于催化剂对催化毒物(如：烯烃、水、砷、铅、铜、硫、氮)敏感，原料须经预处理除去这些杂质。

催化重整主要加工直馏石脑油、加氢裂化和加氢改质石脑油、也可加工热加工石脑油(经加氢处理后的焦化石脑油和减黏裂化石脑油)、乙烯裂解汽油的抽余油和加氢后的催化裂化重石脑油馏分。

催化重整过程的主要目的是生产高辛烷值汽油或芳烃。当生产高辛烷值汽油时，进料为宽馏分，沸点范围一般为60~180℃。当生产芳烃时，进料为窄馏分，沸点范围一般为60~145℃或60~165℃。

第一节　概　　况

催化重整是炼油厂的主要生产过程之一。自1940年世界上第一套催化重整工业装置问世以来，至今已有70多年的发展历史，随着科研工作的不断深入和进步，70多年来催化重整过程在工艺、催化剂和主要设备上都取得了长足进步。回顾这段发展历史，也许会对今后工作会有所启迪。

在第二次世界大战期间，由于战争的需要，迫切要求炼油厂能生产更多的高品值航空汽油和甲苯(生产TNT炸药的原料)催化重整过程因此应运而生。

1940 年美国在其德克萨斯州的泛美炼油厂建成了世界第一套固定床催化重整工业装置称为临氢重整。因其所用的催化剂为氧化钼或氧化铬/氧化铝，所以又称钼重整或铬重整。这种催化剂反应活性低，反应条件比较苛刻，反应温度为 480～560℃，反应压力 1.0～2.0MPa。催化剂的结焦速率快，反应周期只有 4～16h，因此采用两组反应器切换操作，轮流烧焦。尽管这种催化重整装置操费用高，产品的辛烷值也只有 80 左右，但由于战争需要，美国在二战时期建了 7 套工业装置。

催化重整发展的三个里程碑：

（1）1949 年 UOP 公司铂重整，采用铂催化剂，开始了催化重整工业化的进程；

（2）1967 年 CHEVRON 公司铼重整，采用铂铼双金属催化剂，大大改善了催化剂的活性和稳定性，提高了半再生重整的技术水平；

（3）1971 年 UOP 公司的连续重整，催化剂在反应器与再生器之间连续移动，连续进行再生，使催化剂长期保持高活性，将反应苛刻度提高到一个新的水平。

据美国《油气杂志》2012 年 12 月的统计，全球共有炼油厂 655 座，原油蒸馏总加工能力 44.48 亿 t/a，其中催化重整装置加工能力为 4.94 亿 t/a，约占原油加工能力的 11.10%。表 1-1 为 2012 年全世界重整能力排序前 10 名。

表 1-1　2012 年全世界重整能力排序前 10 名

国　家	重整能力/(Mt/a)	百分比/%
美　国	150.70	27.9
中　国	53.59	10
日　本	35.66	6.6
俄罗斯	32.20	6
德　国	17.41	3.2
韩　国	16.94	3.1
加拿大	15.24	2.8
英　国	14.52	2.7
墨西哥	12.01	2.2
意大利	11.31	2.1

我国催化重整的研究和设计工作，是从 20 世纪 50 年代开始的，60 年代实现工业化，此后陆续建成不少各种类型的工业装置，90 年代有了更大的发展，投产装置数急剧增加。21 世纪进一步发展，装置规模越来越大。随着催化重整装置多年的生产实践和新装置的建设，催化重整技术不断完善和发展。如图 1-1 和图 1-2 所示。

我国重整大发展的条件：

原料方面：过去我国原油轻馏分少，与乙烯争料；现在进口原油增多，加氢裂化石脑油增多。

市场方面：过去汽油辛烷值要求不高，芳烃和氢气的需求少；现在要求生产清洁汽油，芳烃和氢气的需求大。

价格方面：过去优质不优价，“白重整”；现在高辛烷值汽油价格提高，芳烃也值钱，经济效益好。表 1-2 为我国目前的重整装置(截至 2012 年年底)。

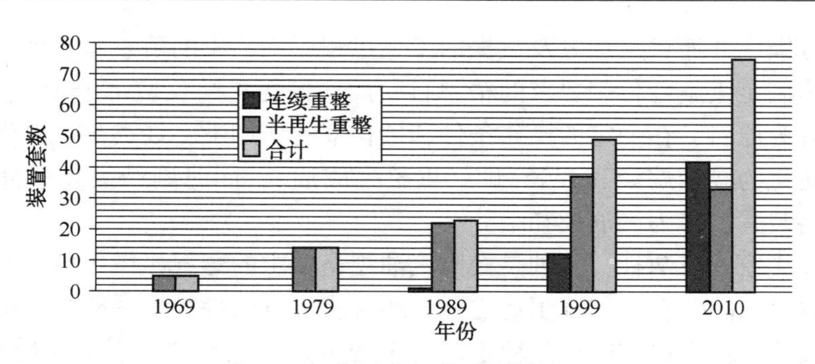

图 1-1　我国重整装置发展情况

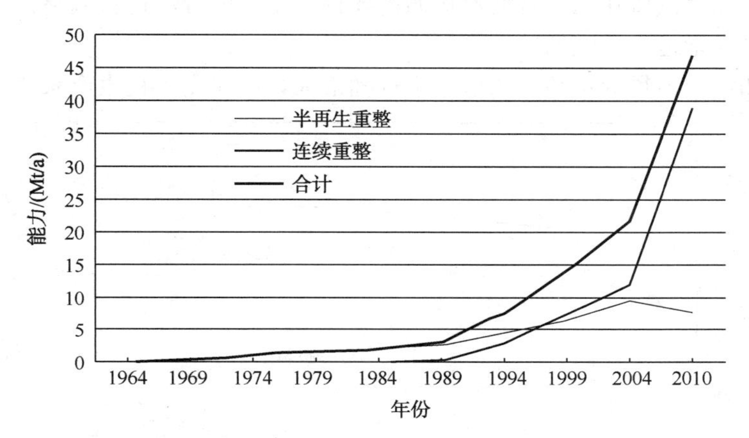

图 1-2　我国重整能力增长情况(统计至 2012 年)

表 1-2　我国目前的重整装置(截至 2012 年年底)

重整类型	套　数	加工能力/(Mt/a)
半再生重整	31	7.42
连续重整	52	46.51
合　计	83	53.59

第二节　催化重整装置的构成与类型

催化重整装置按产品用途分为两种：一种是汽油型重整，用于生产高辛烷值汽油调和组分；另一种是芳烃型重整，用于生产 BTX(苯、甲苯、二甲苯)，作为石油化工基本原料。全球约有 70%的催化重整用于生产汽油，提高辛烷值，研究值辛烷值(RON)为 95~102；全球约有 30%的催化重整装置用于生产 BTX 石化产品。

由于目的产品不同，装置构成也不同，用于生产高辛烷值汽油调和组分的催化重整装置包括：原料预处理部分、催化重整反应部分和产品稳定等部分。用于生产芳烃(BTX)的催化重整除上述以外，还包括芳烃抽提和芳烃精馏等部分。

一、生产汽油的催化重整装置

催化重整的原料油，在进入重整反应器系统之前要先进行预加氢预处理，其目的是进行原料的精制和分馏，并通过预加氢及汽提的工艺过程脱除其中的硫、氮、砷、铅、铜等有害杂质，使之成为满足重整催化剂要求的精制石脑油。催化重整反应部分以 C_6～C_9或 C_6～C_{11} 精制石脑油馏分为原料，在一定的操作条件和催化剂的作用下，烃类分子发生重新排列，使烷烃和环烷烃转化为异构烷烃和芳烃(即：重整生成油)，同时副产氢。重整生成油经稳定塔脱除轻烃后出装置，作为汽油调和组分。

稳定塔的操作模式有两种：一种是按照汽油规格要求的蒸气压操作模式，生产出气压合格的汽油。这种汽油除含有一部分丁烷之外，还含有少量丙烷。另一种操作模式是按照脱丁烷要求操作，按这种操作模式则可使稳定塔出来的重整生成油中的丁烷含量不超过 1%，并且不含丙烷，汽油蒸汽压在出装置后再按照需要掺入丁烷的方法进行调整，这种脱丁烷的操作模式，可以最大量地生产汽油。

以生产调和汽油为目的重整，须依据辛烷桶最大化的原则优化生产操作。

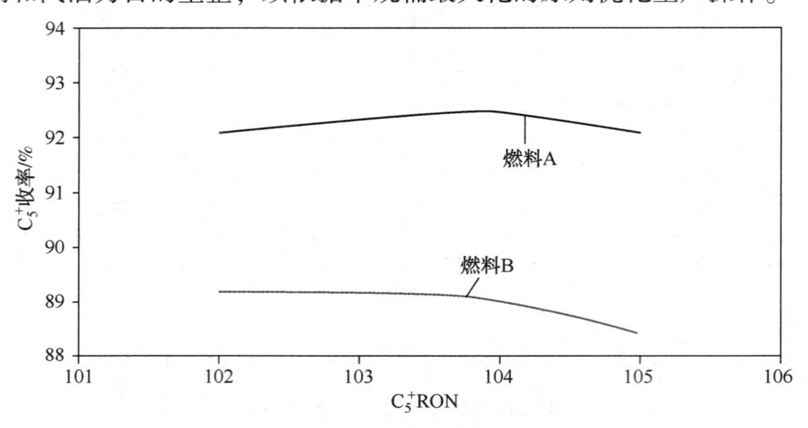

图 1-3 C_5^+ 辛烷值产率与 RON 的关系

由图 1-3 分析可知：

(1) 随着 C_5^+RON 的增加，C_5^+ 收率存在着一个最大值；最大值的位置与原料组成密切相关。

(2) 随着 C_5^+RON 增加，催化剂积炭增加十分显著：从 102 到 103：原料 A 积炭提高 19%、原料 B 积炭提高 13%从 102 到 104：原料 A 积炭提高 44%、原料 B 积炭提高 33%；

(3) 随着 C_5^+RON 增加，加热炉负荷增加：从 102 到 103：加热炉负荷提高 1%从 102 到 104：加热炉负荷提高 2%。

由以上分析：生产高辛烷值汽油，C_5^+RON 一般控制在 102。

二、生产芳烃的催化重整装置

催化重整装置生产的重整生成油，其典型组成为 65%～82%的芳烃和 18%～35%非芳烃。芳烃和非芳烃因会形成共沸物难以分离，生产芳烃时一般先脱除戊烷再用环丁砜抽提和精馏方法得到苯、甲苯和混合二甲苯。苯作为石油化工基本原料。甲苯可用作生产苯和其他化工产品的原料，也可用作汽油的调和组分。混合二甲苯中的邻二甲苯是苯酐原料，对二甲苯是聚酯纤维原料。邻二甲苯一般可用芳烃精馏直接从混合二甲苯中分离得到。如要最大量的从混合二甲苯中得到对二甲苯，则需要采用芳烃转化和分离技术。工业上采用的芳烃转化技术有歧化、烷基转位和异构化等，而分离技术有冷冻分离或吸附分离等技术。这些转化技术和分离工艺都不是单独使用的，需要把它们组合在一起成为芳烃联合加工流程，以提高产品收率和降低加工能耗。

以生产芳烃为目的产物的芳烃型连续重整装置，须以 BTX 最大化的原则来优化操作。表 1-3 为 RON 对芳烃产率及分布的影响。

表 1-3 RON 对芳烃产率及分布的影响

项 目	数 据			
C_5^+ 产品研究法辛烷值	102	103	104	105
芳烃产率/%	69.48	70.38	71.18	71.90
C_6A	4.33	4.86	5.46	6.21
C_7A	19.50	19.82	20.05	20.19
C_8A	26.69	26.74	26.75	26.73
C_9A	16.68	16.69	16.67	16.57
C_{10}^+A	2.28	2.27	2.25	2.20

反应条件：LHSV1.2h-1、催化剂装填比 15/20/25/40、氢油比 2.50、反应压力为 0.34MPa。

由表 1-3 中数据分析知：

随着反应温度的升高 C_8 和 C_9^+ 芳烃产率变化不明显，芳烃产率的增加主要来源于 C_6 和 C_7 芳烃产率的增加，并且 C_6 芳烃增加幅度大于 C_7 芳烃。

另外，随着 RON 的升高，催化剂的积炭增加，设备投资和能耗增加。

综合以上考虑，对于以生产芳烃为主的连续重整装置，比较适宜的苛刻度为 C_5^+ 产品辛烷值为 104~105。

三、生产溶剂油的催化重整装置

重整抽余油因其辛烷值低，不宜做汽油调和组分，但因其含烯烃和杂质少，可以生产各种溶剂油。

1. 加氢后再抽提流程

该工艺是在重整末反反应器后加一台加氢反应器，这样可以脱除重整生成油中的烯烃，但是会损失芳烃，该工艺已经淘汰。现在也有在脱戊烷油经简易加氢后，再经芳烃抽提和分馏的工艺流程。

2. 先抽提后加氢流程

先抽提再加氢流程。优点是加氢条件缓和，加氢反应器负荷大大降低，同时也避免了芳烃损失，设备可以采样碳钢。

第三节 催化重整过程的发展沿革

自 1940 年世界上第一套催化重整工业装置问世以来，至今已有 70 多年的发展历史，随着市场和人类生活对燃料和芳烃的需求，许多国家都对催化重整过程不断进行了开发和研究。

催化重整过程的发展主要是催化重整工艺的发展和催化重整催化剂的发展，二者相辅相成，缺一不可。

催化重整催化剂决定了催化重整反应过程的速率和深度，是决定催化重整工艺过程中最重要的因素，催化重整催化剂的发展又推动了催化重整工艺的发展。反之，催化重整工艺的发展，又支持催化重整催化剂的开发和研究。

一、催化重整催化剂的发展沿革

1. 催化重整催化剂

催化重整催化剂是一种能够在石脑油重整过程中加速烃类分子重新排列成新的分子结构的物质，从 1949 年含贵金属 Pt 的重整催化剂问世以来，至今已有半个多世纪。催化重整催化剂经历了非铂催化剂、单铂催化剂和双(多)金属催化剂的三大历程。含铂重整催化剂的发展主要在不断改进催化剂载体、催化剂性能和降低催化剂成本等方面。其表现概况为：

(1) 载体由 η 氧化铝改为 γ 氧化铝，且其性能不断改进，提高了催化剂的活性，选择性、稳定性及再生性能。据报道法国 Axens 公司的催化剂可以连续再生 700 次。

(2) 贵金属 Pt 含量从 0.37%~0.60%下降到现在的 0.15%~0.30%。

从最初的 Pt-Re/Al_2O_3催化剂的铼铂比≤1.0，提高到铼铂比等于 2 的 R-62、E-803、CB-7 和 CB-8 系列催化剂，还有铼铂比等于 3 的 E-611 催化剂。

(3) 酸性组元卤素的变化，由全氯型取代了氟氯型。

(4) 逐渐形成半再生重整催化剂以 Pt-Re 为主，连续再生催化剂以 Pt-Sn 为主的格局。

催化重整催化剂为负载型双功能催化剂，其金属功能由负载的活性金属提供，酸性功能由含卤素的载体提供。

2. 活性金属

活性金属的改进，催化重整催化剂负载的活性金属的变革大概可划分为三个阶段。

(1) 非铂催化剂阶段(1940~1949)，以钼、铬的氧化物作为活性金属组份，这种催化剂因活性低，操作条件苛刻，操作周期短，反应 4~16h 后即要再生，所以很快被淘汰。

(2) 单铂催化剂阶段(1949~1967)，1949 年美国 UOP 公司首次成功开发了以 Pt 为活性金属的重整催化剂，这是重整催化剂一次划时代的飞跃。Pt 催化剂的活性比钼、铬催化高 10 多倍，选择性和稳定性好，连续运转周期长，所以在 20 世纪 50~60 年代得到了很快发展，为半再生催化重整奠定了基础。

(3) 双(多)金属催化剂阶段(1967 年至今)，1967 年美国 Chevron 公司成功开发了铂-铼双金属催化剂。铼的加入使催化剂的稳定性可提高数倍。使催化剂能在较低压力下长周期运转，催化剂的抗积炭能力显著提高。单铂催化剂当积炭量达到 14%时，选择性已有很大的下降，而铂铼催化剂即使积炭量达到 20%时，选择性仅有很小的降低，这些优点使铂铼催化剂得到很快推广应用，已成为半再生催化重整中应用的主流催化剂。铂铼催化剂在应用过程中还在不断进行改进，主要体现在：

① 降低铂含量以减少催化剂成本。目前铂铼催化剂的铂金量基本已降至 0.2%~0.3%之间，但铂含量降低也有一定限度，过低的铂含量将使催化剂的稳定性变差和抗 S、H_2O 等干扰的能力下降。

② 提高铼铂比，在降低催化剂铂含量的同时，催化剂的铼铂比由等铼铂比向高铼铂比

发展，铼铂比由1.0提高到2.0甚至更高。高铼铂比催化剂在反应中进一步降低了金属上的积焦沉积物，从而使催化剂的稳定性有了更大的提高。

③ 金属组元由双金属向多金属发展，UOP、Axen、RIPP等公司在新开发的双金属催化剂中引入了第三金属组元，使催化剂的性能变得更好。

双金属催化剂除铂铼催化剂外，还有铂锡催化剂和铂铱催化剂。铂锡催化剂具有良好的低压、高温反应性能，适合于连续重整操作，已成为连续重整的主流催化剂。由于铱的资源更缺，价格又高于铼，而且铂铱催化剂的选择性和稳定性均不及铂铼催化剂，基本上被淘汰。

3. 载体

载体的改进，重整催化剂一般以活性氧化铝作为载体，载体在重整催化剂中的主要作用是：

(1) 催化剂的酸性功能由含卤素的载体提供。

(2) 分散贵金属，使贵金属的表面积大大增加，从而提高催化剂的活性和选择性。

(3) 提高催化剂的容炭能力，研究发现重整催化剂的积炭，金属中心只占催化剂总积炭量的2%~3%，绝大部分是在氧化铝载体上。

(4) 好的重整催化剂载体应具有以下性能：

① 合适而稳定的晶相结构。

② 大的表面积和合适的孔结构。

③ 低的杂质含量。

④ 好的机械强度及热稳定性。

⑤ 良好的传热传质性能。

载体性质的改进也主要是从以上几个方面进行。

氧化铝 Al_2O_3 有多种晶态，重整催化剂早期使用 η 氧化铝作为载体，$\eta-Al_2O_3$虽然表面积大，但热稳定性较差，在使用过程中表面积下降很快，而且在孔结构中孔径小且无集中孔，另外其酸性较强，因此逐渐被 $\gamma-Al_2O_3$所取代。$\gamma-Al_2O_3$的比表面积较 $\eta-Al_2O_3$稍小，但其热稳定性好，在使用过程中比表面积损失很小，而且其孔径大，孔径较集中，有良好的传质和传热性能，因此选用$\gamma-Al_2O_3$作载体的重整催化剂具有良好性能。

在20世纪80年代，一些公司如美国的Mobil公司，日本的三菱公司和千代田公司，曾研制出含ZSM-Y沸石载体的重整催化剂，但应用面不广，只在个别装置上有使用。

二、催化重整工艺的沿革

(一)国外催化工艺的发展沿革

在第二次世界大战期间，由于战争的需要，迫切要求炼油厂能生产更多的高品值航空汽油和甲苯(生产TNT炸药的原料)催化重整过程因此应运而生。

1940年美国在其德克萨斯州的泛美炼油厂建成了世界第一套固定床催化重整工业装置称为临氢重整。因其所用的催化剂为氧化钼或氧化铬/氧化铝，所以又称钼重整或铬重整。这种催化剂反应活性低，反应条件比较苛刻，反应温度为480~560℃，反应压力1.0~2.0MPa。催化剂的结焦速率快，反应周期只有4~16h，因此采用两组反应器切换操作，轮流烧焦。尽管这种催化重整装置操费用高，产品的辛烷值也只有80左右，但由于战争需要，美国在二战时期建了7套工业装置。

从第一套催化重整工业装置建成后催化重整工艺的发展，大致如表 1-4 所示。

表 1-4　催化重整工艺的发展

工艺名称	开发单位	首次工业化时间	床层及再生方式	催化剂
固定床临氢重整 Fixed-bed Hydroforming	Mobil 公司	1940	固定床 循环再生	MoO_2/Al_2O_3
铂重整 Platforming	UOP 公司	1949	固定床 半再生	Pt/Al_2O_3
卡特重整 Catforming	Atlantic Refining 公司	1952	固定床 半再生	$Pt/SiO_3-Al_2O_3$
流化床临氢重整 Fluid Hydroforming	Mobil 公司	1952	流化床 连续再生	MoO_2/Al_2O_3
胡德利重整 Houdriforming	Air Product Chemical 公司	1953	固定床 半再生	Pt/Al_2O_3
超重整 Ultraforming	Indiana Mobil 公司	1954	固定床 循环再生	Pt/Al_2O_3
索伐重整 SoVaforming	Socony Vacuum 石油公司	1954	固定床 半再生	Pt/Al_2O_3
塞莫重整 Thermofor Catalytic	Socony Vacuum 石油公司	1955	移动床 连续再生	CrO_2/CrO_3
正流式流化重整	Kellog Orthoforming 公司	1955	流化床 连续再生	MoO_3/Al_2O_3
移动床重整 Hyperforming	Union Oil Co. of Califonia	1955	移动床 连续再生	CoO_3-MoO_3/Al_2O_3
强化重整 Powerforming	Exxon 公司	1955	固定床 循环再生或半再生	Pt/Al_2O_3
IFP 催化重整 IFP Catalytic Reforming	IFP	1960	固定床 半再生	Pt/Al_2O_3
麦格纳重整 Magnaforming	Engelhard 公司	1967	固定床 半再生	Pt/Al_2O_3
铼重整 Rheniforming	Chevron 公司	1970	固定床 半再生	$Pt-Re/Al_2O_3$
催化剂连续再生重整 CCR	UOP 公司	1971	移动床 连续再生	$Pt-Re/Al_2O_3$
IFP 连续重整 Octanizing Aroming	IFP	1973	移动床 连续再生	多金属催化剂

用钴、钼催化剂的催化重整，在固定床临氢重整之后，Mobil 公司在 1952 年又开发了流

化床临氢重整。1955 年美国加州联合油公司 Kellog 公司、Sacony Vacuum 公司开发了移动床或流化床催化重整，但这些工艺终于因钴、钼氧化物催化剂的活性太低，操作费用高而没有得到进一步的发展。

1949 年 UOP 公司成功开发了以铂为活性金属的重整催化剂，并建成了世界第一套铂重整(Platforming)工业装置。这是催化重整发展史上一个里程碑。由于铂催化剂具有活性高，选择性好，稳定性好，能长周期运转，产品的辛烷值和收率高，所以很快得到推广应用，直到 1970 年双金属催化剂重整出现以前，铂催化剂几乎是一统天下。

1. 催化剂再生工艺的演变

自铂催化剂问世后，催化重整工艺最大的变化表现在催化剂的再生方式上，目前重整催化剂的再生模式有以下几种：

（1）半再生工艺。由于含铂催化剂的结焦速率低，一般运转周期可达一年左右，不需要频繁切换烧焦。采用在操作一个周期后停下来原位进行再生，比较简单易行。这种方式称为半再生式，是固定床催化重整中应用最多的。铂重整、胡德利重整、铼重整等的再生都属于此类。

（2）循环再生工艺。循环再生与半再生类似，所不同的只是增加了一台可切换的备用反应器，所有反应器的规格相同，催化剂装量相同，任何一台催化剂失活的反应器均可单独切换出来进行再生，同时将备用反应器投入运转。由于催化剂能得及时再生，所以反应苛刻度可以提高，适用于原料较贫，而又要求产品辛烷值高的场合。

这一再生工艺要求每台反应器均能单独切出系统进行再生，所以流程复杂，合金钢管线和阀门较多，投资较大，而且需要有严格的安全措施。自连续再生工艺开发成功后，新建催化重整装置中已很少采用。但目前仍有相当多的循环再生装置在进行生产。

Indiana Mobil 公司的超重整工艺，Exxon 公司的强化重整工艺都采用此种再生工艺。

（3）末反再生工艺，20 世纪 70 年代，Exxon 公司根据循环再生原理开发了末反再生工艺，在几台重整反应器中最后一台反应器主要进行烷烃环化脱氢和加氢裂化反应。积炭速度较快，使催化剂活性和选择性下降也快。当末反催化剂失活时，前几台反应器往往还有较高活性，如一起停工再生，则对催化剂的利用不充分。如果加上一套再生系统，可使末反在装置不停工情况下单独切出进行再生，就可以延长装置开工周期，这种方式称为末反再生。在末反进行再生时，产品的辛烷值会有所下降，但在末反再投入运行时，产品的辛烷值增加时可以弥补有余。故总的产品辛烷值可比半再生提高约 4 个单位。因再生系统的投资相当大，同时因末反的催化剂装量大，备用催化剂量也大，加大了催化剂费用。自连续再生成功开发后很少采用。

开发的 Regen B 再生工艺才将分批再生改为连续再生。1998 年开发了 Regen C 再生技术，其主要特点是再生气体循环回路中设置了碱洗和干燥设施，循环气体中水含量和氯含量均较低，可抑制催化剂比表面下降速率，延长催化剂寿命。几种再生方式的比较，大致如表 1-5 所示。

表 1-5 几种再生方式的比较

再生方式	半再生	连续再生	循环再生
装置规模	随意	较大	中等
C_5^+产物辛烷值	约 96	97~105	约 100
C_5^+产率	基准	高	稍高
氢产率	基准	高	稍高
原料适应性	一般	好	较好
生产灵活性	一般	大	较大
装置运转周期	基准	长	长
投资	较低	高	较高

2. 催化重整反应工艺的演变

自铂重整装置问世后，重整反应系统的演变，主要有以下几点：

(1) 两段混氢工艺的应用。在重整的反应过程中，前面的反应器以环烷烃脱氢反应为主，反应快，积炭少，可采用较大空速和较小的氢油比。后面的反应器以烷烃脱氢环化反应为主，反应慢，易于积炭，需较小的空速和较大的氢油比。根据这一原理，Englehard 公司于 1969 年开发了采用两段混氢的麦格纳重整。即将一半循环氢从一反入口进入，而另一半则从三反入口进入。循环氢的分流降低了临氢系统的压降，既有利于重整反应的进行，也降低了能耗。在大致相同的操作条件下，两段混氢的总温降比一段混氢高约 21℃，汽油收率高约 2%，系统总压降约下降 0. 13MPa。

(2) 双(多)金属催化剂的应用。1968 年美国 Cheron 公司在固定床半再生装置上首先使用了铂-铼双金属催化剂，这是一个重要的突破。这种催化剂活性稳定性，选择性、稳定性和抗积炭能力都比单铂催化剂有显著提高。可在较低压力下操作，为了降低压降，反应器采用径向反应器。这种催化剂要求进料中硫含量<5μg/g。因此装置中一般设有硫吸附器。

(3) 反应器床层由固定床变为移动床。为了适应催化剂的连续再生工艺，反应系统由固定床变为移动床，以使催化剂能不间断地输送至再生系统。

(4) 组合床工艺的应用。在催化重整装置进行扩能时，为了节约投资，有时采用组合床工艺，即前端反应器采用固定床，后端反应器或最后一个反应器采用移动床，并配置一套连续再生系统。此种工艺 UOP 公司称为 Hybrid，IFP 称 Dualforming. 此种工艺在新建装置中应用很少，只在已有装置扩能中应用。

(二) 我国催化重整工艺和催化剂的发展

我国催化重整的发展起步较晚，在改革开放以前，受各种历史条件的影响，发展速度较慢。直到 20 世纪 80 年代改革开放以后，才有了较快的发展，但无论工艺或催化剂其发展轨迹基本与国外一致。

1. 我国催化重整工艺的发展

20 世纪 60 年代初，在石油三厂建设了一套 20kt/a 的固定床半再生催化重整工业试验装置，应用其所取得的成果。1965 年在大庆炼厂建成第一套 100kt/a 固定床半再生重整工业装置。此后在整个 60 年代，共建了 4 套半再生式单铂催化剂重整装置。由于受原料限制和市场需求影响，装置规模都不大，4 套装置的总加工能力只有 550kt/a。

1974 年，我国自主开发出铂铼双金属催化剂，并在改造后的兰州炼油厂催化重整装置上应用取得成功，经标定装置的芳烃转化率比原装置提高 20%，轻质芳烃收率由 28.5%提高到 36%，这一成功使我国的催化重整技术进入了一个新的发展阶段。

1975 年，我国研制成功含铂-铱-铝-铈多种金属的重整催化剂，1977 年在大连石油七厂建成我国第一套多金属催化重整，规模为 150kt/a，该装置在我国首次应用了径向反应器，多流路加热炉，纯逆流换热器等新型设备。

1977 年我国在催化重整装置上首次应用两段混氢新工艺。

到 2012 年年底我国已建成半再生式重整装置 31 套，加工能力为 7.35Mt/a，装置平均规模为 240kt/a。

我国自实行改革开放政策以后，为了配合化纤工业的大发展和汽油升级换代的需要，迎来了催化重整大发展时期，除了继续建设一些半再生式重整装置外，开始陆续引进先进的连续重整工艺。与此同时，单套装置的规模也有大幅度的提高。

自 1985 年上海金山石化引进我国第一套 400kt/aUOP 公司的连续重整投产后，到 2012 年我国已建成 52 套连续重整装置，总加工能力 48.26Mt/a，占我国重整能力的 86.8%。单套连续重整装置规模已达 2.2Mt/a。UOP 公司和 Axen 公司的技术都有采用。

2002 年我国自主研究开发的 500kt/a 低压组合床催化重整装置在长岭炼厂投产成功。

2009 年我国自主开发的 1Mt/a 连续重整装置在广州石化厂建成投产，这套装置的特点是：

(1) 4 个反应器两两并列布置。

(2) 再生循环气体采用“干冷”循环流程，焙烧区及氧化区介质采用纯空气，这样既抑制催化剂比表面积下降速度延长了催化剂使用寿命，又保证催化剂的氯氧化及干燥效果。

(3) 一段烧焦，一段还原，再生器结构比较简单，但还原氢要用高纯氢。

(4) 催化剂循环采用“无阀输送”闭锁料斗采用“无阀输送”的催化剂循环方式。

2. 我国催化重整催化剂的发展

我国从 20 世纪 50 年代就开始研究单铂重整催化剂，到 1965 年才工业化应用成功。

从 20 世纪 70 年代开始，我国就开始研制双(多)金属重整催化剂，1974 年铂铼催化剂工业化应用成功。1977 年铂-铱-铝-铈多金属重整催化剂工业化应用成功。铂铼催化剂由于其性能优良，很快就取代了单铂催化剂，而铂铱催化剂则因性能不及铂铼催化剂而被淘汰。

CB-5 催化剂是国内开发的第一个以 $\gamma\text{-}Al_2O_3$ 为载体的全氯型重整催化剂，于 1983 年开始工业应用，其后又开发了低铂含量的 CB-6 铂铼催化剂(CB-5 铂含量为 0.47%，CB-6 则为 0.3%)，高铼铂比 CB-7(含铂 0.22%，铼 0.44%)和 CB-8(含铂 0.15%，铼 0.3%)催化剂。CB-7 和 CB-8 催化剂可以适应较高苛刻度的反应条件。CB-7 的稳定性好，容炭能力强，而 CB-8 则反应性能和再生性能好。1990 年我国开发成功催化剂两段装填技术，即在前部反应器装等铼铂比催化剂而将 CB-7、CB-8 高铼铂比催化剂装于反应条件较苛刻的后部反应器，充分发挥其稳定性好的优势。

20 世纪 90 年代，国内还开发了条形铂铼重整催化剂 CB-60(或 3932)和 CB-70(或 3933)。与 CB-6、CB-7 相比，CB-60、CB-70 有以下不同：

载体的酸性更加合适；CB-60 的铂含量较 CB-6 降低 10%以上；CB-70 的铼含量较

CB-7增加约 10%，其稳定性更好，在经济上更具竞争力。到 2010 年国内绝大多数半再生重整装置已使用 CB-60、CB-70，并且已出口国外。

近 10 年来，在半再生重整催化剂的研发方面，通过引入金属助剂，优化制备方法和对载体表面性质的调整，成功开发了性能更为优良的 PRT 系列催化剂，与 CB-60、CB-70 相比，PRT 系列催化剂的液收和辛烷值产率约可提高 1%，积炭速率降低 15%～20%，而且再生性能好。

随着连续重整工艺的引进，我国于 1986 年开发成功第一个连续重整铂锡催化剂 3861(铂含量 0. 38%)。随后又开发了低铂含量的 GCR-10 催化剂(铂含量 0. 29%)，这两种催化剂分别在两套连续重整装置上应用，均表现出良好的活性、选择性和抗磨损性能。在此基础上又开发出低积炭速率、高选择性的催化剂 PC011。在一套引进的 800kt/a 连续重整装置上应用。与装置上原使用的国外催化剂相比，积炭速率下降 26. 3%。稳定汽油产率提高 1. 32%，氢气产率提高 9. 5%，催化剂细粉生成量平均为 0. 7kg/d 说明催化剂有良好的机械强度。经过 423 个周期再生后，催化剂比表面积为 147m^2/g，说明其具有良好的水热稳定性，上述结果表明该剂的综合性能已达到国际领先水平。

继 RC011 以后，通过助剂的选择和组元引入方法的改进，优化酸性功能与金属功能的匹配，2004 年又成功开发新一代连续重整催化 RC031。芳烃产率明显增加，特别适合于芳烃生产装置使用。

经过多年的科研研究，我国已经形成了适合连续重整和半再生重整的系列催化剂，其牌号与特点见表 1-6。

表 1-6　我国催化重整催化剂的品种、牌号与特点

品种	牌　　号	编　号	特　　点
连续重整催化剂	3961/GCR-100A	PS-Ⅳ	高水热稳定性和活性　高铂
	3981/GCR-100	PS-Ⅴ	高水热稳定性和活性　低铂
	RC021F/RC011	PS-Ⅵ	高选择性、低积炭　低铂
	RC021F/RC011	PS-VI	高选择性、低积炭、低铂
	RC03	PS-Ⅶ	高选择性、低积炭　高铂
半再生重整催化剂	CB-60/3932	PR-C	低铼铂比，双金属，良好的活性，选择性，稳定性
	CB-70/3933	PR-D	高铼铂比，双金属，良好的活性，选择性，稳定性
	PRT-C		低铼铂比，多金属，良好的活性，更高的选择性，低积炭，对原料的适应性好
	PRT-D		高铼铂比，多金属，良好的活性，更高的选择性，低积炭，对原料的适应性好

第四节　催化重整过程在炼油与石油化工工业中的地位与作用

石油资源是不可再生资源，需要合理开发和利用，最大限度转化为运输燃料和石油化工基础原料。

催化重整过程是以辛烷值较低(RON 为 30-60)的石脑油为原料生产高辛烷值汽油和芳

烃的过程，同时副产氢气和液化气，成为现代炼油和石油化工工业中主要加工工艺之一。催化重整过程生产的汽油具有辛烷值高，烯烃含量低和硫含量低的特点，对提高调和汽油质量的作用很大。

催化重整过程生产的芳烃-苯、甲苯和二甲苯，占世界总芳烃生产量的60%左右，芳烃又是石油化工基本原料，所以在石油化工型炼厂内，催化重整过程也占有十分重要的地位。

随着环境保护要求的日益严格，炼油厂加氢装置的建设愈来愈多，对氢气的需求日益增加，作为氢源供应者的催化重整装置也就倍受人们的重视。

据2012年统计，全世界共有655个炼油厂，其中469个炼油厂共有519套催化重整装置，其中约2/3的催化重整装置用于生产高辛烷值(RON95~102)汽油，约1/3的催化重整用于生产BTX石油化工产品。

一、催化重整过程在目前炼油厂的地位和作用

随着原油性质变重、变劣，原油价格上涨，汽、柴油需求增长和燃料油需求下降，发动机排放尾气对环境污染日益严重，各国对油品的质量，特别是汽、柴油质量提出了严格要求，除相应地增加了加氢处理装置外，还增加烷基化和异构化等装置。因而炼油厂加工流程的复杂程度有所增加。

在现代炼油厂中，催化重整过程除用于生产高辛烷值汽油调和组分和芳烃外，另一种重要作用就是为各种加氢装置提供廉价氢气。一般燃料型炼厂是最大量的生产高辛烷值汽油调和组分。石油化工型炼厂在增加催化重整装置操作苛刻的同时，最大量的生产芳烃。

二、催化重整过程在未来炼油厂的地位和作用

今后对汽油中的芳烃和苯含量限制将更加严格，为达到汽油中芳烃、苯和烯烃含量的要求，提高汽油辛烷值，在生产汽油方案的炼油总流程图中，要增加生产清洁汽油的调和组分(烷基化油、异构化油和含氧化合物)的装置，或增建芳烃生产装置(抽提蒸馏、溶剂抽提和二甲苯分离等)抽出芳烃组分，作为产品直接出售或供石油化工基本原料。

车用汽油的主要来源还是催化裂化装置和催化重整装置，芳烃的主要来源仍然是催化重整装置。催化重整副产氢是炼油厂主要氢源。

第五节 催化重装工艺的发展与展望

近年来，催化重整工艺技术本质上没有突破的创新和发展，仍然延续着传统的半再生式、循环再生式和连续再生式的传统催化重整工艺。只是新建和在建或改造的连续再生式催化重整装置不断增多，装置加工能力不断增大，装置操作苛刻度不断提高，工艺改进的着重点在如何提升装置操作灵活性和安全性，以根据市场需求增产运输燃料和芳烃满足人们生活需求，最大化的生产氢气满足炼油厂氢气的需求，如何提高产品质量以满足各种环境保护法规的要求。但是，当前重整装置的发展也受到一些负面影响，如：来自非常规原油或重(劣)质原油加工的焦化石脑油增多；MAST II 法规限制汽油中的苯含量≯0.6%(体积分数)和可再生燃料法规(RSF2)要求在汽油中增加乙醇的使用。这样就要求降低重整装置的操作

苛刻度，这种趋势又与氢气需求和满足 MAST II 法规中的降低苯含量交融在一起。因此，催化重整装置目前重要的是改进催化剂的配方，以提供更好的选择性、稳定性和持氯能力的催化剂以提高产品收率和降低成本。同时又要选择合适的装置操作苛刻度，以平衡氢气产率和汽油总辛烷值的关系。

一、催化重整工艺的未来还有很大的发展的空间

催化重整未来仍是炼厂的主要生产工艺，还将继续得到发展，主要是以下方面决定的：

(1) 清洁汽油在今后相当长一段时间内，仍是主要的车用燃料，从可获得性、经济性、方便性，运输和储存的安全性以及环保性能等方面综合考虑，汽油还是车用燃料的首选。尽管有很多石油替代燃料在开发研究，甚至有的已在规模化应用，但所替代的份额十分有限，随着非常规石油的开采，估计汽油在运输燃料中的主导地位将会延至本世纪中期。

除经合组织国家外，世界上大多数国家还处于发展阶段，因此汽油的需求量还会不断上升。

(2) 从环境保护来看，汽油的质量升级趋势是不可逆转的，重整汽油作为清洁汽油生产中最重要的调和组分，必将随汽油用量的增长而增长。

(3) 市场需要芳烃。芳烃是用途广泛的化工原料，塑料和化纤工业的快速发展，促进了市场对芳的需求，而全世界的芳烃主要来自炼厂的重整装置，例如美国有 70% 的 BTX 芳烃来自炼厂。

(4) 炼厂需要廉价氢气。

二、新建大型催化装置将以连续重整装置为主

催化重整工艺按其催化剂再生方式不同通常可分为半再生(固定床)和连续再生(移动床)二种类型。半再生重整具有工艺流程简单，投资少等优点，但为保持催化剂较长的操作周期，重整反应必须维持在较高的反应压力和较高的氢油比下操作，因而重整反应产物液体收率较低，产品辛烷值和氢气产率均较低，并且随着操作周期的延长，催化剂活性因结焦逐渐减弱，重整产物 C_5^+ 液体收率及氢气产率也将逐渐降低，需逐步提高反应温度直至停工对催化剂进行再生。连续重整设有一个催化剂连续再生系统，可将因结焦失活的重整催化剂进行连续再生，从而保持重整催化剂活性稳定，因而重整反应可在低压、低氢油比的苛刻条件下操作，充分发挥催化剂的活性及选择性，使重整产物的 C_5^+ 液体收率及氢气产率都较高，并且随着操作周期的延长催化剂的性能基本保持稳定，装置因而能维持较长的操作周期。连续重整因有催化剂连续再生系统，工艺流程较为复杂，相应投资也高，但产品的辛烷值高，收率高，装置开工周期长，操作灵活性大。通常装置的规模越大，原料越差，对产品的苛刻度要求越高，连续重整的优越性也就越突出，目前新建的大型重整装置大都采用连续重整技术。

表 1-7 列出了基于典型的进料组成半再生重整和连续重整主要操作条件和技术的对比，考虑到半再生重整技术上受到的限制，半再生重整的反应苛刻度按目前常规的 RON95 来考虑，连续重整按 RON100 考虑。

表 1-7 半再生重整和连续重整主要操作条件和技术的对比

项 目	半再生重整	连 续 重 整
C_5^+ 产品辛烷值 RON	95	100
体积空速/h^{-1}	1.8	1.95
平均反应压力/MPa(g)	1.2	0.35
分离器压力/MPa(g)	1.0	0.24
氢油比(分子)	3.3/6.6(一段/二段)	2.2
反应器入口温度/℃	490	522
再接触压力/MPa(g)	2.0	2.0
再接触温度/℃	4	4
催化剂类型	Pt-Re	Pt-Sn
C_5^+ 液体收率/%(质量分数)	87.0	89.81
纯氢产率/%(质量分数)	2.60	3.6

连续重整与半再生重整对比结论：

由于连续重整采用了催化剂连续再生技术，使重整的反应能在较低的反应压力和氢油比下操作，不仅产品辛烷值较高而且可获得更高的液体收率和氢气产率。

(1) C_5^+ 产品液体收率增加 2.81 个百分点，按重整进料量 1Mt/a 计算，每年可多产高辛烷值汽油组分 2.81×10^4t。

(2) 纯氢产率增加 1 个百分点，增产了约 38.5%。若采用半再生重整技术，重整产氢率为 2.6%左右，按重整进料量 1Mt/a 计算，采用连续重整技术每年可多产纯氢 10kt/a。并且产氢纯度约可提高 2%(体积分数)。尽管连续重整多了一个催化剂连续再生系统，投资相对高一些。

三、半再生装置的改造和换用新型催化剂以使其继续保持

固定床半再生重整一般为 3~4 段反应，反应器并列布置。随着反应时间的增加，催化剂上的积炭逐渐增加，催化剂活性逐渐下降，为了维持反应的苛刻度就要逐步提高温度予以补偿；但随着温度的提高，加氢裂化反应会增加，因而液体收率、芳烃产率和氢纯度都会下降。

随着催化剂上积炭的增加，一般运转一年左右装置就要停下来进行催化剂再生，以恢复催化剂的活性。

早期半再生重整反应条件比较缓和，反应压力 2.5~3.5MPa，氢烃分子比 8 左右。近年来，半再生重整进行了一系列改进，如采用容炭能力较强的双金属催化剂，从而能够在较低压力(1.5MPa 左右)、中等氢油比及高空速下操作，同时改进设备和流程，降低了临氢系统压降，提高了产品的收率。

半再生重整催化剂在装置操作一个周期后停下来原位进行再生，再生压力约为 0.8MPa，再生流程与反应流程相同。催化剂也可进行“器外再生”，即将其从反应器卸出，送往催化剂厂进行再生。催化剂经过多次再生以后，性能下降过多，达不到生产要求，就需要更换新的催化剂。

（一）两段混氢

我国开发的两段混氢工艺已得到广泛应用，即将循环氢分成两部分，一部分按常规流程与重整原料混合进入前面反应器，另一部分则在第二或第三反应器的出口线上引入，进入后部系统，从而降低了系统的压力降，同时也有利于脱氢反应的进行。

为了便于操作和降低能耗，两段混氢分别用两台循环氢压缩机压送氢气，并各自分别与反应产物换热后进入反应系统，如图 1-4 所示。

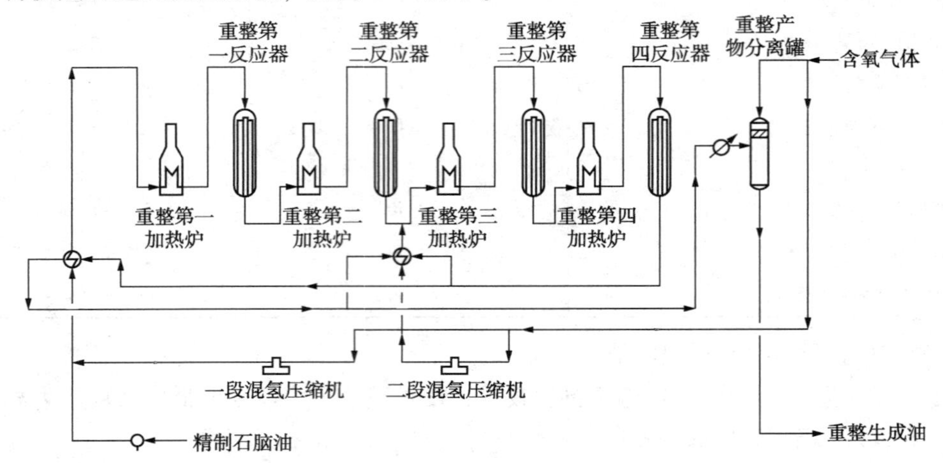

图 1-4　两段混氢流程

（二）催化剂两段装填

20 世纪 90 年代初我国开发了固定床重整催化剂两段装填技术。研究表明，等铂铼比催化剂与高铼铂比催化剂相比较，前者抗硫等杂质干扰能力较好，后者积炭速率较慢，活性稳定性好。

根据两种催化剂各自的特点，结合工业装置中各个反应器所发生的反应，研究开发了催化剂两段装填技术，即在前部反应器中装入等铂铼比催化剂，在后部反应器中装入高铼铂比催化剂。

（三）更换新型催化剂

我国开发的 PRT 系列催化剂，适应低压操作，催化剂活性、选择性和稳定性均有所提高，能大幅度降低催化剂的生焦能力，提高 C_5^+ 液收、芳烃产率、氢气量和装填处理能力。

四、降低重整生成油中的苯含量将提到日程

清洁汽油规格中对苯含量的要求十分严格，而重整油是各种汽油调合组分中苯含量最高的，因此重整油的降苯必然将日益受到重视。

降低重整油中苯含量大致有以下几种方案：

（1）切除重整原料中能生成苯的 C_6 组分这种方法的优点是降苯的投资少，但随着 C_6 组分的切除，副产的氢气随之减少，而且 C_6 组分须经异构化提高其辛烷值后，才能作为高辛烷值汽油的调和组分，这一方法也不能脱除重整反应过程中由芳烃脱烷基而生成的苯。

（2）用抽提方法回收苯因苯是附加产值高，且有广泛用途的化工原料，用抽提方法回收重整生成油中的苯，对炼厂可提高经济效益，这一方法的实施有两种方案，一种是从重整生

成油中切出 C_6馏分单独抽提苯，另一种是重整生成油进行全馏分抽提，然后在芳烃精馏部分分出苯。

（3）苯加氢饱和从重整生成油中切出苯馏分，然后在加氢反应器中将苯加氢饱和成环己烷，CDTEC 公司的 CDHYDYO 苯饱和工艺则不设单独的苯加氢反应器而将分馏与加氢合在一个塔内，即在分馏塔的上部加设一个催化剂床层进行加氢饱和。UOP 公司的 Bensat 工艺，IFP 的 Benfree 工艺，均属于这一类，这种工艺氢的耗量比较大，可能会使工厂氢供应短缺。

（4）将苯烷基化、将富苯馏分与催化裂化气体中的乙烯、丙烯反应生成不纯的乙苯或异丙苯，这种方法的优点是保留了较高的调和辛烷值，而且增产了有价值的汽油组分，然而苯烷基化不降低汽油中的总芳烃含量，而芳烃和苯在清洁汽油中都是被限制的。

除第一种方案外，其他各个方案都能有所收益，所以降苯不是一种负担。

五、重整催化剂的发展趋势

（1）催化重整技术发展的关键是催化剂的改进，重整催化剂改进的方向主要有：

① 改善重整生成油，芳烃和氢气的产率；

② 提高催化剂的活性稳定性、选择性以增加辛烷值或提高加工量；

③ 降低催化剂的费用。

（2）可能采用的改进措施有：

① 改进已用的催化剂载体：如优化载体的孔结构，调整载体表面酸性等；

② 探索采用新的载体，例如采用经过金属改性的 HZSM-5 分子筛，应用纳米催化新材料等；

③ 优选引入的助剂以降低主金属组元的氢解性能，提高主金属组元的热稳定性；

④ 改进催化剂的制备方法，使金属组元在载体上的分布更加均匀，控制金属活性中心的微观结构；

⑤ 降低催化剂的贵金属用量。

第二章　原料与生产方案

第一节　重整原料类型和性质

按照现在的炼油工艺及技术，能够提供满足重整所需要的原料类型有直馏石脑油、加氢裂化石脑油、焦化石脑油、催化裂化石脑油、乙烯裂解石脑油抽余油等。实际上，绝大部分炼油厂的催化重整装置主要是用于加工常减压装置得到的低辛烷值直馏石脑油。部分炼油厂还将加氢裂化装置得到的重石脑油送到重整装置，与直馏石脑油一起作为重整原料。有些炼油厂，为了提高全厂汽油的辛烷值，将低辛烷值的焦化石脑油、减黏石脑油经加氢精制后也送到催化重整装置处理。国外有的炼油厂甚至把催化裂化石脑油中辛烷值较低的馏分经加氢后送至重整装置进行加工。我国目前由于石脑油缺乏，为了解决重整装置与乙烯装置争料的问题，以及为了改善催化裂化石脑油的品质，使汽油达到环保要求，因此也开始将催化裂化石脑油作为催化重整原料。具体各种可以做为重整原料的原料来源情况如下：

一、直馏石脑油

几种原油常压蒸馏产直馏石脑油情况见表2-1。

表2-1　几种原油常压蒸馏产直馏石脑油情况

中东地区原油石脑油馏分的收率及性质

原　油	阿曼	也门	沙轻	沙中	沙重	伊轻
汽油馏分/℃	初馏点180	初馏点165	初馏点200	初馏点200	初馏点200	初馏点200
收率/%(质量分数)	16.99	41.44	22.64	21.61	16.99	23.2
密度(20℃)/(g/cm³)	0.7236	0.7253	0.719	0.7263	0.7273	0.7377
酸度/(mgKOH/100cm³)	1.98	2.55	0.26	0.39	1.14	2.44
硫含量/(μg/g)	200	50	410	620	400	800

中东地区原油石脑油馏分的收率及性质

原　油	伊重	穆尔班	迪拜	伊拉克	科威特	
汽油馏分/℃	初馏点200	初馏点180	初馏点145	初馏点160	初馏点130	
收率/%(质量分数)	21.83	28.68	16.34	16.34	8.89	
密度(20℃)/(g/cm³)	0.738	0.7341	0.7192	0.7152	0.6865	
酸度/(mgKOH/100cm³)	2.32	1.2	0.11	0.97	0.01	
硫含量/(μg/g)	1100	10	200	130	310	

续表

亚太地区原油石脑油馏分的收率及性质

产油区	阿朱纳	辛塔	杜里	斯库阿	塔皮斯	
汽油馏分/℃	初馏点 200	初馏点 180	初馏点 200	初馏点 145	初馏点 200	
收率/%(质量分数)	31.55	12.02	4.49	19.53	37.01	
密度(20℃)/(g/cm^3)	0.7588	0.7477	0.7974	0.7344	0.7400	
酸度/($mgKOH/100cm^3$)	0.50	5.19	5.23	0.15	1.06	
硫含量/(μg/g)	67	48	84	2	8	

亚太地区原油石脑油馏分的收率及性质

产油区	都兰	文莱	库图布(重)	白虎		
汽油馏分/℃	初馏点 200	初馏点 180	初馏点 200	初馏点 145		
收率/%(质量分数)	16.45	36.00	41.00	8.86		
密度(20℃)/(g/cm^3)	0.7789	0.7393	0.7525	0.7140		
酸度/($mgKOH/100cm^3$)	9.54	0.01	1.11	0.33		
硫含量/(μg/g)	49	43	160	6		

西非地区原油石脑油馏分的收率及性质

国　家	尼日利亚		安哥拉			加蓬	刚果
地　区	布拉斯河	索约	内姆巴	帕兰卡	卡宾达	拉比	杰诺
汽油馏分/℃	初馏点 200	80~180	初馏点 200	初馏点 160	初馏点 200	80~180	初馏点 200
收率/%(质量分数)	35.06	20.82	28.72	19.13	16.35	9.73	12.68
密度(20℃)/(g/cm^3)	0.7477	0.748	0.7443	0.7276	0.7438	0.7614	0.7513
酸度/($mgKOH/100cm^3$)	0.38	—	0.31	—	2.32	—	2.05
硫含量/(μg/g)	20	74	2	—	98	28	1099

二、加氢裂化重石脑油

加氢裂化重石脑油的硫和氮含量一般较低其他杂质含量也能够满足重整进料的要求硫和氮在0.5μg/g以下可不经过预加氢直接作为催化重整进料。

三、焦化石脑油

焦化石脑油必须经过加氢处理，才能作为重整装置的合格原料

焦化石脑油一般不单独作为重整原料，故常与直馏或加氢裂化石脑油等混合后，作为重整原料。表2-2为原料油性质。

表 2-2　原料油性质

原料油	大庆减压渣油	胜利减压渣油	鲁宁管输渣油	辽河减压渣油	沈北减压渣油
馏程/℃	52~192	54~184	57~192	58~201	64~210
密度/(g/mL)	0.7414	0.7329	0.7413	0.7401	0.7315
硫/(μg/g)	100		4200	1100	128
氮/(μg/g)	140		200	330	61
溴价/(gBr/100g)	41.4	57	53	58	54

原料油	Brega	Orinoco	Alaskan	Maya	阿重	阿轻
密度/(g/mL)	0.7362	0.7796	0.7483	0.7591	0.7563	0.7436
硫/(μg/g)	1100	12500	7000	9000	11000	10000

焦化汽油的辛烷值很低，一般在 50 左右，直接加氢精制后作汽油调和组分并不划算。但是焦化汽油的杂质比之催化汽油杂质更多，硫含量 665μg/g，氮含量 156μg/g，若作为重整进料必须要预加氢处理。而其干点 214.5℃也偏高，需要调整焦化分馏塔的操作，降低焦化石脑油的干点。焦化石脑油为一股潜在的重整原料，随着对车用汽油的要求越来越高，焦化汽油做重整原料并非不可能。

四、催化裂化石脑油

硫含量 100~1500/2400μg/g；氮含量 2~110/1000μg/g；胶质 0.4~5.1mg/100mL 大量烯烃作为重整原料必须经过加氢处理催化裂化石脑油加氢处理：在预加氢条件下，催化石脑油中的烯烃会产生很高的温升。所含的硫化物也可能是较难加工的噻吩类化合物，现有的预加氢装置很难适应，因此，必须经过特殊的加氢处理，才能作为重整原料。如果作为重整原料直接进预加氢装置，掺入的比例不宜大于 20%。

上海石化催化裂化重石脑不含环烷烃，因此不是理想的重整原料。而且催化裂化重石脑油中杂质含量偏高，S 高达 540μg/g，烯烃含量 28.8%，如果要做重整原料必须经过预加氢。同时催化裂化重石脑油馏程为 82.1~200.7℃，芳烃含量达到了 38.4%，其辛烷值在 90 左右，经过选择性加氢之后，是个理想的汽油调和组分，而做为重整进料并不经济。

五、乙烯裂解抽余油

在裂解生产乙烯的过程中，有裂解石脑油产生，裂解石脑油经抽提后的抽余油可以作为催化重整原料。裂解石油油中一般含有烯烃以及硫、砷、氮等杂质，由于在芳烃抽提前，裂解石脑油需要加氢处理，饱和烯烃及脱除杂质，因此，裂解石脑油抽余油中的烯烃较低，硫、氮杂质一般小于 0.5μg/g，一般情况下能够满足重整进料的要求。

裂解石脑油抽余油的烷烃含量较低，环烷烃和芳烃含量高达 60%以上，因而是良好的重整原料油。由于裂解石脑油抽余油中的环烷烃中，C_6 和 C_7 环烷含量较高，因此其重整产物中的 C_6 和 C_7 芳烃含量较高。

第二节　重整原料馏分选取与产品的关系

一、原料的表征

（一）馏程

原料油的馏程是重整原料的一个非常重要的性质，也是炼油厂对原料油进行控制的一个非常重要的参数。一般采用 ASTM D86 蒸馏的方法来确定原料油的馏程。按照一般炼油厂的加工流程，石脑油的终馏点是由上游装置的蒸馏塔控制，石脑油的初馏点是由石脑油分馏塔控制的。

重整原料油的性质决定重整生成油的收率、辛烷值、纯氢产率、芳烃产率；决定了催化剂的运行周期及寿命；决定了重整装置的经济性。

重整原料油的馏程与重整原料的组成有关，重整原料中涉及的主要组分环烷烃、芳烃和烷烃的沸点列于表 2-3 中。

表 2-3　重整原料中主要组成烃的沸点

烃	分子式	沸点/℃	烃	分子式	沸点/℃
环戊烷	C_5H_{10}	49.3	对二甲苯	C_8H_{10}	128.4
甲基环戊烷	C_6H_{12}	71.8	乙苯	C_8H_{10}	136.2
环己烷	C_6H_{12}	80.7	正戊烷	C_5H_{12}	36.1
1，1，2 三甲基环己烷	C_9H_{18}	145.2	异戊烷	C_5H_{12}	27.8
1，2，4 三甲基环己烷	C_9H_{18}	141.2	正己烷	C_6H_{14}	68.7
正丁基环己烷	$C_{10}H_{20}$	180.9	正庚烷	C_7H_{16}	98.4
苯	C_6H_6	80.1	正辛烷	C_8H_{18}	125.6
甲苯	C_7H_8	110.6	正壬烷	C_9H_{20}	150.8
邻二甲苯	C_8H_{10}	144.4	正十一烷	$C_{11}H_{24}$	195.9
间二甲苯	C_8H_{10}	139.1	正十二烷	$C_{12}H_{26}$	216.3

甲基环戊烷和环已烷是形成苯的组分，正戊烷、异戊烷和环戊烷在重整过程中不能转化为芳烃，因此重整原料中一般包含六碳烷烃和环烷烃，不包括五碳烷烃和环烷烃。由表 2-3 可知，正己烷和 2-甲基戊烷的沸点分别为 68.7℃和 60.3℃，甲基环戊烷和环已烷的沸点分别为 71.8℃和 80.7℃，正戊烷、异戊烷和环戊烷的沸点分别为 36.1℃、27.8℃和 49.3℃，因此，重整原料的最低 ASTM 初馏点通常为 60℃。

由于原料终馏点超过 204℃的烃在重整过程中形成多环芳烃的量明显增加，多环芳烃与催化剂上的积炭有关系，将缩短催化剂的运行周期。因此，通常规定重整进料的最高组成的 ASTM 终馏点是 204℃。在最高 ASTM 终馏点是 204℃，终馏点每增加 0.6℃，催化剂的运转周期减少 0.9%~1.3%。如果最高 ASTM 终馏点是216℃，终馏点每增加 0.6℃，运转周期的减少为 2.1%~2.8%。通常将重整反应进料的终馏点控制远远低于 204℃，以避免意外的高沸点物质的混入。图 2-1 为原料油的终馏点与催化剂积炭的关系。由图 2-1 可知，随着原料终馏点的升高，积炭的相对速率将增加，当终馏点超过 175℃时，随着终馏点的增加，催化剂的相对积炭速率明显加快。

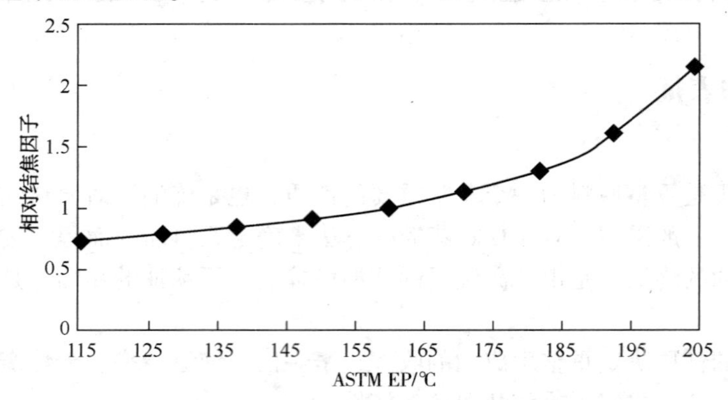

图 2-1　重整原料的终馏点与催化剂相对积炭速率的关系

控制终馏点的另一个原因是重整产物的终馏点比原料的终馏点更高。石脑油经过重整后，重整生成油的干点一般增加 20～30℃。按照我国车用无铅汽油标准，汽油的终馏点为 205℃，因此，我国用于汽油生产的重整原料的终馏点最高为 180℃。

重整原料的馏程对 C_5^+液收也有较大的影响，原料 50%沸点与 C_5^+液收的关系如图 2-2 所示。由图 2-2 可见，在低温区(<135℃)，随着原料 50%沸点的增加，C_5^+液收的增加幅度很大。但是当超过 135℃后，曲线的上升变得平缓，超过 150℃，再增加 50%，C_5^+液收的增加幅度反而下降。

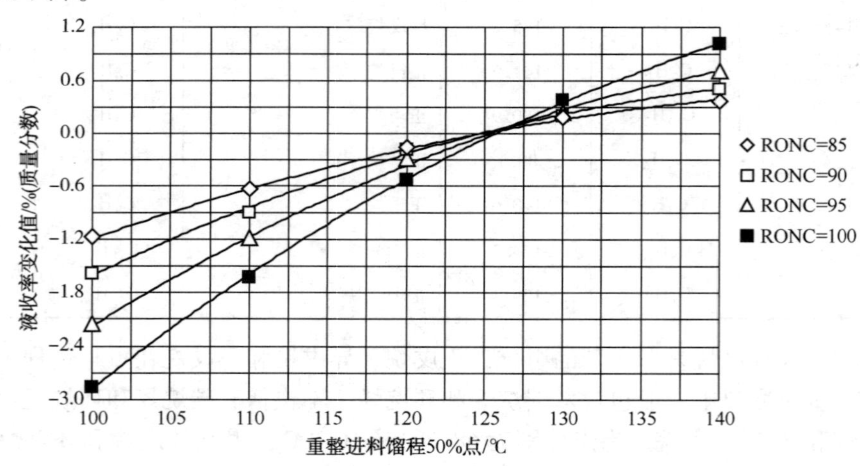

图 2-2　重整进料馏程 50%点对 C_5^+ 重整油收率的影响

(二) 组成

重整原料中含有超过一百多种可以确定的组分，还有一些不可以确定的组分以及微量杂质毒物。按照元素组成分析，重整原料中主要含有碳和氢、少量的硫、氧、氮以及微量的氯、砷、铜、铅等元素。一般碳和氢的含量在 99%以上，硫、氧、氮三种元素的总和通常不大于 0.5%。因此，重整原料中的基本组分是碳和氢两种元素。但碳和氢元素不是独立存在的，而是以碳氢化合物的形式存在于重整原料中。

一般重整原料中含有烷烃、环烷烃、芳烃和烯烃，但经过预加氢后，烯烃达到了饱和，因此重整进料中一般不再含有烯烃。

（三）芳构化指数

为了方便重整原料的选取，人们对原料组成与催化重整操作条件和产品收率进行了关联，发现原料中的环烷烃与芳烃的含量与催化重整操作条件和产品收率有密切关系。在此基础上提出了芳构化指数的概念，即以原料中的环烷烃含量 N+芳烃含量 A、$N+2A$ 或者 $N+3.5A$ 作为芳构化指数。芳构化指数的基本含义是指原料中环烷烃和芳烃的含量越高，重整生成油的芳烃产率和辛烷值越高。

加氢裂化石脑油和裂解汽油抽余油的 $N+A$ 较高，是优质的重整原料。

芳烃潜含量是表征原料的另一个指数。芳烃潜含量一般用 Ar(%)来表示，基本含义与芳构化指数相近。芳烃潜含量的定义为"原料中 C_6以上的环烷烃全部转化为芳烃的量与原料中的芳烃量之和"。

芳烃潜含量的计算方法如下：

芳烃潜含量(%)= 苯潜含量+甲苯潜含量+C_8芳烃潜含量+…

苯潜含量(%)= C_6N(%)×78/84+苯(%)

甲苯潜含量(%)= C_7N(%)×92/98+甲苯(%)

C_8芳烃潜含量(%)= C_8N(%)×106/112+C_8芳烃(%)

C_9 以上依此类推。

芳烃潜含量是国内常用的一个评价重整原料的指标，并在此基础上，进一步提出了芳烃转化率的概念，即"催化重整芳烃产率占原料芳烃潜含量的百分比"。按照这样的定义，芳烃转化率经常大于100%。这是因为在催化重整反应过程中，在原料中的环烷烃转化为芳烃的同时，相当一部分烷烃也发生了转化，并部分生成了芳烃。

原料中芳构化指数和芳烃潜含量只能说明生产芳烃的可能性，实际的芳烃转化率除取决于催化剂的性能和操作条件外，还取决于环烷烃的分子结构和原料的馏程范围等因素。例如，表 2-4 中给出了两种相近芳构化指数原料的重整结果。由表 2-4 可知，尽管两种原料具有相近 $N+A$ 和芳烃潜含量，但是当达到相同反应 C_5^+辛烷值的情况下，C_5^+产品液收、芳烃产率和纯氢产率有较大差距。

表 2-4　两钟相近芳构化指数原料的重整结果

项　　目	原料 A	原料 B
原料 $N+A$/%	30.16	30.31
原料芳烃潜含量/%	29.12	28.91
C_5^+辛烷值	102	102
C_5^+产品液收/%	87.94	85.57
芳烃产率/%	69.23	65.7
纯氢产率/%	3.8	3.93

在实际应用中可以利用原料中的环烷烃和芳烃的含量来估算重整操作条件、重整产率和辛烷值。图 2-3 为重整原料的 $N+3.5A$ 与加权平均进口温度(*WAIT*)的关系，原料中 $N+3.5A$

的含量越高，达到相同辛烷值时需要的 *WAIT* 就越低。图 2-4 为重整原料的 *N*+2*A* 与 C_5^+产品液收的关系，随着原料中 *N*+2*A* 的增加，C_5^+产品液收增加，原料中 *N*+2*A* 数值越高，C_5^+产品液收增加幅度越小。图 2-5 为重整原料的 *N*+*A* 与催化剂积炭速率的关系，随着原料中 *N*+*A* 的增加，相对积炭速率下降。应该指出的是，这些变化曲线是与催化剂的性质密切相关的，性能不同的催化剂，曲线的变化规律不尽相同。一般，重整工艺或催化剂的专利商要提供以上所用的对应关系。

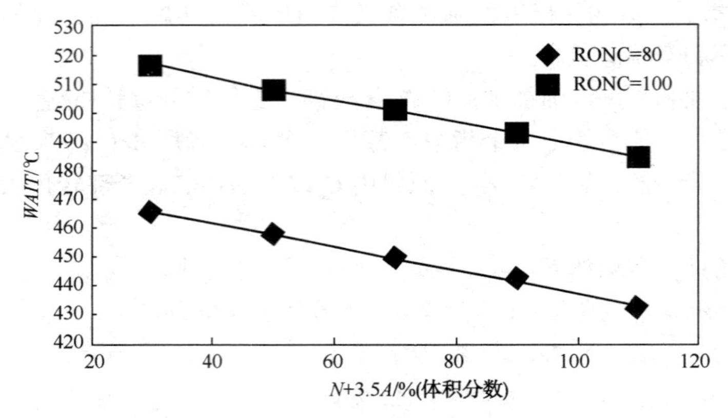

图 2-3　重整原料的 *N*+3.5*A* 与加权平均进口温度的关系

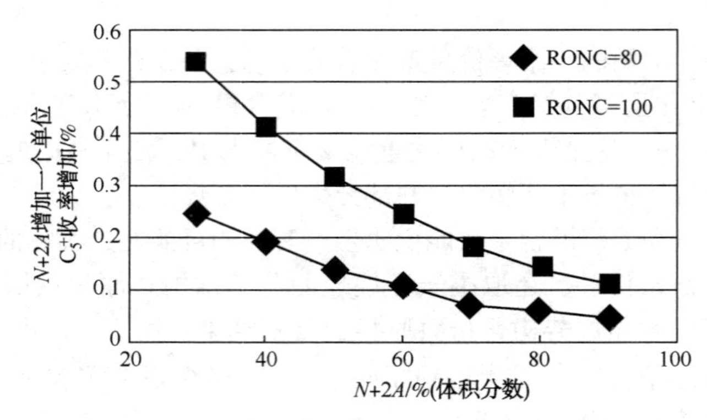

图 2-4　重整原料的 *N*+2*A* 与 C_5^+产品液收的关系

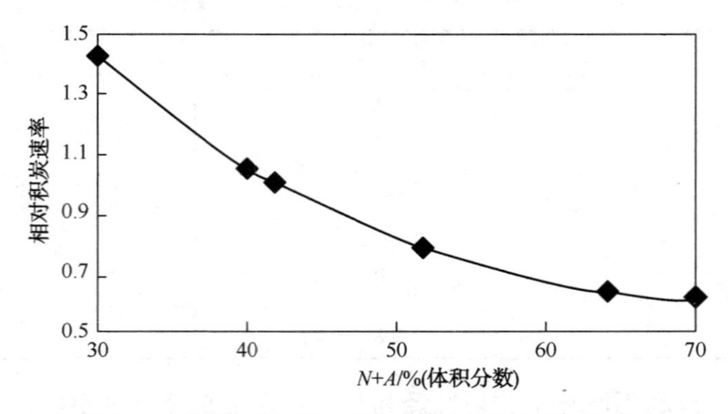

图 2-5　重整原料的 *N*+*A* 与催化剂积炭速率的关系

二、芳烃和高辛烷值汽油调和组分生产的原料选取

现有的催化重整主要有两种生产目的，即生产高辛烷值汽油调和组分或芳烃。重整原料的性质决定了产品的收率和性质，所以不同的生产目的需要选取不同的原料。

（一）生产芳烃

生产芳烃的重整工艺是要得到苯、甲苯、二甲苯等轻质芳烃。重整原料中应包括能生产苯的甲基环戊烷和环已烷。因此，初馏点要低，不需要生产重芳烃，所以终馏点要低，尽可能把 C_9^+ 去除。生产各种芳烃的适宜馏程列于表 2-5 中。

表 2-5　生产高辛烷值汽油调和组分以及各种芳烃时原料的适宜馏程

目的产物	馏程/℃	备注
苯	60～85	
甲苯	85～110	
二甲苯	110～145	
苯-甲苯-二甲苯	60～145	常规
苯-甲苯-二甲苯	60～130	喷气燃料炼厂
苯-甲苯-二甲苯	60～165	配有歧化装置炼厂
高辛烷值石脑油调和组分	80～180	

上述馏程的选择主要是根据重整过程中进行的化学反应和有关单体烃的沸点决定的。重整反应中最主要的反应是生成芳烃的反应，这类反应大多数是分子中碳原子数不变的反应。例如环已烷脱氢生成苯、甲基环戊烷异构脱氢生成苯以及正庚烷环化脱氢生成甲苯。因此，在选择原料的馏程时应根据芳烃的碳原子数来确定。

（二）生产高辛烷值石脑油调和组分

当生产高辛烷值汽油调和组分时，一般采用 80～180℃ 馏分。对于生产高辛烷值汽油调和组分来说，C_6以及以下的烷烃本身已经具有较高的辛烷值，而 C_6环烷烃转化为苯后，其辛烷值反而下降，因此重整原料一般应切取>C_6的馏分，因为沸点最低的 C_7异构烷烃的沸点为 79. 2℃，所以初馏点应选取在 80℃ 左右。至于原料终馏点则一般最高取 180℃，因为烷烃和环烷烃转化为芳烃后，其沸点会升高。如果原料的终馏点过高，则重整汽油的终馏点会超过要求。通常原料经重整后其终馏点升高 20～30℃此外，切取太重，则在反应时焦炭和气体产率增加，使液体收率降低，生产周期缩短。

（三）同时生产芳烃和高辛烷值汽油调和组分

在同时生产芳烃和高辛烷值汽油调和组分时，可采用 60～180℃ 宽馏分作重整原料，这时，重整生成油可通过分馏塔，切取其中的 C_6～C_8部分或全部馏分去进行抽提以制取芳烃，其余部分则作为高辛烷值汽油的调和组分。

三、原料组分和产物收率和产物分布

（一）原料组成对产物收率和产物分布的影响

原料组成对重整反应有重要影响。尽管在实际应用中经常利用原料中的环烷烃和芳烃的含量来估算重整操作条件和重整产率，然而原料的族组成只是粗略估算原料好坏的一个判

据，并不能全面科学地评价原料的优劣。由表2-4可见，尽管原料A与原料B的N+A和芳潜基本相同，但是重整产物的液体收率、氢气产率、芳烃产率却有较大差别；由于原料的组成不同，导致了重整产物的芳烃分布变化较大。因此，原料的组成对重整产物的液体收率、氢气产率、芳烃收率以及产物分布等均有较大影响。

在重整过程中，根据碳原子数以及结构的不同，环烷烃转化为芳烃的速率差异较大。除此之外，部分烷烃也转化为芳烃，并且转化速率与碳原子数与接头也有很大关系。因此，从原料的详细组成出发，根据催化重整反应规律和催化剂特点，才能科学预测重整产率及产物分布。

（二）反应工艺条件对产物收率和产物分布的影响

1. 重整工艺形式的影响

依据催化重整的工艺不同，产品的收率和产品分布变化较大。采用连续重整技术时，尽管产物的辛烷值为102，远高于半再生技术的95，但是，液体收率、芳烃产率、氢气产率均远远高于半再生重整。从芳烃分布来看，除苯收率稍微低外，其他芳烃的产率均远远高于半再生重整，并且碳数越大，差距越大。

2. 工艺条件的影响

在重整过程中，重整的工艺条件对产品的收率和产品分布有较大影响。

随着反应压力的降低，液体收率、芳烃产率和氢气产率增加，产物分布也发生变化，芳烃分布呈现重芳烃增加、轻芳烃减少的趋势；随着产物RON增加，液体收率、烷烃、环烷烃减少，芳烃产率和氢气产率增加，产物分布变化较大，苯、甲苯增加；随着氢油比降低，液体收率、芳烃收率和氢气产率增加，产物分布也有所变化，烷烃、环烷烃减少，重芳烃有所增加，轻芳烃有所减少。

第三节　原料油中主要杂质类型及其分布

一、硫化物

（一）硫化物类型

石脑油中的硫化物类型比较复杂，主要有硫化物、硫醇、硫醚、噻吩、苯并噻吩和二硫化物等。通过对直馏石脑油、催化裂化石脑油和焦化石脑油的研究发现硫醇RSH、硫醚RSR和噻吩类化合物，其分布和原料油的来源密切相关。

（二）硫化物的分布

1. 总硫含量

不同来源的石脑油的总硫含量和分布有很大不同，图2-6为直馏石脑油、加氢裂化重石脑油、焦化石脑油和催化裂化石脑油中总硫随馏程的典型分布。

由图2-6可见，加氢裂化石脑油的硫含量很低，甚至比直馏石脑油还低，通常都在1μg/g以下。直馏石脑油、焦化石脑油和催化裂化石脑油的硫含量与原油中的硫含量有关。对于同一种原油，催化裂化石脑油中的硫含量是直馏石脑油的2～5倍，然而，焦化石脑油中的硫含量是直馏石脑油中的10～20倍。尽管在不同石脑油中总硫含量差异较大，但是总

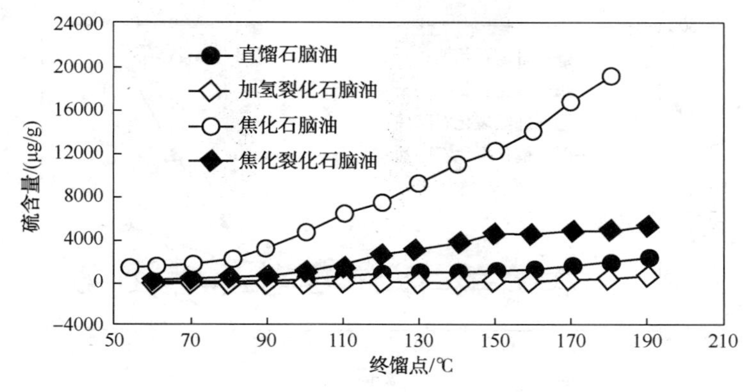

图 2-6　总硫在不同石脑油中随馏程的典型分布

硫随着馏程的变化呈现相类似的变化规律，即轻馏分中，硫含量较低，随着终馏点的升高，硫含量明显增加，特别是焦化石脑油，当超过 80℃后，硫含量随着终馏点几乎呈现直线增加。加氢裂化重石脑油硫含量很低，而且随终馏点升高，硫含量略有增加，但幅度较小。

2. 类型硫

研究结果表明，石脑油中所含硫化物存在形式有元素硫、硫化氢、硫醇、硫醚、二硫化物以及噻吩等，有机硫是石脑油中的主要含硫化合物。直馏石脑油中类型硫的含量为：硫醇硫>噻吩硫>硫醚硫。催化裂化石脑油中类型硫的含量为：噻吩硫>硫醇硫>硫醚硫。催化裂化石脑油中的硫含量以噻吩硫为主，而直馏石脑油中的类型硫以硫醇硫为主。

焦化石脑油中类型硫的分布与催化裂化石脑油相类似，噻吩硫和硫醚硫占绝对比例，而加氢裂化石脑油中的硫几乎全部为噻吩硫和硫醇硫。

（三）硫化物的作用

硫在重整原料中的含量从几 μg/g 到几百 μg/g 不等，它对催化重整过程有独特的作用。首先，它是重整催化剂的毒物，在催化重整条件下，重整原料油中硫含量超过 0.5μg/g，可以使双金属重整催化剂的活性和选择性受到伤害，由于硫中毒造成重整装置停工的事故并不罕见。

二、氮化合物

（一）氮化物类型

石脑油中的氮化物大致可以分成两类，碱性氮化合物和非碱性氮化合物、碱性氮和非碱性氮之和为石脑油的总氮。碱性氮化合物主要有脂肪族胺类、吡啶类、喹啉类和苯胺类。

（二）氮化物分布

1. 总氮含量分布

同一种原油不同石脑油中总氮含量与馏程的关系如图 2-7 所示。直馏石脑油的氮含量一般比硫含量低一个数量级。与硫的变化趋势一致，加氢裂化石脑油中的氮含量最低，同一种原油直馏石脑油中的氮含量随着馏程的升高，呈现一个尖锐的拖尾，即氮含量迅速增加。当接近终馏点时，焦化石脑油和催化裂化石脑油中的氮含量比直馏石脑油高 20~50 倍。

2. 不同类型氮化物的分布

在作为重整原料的石脑油中，虽然含有碱性氮化物和非碱性氮化合物，但是，非碱性氮

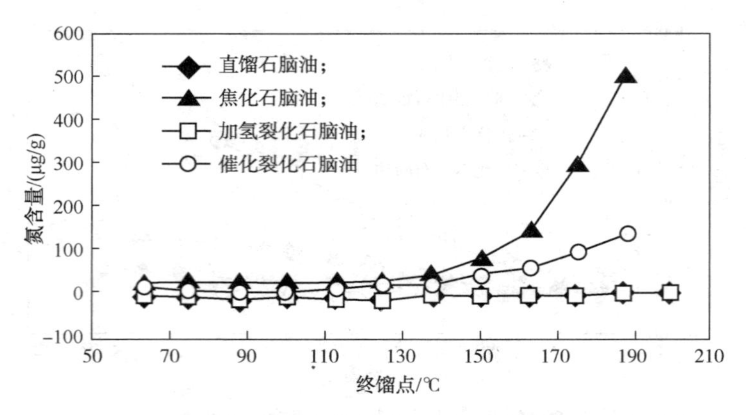

图 2-7　同一种原油不同石脑油中总氮含量随馏程的典型分布

化合物的含量极低，且吡咯类化合物非常难分离。因此，重整原料的石脑油主要为碱性氮化物，而且氮化物的含量随着馏分沸点的升高而增加。

在石脑油低沸点馏分中氮含量很低，而且主要是碱性氮化合物，非碱性氮化合物主要集合在较重的馏分中，而且随馏分沸点的升高而增加。

（三）氮化物的作用

在重整原料中氮的含量通常比硫还少。和硫一样，氮也是重整催化剂的毒物。在重整反应条件下，氮化物将转化为 NH_3 和烃，NH_3 是碱性氮化合物，将降低催化剂的酸性功能，使催化剂性能受到影响。同时，NH_3 可以与 HCl 结合成为固体白色粉末 NH_4Cl，造成下游机泵的严重堵塞。

三、氯化合物

原油中一般不含有氯化物，但是，近年来，随着采油技术的改善，油田采用了化学处理手段来提高采收率，其中，有的采用了氯化物，造成原油氯含量升高。这部分氯在原油中绝大部分集中在石脑油馏分中，因此造成石脑油中氯化物含量增加。

石脑油中的氯化物对催化重整过程具有十分重要的影响。首先，催化重整催化剂需要保持一定的氯含量，使催化剂具有足够的酸性，满足双功能重整催化剂金属-酸性平衡的需要；其次，反应过程及再生过程中 Pt 晶粒的分散需要氯的参与。因此，催化重整的操作参数之一是催化剂的水氯平衡控制。为了充分发挥催化剂的性能，要求催化剂在运转过程中保持氯含量为 1.0%～1.3%。氯含量太低，会造成催化剂 Pt 晶粒的长大和酸性功能的下降，影响催化剂的性能和寿命。而氯含量太高，催化剂的酸性功能太强，会造成催化剂的裂化和积炭功能太强，影响催化剂的选择性和寿命。因此，在催化重整以及再生过程中，必须注水、注氯，实现水氯平衡控制，这就要求对重整进料中的氯含量进行控制。

原料中的氯含量太高，或原料中水含量过高进而导致注氯量过高，都会引起重整预加氢和下游用氢装置设备堵塞腐蚀，如装置加工含氮量高的原料时，会生成氯化铵，从而堵塞下游压缩机和管道等，影响正常生产。因此，必须对原料油中的氯含量以及水含量进行控制。

四、金属有机化合物

在重整原料中，除硫和氮等杂原子化合物之外，通常还含有一些金属有机化合物，它们是含砷化合物、含铜化合物和含铅化合物等。

（一）含砷化合物

人们对于重整原料中砷的研究工作较少，重整原料中含有多少种砷的化合物以及砷化合物的结构状态尚不清楚。但是，一般重整原料中有代表性的含砷有机化合物有二乙基胂化氢 $(C_2H_5)_2AsH$，沸点为 161℃；三乙基胂 $(C_2H_5)_3As$，沸点 140℃，三甲基胂化氢 $(CH_3)_3AsH$，沸点 52℃。大量的研究和工业实践表明，砷能与铂生产 PtAs 化合物，使催化剂丧失活性，而且不能再生，造成重整催化剂永久性中毒。因此，对砷的要求很严格，通常重整原料的含砷量不得大于 1ng/g。

（二）含铜、铅化合物

含铜、铅化合物与含砷化合物一样，也是重整催化剂的永久毒物。各种不同来源的重整原料中多含有微量的含铜、铅化合物，大庆直馏石脑油中的铜、铅含量比砷低得多。而且，在原料预加氢或预脱砷的同时，也能被除去。

第四节　重整催化剂对原料中杂质含量的要求

对于重整原料中杂质的要求，通常与所使用的催化剂的类型和操作参数有密切关系。一般来讲，对于不同类型的催化剂耐受杂质能力的次序为：非铂催化剂>单铂催化剂>双(多)金属催化剂。对于铂含量不同的同类催化剂耐受杂质的能力的次序为：高铂催化剂>低铂催化剂。对于不同的操作条件，如铂催化剂的反应压力较高时，允许的杂质含量稍高，对于双金属催化剂和反应压力较低时，对杂质的限制就更加严格，特别是水和硫。随着重整催化剂的不断发展和对杂质影响的认识加深，对原料中杂质含量的限制也越来越严格。

一、金属氧化催化剂

1940 年建成了第一套以氧化钼/氧化铝作催化剂的催化重整工业装置，以后又有使用氧化铬/氧化铝作催化剂的工业装置。这个时期一般采用固定床循环再生工艺，以 80~200℃的石脑油为原料，在 480~560℃、1.0~2.0MPa 下进行反应，也称为铬重整或钼重整，也称为临氢重整。在这种情况下，对重整原料中杂质并未提出特殊要求，只要进料无机械杂质和明水。

二、单铂催化剂

20 世纪 50~60 年代，以卤素为助剂的 Pt/Al_2O_3 双功能催化剂开始推广应用。由于一些杂质会使此类催化剂中毒，因而，开始对原料中的杂质进行限制。表 2-6 列出了一些工业化的单铂催化剂的铂含量、使用压力以及对杂质含量的要求。

表 2-6　国内外单铂重整催化剂对原料中杂质含量的要求

催化剂	国外 A 催化剂	国外 B 催化剂	国外 C 催化剂	国　内
铂含量/%	0.35	0.6	0.55	0.30/0.50
反应压力/MPa	2.0~3.5	2.0~3.5	2.0~3.5	2.0~3.5
S/(μg/g)	≯5	≯30	≯10	≯10

续表

催化剂	国外 A 催化剂	国外 B 催化剂	国外 C 催化剂	国　内
N/(μg/g)	≯1	≯1	≯1	≯2
Cl/(μg/g)	≯1	≯1	≯1	≯1
O/(μg/g)	≯1	≯1	≯1	—
H_2O/(μg/g)	≯5	≯5	≯5	≯30
Pb/(ng/g)	≯5	≯5	≯5	≯20
As/(ng/g)	≯5	≯5	≯5	≯1
Cu/(ng/g)	—	—	—	≯15
Hg/(ng/g)	—	—	—	≯10

由表 2-6 可见，催化剂铂含量为 B>C>A，对于硫含量的要求为分别不超过 30μg/g、10μg/g、5μg/g。对于单铂催化剂，铂含量越低，对于杂质含量的要求就越严格。表中给出了国内单铂催化剂对原料中杂质含量的要求。与国外单铂催化剂相比，国内单铂催化剂对原料中杂质含量的要求基本相似。单铂催化剂对于氮和金属的要求比较严格，而对于硫、水、氯的要求比较宽松。

三、双(多)金属催化剂

20 世纪 70 年代以来，Pt-Re、Pt-Ir、Pt-Sn/Al_2O_3等系列双(多)金属重整催化剂开始应用，逐渐取代了单铂催化剂，同时，反应压力也由早期的单铂催化剂时的 3.0MPa 降低至 1.4~2.0MPa，因而，对重整原料中的杂质含量提出了更为严格的要求。在表 2-7 中列出两种工业化双金属重整催化剂对原料中杂质含量的要求。

表 2-7　国外双金属重整催化剂对原料中杂质含量的要求

公司	S/(μg/g)	N/(μg/g)	Cl/(μg/g)	O/(μg/g)	H_2O/(μg/g)	Cu/(ng/g)	Pb/(ng/g)	As/(ng/g)	其他/(ng/g)
A	0.25~0.5	≤0.5	≤0.5	≤2.0	≤2.0	≤20	≤10	≤1	≤20
B	≤0.5	≤0.5	≤1.0		<4	≤5	≤3	≤3	≤20

Engelhard 公司提出新型的高铼铂比重整催化剂的要求原料中的硫含量更低，最好是在无硫的条件下操作。他们介绍了原料中的硫含量为 0.5μg/g 时，E-803 高铼铂比催化剂的稳定性是 E-301 单铂重整催化剂的 10.8 倍，而重整原料中的硫含量为 0.1μg/g 时，则 E-803 的稳定性是 E-301 的 15.7 倍。

我国双(多)金属重整催化剂对原料中杂质含量的要求与限制见表 2-8。

表 2-8　我国双(多)金属重整催化剂对原料中杂质含量的要求与限制

杂　质	半再生催化剂	连续重整催化剂
砷/(ng/g)	<1	<1
铅/(ng/g)	<10	<10
铜/(ng/g)	<10	<10
氮/(μg/g)	<0.5	<0.5

续表

杂　质	半再生催化剂	连续重整催化剂
硫/(μg/g)	<0.5	0.25~0.5
氯/(μg/g)	<0.5	<0.5
水/(μg/g)	<5	<5

第五节　重整产品

一、高辛烷值汽油组分

在炼厂中，很多炼油装置都能生产汽油组分，并用来调和成汽油产品，但是，各种不同类型装置生产的汽油辛烷值有很大差异(见表2-9)，因此，并不是所有汽油组分都是调和高辛烷值汽油的理想组分。

表2-9　几种汽油调和组分的辛烷值

汽油调和组分	RON	MON	(RON+MON)/2
催化裂化汽油	89~91	79~81	84~86
催化重整汽油	95~102	85~92	90~97
烷基化汽油	94~96	92~94	93~95
异构化汽油	79~91	77~88	78~89.5
甲基叔丁基醚	110	101	105.5
直馏汽油	38~69	36~67	37~68
焦化汽油	54~70	52~64	53~67

催化重整汽油是生产无铅汽油，特别是调和优质无铅汽油的重要组分，虽然有些组分的辛烷值也很高，如烷基化油，异构化和甲基叔丁基醚等组分，但它们受到资源限制，产量有限。因此，重整汽油是比较重要的族人。重整汽油作为汽油调和组分具有以下几个特点：

1. 对调和汽油的辛烷值贡献大

重整汽油的辛烷值高。半再生重整的稳定汽油的研究法辛烷值一般可达到95以上，连续重整的稳定汽油的研究法辛烷值可达到102左右。因此，调和一定量的重整汽油，可以大幅度提高汽油的辛烷值。

2. 大幅度降低调和汽油的烯烃含量

典型的催化重整汽油的性质见表2-10。由表2-10可见，重整汽油的烯烃含量很低，一般低于2%，作为车用汽油调和组分可大幅度降低成品汽油中的烯烃含量，其降烯烃作用随着汽油掺入比例的提高而增大。

表 2-10　典型的催化重整汽油的性质

项　目	半再生重整	连续重整
馏程/℃		
初馏点	54	42
10%	74	71
50%	113	114
90%	153	160
终馏点	188	190
RON	98	100.3
MON	87.5	89.8
(R+M)/2	92.8	95.1
烯烃含量/%	<0.5	<1
硫含量/(μg/g)	<1	<1
芳烃含量/%(体积)	65	69

3. 大幅度降低调和汽油的硫含量

重整汽油的硫含量很低，一般低于 1μg/g。作为车用汽油调和组分可大幅度降低汽油中的硫含量，其降硫作用随着掺入比例的提高而增大。

4. 有效改善汽油辛烷值分布

车用汽油的辛烷值分布是个值得重视的问题。辛烷值分布不良会影响车用汽油的使用性能，导致汽油的使用性能变差，污染物排放增加。这里所说的辛烷值分布，指的是汽油<100℃馏分与>100℃馏分的辛烷值与全馏分辛烷值的差异。汽油辛烷值分布的好坏以其各段馏分辛烷值与全馏分油辛烷值差异的大小来衡量，差异小的为辛烷值分布好。

二、苯

苯为无色透明、易挥发、可燃、具有特殊芳香气味的液体，熔点为 5.49℃、沸点为 80.1℃、相对密度(d_{20}^{4})为 0.87901、折光率(n_{20}^{4})为 1.5010。能与乙醇、乙醚、丙酮、氯仿、二硫化碳及乙酸等以任意比例混合，微溶于水。

苯的用途十分广泛，主要用途如下：

(1) 制备生产塑料和橡胶的原料——乙苯。

(2) 制备生产表面活性剂和聚酰胺塑料的原料——苯酚。

(3) 制备生产聚酰胺的原料——环己烷。

(4) 制备生产染料、橡胶、塑料的原料——苯胺。

(5) 制备生产塑料、食品添加剂的原料——马来酐。

(6) 制备生产表面活性剂的原料——烷基苯。

(7) 是生产药物、杀菌剂、染料、杀虫剂等的基本原料。

催化重整生成油中苯的含量与多种因素有关。首先，与重整原料的组成有关。一般来讲，在重整过程中，苯主要由 C_6 环烷烃脱氢生成。同时，重整原料中的 C_6 烷烃也可以发生环化脱氢反应生成苯，但是转化率低。此外，C_7^+芳烃可以发生脱烷基反应生成苯，但是转化率一般比较小。因此，重整原料中 C_6 环烷烃和芳烃含量越大，重整生成油中的苯含量就越高。

三、甲苯

甲苯为为无色透明、易挥发、有芳香气味可燃液体；熔点-94.991℃，沸点110.625℃、相对密度(d_{20}^{4})为0.8669、折光率(n_{20}^{4})为1.4969。能与醇、醚、丙酮、氯仿、二硫化碳及乙酸等以任意比例混合、不溶于水。

作为化工原料，甲苯主要用于用于生产染料、香料、苯甲醛、苯甲酸及其他有机化合物的原料，或用作树脂、树胶、乙酸纤维素的溶剂及植物成分的浸出剂。

(1) 脱烷基制苯。

(2) 硝基甲苯及其衍生物。

(3) 用甲苯制甲苯二异氰酸酯(TDI)。

(4) 甲苯制苯甲醛酸、苯甲酸及其衍生物苯甲酸及其衍生物。

(5) 甲苯磺酸和甲酚。

四、C_8芳烃

间二甲苯、邻二甲苯、对二甲苯和乙基苯都是 C_8 芳烃。和苯、甲苯一样，它们也都是无色、芳香、具有挥发性和可燃性等性质。

(1) 乙苯主要用于制备不饱和聚酯树脂、聚苯乙烯泡沫塑料、氯苯乙烯(树脂改性剂)。

(2) 邻二甲苯主要用于制备苯酐，后者是苯二甲酸增塑剂的原料。

(3) 对二甲苯主要用于生产对苯二甲酸，后者是生产涤纶和聚对苯二甲酰对苯二胺树脂的重要原料。

(4) 间二甲苯主要用于生产增塑剂、固化剂和树脂的原料偏苯三酸酐，环氧树脂和不透气塑料瓶的原料间苯二腈，芳香族聚酰胺的原料间苯二甲酰氯，杀虫剂、防霉剂对氯间二甲基苯酚的原料3，5-二甲基苯酚。

五、溶剂油

在芳烃生产过程中，重整生成油经芳烃抽提后分离出轻质芳烃(苯、甲苯、二甲苯)，同时，产生部分抽余油。重整抽余油的主要组分为烷烃和环烷烃，含有少量的芳烃(通常≯5%)和微量杂质。按照碳原子数，重整抽余油的主要组分为 $C_6 \sim C_8$ 的烷烃和环烷烃。

由于重整抽余油不含有硫化物、氮化物以及重金属有害物质，是生产优质溶剂的良好原料。各种溶剂油都有其特殊的质量标准。橡胶生产过程中使用的橡胶溶剂油、医药和化学试剂用的石油醚、香料抽提用的香花溶剂油等对馏分都有特殊要求，以保证要求的挥发性能和溶解度指标。同时，这些溶剂油要求良好的稳定性。影响油品稳定性的关键组分是烯烃，特别是双烯烃，极易氧化而生成胶质。为了减少芳烃对人体的危害，在橡胶溶剂油中必须严格控制芳烃含量，通常要求不大于3%。

六、氢气

氢气作为催化重整反应的副产品，具有极其宝贵的使用价值。对比各种来源的氢气成本，重整装置副产氢成本最低，是轻油制氢成本的一半，是部分氧化制氢成本的四分之一。因此，重整氢气是廉价的氢源，可代替相当规模的制氢装置，使成本大大降低。

重整氢在今后的清洁燃料生产中将发挥更大的作用。为了满足日益严格的环保要求，进一步降低汽柴油中的烯烃和硫含量必然要大力发展加氢技术，催化裂化原料的前加氢、催化裂化产品的后加氢、加氢脱硫技术、加氢异构技术等将有较大发展。同时，随着炼油业的微利和加工成本的不断提高，炼油企业越来越重视降低成本和增加效益。因此，重整氢必然成为各类加氢技术的主要氢源。

第六节　生 产 方 案

一、催化重整工艺基本过程

催化重整反应需要在一定温度、压力和催化剂作用的临氢条件下进行，工艺过程包括升压、换热、加热、临氢反应、冷却、汽液分离及油品分馏等过程。为了增加氢分压以减少催化剂上积炭的副反应，设有循环氢压缩机使氢气在反应系统内循环。由于重整系吸热反应，物料通过绝热反应器后温度会下降，一般采用3~4台反应器，每台反应器前设有加热炉以维持足够的反应温度。重整工艺基本流程见图2-8。

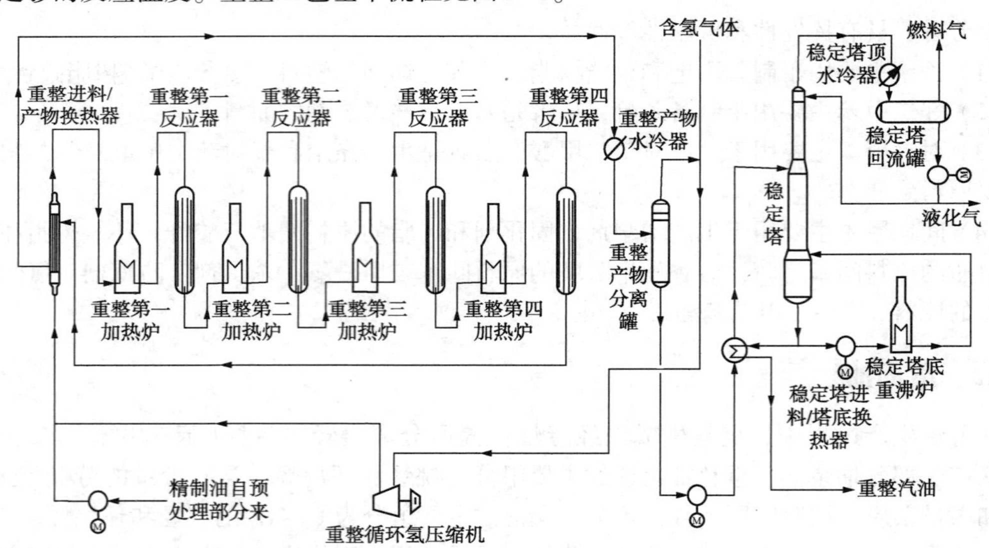

图2-8　重整工艺基本流程

重整催化剂的再生包括烧焦、氧氯化、干燥、还原等过程。半再生重整装置催化剂的再生在停工后进行，一般利用原有设备按原有流程原位进行(器内再生)，也可以送往催化剂制造厂进行(器外再生)；连续重整则在装置内专设的催化剂连续再生系统内进行重整的主要反应是环烷脱氢和烷烃环化脱氢反应，重整采用的都是绝热反应器，反应过程中要吸收大量热量，因此物料反应后的温度会下降。为了补充热量，维持足够的反应温度，反应要分3~4段进行，物料在每段反应之前先在加热炉内加热。

原料石脑油进入第一反应器以后其中六元环烷烃脱氢等反应速度快的反应首先进行，这些吸热反应使反应物料进入反应器后温度急剧下降，反应器下部处于较低的温度条件下，从而影响反应速度，使这部分催化剂不能充分发挥作用。因此第一反应器不用太大，催化剂不宜多装，同时需要在反应器后设置较大的加热炉将反应物料重新加热到所需的反应温度。加热后的反应物料进入较大的第二反应器，使五元环烷烃进行脱氢异构反应，温度也会下降，下降幅度减少。此后，反应物料再进入三、四段反应器时，容易进行的反应基已完成，烷烃环化脱氢等速度较慢的反应需要更大的反应空间，同时吸热的脱氢反应减少，放热的加氢裂化反应逐渐增加，反应器温降较小。因此，各段重整反应从前到后其加热炉负荷逐步减少，而反应器则逐步加大。

二、半再生重整工艺

固定床半再生重整一般为3~4段反应，反应器并列布置。随着反应时间的增加，催化剂上的积炭逐渐增加，催化剂活性逐渐下降，为了维持反应的苛刻度就要逐步提高温度予以补偿；但随着温度的提高，加氢裂化反应会增加，因而液体收率、芳烃产率和氢纯度都会下降。随着催化剂上积炭的增加，一般运转一年左右装置就要停下来进行催化剂再生，以恢复催化剂的活性。

早期半再生重整反应条件比较缓和，反应压力2.5~3.5MPa，氢烃分子比8左右。近年来，半再生重整进行了一系列改进，如采用容炭能力较强的双金属催化剂，从而能够在较低压力(1.5MPa左右)、中等氢油比及高空速下操作，同时改进设备和流程，降低了临氢系统压降，提高了产品的收率。

半再生重整催化剂在装置操作一个周期后停下来原位进行再生，再生压力约为0.8MPa，再生流程与反应流程相同。催化剂也可进行“器外再生”，即将其从反应器卸出，送往催化剂厂进行再生。催化剂经过多次再生以后，性能下降过多，达不到生产要求，就需要更换新的催化剂。采用固定床半再生重整的工艺有铂重整、胡德利重整、铼重整、辛烷值化和芳构化等。

三、循环再生重整工艺

循环再生重整也是固定床形式，它与半再生重整不同之处是增加了一台轮换再生的备用反应器。反应器一般有4~5台，规格相同，轮流有一台反应器切换出来进行再生，其他反应器照常生产，催化剂经再生后重新投入运转。循环再生重整工艺可在低压(小于1.5MPa)和低氢烃比(分子比小于5.0)条件下操作，C_5^+油收率和氢产率比较高，并可用于宽馏分重整，生产辛烷值高达RON100~104的重整油。操作周期随原料性质和产品要求而变，以保持系统中的催化剂具有较好的活性和选择性，每台反应器使用的间隔时间从不到一周到一个月不等。工艺流程见图2-9，切换反应器内的催化剂就地连接单独的再生系统进行烧焦再生。

循环再生重整工艺的缺点是所有反应器大偶要频繁地在正常操作时的氢烃环境和催化剂再生时的含氧环境之间变换，这就要有很严格的安全措施，同时为了便于切换，每台反应器大小都一样，催化剂装量也相同，而各反应器在反应过程中的温度条件是不一样的，因而部分催化剂在反应过程中的作用发挥不充分。这一工艺每一台反引起都要能单独切出系统进行再生，所以流程比较复杂，合金钢管线和阀门比较多，设备费用比较大。

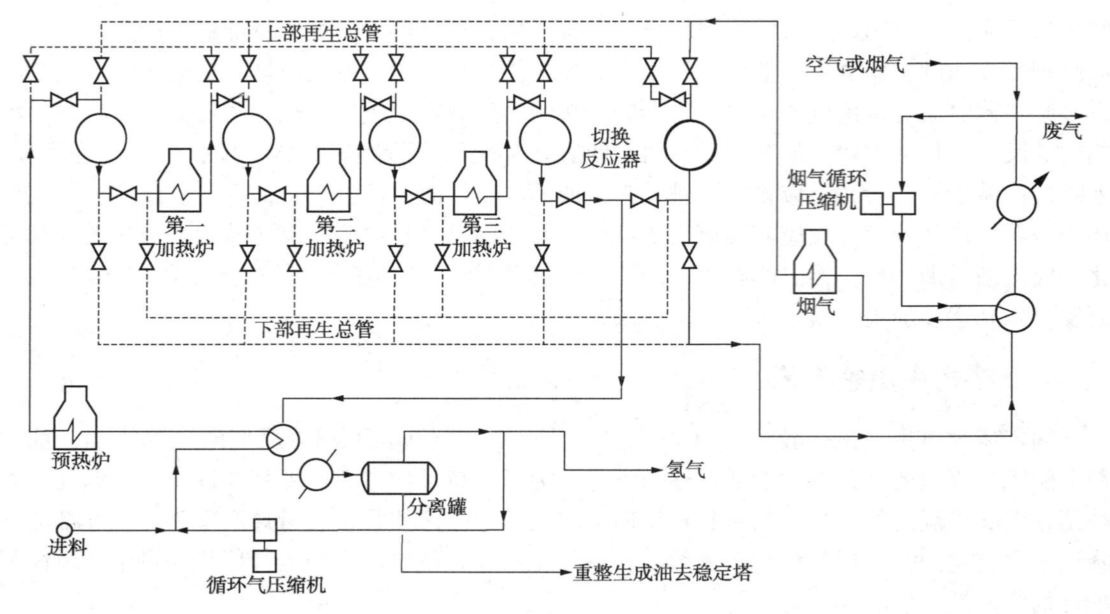

图 2-9　循环再生重整工艺流程

四、连续再生重整工艺

1. 连续重整的优势

连续重整，即带有催化剂连续再生设施的重整工艺，采用移动床反应器，催化剂在反应器和再生器之间连续移动。由于催化剂上的积炭可以在重整反应不停工的条件下及时除掉，允许重整在苛刻度比较高的反应条件下操作，压力和氢油比比较低，产品收率比较高，而且周期长，操作比较稳定。具有以下优势：

（1）可以采用比较高的苛刻度，能把重整油的辛烷值 RON 提高到 100 以上，有利于生产高标号汽油和提高芳烃及氢气的产率；

（2）可以把反应压力降下来，有利于提高重整生成油和氢气的产率；

（3）可以处理芳烃潜含量较小和积炭因素较高的原料，对原料的适应性比较大。

2. 重整催化剂再生四个基本步骤

（1）烧焦—烧去催化剂上的积炭。催化剂上的积炭与氧化合生成二氧化碳和水并放出热量。

$$焦炭+O_2 \longrightarrow CO_2+H_2O+热量$$

这一反应除去积炭，但产生的热量会使催化剂的温度升高，可能会损坏催化剂，所以必须加以控制。方法是控制燃烧过程的氧含量[烧焦区氧含量一般为 0.5%～1.0%（摩尔分数）]。高氧含量会提高烧焦的温度，损失催化剂的表面积。低氧会使烧焦减慢，从而可能使焦炭在烧焦区内不能完全烧干净。

（2）氧氯化——使金属铂氧化和分散并调整氯含量。催化剂在烧焦过程中有氯流失，并造成金属铂的聚结，因此再生的第二个步骤是调整氯含量、氧化和分散催化剂上的铂金属。这些反应既需要氧气又需要氯化物。在氧氯化区中，含氧和氯化物的气体在高温下与烧完积炭的催化剂接触。

（3）干燥——脱除催化剂上的水分。第三个步骤是从催化剂上脱除水分，这些水分是在催化剂烧焦步骤中产生的，通过干燥气体流过催化剂时将水分带出：

$$载体—H_2O+干燥气体\longrightarrow载体+气体+H_2O$$

高温、足够的干燥时间和适当的干燥气体流量，并确保气体分布均匀是干燥的必要条件。

（4）还原——将铂金属由氧化态还原成金属态。第四个步骤就是将催化剂上的金属由氧化态变成还原态，以恢复催化剂的活性。催化剂在氢的存在下进行以下还原反应：

$$氧化态金属+H_2\longrightarrow还原态金属+H_2O$$

还原反应越完全越好。对这一反应有利的条件是高氢纯度、适当的还原气体流量和足够的还原温度。

催化剂的连续再生工艺前三个步骤在再生器内进行，最后一个步骤在反应器前的还原罐内进行。

五、催化重装装置的扩能改造

催化重整的发展已有几十年历史，早期建设的装置规模小，技术落后。为了适应工厂发展的的需要，对这些装置进行扩建改造，消缺“瓶颈”是我们经常面临的一项重要的任务。做好催化重整装置扩能改造工作需要根据重整装置的工艺特点，因地制宜的制定改造方案，充分利用现场的有利条件，花最少的钱取得最大的经济效果。

（一）重整装置的特点分析

为了催化重整装置进行改造，有必要对这种装置的技术特点作一些具体分析。从扩建改造的观点来看，催化重整装置具有一些与其他装置不同的特点，这表现在：

（1）影响设备大小的因素不仅仅是装置的规模，而且与反应条件有关。

（2）为了适应吸热反应的需要，催化重整一般包括3~4段反应，即反应器和反应加热炉各3~4个，大小不等。

（3）不同的产品要求选取不同的原料馏程。

（4）近年来，催化重整技术不断发展，催化剂不断更新，反应条件和工艺流程不断改进。

（5）催化重整装置在炼油生产中处在一个承上启下的地位，不仅受到上游装置供应原料的制约，也对下游使用重整生成油和氢气的装置直接产生影响，因此减少施工对现有装置生产的影响也是做好装置改造工作的一项重要要求。

从以上催化重整装置技术特点的分析可以看出，这种装置的技术改造，特别是在扩大能力方面具有相当大的自由度，有很多工作要做。改得好不好差别很大。一套装置规模能扩大到多大，很难简单的回答，因为原料、产品要求、反应条件、催化剂性能及技术路线等因素都有影响，原有设备调试使用的灵活性也很大。因此，从某种意义上说，扩建改造规模只有大改小改的差别，无所谓行不行的问题。应当研究的是改多大和怎么样改最合理，因地制宜、少投入多产出，这对设计工作的要求是很高的。

（二）设备利用和改造的基本思路

早期扩能改造以半再生重整装置居多，现在有些连续重整装置也要求扩大规模。一套典型的半再生重整装置包括预处理和重整两部分。尽量利用原有设备，减少改动的工程量，是节约工程投资的关键。一般对重整装置利用原有设备的基本思路是：

1. 反应器

重整反应器，除了根据反应要求可适当调整空速外，可以根据反应器前小后大的特点，将原有的三反、四反作一、二反用，新建三、四反或者在后边并联或串联一台反应器。如果原来只有三个反应器，可以在后边增加一台大的反应器作第四反应器，前边反应器不动。

2. 压缩机

重整循环氢压缩机可以通过调整氢油比，采用二段混氢流程等方法尽量保留原有压缩机，或者与压缩机制造厂商对气缸活塞作适当改动。必要时增加一台压缩机并联操作。氢气增压机是否需要改动要结合流程考虑，一般可以增加一台并联操作，两开一备。

3. 加热炉

扩能改造重整加热炉往往需要加大。原有的几台反应加热炉负荷不等，可以前后调剂使用，加长炉管或增加炉管根数，必要时要考虑新增1~2台加热炉。加热炉的改造比较复杂，往往是扩建工作的重点，要同时考虑增加热负荷、压降要求和现有设备条件等因素，加热炉的热负荷还要与进料换热器的换热量统筹考虑。

4. 塔

催化重整装置一般有三个塔，即预分馏塔、汽提塔和稳定塔，这些塔应当在挖潜、优化的基础上分别提出改造方案，有的可以通过降低回流比进行挖潜，有的需要增加塔板数，局部扩大或改用新型塔板或填料，差别太大的则需要更换新塔。

5. 冷换设备

通过计算合理地调增冷换设备的负荷，对现有冷换设备作出不动、调增使用或适当增补的不同选择。也可以考虑采用高通量管或表面蒸发空冷等高校设备以提高传热效率，减少占地。对于冷却系统，不是都要加大，可以适当调增热负荷，只加大空冷器或只加大水冷器，以尽量减少改动的工程量。

6. 泵

根据泵的特性曲线和需要流量逐台核算泵的规格，有的可以不动，有的可增加一台（两开一备），有的可调换使用，少数情况需要以大换小或改变叶轮直径。

7. 容器

根据工艺核算情况分别处理，有的可以不动，有的需要调剂使用或者新做，如将原有产品分离罐改作回流罐并新做一个产品分离罐等。

（三）技术方案

催化重整有半再生重整、连续重整、末反再生、组合式重整等多种模式，由于各厂情况不同，改造工作也不一定要限于一种模式。消除“瓶颈”的改造，主要还是应当立足于原有工艺技术，这样改造起来比较容易。

鉴于我国原有半再生重整装置的规模一般都不大，反应苛刻度不高，设备又比较陈旧，因此对这些装置的改造主要还是保留原有工艺，只是扩大能力，如将150kt/a扩大为300kt/a等。有的工厂已新建了规模较大的改造目的多半是扩大装置规模，为了减少改造的工程量，往往保留循环氢压缩机和催化剂再生系统设备不变，技术条件不作大的改动，填平补齐以消除装置中的瓶颈。

六、催化重整操作参数

重整工艺参数的变化直接影响重整装置的运转效果，因此在操作过程中必须很好控制，并对数据经常分析，以求得最佳效果。

1. 反应温度

反应温度是最重要的操作参数之一。它主要影响产品的质量和催化剂失活速率。

反应温度可分为加权平均入口温度（*WAIT*）和加权平均床层温度（*WABT*）。前者是每个反应器内催化剂的质量分率乘以该反应器入口温度之总和，后者是每个反应器内催化剂的质量分率乘以该反应器入口与出口温度的平均值的总和。这两种表示方法虽然不能确切的反映实际反应温度，但易于计算，从某种程度上起到一定的表征作用，因此在工业上普遍使用。

WAIT 和 *WABT* 的计算示例如下：

设某重整装置有四个反应器。各反应器的催化剂装填重量比为 1：1.5：2.5：5，即第一、二、三、四反应器内催化剂的重量分率分别为 1/10、1.5/10、2.5/10、5/10。各反应器入、出口温度如表 2-11 所示。

表 2-11 各反应器入、出口温度

反应器序号	反应器入口温度/℃	反应器出口温度/℃
1	525	400
2	525	445
3	528	475
4	528	490

加权平均入口温度（*WAIT*）和加权平均床层温度（*WABT*）的计算过程和结果如下：

$$WABT=\frac{1}{10}\times525+\frac{1.5}{10}\times525+\frac{2.5}{10}\times528+\frac{5}{10}\times528=527.25(℃)$$

$$WABT=\frac{1}{10}\times(525+400)\div2+\frac{1.5}{10}\times(525+445)\div2+\frac{2.5}{10}\times(528+475)\div2$$
$$+\frac{5}{10}\times(528+490)\div2=498.9(℃)$$

铂锡重整催化剂具有低压和高温性能好的特点，特别适用于连续重整。但在提温过程中，升温速率不宜过快，否则会导致催化剂上的积炭转化为石墨态而严重失活。

当温度高于 540℃后，由于发生明显的热裂化反应而影响重整液体收率并加快催化剂的失活。一般情况下，反应器入口温度必须调整到使所有芳构化反应充分而只有少量的加氢裂化反应，以得到所希望的产品和产率。

反应器温降是催化剂性能的一种表现。温降的大小既与催化剂的反应性能有关，又与原料油组成、循环气流量等因素有关。

2. 空速

空速是单位时间内单位催化剂原料油加工量，通常用质量空速（*WHSV*）或体积空速（*LHSV*）两种方法表达。质量空速是单位时间内通过反应器的原料油质量与反应器内所装有效催化剂质量的比值；体积空速是单位时间内通过反应器的原料油体积与反应器内所装有效催化剂体积的比值。计算空速时，应以反应器内有效催化剂的质量或体积(不包括反应器内密封层、输送管及收集器等未参与反应的催化剂)为准。对于连续重整装置，一般按照设计的反应器内催化剂体积为基准计算。

空速也是重要的操作参数。空速对重整反应效果有明显影响。高空速会因原料与催化剂接触时间短而降低重整转化效果，提高反应温度可以弥补增大空速带来的影响。低空速会加剧加氢裂化反应，使重整产物液收降低。一般情况下，空速不要小于设计值的一半。在生产调整中如果需要增加空速和反应温度时，必须先增加空速(即先增加进料量)然后提高温度。相反，如果需要降低空速和温度时，必须先降低反应器入口温度然后降低空速(减少进料量)。当温度一定时，产品的质量随空速的提高而降低。

空速与温度可以互相补偿，提高反应温度可以弥补增大空速的影响。若以体积空速 $1.0h^{-1}$ 为基准，*WABT* 校正值与空速为对数关系，一般情况下，进料量增加 10%，反应温度需要提高约 2℃，以维持一定的辛烷值。

3. 反应压力

反应压力是指反应器的平均压力。因为通常有 50%左右的催化剂装在最后一个反应器内，所以最后一个反应器入口的压力可作为反应器的平均压力。

反应压力影响重整生成油收率和芳烃分布，以及催化剂的稳定性。降低反应压力有利于芳构化反应，使重整油芳烃含量(或辛烷值)、液体收率、氢产率、氢纯度等提高。但是，随着反应压力的降低，催化剂的积炭速率也将相应加快。

工业连续重整装置正常运行过程中，反应压力不作为调节参数，一般控制高分压力稳定，平均反应压力将随着进油量、循环气量等操作参数的变化而略有变化。

4. 氢油比

氢油比是单位时间内进入重整反应器的循环气中氢气与重整原料油的摩尔流率之比(称为氢油摩尔比)或体积流率之比(称为氢油体积比)，是影响催化剂的积炭速率和活性稳定性的重要参数。计算氢油体积比时，进入反应器的循环气体积流率应为标准状态下的体积流率，重整进料流率应以 20℃ 的体积计算。氢油比增大，有利于抑制催化剂上的积炭速率，从而提高催化剂的活性稳定性。对于操作条件及原料的改变比较频繁的重整装置，氢油比的经常校正很重要。应力求维持氢油比不变，以保持催化剂积炭速率的稳定。

(1) 下列因素将使氢油比增加：

① 循环气量加大而进料量一定；

② 循环气量一定而进料量减少；

③ 循环气量一定而氢纯度升高；

④ 分离器压力提高。

(2) 在有些情况下，虽然操作条件未变，但氢油比却降低。例如：

① 循环气的氢纯度下降；

② 装置系统压降增加；

③ 循环压缩机由于机械故障而效率降低。

第三章　原料预处理

第一节　工 艺 流 程

一、预分馏部分工艺流程

原料油的预分馏单元由分馏塔及其所属系统构成，其作用是根据重整产物的要求切割一定馏程范围的馏分。预分馏过程同时脱除原料中的部分水分。

根据分馏塔在预处理系统中的先后位置不同，可分为前分馏馏程和后分馏馏程。所谓前分馏流程，顾名思义，就是先分馏，后加氢。而后分馏流程则是先加氢，再分馏。

预分馏的方式又可以根据原料馏程不同大致分为：ⓐ原料油的终馏点由上游装置控制合格，但初馏点过低。这种情况可采用单塔蒸馏馏程，除去原料中较轻的组分，塔底产品作为重整进料馏分；ⓑ原料油初馏点符合重整进料要求而终馏点过高。这种情况很少见，也采用单塔蒸馏流程，塔顶的轻组分作为重整进料；ⓒ原料油的初馏点过低和初馏点过高，都不符合重整进料要求。这种情况很少见，也可采用双塔蒸馏流程或单塔开侧线流程。双塔流程即采用两个塔，分别拔掉轻组分和切出重组分；而单塔开侧线流程则为塔顶出轻组分，塔底出重组分，侧线为重整装置进料的合格馏分。

目前工业装置预分馏方式大多数为第一种，即原料油的终馏点由上游装置控制而初馏点过低。因为预加氢装置进料绝大多数情况下来自常压塔顶，即其进料的初馏点与原油初馏点有关，而干点可以由常压塔控制，通常不大于165~177℃。所以可以采用单个预分馏塔切割，塔顶馏出的拔头油送出装置，塔底的重组分作为重整原料。

（一）前分馏流程

前分馏流程是典型的原料预处理流程，其基本流程为：全馏分石脑油由原料油泵从原料罐抽出并升压后，通过换热、达到预定的温度后进入预分馏塔，在分馏塔切割为轻、重两个组分，塔顶轻组分出装置，塔底重组分送到预加氢反应部分。前分馏工艺原则流程见图3-1。采用这种流程，可以降低预加氢反应部分的处理负荷，预加氢汽提塔顶全回流，目的只是脱除H_2S、NH_3、HCl和H_2O。但所得拔头油没有经过加氢精制，仍含有一定量的杂质，因此这种工艺流程对于拔头油硫含量要求不高的场所比较合适。

（二）后分馏流程

随着加工原油硫含量的增加，有些重整装置要求拔头油也需要经过加氢处理。否则因其硫含量高而无法作为汽油调和组分或下一道加工工序的进料，因而需要对预处理原料油全馏分加氢，然后再分馏以切取适宜重整原料油组分，即所谓后分馏流程。后分馏馏程根据汽提塔和预分馏塔组合方式不同，后分馏流程又可以分为三种类型：双塔并列流程、双塔合一流程和双塔流程（先拔头后汽提）。

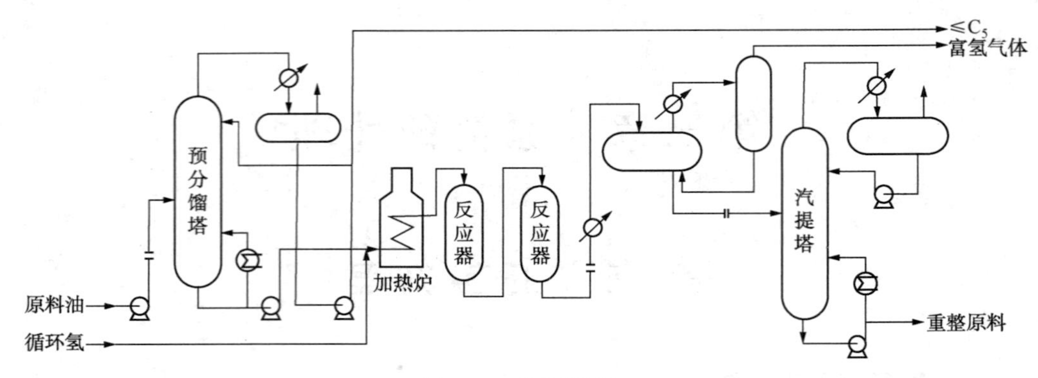

图 3-1 前分馏流程

1. 双塔并列流程(先汽提后分馏)

双塔并列流程(先汽提后分馏)的原则工艺流程图见图 3-2。这种工艺流程的特点是分馏塔设在汽提塔后面。全馏分石脑油进预加氢装置界区后，经泵升压并与氢气混合，混合油气与预加氢反应器出口物流换热到一定的温度，再经过预加氢反应加热炉加热到所需的反应温度，进加氢反应器进行加氢精制反应，部分流程在加氢精制反应器后设置高温脱氯反应器，反应生成物经换热进预加氢油气分离器进行气液分离。生成油进汽提塔，脱除硫化氢、氨、氯化氢和水等，汽提塔油进预分馏塔，将产品油中轻组分从塔顶拔出，塔底油作重整进料，该流程的缺点是加氢反应部分的负荷较前分馏流程大，预分馏塔为了重整需要而提高操作压力或者设置重整进料泵。

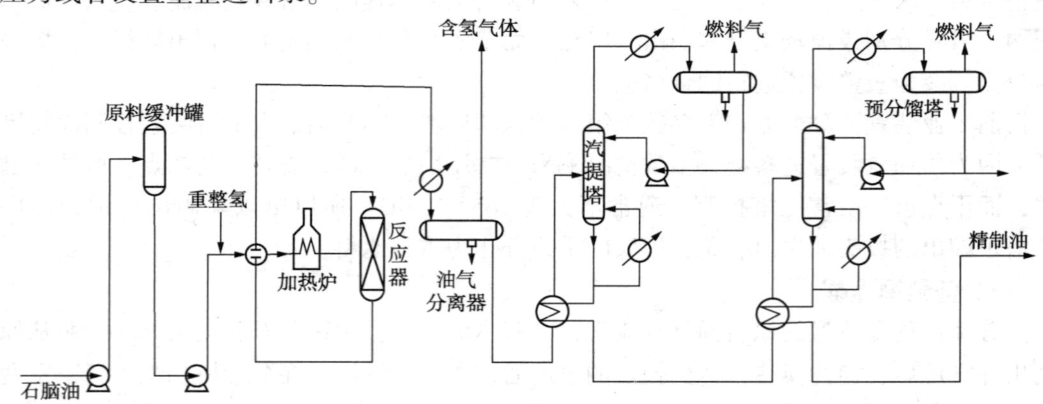

图 3-2 双塔并列流程(先汽提后分馏)

2. 双塔合一流程

预分馏塔和汽提塔合二为一，原则流程图见图 3-3。双塔合一工艺流程的优点是省去一个塔，减少投资和占地，但缺点是预加氢反应部分的负荷要加大，而且拔头油由于在汽提塔回流罐内与 H_2S 浓度很高的气体处于气液平衡状态，因而含硫量高，还需要进一步处理，方可进入后续生产装置或者作为产品出厂。

3. 双塔流程(先拔头后汽提)

双塔流程(先拔头后汽提)见图 3-4。这种工艺流程的主要特点是原料油先经过加氢反应部分，油气分离后的生成油再经过预分馏塔拔头、脱硫和脱水，分馏塔底油作为重整进

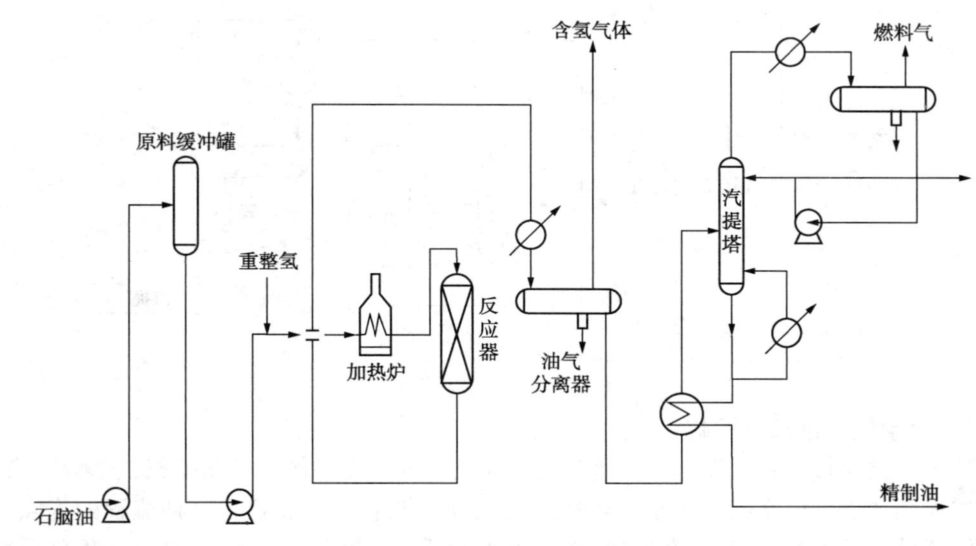

图 3-3　双塔合一流程(预分馏塔和汽提塔合二为一)

料，分馏塔顶拔头油进一个小汽提塔进行脱硫化氢。

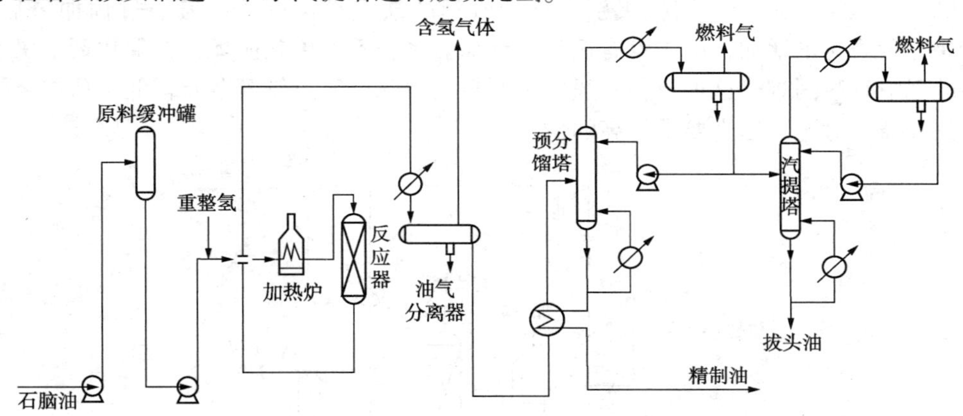

图 3-4　双塔流程(先拔头后汽提)

二、预加氢反应部分流程

预加氢装置反应部分通常按照氢气是否循环使用而采用两种工艺流程：氢气循环流程；重整氢一次通过流程。

(一) 氢气循环流程

采用氢气循环的原则流程图见图 3-5。采用氢气循环流程，预加氢反应部分需投用一台循环氢压缩机，反应系统内氢气不断循环。由于装置存在氢耗，则需要向装置补充重整氢。这种流程的优点：重整产氢不必全部通过预加氢系统，氢油比比较小，重整产氢是在重整系统送出装置，不含 H_2S、NH_3 等杂质，对于原料油中硫、氮含量高，要求预加氢压力较高时，采用循环流程由于一次通过流程。由于有循环氢压缩机，操作比较灵活，且开、停工灵活性大。这种流程的缺点是：流程相对复杂，如不采取增压等提纯措施，装置产氢压力低，重整产氢的纯度比一次通过式低 2%~4%(体积分数)。

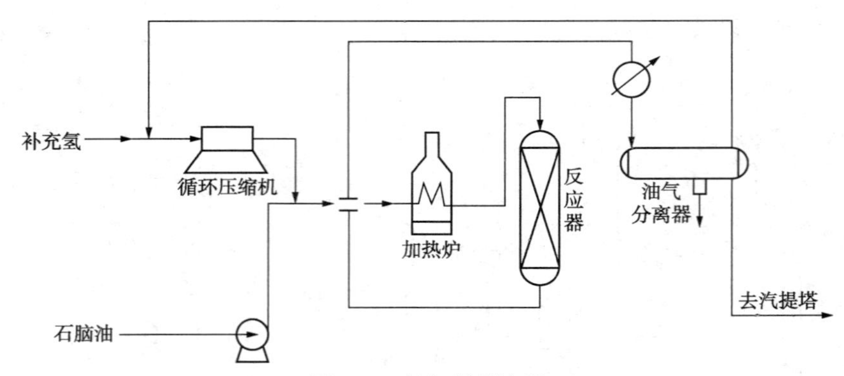

图 3-5　氢气循环流程

（二）重整氢一次通过流程

重整氢一次通过流程见图 3-6。此流程预加氢部分不需要循环氢压缩机，部分或者全部重整氢进入预加氢反应系统，重整产氢经过油气分离器后送出装置。这种流程的优点在于：流程比较简单，重整产氢经过预加氢系统气液平衡后氢纯度可提高 2%~4%(体积分数)，对下游用氢装置有利，并且经过预加氢增压机增压后，氢气出装置压力高，提高了下游用氢装置压缩机入口压力。减少压缩机级别。这种流程的缺点是：重整产氢通过预加氢后 H_2S、NH_3、HCl 等杂质含量增加，由于没有循环机预加氢系统不能单独循环，在催化剂干燥、再生等操作过程中有些困难，这种流程一般用于原料油中硫、氯及氮等杂质较低，预加氢原料油先经过预分馏，对氢气压力要求不高的情况。

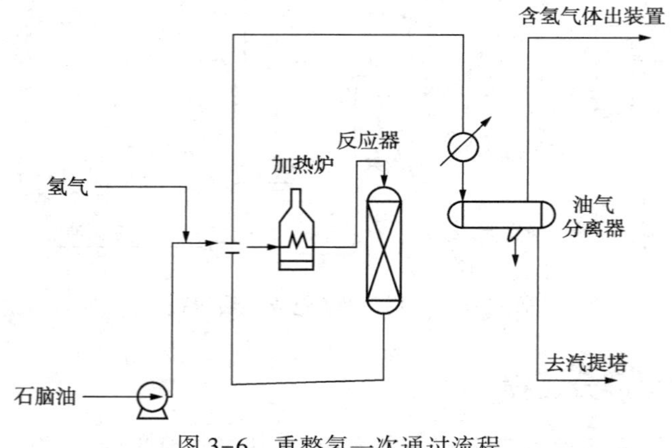

图 3-6　重整氢一次通过流程

三、汽提塔部分流程

预加氢反应器出来的油-气混合物经冷却后在油气分离器中进行汽液分离。由于相平衡的原因，反应生成的 H_2S、NH_3、HCl 和 H_2O 等杂质，一部分从汽相排出，另一部分溶解在生成油中。为保护重整催化剂，必须除去这些溶解在生成油中的杂质。

通常不采取惰性气体汽提的方法从液相中分离出上述气相杂质，因为采取纯粹汽提的方法还是不能够满足重整进料对水和硫的要求。为此需要采用蒸馏汽提的方法控制水分和硫含量。从油气分离器来的生成油经过换热后进入汽提塔，塔底设重沸器或者加热炉将塔底油加热后返回塔内。汽提塔约在 1.0MPa 压力下操作，在汽提塔顶部得到酸性水和轻油的共沸物，塔底得到几乎不含水分的油。加氢生成油中溶解的 H_2S 随共沸物从塔顶蒸出，共沸物的蒸汽经冷凝和冷却后，在塔顶回流罐经气液闪蒸，分成气相、油相和水相，油全部作为塔顶回流，水被排出，气体去燃料气管网。

为了抑制硫化氢对蒸发塔顶管线和冷换设备的腐蚀，在塔顶管线上采用注入缓蚀剂的措施。通过缓蚀剂泵在蒸发塔顶管线注入缓蚀剂。

第二节　原料的预加氢

一、预加氢的化学反应

预加氢是石脑油与氢气在一定的温度、压力、氢油比和空速条件下，借助加氢精制催化剂的作用，将油品中所含的杂质（硫、氮、氯、氧化物以及重金属等）转化成为相应的烃类及易脱除的 H_2S、NH_3、HCl 和 H_2O，少量的重金属则截留在催化剂中；同时，烯烃得到加氢饱和。原料石脑油经预加氢精制后，得到满足重整装置要求的主要产品精制石脑油，还副产乙烯裂解原料含硫轻石脑油。主要的化学反应有：

（1）硫化物加氢脱硫生成烷烃和 H_2S

$$RSH+H_2 \longrightarrow RH+H_2S$$

$$RSR'+2H_2 \longrightarrow RH+R'H+H_2S$$

$$RSSR'+2H_2 \longrightarrow RH+R'H+2H_2S$$

$$\text{S}+3H_2 \longrightarrow C_4H_{10}+H_2S$$

（2）有机氮化物加氢生成烷烃和 NH_3

$$R—NH_2+H_2 \longrightarrow RH+NH_3$$

$$\text{N}+3H_2 \longrightarrow C_5H_{12}+NH_3$$

$$\text{NH}+2H_2 \longrightarrow C_4H_{10}+NH_3$$

（3）有机氧化物加氢生成烷烃和水

$$\text{OH}+H_2 \longrightarrow +H_2O$$

$$\text{R, COOH}+3H_2 \longrightarrow \text{R, CH}_3+2H_2O$$

（4）烯烃加氢饱和

$$R-CH=CH-R'+H_2 \longrightarrow R-CH_2-CH_2-R'$$

（5）加氢脱金属

石脑油馏分中的重金属有机化合物（如砷、铅、铜等）含量一般以 10^{-8} 计，在高温并有催化剂的作用下，被氢气脱除后沉积在催化剂表面。

二、加氢催化剂

（一）加氢催化剂组成

1. 活性组分

最常用的加氢催化剂的金属组分是 Co-Mo、Ni-Mo、Ni-W 体系，通常认为 Mo 或 W 是最活性组分，Co 或 Ni 是助活性组分。根据各种金属对加氢精制各种反应的影响结果，除贵金属外，Ni-W 体系具有最好的加氢活性。

2. 载体

载体的性质如孔分布、孔容、比表面等，不仅影响催化剂的活性而且还对催化剂的机械强队有决定性的影响。载体性质取决于两个因素：氢氧化铝原料粉性质和载体制备技术。在这两个因素中前者的影响更大，是本质的影响，但采用适当的成型技术能够改善载体性质。对于石脑油预加氢催化剂而言，要求载体孔分布集中，绝大多数在 6~10nm 范围内。

（二）预加氢催化剂的选择

国内外预加氢催化剂牌号很多，因此在选择预加氢催化剂是，要结合原料油性质、装置状况来综合考虑以选择合适的加氢催化剂。例如，加工掺入杂质较高的二次加工石脑油时，因其氮化物含量高，催化剂的加氢脱氮活性显得极为重要，在这种情况下，通常应考虑优先选用 Ni-W、Ni-Mo 系催化剂。

1. 对预加氢催化剂的要求

（1）能够使原料中的烯烃加氢饱和而不使芳烃加氢饱和；

（2）能够脱除原料中各种不利于重整反应得杂质；

（3）对重金属、砷、铅等毒物有一定的抵抗性；

（4）油很好的机械强度。

2. 国内外催化剂

国内预加氢催化剂主要有 RS-1、RN-1、RN-1、RS-20、FDS-4A、RS-30、CH-3、481、481-1 等。以 RS-1 为例，主要规格见表 3-1。

表 3-1　RS-1 催化剂主要规格

性　质	项　目	RS-1
化学组成	CoO/%	≮0.04
	NiO/%	≮2.0
	WO_3/%	≮19.0
物理性质	比表面积/(m^2/g)	≮130
	强度/(N/mm)	≮16.0
	孔容/(mL/g)	≮0.27
	堆密度/(t/m^3)	0.75~0.80
	外形	三叶草

国外预加氢催化剂主要有标准催化剂公司的424、DC-185、DN-200等；克罗斯菲尔德催化剂公司的477、520、504K、506、594、599、465；IFP公司的HR304、HR306等。

三、加氢操作参数

加氢操作参数见表3-2。

表3-2　加氢操作参数

序　号	加氢操作参数	控 制 值
1	反应器入口温度/℃	260~320
2	反应器入口压力/MPa	2.1~2.7
3	氢油比(体积)	≥80
4	气液分离器压力/MPa	1.8~2.1

四、预加氢装置的开工

(一) 开车条件

(1) 高压临氢系统气密合格，低压系统N_2气密合格；

(2) 催化剂干燥和预硫化已结束；

(3) 机泵和压缩机经负荷试车性能良好；

(4) 加热炉烘炉结束，满足投用要求；

(5) 水、电、风、汽、燃料气等公用工程具备投用条件；

(6) 装置仪表、联锁完成校验与调试；

(7) 原料油、氢气、助剂等原材料达到装置要求，且能正常供应；

(8) 通讯、照明、仪表及消防用具齐全好用，装置卫生符合文明生产条件；

(9) 联系调度及化验室作好准备。

(二) 开车操作步骤

本装置可分为两个系统，即反应系统与蒸发塔系统，开车前两个系统需要隔开，即原料泵出口至混氢点改为去蒸发塔系统，气液分离罐油相至蒸发塔系统阀门切断，开车过程中两个系统首先同步开车，达到一定条件后，两系统连通，调整装置操作参数至正常范围，产品分析合格后即说明开车成功。

1. 反应系统开车

(1) 引氢气至反应系统，完成置换3次后，启动氢气压缩机，建立氢气循环，压缩机负荷切50%运转。

(2) 反应器出口空冷器、水冷器投用。

(3) 原料加热炉点炉升温，以30℃/h左右速率平稳升温至炉出口温度150℃左右，等待投油。

(4) 气液分离罐压力控制在1.8~2.1MPa，其压力升到后，新氢补充量根据气液分离罐排放量调整，投料前补充氢量提至1300Nm³/h。

(5) 联系保运单位，当温度高于150℃时，对部分设备(主要是反应器进出及换热器)进行热紧。

2. 蒸发塔系统开车

(1) 原料缓冲罐氮气置换合格后，压控投用，控制压力为 0.1MPa，准备引入原料油，在原料收的同时对其采样分析原料油状况。

(2) 联系值班长，装置要求收直馏石脑油，原料罐的液位达到 60%~70%后，投用液位控制阀，同时把压控提至 0.4MPa 左右，压控阀投自动控制。启动进料泵，出口流量不得低于装置负荷 60%，经开工旁路线向蒸发塔垫油，控制垫油量与石脑油进装置量平衡。

(3) 确认塔底液面计是否准确，内外核对蒸发塔塔底液面仪，当蒸发塔塔底液面达到 80%~90%时，启动蒸发塔底再沸泵，一路去再沸炉，另一路通过泵出口水运行管线向蒸发塔回流罐垫油，控制回流罐液位为 50%~60%；

(4) 蒸发塔顶空冷、水冷器投用。

(5) 再沸炉点炉，以 30℃/h 左右速率平稳升温至炉出口温度 230℃左右(视原料组分情况调整塔釜温度)，再沸量逐步升至正常范围，保持炉出口温度稳定，回流罐压力控制在 1.0MPa 左右。

(6) 回流罐液位上升后，可启动回流泵，建立塔顶回流。

(7) 当蒸发塔液面继续上升时，可通过开工循环线去原料缓冲罐，维持塔底液位稳定。

(8) 联系保运单位，当温度高于 150℃时，对部分设备进行热紧。

3. 系统连通

(1) 原料加热炉出口温度达到 150℃左右，蒸发塔操作参数调整基本到位，稍开原料泵至混氢点阀门，视反应器床层压降，不得超过 0.25MPa，逐步打开该阀门，关闭开工旁路阀门，由进料调节阀控制反应进料量。

(2) 气液分离罐入口温度控制在 40℃以下，液位上升至 40%~50%时，打开气液分离罐至蒸发塔阀门，连通两个系统。

(3) 启动缓蚀剂泵，向塔内顶注缓蚀剂。

(4) 进料加热炉继续以 30℃/h 左右速率平稳升温至 280~320℃。

(5) 装置操作参数调整至正常范围之内。

(6) 连续进料 2h 之后(或视反应温升平稳后)，采样分析循环氢及精制石脑油，根据分析数据调整新氢补充量，精制石脑油连续两次分析合格后，等待向重整送油。

(三) 开车注意事项

(1) 开车期间相关检查要做到分工把关各负其责，检查的时间、内容、检查人、检查出的问题、处理措施等要专门记录。

(2) 公用工程系统要有专人负责。

(3) 严格控制升压速度小于 0.02~0.025MPa/min。

(4) 开车流程设置完成后，要有专人确认，引 H_2时要慢，要稳，要确认各排放均已关闭，安全阀处于投用状态。

(5) 提温时要慢，严格控制反应器升温速率，升压先升温，降温先降压。

(6) 进油后，要认真检查各容器现场液面计与 DCS 显示是否匹配。

(7) 所有机泵已送电，水冷器正处于投用状态。

(8) 操作调整要及时，分析项目需质管中心配合的要提前告知有关部门。

第三节 原料的脱砷

一、脱砷方法

目前常用的脱砷方法有以下几种：氧化脱砷、吸附脱砷和加氢脱砷。

（一）氧化脱砷

以过氧化氢异丙苯(CHP)为氧化剂，原料油和CHP在80℃条件下，反应3min，使油品中的砷化物氧化后提高沸点或者水溶性，然后用蒸馏和水洗的方法将其除去。这种脱砷方法可以脱除原料油中95%左右砷化物，会产生大量的含砷废液引起环境的严重污染。

（二）吸附脱砷

用浸硫酸铜的硅铝小球为吸附剂，采用吸附的方法脱除原料的砷化物。这种吸附剂制备方法通常是用硫酸或元素硫与负载在载体上的Cu_2O或CuO相互作用，生成Cu_xS_y此吸附剂中Cu含量超过50%。吸附脱砷方法也存在着缺陷，主要是其砷容量低(砷容量约为0.3%)，使用寿命短，使用后含砷废弃物不易处理，又产生新的污染。

（三）临氢脱砷

目前脱砷剂有DAs-2、FDAs-1、RAs-2、RAs-20以及RAs-3等。

脱砷剂的特点是：砷容量高、脱砷效率高、环境友好。目前采用加氢脱砷流程又两种：

(1) 在预加氢反应器前加一脱砷反应器，与预加氢反应器串联使用。该流程优点，一旦脱砷剂失效后，可将脱砷反应器切出系统，更换新鲜脱砷剂；缺点则需要增加一脱砷反应器，设备投资和占地面积增加。

(2) 脱砷剂和预加氢催化剂装填在同一反应器，脱砷剂放置在主催化剂的上部，操作条件随主催化剂而定。该流程较为简便，投资降低，但脱砷剂和主剂在更换和再生很难分开，且脱砷剂的砷容量要和催化剂使用周期要很好的匹配。

二、脱砷机理

石脑油的脱砷过程按照脱砷方法的不同也存在着两种机理，一种是吸附脱砷机理，另一种是化学反应脱砷机理。吸附过程是在较低的温度下，砷化物在脱砷剂与活性金属之间以化学吸附的形式结合在一起，砷同活性金属发生部分电子云转移：

$$R_3As+M \rightleftharpoons R_3As^{\delta-}\cdots M^{\delta+}$$

脱砷剂上的活性金属常以活性基团形式分散，吸附过程在较低温度下进行，因而只能在活性基团的表面发生吸附，所以其砷容量很低，如过去常用的硫酸铜硅铝小球吸附剂。

化学反应机理是：在一定的温度条件下，砷化物在脱砷剂的催化作用下，首先发生氢解反应，砷化物氢解为AsH_3，AsH_3同活性金属反应生成稳定的多种形式的双金属化合物。

$$RsAs+3H_2 \longrightarrow 3RH+AsH_3$$

$$AsH_3+MO \longrightarrow MAs+H_2O$$

由于这个过程所发生的是化学反应，反应温度较高，因而所发生的反应可以进入活性基团的体相，活性金属充分发挥作用，所以砷容量大。

脱砷机理表明，化学反应脱砷的过程是个不可逆过程，容砷后的脱砷剂是不可再生的。

因此，一旦催化剂因砷中毒失活就会是永久性失活，中毒和必须更换催化剂。

三、脱砷工艺条件

（一）反应压力

在反应压力大于 1.0MPa 时，反应压力的变化对石脑馏分的脱砷结果影响较小。

（二）反应温度

在生产初期，由于催化剂活性很高而采用较低的反应起始温度，以后随着催化剂表面积炭的增加，脱砷剂的活性下降而需要逐步提高反应温度。一旦提高反应温度仍不能达到质量要求时，就应更换脱砷剂。

（三）空速

石脑油馏分的加氢脱砷反应速度很快，因此可以达到较大的空速。

（四）氢油比

加氢脱砷过程中，氢耗较低，氢油比主要决定于原料油的性质。同时增加氢油比，也有利于减缓催化剂表面积炭速度，延长催化剂的寿命。但增加氢油比，循环氢用量增加，将增加氢耗与能耗。因此需要综合分析，才能选择合适的氢油比。

第四节　原料的脱氯

一、氯的来源

原料油中氯主要来自两个方面：一方面是由于油田开采时加入含有有机氯化物(氯代烷烃为主)的降凝剂、减黏剂等试剂；另一方面，油田的循环水处理中也加入了含有有机氯化物的水处理及。而且有机氯化物的沸点低，电脱盐仅对无机氯化物有一定的脱除能力，但对有机氯化物不起作用。因此有机氯化物便残存在炼油装置的蒸发塔顶的馏分中，这些馏分油正是重整、制氢、制氨的原料，经预加氢后生成氯化氢进入加氢物料中，造成下游装置腐蚀和堵塞。

二、氯在加氢系统中的腐蚀

原料油中所含的氯主要以有机氯的形式存在，对设备并不产生腐蚀，原料中的有机氯在加氢条件发生如下反应：

$$R-Cl+H_2 \longrightarrow R-H+HCl$$

生成的 HCl 气体对设备也不产生腐蚀或者腐蚀很轻，但在冷凝区出现液相水后，便和物流中的硫化氢杂质一道形成腐蚀性很强的 $HCl-H_2S-H_2S$ 体系，而且 HCl 和 H_2S 互相促进而构成循环腐蚀更为严重。其反应如下：

$$Fe+2HCl \longrightarrow FeCl_2+H_2$$

$$FeCl_2+H_2S \longrightarrow FeS+2HCl$$

$$Fe+H_2S \longrightarrow FeS+H_2$$

$$FeS+2HCl \longrightarrow FeCl_2+H_2S$$

除此之外，若加工氮含量较高的原料油时，HCl 还与 NH_3 反应生成 NH_4Cl(白色)与铁反

应生成 $FeCl_2$(绿色)等化合物在相变处析出，从而堵塞管道设备，引起系统压降升高，严重影响装置的正常操作。

三、国内外脱氯剂的研究状况

脱氯剂的活性组分已经扩大到 Fe_2O_3、K_2O、Cu、Mn、Zn、Mg、V、Ni、NaOH、KOH、Na_2O、Na_2CO_3、CaO、$CaCO_3$等。国内典型催化剂见表 3-3。

表 3-3　国内典型催化剂

脱氯剂牌号	活性组分	所属公司
NC-1		南京化工学院
NC		南京化工学院
JX-5A	Ca	北京三聚环保新材料有限公司
HD-4	Ca，Na	石油化工科学研究院
WGL-A	Ca，Na	石油化工科学研究院
TL-A	Ca	石油化工科学研究院
HD-16	Ca	石油化工科学研究院
T402	Na	西北化工研究院
T403		西北化工研究院
T404		西北化工研究院
T406		西北化工研究院
T408		西北化工研究院
KT405	Ca、Al、Zn	西北化工研究院
KT407	Ca、Al、Zn	西北化工研究院
HSD-T-1		海顺德钛催化剂有限公司

四、氯的脱除

原料油中的氯主要以有机氯的形式存在，而经预加氢后就转化成无机氯。脱除无机氯可采用化学吸附法，其反应可以表述为：

$$M^{n+}+nHCl \longrightarrow MCl_n$$

式中　M——活性金属；

n——数，$n=1，2，3\cdots$。

显然，这是个酸碱中和反应，只要 M 具有足够的能力和 Cl^-相结合，并将 Cl^-固定下来，再运转过程中，M 本身不会流失和对重整催化剂造成危害，则 M 便是一个可使用重整装置的脱氯剂的活性组分。从脱氯反映可知，只要选择足够的碱性的元素 M 所形成的某种或者某几种的化合物即可。

第四章　连续重整催化剂循环系统

连续重整工艺与固定床半再生及循环再生重整工艺相比，催化剂连续再生重整工艺技术具有明显优势，但连续重整工艺的实现是以稳定可靠的催化剂循环系统为前提的。在工业化生产中，连续重整过程的催化剂循环均采用气力输送技术。

连续重整过程催化剂再生循环工艺以 UOP-CCR 和 IFP-CCR 催化剂循环流程最为典型（见图 4-1 和图 4-2），我国目前正在运行的连续重整装置大都采用这两种催化剂循环流程，但我国 LPEC 的国产超低压连续重整在国内运行。UOP、IFP、LPEC 三种催化剂循环工艺的主要相同之处在于均采用气力提升技术，而不同之处主要体现在催化剂循环系统整体的布局、调节循环系统压力匹配的锁闭方案、提升器结构、循环量控制方案等方面。

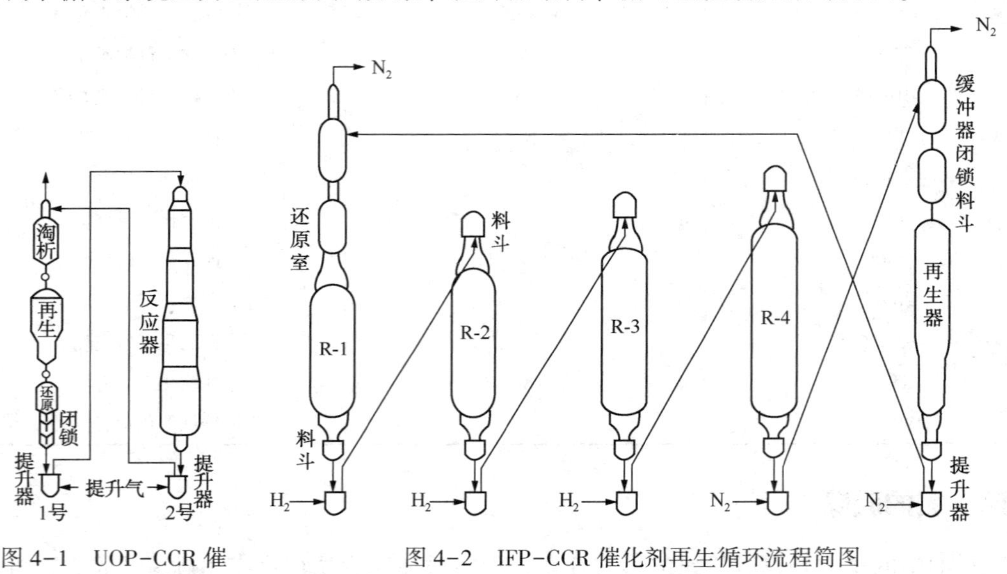

图 4-1　UOP-CCR 催化剂再生循环流程

图 4-2　IFP-CCR 催化剂再生循环流程简图

第一节　气力输送技术和物料性质

气力输送是借助空气或其他气体在管道内的流动来输送干燥的散状固体粒子或颗粒物料的输送方法。空气流动常称为风，因而气力输送又称为风力输送。在气力输送管道中，混合介质是输送气体和粉粒物料，因而属于气固两相流。所以气力输送理论，主要是研究气固两相流的基本规律。管道内气体的流动直接给管道内物料粒子提供移动所需能量，管内气体的流动则由管道两端的压力差来推动。

在石油化工领域，气力输送广泛应用于石化催化剂的制备过程和掺混过程、石化反应体系的催化剂装卸过程，连续重整工艺的催化剂循环过程等。气力输送原理和大量应用实践都充分证明，采用气力输送可将固体物料的输送过程与工艺流程相结合，从而减少工艺环节和减少设备，这件不仅可大幅度提高劳动生产率和降低生产成本，而且可保障生产过程安全和改善生产环境。

一、气力输送的优点

气力输送应用于连续重整过程的催化剂再生循环，主要体现出以下优点：

（1）输送管道能够灵活地根据需要配置，从而使主要设备的平立面布置和整个生产工艺流程趋于紧凑合理。

（2）输送系统完全密闭，系统压力可根据工艺需要任意调节，无粉尘逸出污染生产环境。

（3）设备简单，占地面积小，可充分利用空间，设备投资省和维修简单。

（4）运动部件少，维修保养方面，易于实现自动化。

（5）输送物料不受气候和管路外部环境的影响，免受污损和混入有害杂质，保证催化反应工艺的要求。

（6）输送管路易与反应器及再生器等设备连接，易与实现系统压力、温度等工艺条件的匹配。

（7）对于特殊的化学稳定性要求，可以采用比较稳定的气体作输送气。

在气力输送系统的设计及操作过程中，需要考察的主要技术参数包括固体物料的输送能力、输送过程的耗气量、混合比、沿程压损等。合理确定气力输送过程的设计参数和操作条件，直接关系到输送过程的输送能力、能耗及对管道和被输送物料的磨损程度。

连续重整过程的催化剂循环系统所涉及的物料主要为输送气，催化剂颗粒和由它们组成的气固混合物。熟悉和了解相关物料的性质，对设计催化剂循环系统和实现其优化操作均非常重要。

二、输送气体的性质

连续重整过程催化剂循环系统一般采用氢气或氮气作气力输送的输送载体，表4-1给出了常况下空气、氢气和氮气的主要物理性质。不同于固态或液态物质，气体是可压缩的，其体积随着温度和压力的变化而膨胀或收缩。由于连续重整过程催化剂循环系统的压力并不高，因而输送气的状态可近似用理想气体状态方程描述。

表4-1 空气、氢气和氮气的主要物理性质

名称	分子式	密度 ρ(0,℃, 101.3kPa)/kg·℃	比热容 c_p/[kJ/(kg·℃)]	黏度 μ/mPa·s	临界点		导热系数 λ/[W/(m·℃)]
					温度 T_c/℃	压力 p_c/kPa	
空气		1.293	1.009	0.0173	-140.7	3768.4	0.0244
氢气	H_2	0.0899	10.13	0.00842	-239.9	1296.6	0.163
氮气	N_2	1.251	0.745	0.0170	-147.13	3392.5	0.0228

（一）理想气体状态方程

在波义尔（Boyle）、查理（Charle）和盖吕萨克（Gay-Lussac）所发现的理想气体行为规律的基础上，人们归纳出各种低压气体均服从同一个状态方程：

$$pV=nRT$$

式中　p、V、T——分别为气体的压力(Pa)、体积(m^3)和温度(K)；

n——气体物质的量，mol；

R——气体常数，J/(mol · K)，数值为8.314。

理想气体状态方程忽略了气体分子之间的相互引力和气体分子所占空间体积，因而气体的压力越低就越符合理想状态方程。当气体处于高压状态时，需要理想状态方程进行校正。根据；理想气体状态方程处理化学问题时所导出的关系式，只要适当的加以修正即可应用于实际气体。因此，理想气体状态方程非常有用，用它可以进行许多低压下气体的计算。除了用其计算气体 p、V、T、n 之间的相互关系之外，还能用以求算气体的密度、相对分子质量等。

(二) 输送气的密度

根据理想气体状态方程式，可以推导出输送气的密度关系式：

$$\rho=\frac{m}{v}=\frac{pM}{RT}$$

式中　ρ——气体密度 kg/m^3；

m——气体质量，kg；

M——输送气平均摩尔质量，kg/mol。

(三) 输送气状态变化过程

如输送气符合理想气体的行为规律，则在输送管线内输送气随流动的状态变化可根据理想气体状态方程式及热力学规律进行预测。由于输送气在管线内的流动需要压差作驱动力，因此输送气状态不存在等压及恒容变化过程。因此，再次仅讨论等温及绝热变化过程。

1. 等温变化过程

当气力输送系统与环境保持很好的热交换时，输送气在流动过程中可实现恒温。这时，由于 $pV=nRT=$常数，不同状态下输送气体的体积与压力成反比，及 $V_2/V_1=p_1/p_2$。

在等温条件下，输送气从环境吸收热补充能量而对系统做膨胀功 W，其数值为：

$$W=\int_{v1}^{v2}p\mathrm{d}V=nRT\ln\frac{V_2}{V_1}$$

2. 绝热变化过程

如果输送系统具有良好的保温措施而与环境隔热，则系统内输送气的变化为绝热过程。当忽略系统的机械功是，则在绝热过程中系统只能消耗内能来做膨胀功，即：

$$\mathrm{d}U=-p\mathrm{d}V$$

(四) 管道内气体的流动

管道内气体的流动状态可分为层流和湍流，在一定条件下的流动状态可根据雷诺准数 Re 判断。一般情况下，当 $Re<2300$ 时的流动为层流，而 $Re>2300$ 时为湍流。如管道为50mm，在常温常压条件下，$Re=2300$ 时所对应的空气速度约为0.7/s。在气力输送系统中，输送气速均大于临界值，因而均属湍流。

层流时，在管壁处的流速为零，管中心处流速最大，从中心至管壁流速呈抛物线分布；而气体处于湍流状态时，气流处于剧烈扰动中，其时均速度径向分布比层流时均匀。层流时的速度分布曲线可用抛物线函数描述，湍流时的速度分布至今尚无理论表达式，可采用以下经验式近似描述：

$$\left.\begin{aligned}\frac{v_y}{v_0}&=\left(\frac{\gamma}{r}\right)^{\frac{1}{7}}\\ \frac{v}{v_0}&=0.80\sim0.82\end{aligned}\right\}$$

式中　v_0——管中心处最大气流速度，m/s；

γ——离管壁的距离，m；

v_y——离管壁距离为 γ 处的气流速度，m/s；

v——管内平均气流速度，m/s；

r——管道半径，m。

气固两相流是典型的非线性系统，气固两相流体力学是科学界的前沿研究课题，至今尚无真正的突破，因而，还没有办法对气固两相流作出科学定量的数学描述，人们只能依靠实验数据来进行工程设计和生产操作。

三、颗粒物料的性质

在气力输送的气固两相流中，颗粒物料的性质对两相流动状态、机理和输送参数均有很大影响。因此在介绍气力输送原理之前，先了解颗粒物料的性质。与气力输送过程直接相关的性质主要包括：

几何空间性质——粒径、空隙率、形状系数；

静力学性质——摩擦角、静压分布、黏附性；

动力学性质——流动性、终端速度等。

（一）密度和空隙率

颗粒物料的密度分为真实密度和堆积密度，分别用符号 p_s 和 p_b 表示。真实密度指单位颗粒体积的物料质量，也即 p_s＝颗粒质量 m/颗粒体积 V_c。堆积密度是指颗粒物料在松散堆积状态下，单位堆积体积物料所具有的质量。如定义空隙率 ε 为固体颗粒之间的空隙体积与物料堆放体积之比，则真实密度与堆积密度之间存在如下关系：

$$p_b=(1-\varepsilon)p_s$$

堆积密度和空隙率均为反映颗粒物料堆积紧密程度的参数，它们直接与颗粒的形状、粒度大小及其分布有关。颗粒物料的规则形状为球形，其他形状不规则的颗粒物料可用球形度来表示颗粒的规则程度。最早的球形度定义是由 Wadell 提出的，定义为和实际颗粒体积相等的球踢得表面积 S_s 与颗粒的表面 S_p 的比值：

$$\psi=S_s/S_p$$

球形度越小，表示颗粒的形状越不规则，而其堆积空隙率越大。

（二）粒度和粒度分布

颗粒状物质的最基本几何参数是粒度，它表示了颗粒的大小。对单一的球状颗粒，其直径大小就是粒度值，因此有时粒度也被成为粒径。在使用上粒度和粒径具有相同的含义。除了粒度，粒度分布也是颗粒物料的一个重要参数。

经常使用沉降法测量细粉颗粒的粒径。利用斯托克斯沉降原理来测定形状不规则颗粒的当量球径，其原理是根据颗粒的沉降速度计算得到颗粒的有效粒径：

$$d_e=\sqrt[3]{\frac{18\mu u_t}{\rho_s-\rho}}$$

式中 u_t——颗粒的沉降速度，m/s；

ρ——液相密度，kg/m^3；

μ——黏度，Pa · s。

一般情况下，颗粒体系是有不同粒径的颗粒所组成。为了表述颗粒的粒度分布情况，通常采用给出颗粒体系中各粒度范围的质量占颗粒总质量的分率的方法。

（三）休止角和摩擦角

颗粒物料在流动和输送时要产生位移，因此颗粒之间、颗粒与管壁之间均存在摩擦作用。该摩擦作用，尤其是颗粒间的凝聚作用及颗粒与管壁之间的附着作用，决定了颗粒物料的流动性。表示颗粒物料静止及运动力学特性的重要物料参数之一是颗粒的各种摩擦角，如休止角、内摩擦角、壁摩擦角等。

颗粒物料堆积层的自由表面在静止平衡状态下，与水平面形成的最大夹角称为休止角 φ_r。休止角根据测量方法不同分为注入角和排出角两种形式，前者通过在某一高度下将粉体颗粒注入到某一有限直径的园板上，当颗粒堆积到圆板边缘并由边缘排出是所形成的休止角，摩擦角分为内摩擦角和壁摩擦角，前者表示颗粒内部之间的摩擦特性，后者表示颗粒与器壁之间的摩擦特性，摩擦角的正切值为摩擦系数。

（四）粉体流动及静压分布

大多数气力输送装置，其输送物料均由料罐储存和发送，因而颗粒物料在料罐内的流动和压力分布，也是不容忽视的一个方面。

如果颗粒物在料罐内能像液体那样，在不同高度上同时均匀向下流动，颗粒物料只在料罐的中心部分产生漏斗状的局部流动，在周围其他区域的物料停滞不动，此时为漏斗流。漏斗流减少了料罐的有效空间，流动不稳定，速度不均匀，容易在罐内形成架拱。因此，料罐设计应保证其内部物料的流动为整体流。实现以上设计的关键是根据颗粒物料的流动性质，主要是摩擦角和粘结性，合理选择料罐的锥顶角。对于自由流动颗粒物料，其向下流动由整体流变为漏斗流时的临界锥顶半角 θ_C' 与壁摩擦角 φ_W 具有如下关系：

$$\theta_C'=60\left(1-\frac{\varphi_W}{30}\right)^{\frac{2}{3}}$$

当料罐的锥顶半角 θ_C 小于其临界值 θ_C' 时，物料在料罐内的流动将为整体流，否则就会出现漏斗流。

粉体物料从料罐出口的卸出流动与液体出流具有类似的规律，即其出流速度与 $\sqrt{gD_0}$ 成正比，D_0 为卸料出口直径，而流量则与 $D_0{}^{2.5}$ 成正比。

颗粒物料在料罐内的压力分布与液体不同，并不随着深度成正地增加。

四、气固混合物的性质

气固混合物的物理性质，包括混合物的浓度和密度，对两相流的运动状态、固体颗粒的运动速度以及输送管道内的压力损失，均有很大影响。

(一) 浓度

混合物浓度也成为料气混合比，是指两相流中固体物料量与气体物料量的比值。因次它可以作为输送量和输送状态的标准，是稀相气力输送的重要参数之一。混合物浓度一般可分为质量浓度、体积浓度和实际浓度三种。

1. 质量浓度

质量浓度 m 也简称为混合比，是指通过输送管道断面的固体物料的质量流量 q_{ms} 与气体质量流量 q_{mg} 之比，即

$$m=\frac{q_{ms}}{q_{mg}}=\frac{q_{ms}}{\rho_g qv_g}$$

式中　q_{ms}——固体颗粒质量流量，kg/h；

q_{mg}——气体颗粒质量流量，kg/h；

qv_g——气体体积流量，m^3/h；

ρ_g——气体密度，kg/m^3。

2. 体积浓度

体积浓度 m_0 是指固体物料的密实体积流量 qv_s 与气体体积流量 qv_g 之比，即：

$$m_0=\frac{qv_s}{qv_g}=\frac{q_{ms}\rho_g}{q_{mg}\rho_s}=m\frac{\rho_g}{\rho_s}$$

式中　ρ_s——管内物料的真实密度，kg/m^3。

由上式可知，体积浓度小于质量浓度。不论时质量浓度还是体积浓度，都是根据气体个物料的流量数据计算得到的，因此它不同于输送管内混合物的实际浓度。

在气流输送气固两相流的设计中，通常采用质量浓度作为设计已知参数。选择恰当的质量浓度 m 值是非常重要的。质量浓度 m 越大，越有利于增大输送能力。在规定的生产率条件下，m 值大所需消耗的气体量就笑，因而功率消耗也小；同时气体量小，所需的管道、分离除尘设备也可相应减小，从而节约材料投资。然而，若 m 值过大，则在悬浮状态下输送物料时易产生堵塞，且压力损失也会增大，要求采用高压风机。因而质量浓度 m 的数值受到风机性能、物料的物理性质、输送条件等因素的限制，在设计时应恰当地选择质量浓度 m，最可靠的方法就是在实验基础上选择。

3. 实际浓度

实际浓度 m' 是指输送管中单位长度内的固体物料质量与气体质量之比，即：

$$m'=\frac{q_{ms}/v_s}{q_{mg}/v_g}=m\frac{v_g}{v_s}$$

式中　v_s——固体颗粒平均速度，m/s；

v_g——气体平均速度，m/s。

从上式中可以看出，因在气力输送中 $v_g>v_s$，所以 $m'>m$，即实际浓度大于质量浓度。对于细粉料的输送过程，因为颗粒的跟随性较好，可以认为气体速度与颗粒速度相近，从而可用质量浓度代替实际浓度。

(二) 密度

气固混合物的密度在气力输送的两相流计算中，也是一个很重要的参数。一般将混合物

密度分为流量密度和实际密度两种。

1. 流量密度

流量密度 ρ_m 是指两相流质量流量 q_m 与其体积流量 q_v 之比，即：$\rho_m=\frac{\rho_s qv_s}{qv_g}=m\rho_g$

说明在质量浓度给定后，两相流的流量密度比近似等于气体密度比。

2. 实际密度

实际密度 ρ_m'是指输送管中流动状态下混合物的密度，即单位长度输送管内混合物质量与其体积之比，即：

$$\rho_m'=\frac{q_{ms}/v_s+q_{mg}/v_g}{qv_s/v_s+qv_g/v_g}$$

在稀相低混合比的气力输送中，物料所占体积较小因而 qv_s/v_s 可忽略不计，而气体质量与固体颗粒质量相比也可忽略，因此上式可简化为：

$$\rho_m'=\frac{q_{ms}/v_s}{qv_g/v_g}=\rho_g \mathrm{m}\frac{v_g}{v_s}=\rho_g m'$$

比较以上两式后可知，由于气力输送过程中 $v_g>v_s$，因而两相流实际密度大于流量密度。由式 $\rho_m'=\frac{q_{ms}/v_s}{qv_g/v_g}=\rho_g m\frac{v_g}{v_s}=\rho_g m'$ 指出，实际密度等于气体密度的混合物实际浓度的倍数，在物理意义上式 $\rho_m'=\frac{q_{ms}/v_s}{qv_g/v_g}=\rho_g m\frac{v_g}{v_s}=\rho_g m'$ 是指单位管长容积中悬浮着的颗粒群的质量，所以它是输送管中悬浮状态下颗粒群的密度 ρ_n，对管截面 A 的输送管有 $\rho_n=\rho_m'=\frac{q_{ms}}{Av_s}$

第二节　气力输送基本原理

一、固体颗粒流态化现象

处于自然堆积状态下的固体颗粒之间存在内摩擦力，因而不具备流体的性质。然而，通过将流体作用于颗粒物以消除颗粒之间的内摩擦力，也可使颗粒物料具有流体的性质。近代流态化技术是把固体散料悬浮于运动的流体中，使颗粒与颗粒之间脱离接触从而消除颗粒间的内摩擦现象，达到固体颗粒流态化的目的。这种流化的颗粒床层，具有一般流体的流动特性，因此便称为流化床。

固体颗粒的流化过程就是气体通过分布板向上穿过颗粒床层，设气体的表观流速为 v，则在颗粒床层空隙中实际流速为 $v_0=v/\varepsilon$。随着气体流速的变化，颗粒床层将出现不同的状态。当气流速度较小时，床层受气流的作用力较小而保持原堆积静止状态，称为固定床。气流穿过固定床时，其床层压降 Δp 随气流速度 v 的增加而增大，

当气流速度 v 提高到其实流化速度以上，颗粒床层开始流化，固定床转变为流化床。此时，气流穿过床层的自由重力基本相当，床层空隙率随气流速度增大而不断增加，同时床层的膨胀高度也不断增加，另外随着气体流量的增大，尽管床内气速增大，但流化床的不断膨

胀使颗粒间的流通截面也随之增大，最后导致穿过床层的实际气速维持不变，在此气速范围内，流化床内的气流降压并不因 v 的提高而变化。

当气流速度进一步增大至颗粒的终端悬浮速度时，颗粒开始被气流夹带进入床层上方空间，使床层固体颗粒浓度急剧下降，造成床层压降明显减小。这时，系统由密相流态化转变为稀相流化已至到稀相悬浮气力输送。

在稳定流化区域，流化床内的颗粒床层具有类似液体的性质。流化床层具有浮力，大而轻的物体受压极易进入床层，压力解除则又重新浮起，

对于锥形流化床，由于截面积随高度而变化，使在不同高度上能存在相应的气流速度梯度。低部截面积小，故气速较大，能较好地使大颗粒流化；而顶部截面积大，气速较小，可防止细粉被气流夹带逸出。

二、气固悬浮流动分析

在稀相力输送过程中，固体颗粒物料呈悬浮状态比较均匀地分布在整个输送管道截面上。颗粒物料均匀地与管壁接触，其与管壁的摩擦阻力可根据类似于流体的沿程阻力系数 λ_s 来确定。颗粒体系能否实现均匀悬浮流动，主要由颗粒体系的终端速度、输送介质的湍流程度、输送介质的湍流程度、气固相间作用力大小决定的。

（一）颗粒终端速度

颗粒在流体中由于受到重力作用而产生沉降，在初始阶段应为匀加速运动。但由于颗粒与流体之间发生了相对运动，使颗粒受到流体对它产生的摩擦阻力作用。阻力的方向与颗粒的运动方向相反，速度越大，所产生的阻力也越大。因此，当颗粒沉降加速一段时间后，流体对颗粒的阻力将与颗粒的浮重（重力与浮力之差）达到平衡。此时颗粒将以等速降落，该速度称为颗粒的终端速度，以符号 U_t 表示。

稀相气力输送是一种重要的气力输送方式，颗粒物料在铅垂管道中呈悬浮状态，是稀相气力输送的特点。如果气流的上升速度等于颗粒的终端速度 U_t 时，固体颗粒就会悬浮于气流中。而当气流的上升速度大于 U_t 时，固体颗粒则被气流夹带产生上升运动，从而实现固体颗粒的稀相气力输送。

根据两相流体力学理论，可以推导得出单颗粒的终端速度表达式：

$$U_t=\left(\frac{4}{3}\frac{gd_p(\rho_s-\rho)}{\rho C_D}\right)^{\frac{1}{2}}$$

式中　g——重力加速度，m/s^2；

d_p——颗粒粒径，m；

ρ——流体密度，kg/m^3；

ρ_s——颗粒密度，kg/m^3；

C_D——曳力系数。

曳力系数 C_D 是终端速度所对应的雷诺准数 $Re(=d_pU_t\rho/\mu)$ 的函数，其数值通过实验测量得到。曳力系数 C_D 随雷诺准数 Re 得出化曲线大致可以将其划分为滞流区、过渡区、和湍流区三个区域。每个区域的 C_D 曲线可用相应的数学公式描述，将其代入终端速度表达式，即可得出终端速度的近似计算式。

（1）滞流区。在该区域内，$Re<1$，气流属于层流，颗粒的终端速度为：

$$U_t=\frac{g(\rho_s-\rho)d_p^2}{18\mu}$$

（2）过渡区。在该区域内，$Re=1\sim1000$，气流介于层流与湍流之间，颗粒的终端速度为：

$$U_t=d_p\sqrt[3]{\frac{4g^2(\rho_s-\rho)^2}{225\rho\mu}}$$

（3）湍流区。在该区域内，$Re>1000$，气流属于湍流，颗粒的终端速度为：

$$U_t=\sqrt{\frac{3.03g(\rho_s-\rho)d_p}{\rho}}$$

严格地讲，气力输送过程中输送的物料是颗粒群而非单个颗粒前者的曳力系数与颗粒群的固相浓度有很大关系，而球形颗粒与非规则颗粒的曳力系数也是不一样的。

（二）管道内颗粒的悬浮机理

由于输送管道内的气流速度，随其径向位置而变化，因而处于不同位置上的颗粒所受气流的作用力也不相同。在稀相气力输送过程中，输送介质必须输出强湍状态才具有输运固体物料的推动力；对于颗粒相，由于颗粒形状不对称，气流在颗粒上的作用力也会因此而造成颗粒的旋转。另外，由于颗粒间的摩擦和碰撞，使某些颗粒因此而加速，某些因此而减速。总之，固体颗粒运动也完全处于极不规则的湍动状态。

固体颗粒悬浮于气流中是实现稀相气力输送的先决条件。在垂直管中输送时，颗粒物料的重力和气流的作用力在方向上相反。因此，当气流作用力与颗粒重力平衡时，固体颗粒就会悬浮于气流之中。如果气流速度继续提高则即可实现铅垂气力输送。在水平输送时，情况要复杂一些，由于颗粒重力的作用方向垂直于气流的流动方向，颗粒悬浮需要一个向上的合力来平衡。在复杂的气固两相流中，这个合力导致颗粒能够在水平流动的气流中悬浮，并随气流在水平方向运动而实现气力输送。

（三）管道内颗粒群运动方程

在气力输送过程中，颗粒物料在加速段首先被气体逐步加速，经过一定距离的加速之后达到最终的恒定运动速度。在等速段中，颗粒相与气流间的滑落速度(v_g-v_s)所产生的曳力与颗粒群的运动阻力及重力相平衡，从而保持等速运动。

三、气力输送状态相图

气力输送过程的两相流状态与设备和操作条件有关，其相互间的影响规律很复杂。定量描述气力输送过程机理和根据操作条件半段气固两相流状态，是很多专家学者长期追求的目标。将气力输送过程中气速与压损之间的相互关系规律标绘在二维图上，可以将气力输送过程的状态清晰地描绘出来。但根据已有相图的原理和方法对认识和理解气力输送过程机理和规律大有裨益。下面分别按垂直和水平两种输送系统予以讨论。

（一）垂直输送系统状态相图

根据实验所得到的垂直气力输送系统的状态相图如图 4-3 所示。图中的横坐标为输送气流速度的对数坐标，纵坐标为单位管线上压力损失的对数坐标。图中的不同曲线则便是输送过程中，气固两相流的输送气速与压损的相互关系。

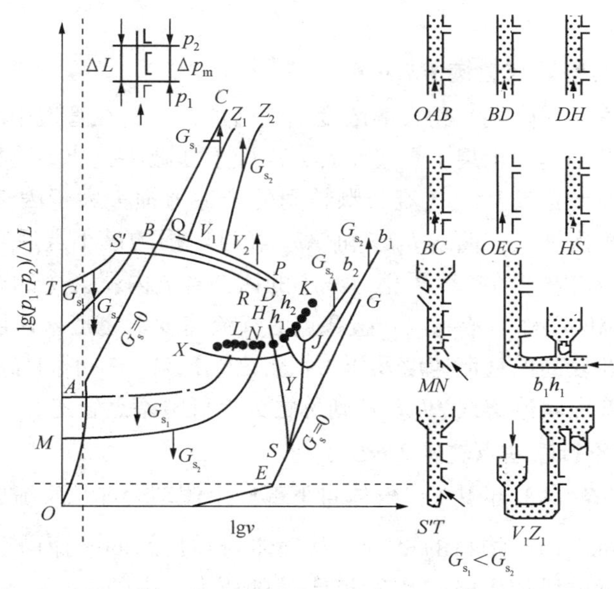

图 4-3　垂直输送状态相图

1. 静止料层透气线 *OAB*——填充床

当气流速度自零开始不断增加时，气流经 *A* 点穿过静止的料层，随着气流速度的增加，直至 *B* 点处，物料仍未有活动，即物料流动速率 $C_s=0$。图中箭头方向表示颗粒物料的流动方向，*OAB* 即代表气流在静止料层中流动时的气速与压力损失的关系。

2. 料层松散线 *BD*——流化床流动

自 *B* 处增加气流速度，压损为一常数，但是由于料层开始膨胀，ΔL 增加，因而压力损失 $\lg(p_1-p_2)/\Delta L$ 开始沿 *BD* 减少，料层将随着气流速度增加而被剧烈地搅动，直至该线的终点 *D* 为止。如果气流的速度再增加，则由 *D* 点越过 *DH* 区域而达到 *H* 点。在 *DH* 区域内，输送状态极不稳定，对气流速度非常敏感，以致迄今尚未研究清楚。在 *H* 点重又呈现稳定状态，固体物料的浓度显著减少。

3. 稀释线 *HS*

从 *H* 点开始，随着气速的进一步增加，气流中物料浓度不断被稀释，因而压力损失显著减少。沿着 *HS* 线的变化，物料在气流中继续稀释，一直到 *S* 点为止，此时气流中仅剩下最大的颗粒。

4. 空载特性曲线 *OEG*

当气流速度稍微越过 *S* 点时，压力损失将沿 *OEG* 移动。由于气流速度超过了物料中最大颗粒的悬浮速度最大颗粒将以速向上移动。由于仅存的最大颗粒也随气流运动，因此压力损失就表现为纯空气与管壁间的摩擦压损。所以 *OEG* 线便称为空载特性曲线。

5. 经济气流速度曲线 *SJ*

随着气流速度的降低，气流与管壁间的摩擦压损将减少。如果加料流速不变，处在气流中物料的速度减慢而浓度增加，遂使压损增加。当压损增加和减少相平衡时，则 b_1h_1 和

b_2h_2 的直线部分逐渐偏离空载特性曲线而出现压力损失的最小值。这时的气流速度谓之经济气流速度 v_0。

6. 噎塞速度和上行噎塞点轨迹 Hh_1h_2K

随着气流速度的进一步降低，物料的浓度迅速增加，物料在管道中的流动状态不在均匀分布地悬浮输送。颗粒的运动出现了聚集状态，空隙不断减小，成为不稳定的悬浮输送。

由于提升物料需要一定功耗，气流与颗粒间的摩擦力损失大于因气速降低而减小的压损，使总的压力损失再次增大。曲线 b_1h_1 和 b_2h_2 经过压损的最小点后转为向上，分别趋近于 h_1 和 h_2 点。这时，如果气流速度再稍有减小的话，管道内就会全部充满物料，即管道被物料所噎塞。因而 h_1 和 h_2 称为噎塞点。噎塞点的气流速度谓之噎塞速度。并且，较高的加料流率，其噎塞点也在较高的气流速度及压力损失之下出现。在不同加料流率下进行垂直向上输送，所得到的噎塞点轨迹连线 Hh_1h_2K 则称之为上行噎塞点轨迹。

7. 沉积线 MN 与下行噎塞点轨迹 HNL

加料以流率 G_{s_1} 或 G_{s_2} 自上部引入，气体自下部向上流动。如果气流的速度小于物料的悬浮速度 V_t，则物料下沉。由于物料的重力以及气体与颗粒间的摩擦而造成的压损，将自 M 或 A 开始随着气流速度的增加而增加。对应于 G_{s_2} 的压力损失随着气流速度而沿 MN 线变化，对应于的压力损失随气流速度而沿 AL 线变化。当到达 N 点和 L 点时，管道也为物料所噎塞，L 和 N 即为下行噎塞点。较大的加料流率的噎塞点 L 的气流速度比具有较小加料流率 G_{s_1} 的噎塞点 N 的气流速度为低，这与上行噎塞的情况相反，噎塞点的连线 HNL 谓之下行噎塞点轨迹。上行噎塞点轨迹 Hh_1h_2K 和下行噎塞点轨迹 HNL 总称为噎塞速度线 LNK。

8. 栓流区

位于物料开始运动的松散线 BD 以上，自 D 点开始，随着气流速度的降低，物料不再成栓流，而聚合为料柱，由气流的静压推动输送。并且对应于 G_{s_1} 聚合为料柱的气流速度 V_1 比 G_{s_2} 的 v_2 点小。

9. 稳定栓流区 XY 线

由栓流区 V_1Z_1、V_2Z_2 可以看出，物料流动速度极低，然而压力损失却极大。为了保持其低速，而又要降低其压损，可采取节制气流进入管道的方法，使料栓成为有控制的料栓流动。这样，便构成了人为的稳定栓流区。很显然，在管道中料栓颗粒之间的摩擦大于物料的管壁之间的摩擦，物料的颗粒未被悬浮，因而稳定栓流区处于下行噎塞速度线 LNH 的下面，在 ALHSE 范围内。随着气流进入管道的方法不同，而有不同的速度边界。

10. 柱状流起始线 QP 及 $S'R$。

如果将上行起始线 QV_1V_2P 连接起来，谓之向上柱状流的起始线 QP。同样，把下行起始线 $S'R$ 连接起来，谓之下行柱状流起始线。两者均非常接近于料层松散线 BD。

（二）水平输送系统状态相图

水平气力输送系统状态相图与垂直输送系统无多大差异，简化后的相图如图 4-4 所示。相应的物料运动状态图。

1. 空载特性曲线 EG 线

空载特性曲线 EG 线，如图 4-4 所示。

2. 经济气流速度曲线 *SJ*

当物料在管道中，分别加料流率 G_{s_1} 和 G_{s_2} 进入时，则气流速度与压损的关系，分别按右上图中曲线 b_1h_1 和 b_2h_2 变化。当气流速度降低时，压力损失出现最低点，以后压力损失重又增加，如果把不同加料速率下的最低压损点连接起来，则连线 SJ 便谓之经济气流速度线。其对应运动状态如图 4-5 中(a)～(d)和(a′)～(d′)的流动形态。此时，气流速度较高，物料在水平管中飞动，其运动状态与垂直管中相类似呈均匀分布，如图 4-5 中(a)及(a′)；但大多数的实验，均观察到颗粒处于管道截面的下半部较多，如图 4-5 中(b)及(b′)。随着气力速度的降低，颗粒将沿管底跳跃，如图 4-5 中(c)及(c′)；当气流速度达到经济速度线 SJ 时，这时颗粒在水平管中已不再飞动跳跃，物料将沿管底滑动，相当于图 4-5 中(d)及(d′)。所以，经济速度 v_0 也称为水平管中飞动运送的临界速度。

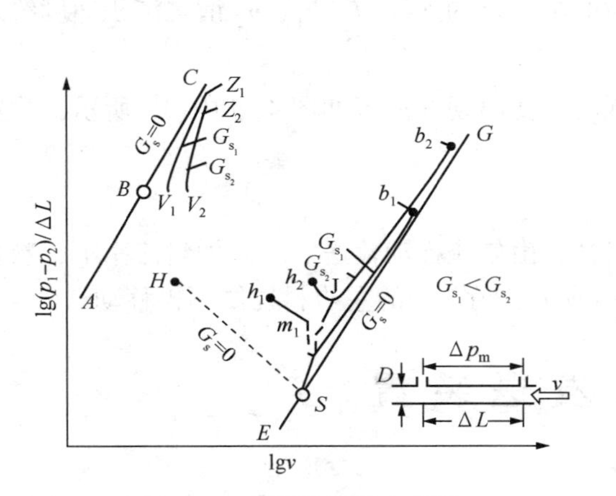

图 4-4　水平输送状态相图

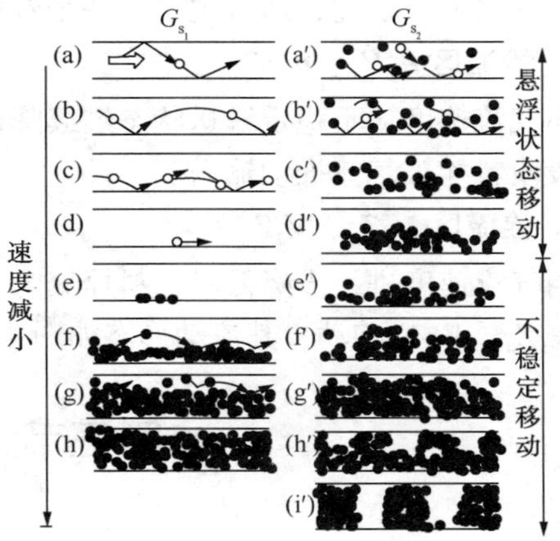

图 4-5　水平输送物料运动状态

3. 沉积速度线 Hh_1h_2。

当气流速度越过经济速度线 SJ 时，进入 SJ 的左侧，运动状态出现明显变化。这时，气流速度只要稍微减少，物料将立即沉积在管底，输送情况变得异常复杂。在不同加料流率下，变化也不相同。从运动状态相图右上图中可以明显地看出，当加料流率较小时，物料在管道中的运动状态按图 4-5 中(e)～(h)变化。而当加料流率较大时，物料在管道中的运动按图 4-5 中(e′)～(i′)变化。其过程可按不同的加料流率说明如下：

在加料流率很小时($G_s \to 0$)，其过程按曲线 SH 变化。最早的沉积点发生在 S 点附近，S 点的气流速度是经济速度，几乎也是沉积速度。当空气速度降低时，颗粒在管底沉积，并占据一定的管道截图。因而，在管道剩余截面上，气流的真实速度在 SH 段上保持很定，直至 H 点附近，管道被颗粒填充至相当程度后，只要极少的颗粒，就足以堵塞管道的剩余截面，因而在管道中的气流运动变得不稳定。

在加料流率较小(G_{s_1})时，其过程按曲线 b_1h_1 变化，与($G_S \to 0$)的情况大体相同。颗粒在 S 点上边附近的 m_1 点沉积而不再移动，如图 4-5 中(e)、(f)、(g)所示。点 m_1 的气流速度谓之沉积速度。由于颗粒占据了一定的管道截面，减少了气流流通截面，提高了气流速度。当继续降低表现气流速度时，剩余截面的实际气速从 m_1 点至 h_1 的过程中并未降低，仍保持为一常数，未沉积的颗粒仍在剩余截面中被输送，直至 h_1 点附近，只要少量颗粒就足以栓塞管道剩余截面，使管道截面被物料所堵塞，如图 4-5 中(h)所示。H、h_1 点的气流速度谓之最后一个颗粒沉积的表观气流速度或表观沉积速度。

在加料流率较大时，其过程按曲线 b_2h_2 变化。管道中的物料在比 b_1h_1 较高的气流速度下开始聚集为移动的料堆而沿管底滑动，如图 4-5 中(d′)~(g′)所示当气流速度降低至 h_2 点时，沙丘似的料堆沉积管底形成料栓，如图 4-5 中(h′)所示。因而，h_2 点的气流速度便谓之加料流率较高时的沉积速度。

连接 H、h_1、h_2 各点谓之沉积速度线。严格来讲，实际沉积速度线应为 Sm_1h_2。当加料流率很小时，开始沉积点在 S 点，最后一个颗粒的沉积点为 H 点、加料流率较小时，开始沉积点在 m_1 点，最后一个颗粒沉积点为 h_1 点(它们的沉积速度实际上为同一值)。只有在加料流率较大时，开始和最终沉积点才为同一点 h_2 点，在实际装置中，一般均属于加料流率较大的情形。因此，通常把最后一个颗粒的沉积点的连线 H、h_1、h_2 谓之沉积速度线。

4. 栓流区 h_1V_1、h_2V_2

当气流速度从不稳定输送状态继续降低时，便出现栓流区如图 4-5 中(i′)所示，物料形成一段段料栓被气流推动输送。

5. 栓流区 V_1Z_1、V_2Z_2

当气流速度进一步降低时，料栓聚为料柱，由气流推动输送。不同加料流率下，料柱分别按 V_1Z_1、V_2Z_2 移动，其流动形态如图 4-5 所示。在 BC 的左边料柱便不再移动。

第三节 发送装置

一、发送装置的工艺要求

连续重整过程中的催化剂循环系统主要由发送装置、管路、锁气罐(又称闭锁料斗)、气固分离罐等设备组成，其中发送罐是催化剂循环系统的重要关键设备之一。虽然催化剂循环过程是由气力输送实现的，但这里的气力输送与常规的气力输送在工作原理、操作条件、设计原则等方面存在很大不同。催化剂循环系统属于重整反应和催化剂再生反应过程的配套系统，因而受到反应过程工艺条件和操作条件的诸多限制，这给过程和设备的设计操作带来很大难度和复杂性。

常规气力输送的设计目标很明确；即以尽量小的气量输送尽量多的物料；而对于连续重整过程的催化剂循环系统，一般必须满足一下要求：

(1) 输送过程降压与重整反应器之间以及重整再生反应器之间的降压匹配；

(2) 输送过程具有很好的操作弹性，在输送降压变化不大的条件下催化剂输送量可任意调节；

(3) 解决催化剂的逆压落差料问题，在反应和再生过程中实现催化剂的闭路循环；

(4) 避免催化剂磨损，催化剂颗粒输送速度不宜过大。

由此可见，催化剂循环系统与常规气力输送相比具有明显的特殊性，因而常规气力输送过程所采用的发送装置一般无法满足以上特殊要求。因此，连续重整的催化剂循环系统均采用特殊形式发送装置。下面对目前已有连续重整装置常用的几种发送装置进行简单介绍。

二、罐式发送装置

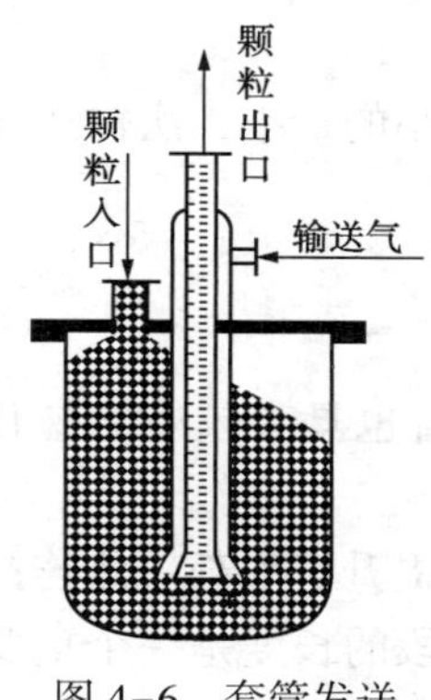

图 4-6　套管发送罐示意图

在早期连续重整装置中，曾采用过套管罐式发送装置，其具体结构如图 4-6 所示。套管发送罐结构比较简单，主要由料罐主体、输送提升管、输送进气套管组成。套管罐式发送装置的工作原理，是靠套管进入输送气流化提升罐入口处的颗粒而实现发送物料的目的。

套管罐式发送装置的优点是结构简单，缺点是无法灵活调节输送过程的固气比。运行时，当经过套管进入发送罐的输送气，其速度在提升管入口下部达到最小流化速度时，催化剂颗粒开始被提升向上输送。随着气速提高，催化剂的输送量也随之增大，但这一增大过程不是线性的。例如气速过大，在套管的出口处将会产生一定程度的空腔，反而会使颗粒的输送量下降，由此可知，套管罐式发送装置的结构在调节输送过程的固气比方面具有明显的缺陷，大量的工程实践也证明这种设计在灵活性和操作弹性方面存在不足。该结构设计已在新设计中被逐渐淘汰。

改进后的罐式发送装置常被称为双气流发送罐，它采用流态化原理对输送过程的固气比调节控制能力大为提高，操作弹性得到很大程度的改善。双气流发送罐的具体结构如图 4-7 所示，其主体为圆柱状罐体，罐中央有一根端口为喇叭形的提升管，提升管下部为一次输送气喷嘴，发送罐下部和底部为夹套结构供二次输送气通过，二次气出口为一次输送气喷嘴周围的环隙。一次输送气和二次输送气分别通过一次气喷嘴和罐体夹套进入发送罐。

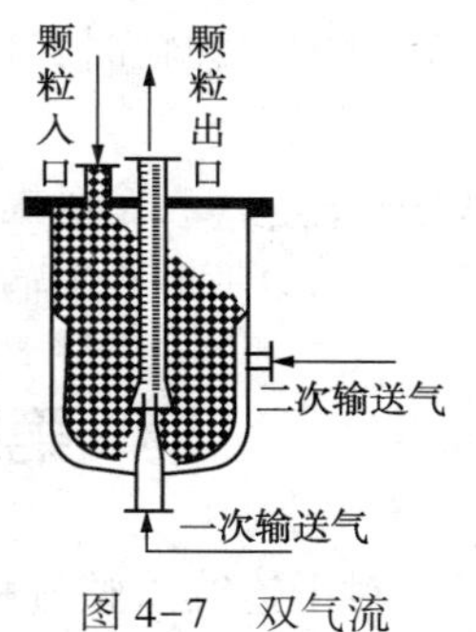

图 4-7　双气流发送罐示意图

发送罐工作时，一次输送气经过伸入提升管喇叭口的喷嘴直接进入输送提升管，并不具备发送颗粒物料的功能，只是起到加速颗粒和输送物料的作用。在一次风喷嘴和提升管喇叭口下缘形成一个环形通道，发送罐中的物料则堆积在喇叭下缘四周。当二次输送气通过夹套底部出口进入发送罐后，向上流动进入提升管，只有二次气到达一定量之后，环形通道内的物料才能被流化而进入提升管，从而达到发送物料的目的；如果仅有一次输送气或二次气流量不足以流化喇叭口附近的颗粒，则由于输送管入口周围的颗粒未被流化而不能形成连续输送。

根据以上分析，双气流发送罐发送物料的条件是输送提升管入口处的颗粒必须处于流化状态。因此，双气流发送罐稳定输送颗粒物料的最小二次输送气流量 Q_{g2min} 可利用流态化理论计算预测。由 Kwauk 散式流态化理论可知，对于不同压力条件下的初始流态速度满足：

$$U_{mf}=U_{mfo}\left(\frac{p}{p_0}\right)^{\frac{1}{m}-1}$$

式中　p_0、p——分别为常压和操作压力，Pa；

m——输送气体膨胀系数，一般取值 1.3～1.5；

U_{mf}、U_{mfo}——对应于压力 p 和 p_0 的最小流化气速，m/s。

因而最小二次输送气流量 Q_{g2min} 为：

$$Q_{g2min}=U_{mf}\times(r_L^2-r_P^2)$$

式中　r_L、r_P 分别为喇叭口下缘和一次气喷嘴半径，m。

该公式可用于 101.33kPa 时，双气流发送罐稳定输送颗粒物料的最小的最小二次输送气流量 Q_{g2min}

三、管式发送装置

管式发送器亦称作 L 阀发送器，其结构简单，制造成本低廉，同时也具有较好的催化环量调控能力，在近几年建设的连续重整装置中也得到了比较多的应用。

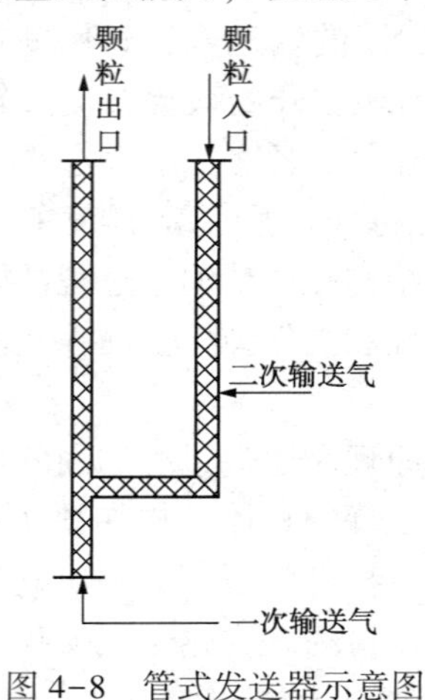

图 4-8　管式发送器示意图

管式发送装置如图 4-8 所示，由在输送提升管底部一侧连接一 L 形下料管构成。管式发送器底部水平管段的长度是一个重要的设计参数，过短或过长都会影响 L 阀的正常工作。一般情况下，对于重整过程的催化剂循环系统而言，L 阀的水平段长度取 300～600mm 是合适的。另外，两次输送气的进气位置也很重要，不宜过低或过高，一般将两次气的进气位置定在 L 管拐角以上，其高度定位水平管长的四分之三左右。与双气流发送罐的工作原理相似，L 阀发送器的一次输送气用于输送颗粒，二次输送气用于调节输送过程的固气比，也即调节催化剂的循环量。

L 阀的工作原理基本与双气流发送罐一样，仅靠一次输送气无法发送颗粒物料。能否发送物料和发送物料的速率主要靠二次输送气流量控制，只有当向下分流的二次输送气流速足以流化水平管段中的颗粒时，L 阀才具发送物料的功能。此时的最小输送二次气流量：

$$Q_{g2min} = U_{mf} \times \pi r_{riser}^2 / \beta$$

式中　r_{riser}——输送提升管的半径，m；

β——二次输送气向下分流的分配比例。

第四节　输送气速上下限与循环量控制

对于连续重整过程的催化剂循环系统，催化剂的循环速率必须与催化剂反应过程的再生周期匹配，因而做到对催化剂循环速率的灵活调节和控制无论对工程设计还是对生产操作都非常重要。催化剂循环系统的气力输送一般为垂直输送过程，其输送气速下限有噎塞速度决定，而催化剂磨损则是决定输送气速上限的主要因素。

一、噎塞速度

在连续重整催化剂循环过程中，希望催化剂颗粒的运动速度尽量小，以减小催化剂的摩擦损耗。颗粒速度随输送气速的减小而减小，输送气速的下限即为噎塞发生时的气速，

噎塞速度被定义为气力输送过程中正常输送颗粒的最低气速，是颗粒输送操作过程中的重要参数之一。一旦输送装置发送噎塞，恢复到正常操作一般都非常麻烦，因而尽量避免噎塞现象的发生。

噎塞气速通常要大于输送过程颗粒群的终端速度，一般用发生噎塞时的表观气速 U_{ch} 表示。噎塞速度 U_{ch} 与颗粒输送量 G_S 和输送系统的压力 p 密切相关。当压力 p 一定时，随颗粒

循环量 G_S 的增加，噎塞速度 U_{ch} 也随之增加；当颗粒循环速率 G_S 一定时，随着系统压力 p 上升，噎塞速度 U_{ch} 随之下降。

二、输送气速与催化剂磨损

对于连续重整工艺中的催化剂循环系统，所输送的物料为价值昂贵的贵金属催化剂，因而尽量减少催化剂颗粒在循环过程的磨损消耗一直是人们追求的目标之一。故在连续重整工艺催化剂循环系统的设计和操作过程中，将降低催化剂在输送过程的摩擦损失作为首要目标。

定义催化剂颗粒的磨损比 ξ 为单位时间内颗粒磨损量与颗粒输送量之比。以此来定量描述输送过程的颗粒磨损情况，即

$$\xi = \Delta W / W_{tr}$$

式中　ΔW——单位时间催化剂的磨损量，kg/s；

W_{tr}——单位时间输送的催化剂量，kg/s。

根据力学和摩擦学原理，催化剂的磨损比 ξ 应主要与催化剂颗粒的运动速度有关，并与颗粒的运动速度成幂指数关系，即

$$\xi = K\left(\frac{U_g/\varepsilon_g - u_t}{u_t}\right)^m$$

式中　K、m——磨损比例系数和磨损指数因子；

ε_g——系统的空隙率；

U_g、u_t——输送气表观气速和颗粒终端速度，m/s。

随着输送过程颗粒输送速度的增大，磨损比也将增大，并且输送速度越大，磨损比增大的趋势也会明显增加。

在生产过程中应尽量减少重整催化剂因循环输送造成的磨损，因此气力输送应在尽可能低的输送气速下操作。大量实践证明，催化剂颗粒在输送过程的实际提升速度小于 2m/s。否则，会使催化剂的磨损明显增大。

三、催化剂循环量控制

对于连续重整工艺的催化剂循环过程。仅靠调节输送气量不能满足灵活控制催化剂循环速率的工艺要求。只有采用专门设计的发送装置，配合正确的操作方式和控制程序才能实现对催化剂循环量的灵活控制。在二次气和一次气配合下控制着催化剂颗粒的定量发送和提升输送。

实际上二次输送气流量是影响颗粒输送量的关键因素。当二次输送气流量小于某一特定值时，没有颗粒输送；随着二次气量的逐渐增大，颗粒输送量随之增大，并基本与二次气流量呈指数上升关系，即

$$Q_S = K(Q_{g2} - Q')^n$$

因此，在生产中可以通过调节二次气流量来控制颗粒的输送量，随着二次气量的增大，流化的颗粒量和通过喇叭口换隙的颗粒量均增加，从而使得输送过程的混合比增大。当喇叭口直径较小时，需要的二次气量较小，但对颗粒输送量的调控精度较差；反之，需要二次气量较大，调控精度较好。

第五节 输送过程的压力损失

输送管道中的降压是气力输送过程的重要设计参数和操作参数，属于气力输送过程的主要考核指标之一。

一、沿程压力分布规律

为了认识催化剂循环系统的气力输送沿程压力分布规律和定量确定输送过程的压力损失，清华大学景山等人在如图4-9所示的重整催化剂循环模拟实验台上进行了系统的实验研究。实验测量得到的输送管路中压力分布如图4-10所示，图中给出的是在出口为常压条件下整个输送管道中的沿程各测压点压力(表压)和管路长度坐标的关系。由实验结果可知，当颗粒循环量 G_S 相同时，随着总输送气量 $Q_{g1}+Q_{g2}$ 的增加，各测压点的压力均增加，但各压力曲线随高度的变化趋势是相同的，并且这一变化趋势可以明显地分为3段，即 A 段、B 段和 C 段。A 段对应于左图中输送管线底部的直管段，在此段的初始部分压力梯度较大，属于输送过程的加速段，在加速段，颗粒速度由零增大至某一恒定值。颗粒经过加速段后，基本以恒速运动，相对应的压力梯度也为定值。图中 B 段对应于输送管的两个弯头及斜管段，该段压力梯度比直管段大，但大气加速将会比较明显地减小该段的压力梯度。图中 C 段对应于输送管线顶部的直管段，由于在该段中颗粒基本以恒定速度运动，相对应的压力梯度为定值，在图中压力随高度的变化近似于直线，且该段的压力梯度与 A 段中恒速段部分的压力梯度相近。

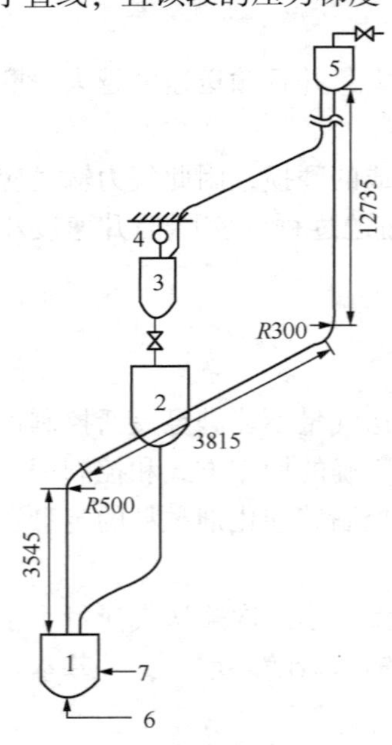

图4-9 气力输送实验台

1—发送罐；2—催化剂储罐；3—计量罐；
4—重量传感器；5—气固分离器；6—一次输送风；
7—二次输送风

$H=18.800\text{m}$；$L=20.724\text{m}$

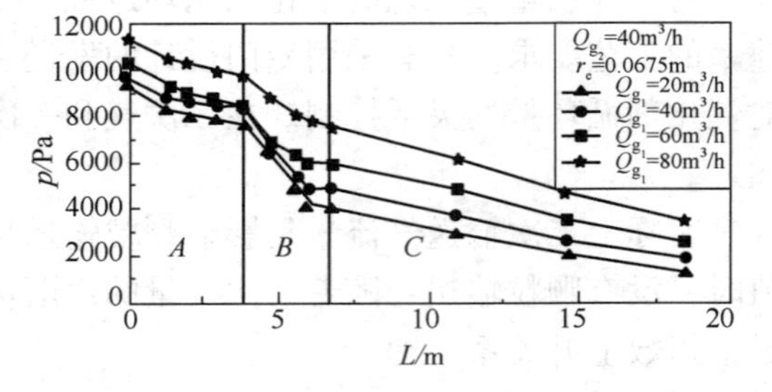

图4-10 沿程各测压点的压力(表压)分布规律

二、垂直立管的压力损失

（一）匀速垂直立管

输送颗粒匀速运动时，垂直稀相输送过程直管段的压降 Δp 主要由重力引起的压降加上气固摩擦压降组成，即：

$$\Delta p=\Delta p_{st}+\Delta p_{ft}=[\varepsilon\rho_g+(1-\varepsilon)\rho_s]gh+4f_gh\varepsilon\rho_gu_g^2/D+4f_sh(1-\varepsilon)\rho_su_s^2/D$$

式中　ρ_g、ρ_s——分别为输送气和颗粒的密度，kg/m^3；

u_g、u_s——分别为输送气和颗粒群的实际速度，m/s；

f_g、f_s——分别为气体和颗粒的摩擦阻力系数；

h、D——分别输送管高度和内径，m；

g——重力加速度，m/s^2；

ε——输送过程的空隙率。

（二）加速段垂直立管

对于加速段的压力损失，除了考虑输送颗粒匀速运动由重力引起的降压和气固摩擦所产生的压降外还应加上加速颗粒过程所产生的压力损失，即 $\Delta p=\Delta p_{st}+\Delta p_{ft}+\Delta p_{ac}$

在实际计算加速段长度时，一般取加速结束时的颗粒速度为最大运动速度的 0.95 倍，即 $u_{sc}=0.95u_{sm}$。

三、斜管压力损失

在重整过程的催化剂循环系统中，为了实现将催化剂输送到不同高度和不同平面位置的设备中，通常需要斜置的输送管线连接这些设备。在工业实践中，为此目的输送管线一般都按 45°倾斜安装。

在倾斜安装的输送管内单位长度上的压降与垂直管中单位长度上的压降之比基本为一常数。不同催化剂输送量条件下，45°斜管内的压力梯度与垂直管内的压力梯度之比大约为 2.8，也即

$$\frac{(\mathrm{d}p/\mathrm{d}l)_{xg}}{(\mathrm{d}p/\mathrm{d}l)_{ver}}\approx 2.8$$

四、弯头局部压力损失

在整个催化剂循环系统的输送管道中，通常需要一些连接弯头将不同高度和不同平面位置的设备连接在一起。从而实现将不同设备中催化剂颗粒互相输送或回流。在所用的弯头中，用的最多的是 135°向上和 135°向下的弯头。

像倾斜管内的气固两相流一样，经过弯头的气固两相流的压降计算也是非常困难和相当复杂的。因此，在工程实践中一般将它与相同流动条件下垂直管道中的压降进行比较，然后根据当量压降比值计算弯管处的压降。该方法在实际工程应用中比较方便实用。根据图 4-8 中给出的上弯头和下弯头的压力梯度与垂直管道的压力梯度之比值的实验结果，135°上弯头的当量压力梯度为 1.6，即

$$\frac{(\mathrm{d}p/\mathrm{d}l)_{sw}}{(\mathrm{d}p/\mathrm{d}l)_{ver}}\approx 1.6$$

而对于 135°下弯头，其当量压力梯度约为 2. 0，即

$$\frac{(\mathrm{d}p/\mathrm{d}l)_{\mathrm{xt}}}{(\mathrm{d}p/\mathrm{d}l)_{\mathrm{ver}}}\approx 2.0$$

这样，利用以上三个关系式，即可以很方便地计算得到整个输送管路上的输送压力损失。

第六节　锁气即锁压装置

连续重整过程是催化重整反应与催化剂再生反应的耦合过程。操作过程中，重整催化剂依靠重力向下通过迭置或并列放置的四台反应器和再生反应器。在各反应器之间，则采用气力输送技术提升输运催化剂。由于反应工艺的需要，各级重整反应器内的压力以及再生反应器内的压力各不相同，甚至在一反和再生器之间的压差高达 0. 3MPa。为了实现在不同压力的反应器之间进行气力输送吗，甚或是你压差输送，以及避免在存在压差的设备之间危险和有害气体的串流和混合，在连续重整过程的设备之间通常需要安装锁气和锁压平衡装置。

一、锁气罐

锁气罐的作用就是封锁相邻设备之间的气流，防止相邻设备之间的气体物料通过催化剂管路互相串气和混合。在生产过程中，既要防止反应过程的反应物和产物与输送气之间的混合，更要绝对避免易燃易爆的氢和烃类气体与再生过程中含氧和含氯等危险气体之间的接触混合。在实践中在重整反应器和再生器底部的催化剂出口处或在其顶部的催化剂入口处均设计安装有不同结构形式不同，但基本原理是一样的，即均采用引入惰性气体的方法来阻隔相邻设备之间的气流，从而实现锁气的。

（一）锁气罐结构

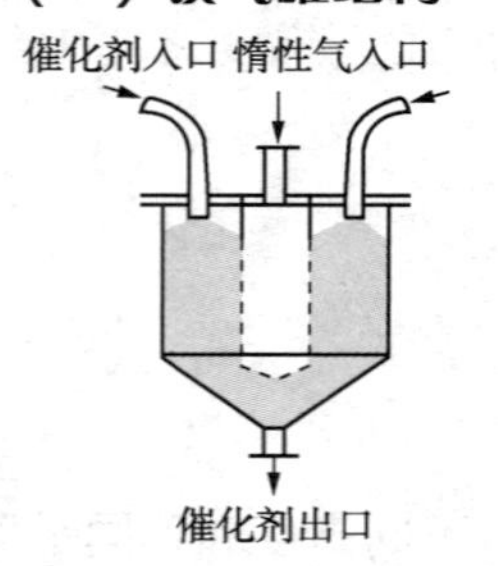

图 4-11　集料锁气罐示意图

锁气罐因所处的工艺条件不同和所兼顾的其他功能各异，锁气罐的结构形式也是多种多样的。最常见的锁气罐结构形式有两种；一种应用于反应器或再生器的催化剂下部出口为多管排料的情况，这种结构又同时用作反应催化剂排料口的集料罐；而另一种用在反应器或其他设备只有一个催化剂排料口的情况。

对于图 4-11 具有集料功能的锁气罐，其特点是催化剂颗粒的进料口很多，一般为 8～12 个，通常在锁气罐顶部环状均匀排列。用于锁气的惰性气体进口处在顶部中央。锁气罐内可设置多孔圆筒用于改善气流分布。如图 4-12 所示的锁气罐结构比较简单，在罐体上下各有有关催化剂的入出口，而惰性气体的入口进口设计在底部也可设计在顶部实际所用并没有明显差别。

（二）锁气罐工作原理

锁气罐的作用是避免相邻设备中的气流通过催化剂管路接触，锁气原理也很简单，如图 4-13 所示，将高压惰性气体引入锁气罐，使罐内压力高于相邻两设备中的压力，这样惰性气体将分流流向相邻的设备，而相邻的设备中的气体则不能通过流过锁气罐，从而达到锁气的目的。

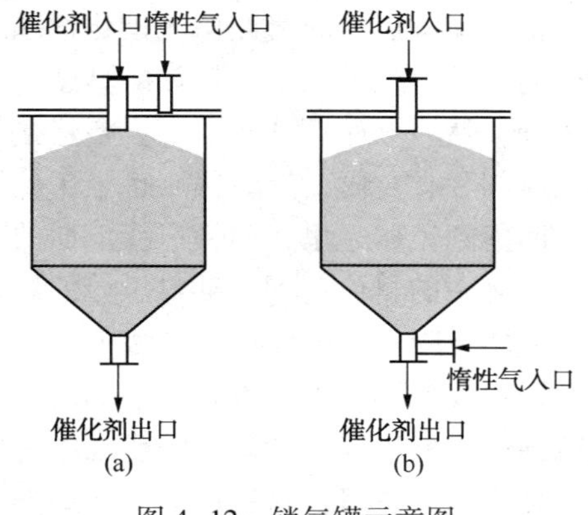

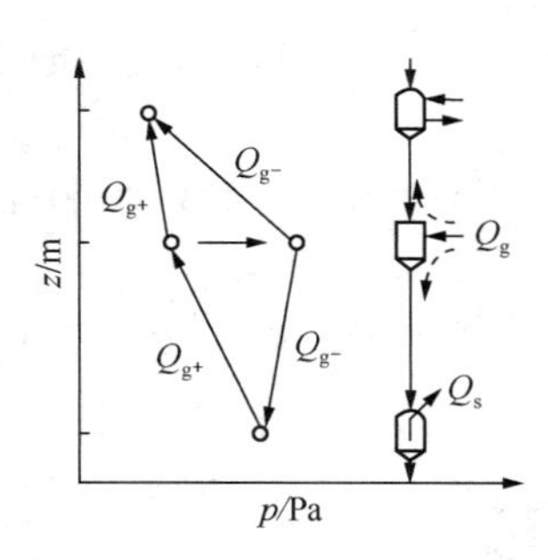

图 4-12　锁气罐示意图　　　　图 4-13　锁气罐工作原理示意图

为了起到安全锁气的作用，锁气罐中的压力 p_c 不仅要高于相邻较低压设备内的压力 p_2，而且也要高于相邻较高设备催化剂管路形成，因此在催化剂管路中的气固两相流满足由 Ergun 公式描述的压降规律，即当催化剂管路长度为 L(m)时，相应设备压力 p_i 对应于锁气罐压力 p_c 应有：

$$\frac{p_c-p_i}{L}=150\frac{(1-\varepsilon)^2\mu_g U_g}{\varepsilon^3 \quad d_p^2}+1.75\frac{(1-\varepsilon)\rho_g U_g^2}{\varepsilon^3 \quad d_p}$$

式中　U_g——通过催化剂管路的表观气速，m/s；

μ_g——锁气气流的粘度，Pa·s；

ρ_g——锁气气流的密度，kg/m^3；

d_p——催化剂颗粒粒径，m。

根据公式可计算得到产生已知压差所需的惰性气体通过催化剂管路的表观流速 U_{g+} 和 U_{g-}，然后乘上催化剂管路总的截面积 A_i，最后得到安全锁气所需的惰性气体流量：

$$Q_g=U_{g+}A_1+U_{g-}A_2$$

根据以上分析，连接锁气罐个相邻设备的催化剂管路越长、截面积越小，锁气罐的锁气和压力平衡效果越好，但这必须以保证在气固逆向流动时催化剂正常落料为前提。一般情况下当相邻设备的压差不是很大时(比如小于 0.05MPa)，采用锁气罐来平衡压力是可行的；而压差较大时，则需要采用专门的锁压装置来平衡压力。

二、锁压装置

对于连续重整工艺，再生反应器的压力低于催化剂重整反应器的压力。因此为了将再生好的催化剂从再生器运输到一反顶部的料斗里，必须将再生器下部提升器的压力提高或将一反顶部受料罐的压力降低。为实现这一目的，可在再生器和其下部的提升器之间接入锁压装置，或者在一反和其上部的受料罐之间增加锁压装置。常用的锁压装置有机械阀锁压系统和闭锁料斗锁压系统两种。

（一）机械阀锁压

采用机械阀锁压技术平衡催化剂循环系统的压力，实现催化剂从低压向高雅位的自由落料，在早期的连续重整装置使用比较普遍。机械阀锁压系统如图 4-14 所示，即在需要锁压的地方串联一个料罐，在料罐催化剂的出入口各装配一对颗粒阀和气体阀。安装时颗粒阀在

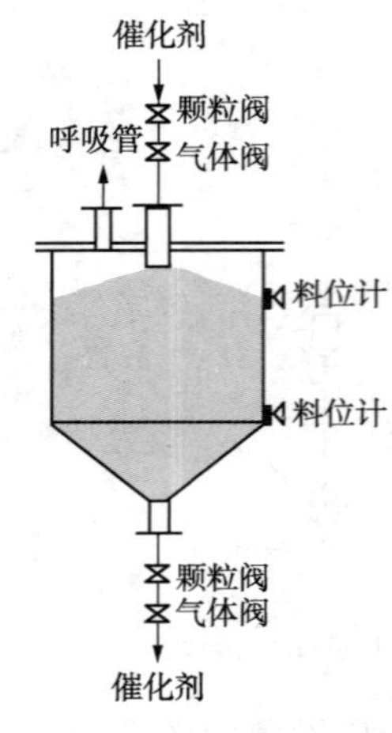

图 4-14　双阀锁压系统示意图

上，气体阀在下，以保证气体阀启闭时管路中无催化剂颗粒。

工作时，当料罐内的颗粒料位低于下料位计的高度，则先关闭料罐下面的颗粒阀和气体阀，然后顺序打开与上部设备连接的呼吸管上的阀门和料罐上面的气体阀和颗粒阀，这时锁压罐处于低压状态，上部料罐中的催化剂可以回落到锁压罐里，而锁压罐下面的双阀锁住下面设备中的高压。当锁压罐中的料位达到上部料位计的位置，则首先顺序关闭与上部设备连接的呼吸管上的阀门和料罐上面的颗粒阀和气体阀，然后顺序开启与下部设备连接的呼吸管上的阀门和料罐下面的气体阀和颗粒阀，这时锁压罐处于高压状态，锁压罐中的催化剂则可以下落到锁压罐下面的高压位设备里，这样周而复始地连续操作，实现将低压处的催化剂下落至更高压力的设备里。

机械阀锁压具有锁压能力更强、控制相对简单的优点，但在工程应用中也存在很多缺点。首先，在流过颗粒的管路上安装阀门，存在很大的难度，对阀门的性能和加工精度要求较高，通常需要高价进口阀门；再者，机械阀长期运行易出现故障，会影响连续和稳定生产。因此，目前新建装置大部分都采用无阀操作的锁压系统。

（二）锁闭料斗锁压

图 4-15 为闭锁料斗的结构示意图，上部与催化剂还原区相接，催化剂出料口设在下部。整个闭锁料斗被三个漏斗立管分割成四部分空间，最上部分分作催化剂还原区和催化剂储料缓冲空间，下面的三个空间则作为交替下料的催化剂料仓。催化剂必须通过圆锥漏斗和立管顺序流入下一个料仓。第 1 个和第 2 个以及第 2 个和第 3 个料仓之间用压力平衡管相连，当压力平衡管阀门打开时，两个仓之间压力平衡，物料可以流落。当压力平衡管阀门关闭时，下部仓的压力高于上部仓的压力，此时催化剂的流落停止，形成悬料现象。

从现象上看，催化剂在闭锁料斗中实现了沿着压力增大的方向流动，闭锁料斗起到使催化剂在较高逆差的条件下流落的作用，而且闭锁料斗还担负着控制催化剂循环量的作用。与双阀锁压系统相比，闭锁料斗在锁压过程中，催化剂颗粒输送管线不需要阀门控制落料过程，实现了无阀锁压操作，这在技术上是一大进步。

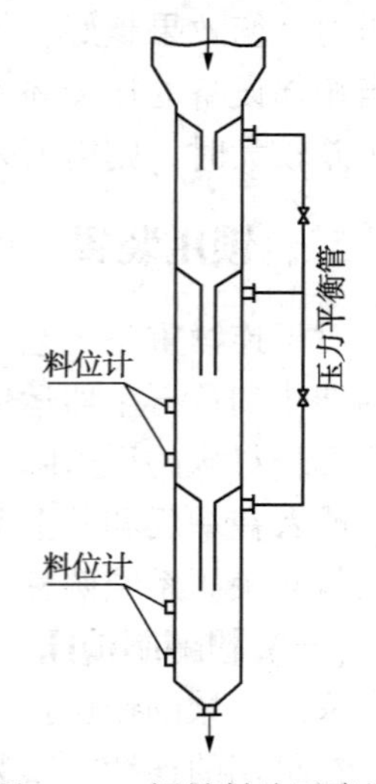

图 4-15　闭锁料斗示意图

三、无阀锁压原理

闭锁料斗的锁压功能主要由料斗内的三个立管实现，工作时一般只有一个立管为零压差而使其上的催化剂向下流落，而另外两个立管因存在锁压气向上流动产生较大的逆向压差。因此，闭锁料斗的锁压能力可以分析计算其中的漏斗-立管系统的锁压效果得到。

（一）闭锁料斗的工作程序

当催化剂落入第一段立管下面的第 1 个料仓后，打开第 1 仓和第 2 仓之间压力平衡管上的阀门，使第 1 仓和第 2 仓之间的压差为零，因此催化剂依靠重力流落到第 2 仓。然后关闭第 1 仓和第2仓之间压力平衡管上的阀门，使2段立管形成悬料，再打开第2仓和第3仓之间压力平衡管得阀门，使两仓之间的压差为零，催化剂从第2仓依靠重力流落到第3仓，同时催化剂从闭锁料斗上部补充到第1仓。随后关闭第2仓和第3仓之间压力平衡管得阀门，使第3段立管悬料，打开第1仓和第2仓之间压力平衡管得阀门，使第1仓中的催化剂流落到第2仓中，同时第3仓的压力上升，使第3仓中的催化剂能够落入到下部的提升器中。闭锁料斗在逻辑程序的控制下，按一定周期循环进行准备、加压、卸料、降压、装料等操作，将催化剂定时定量输送到闭锁料斗下部的提升器中。

（二）闭锁料斗锁压能力的影响因素

影响料斗-立管系统锁压能力的因素也就是锁闭料斗锁压能力的影响因素。料斗-立管系统的最大锁压能力主要受到系统喷动流化的局限，一旦系统产生流化，则基本丧失锁压能力。根据气固两相流理论分析和实验验证可知，影响漏斗-立管系统锁压能力的主要因素有：

（1）漏斗内颗粒物料的高度。

（2）漏斗锥度角的大小。

（3）立管下端限流孔孔径。

（4）立管长度和直径。

在以上的影响因素中，漏斗内颗粒物料的高度和漏斗锥角的影响非常明显，较大的物料高度和较大的漏斗锥角对提高锁压能力有利。立管下端的限流孔孔径大小会影响物料的悬料特性，是该设备的重要设计参数，随着孔径的增大，悬料点对所对应的表观气量和立管内的压力梯度增大，但限流孔径的变化对喷动特性没有明显的影响。立管长度对初始喷动流化速度影响不大，但随立管长度的增加，漏斗-立管系统总的锁压能力明显提高。而立管直径对漏斗-立管系统的悬料操作区的锁压能力减小。

四、闭锁料斗的锁压能力

闭锁料斗正常操作必须在内部某段立管处于锁压状态时满足一下两个条件：

（1）流过立管的闭锁气必须大于一定流速，以使该漏斗-立管系统处于悬料状态。

（2）同时流过立管的闭锁气量又不能超过某一数值，以使该漏斗—立管系统不至于达到喷动流化状态。

以上即是闭锁料斗正常操作对应的锁压操作上下限。

（一）锁压操作区下限的计算

当立管下端限流孔直径小于0.707倍的立管内径时，即 $D_i<0.707D_t$，悬料将发生在限流孔口，整个立管将充满催化剂颗粒；否则，即 $D_i>0.707D_t$，悬料将发生在立管内部，立管底部会出现空管现象。在 $D_i<0.707D_t$ 的条件下，当基于限流孔直径半球面的表观速度大于最小流化速度时，即 $U_{bo}>U_{mf}$ 立管内将发生悬料，此时的漏斗-立管系统才具备锁压功能。基于限流孔直径半球面的表观气速 U_{bo} 和基于立管截面面积的表观气速存在如下关系：$U_{bo}=0.5\,(D_t/D_i)^2U_g$

当 $U_{bo}=U_{mf}$ 时，利用修正的Ergun公式，即可求出立管的最低锁压压差（$-\Delta p_m$）：

$$-\Delta p_m=\frac{300\,(1-\varepsilon)^2\mu_g U_g}{\varepsilon^3 d_p^2}(D_i/D_t)^2H$$

式中 H——立管长度，m。

而在 $D_i>0.707D_t$ 时，当 $U_g>U_{mf}$ 时，在立管中也将发生悬料。此时立管最低锁压压差($-\Delta p_m$)为：

$$-\Delta p_m=\rho_s(1-\varepsilon_{mf})gH$$

根据以上公式即可近似计算确定闭锁料斗的锁压操作区域下限，包括闭锁气最小临界流量和最低锁压压差。

（二）锁压操作区上限的计算

漏斗-立管系统中的闭锁气流一旦超过颗粒系统的初始喷动流化速度，则闭锁漏斗即是去锁压功能，因而改点即可作为锁压操作区域的上限。实验研究表明，漏斗-立管系统的初始喷动流化速度 U_{sm} 与锥形床的最小流化速度 U_{mf} 基本一致。同时，当漏斗-立管系统喷动时，其漏斗部分产生的压降 ΔP_{sp} 也基本与锥度及锥内料高相同的锥形床最大压降一致。

在漏斗-立管系统喷动之前，立管内的气速已经远大于颗粒的最小流化速度，但是由于立管上端锥形床的分流作用导致气速沿轴向很快衰减，使锥形床内的气速并未达到颗粒的最小流化速度，因此，锥形床内的颗粒仍会处于固定床阶段并对立管内的颗粒产生阻塞作用，使立管内的颗粒无法发送流化或整体向上运动。从而，漏斗-立管系统可以达到很高的锁压能力、导致漏斗-立管系统内颗粒整体喷动流化的表观气体流量对应立管中的最小流化气速的流量要大得多。计算立管直径表观速度的初始喷动速度 U_{sm} 的关联式形式为：

$$U_{sm}=\frac{d_p}{D_b}\left(\frac{D_b}{D_t}\right)^{\frac{5}{3}}\sqrt{\frac{2gH_m(\rho_s-\rho_g)}{\rho_g}}$$

式中 H_m——漏斗喷动床中的料层高度，m；

D_b、D_t——分布为喷动床和立管的直径，m。

将求出的初始喷动流化速度作为锁压操作区域的闭锁气流上限，据此 Ergun 公式即可计算得到最大锁压能力。最大锁压能力($-\Delta p_{total}$)应为立管段产生的压降和底部为锥形的料仓产生的压降之和，即$-\Delta p_{total}=(-\Delta p_{st})+(-\Delta p_{conic})$

立管段产生的压降为

$$-\Delta p_{st}=\left\{150\frac{(1-\varepsilon)^2\mu_g U_{sm}}{\varepsilon^3 \quad d_p^2}+1.75\frac{(1-\varepsilon)\rho_g U_{sm}^2}{\varepsilon^3 \quad d_p}\right\}H$$

式中 H——立管长度，m。

而锥形床层中产生的压降为

$$-\Delta p_{conic}=\int_0^H\left(150\frac{(1-\varepsilon)^2}{\varepsilon^3}\frac{\mu_g U_g}{d_p^2}+1.75\frac{(1-\varepsilon)}{\varepsilon^3}\frac{\rho_g U_g^2}{d_p}\right)dz$$

第五章　反应系统的环境控制

第一节　重整催化剂的水氯平衡控制

从重整催化剂的发展来看，催化剂的载体由高纯 γ-氧化铝载体取代 η-氧化铝，铂含量由高铂含量转变为低铂含量。催化剂的酸性组元由氟氯型转变为全氯型。催化剂制备技术的进步使催化剂的性能不断提高，同时催化剂对反应环境的要求也更为苛刻。在正常操作情况下，重整催化剂的优良性能能否能够得到充分发挥的关键操作因素是水氯平衡控制。水氯平衡操作对重整催化剂失活的影响，对催化剂的金属功能、酸性功能充分发挥的影响等是人们十分关注的问题。

一、重整催化剂积炭的分布和催化剂酸性功能的关系

在正常的反应环境和条件下，重整催化剂随着运转时间的增加，催化剂的积炭量也随之升高，因此控制催化剂的积炭速率在正常范围之内是保证重整催化剂长周期运转的关键。为了控制好催化剂的积炭速率，了解炭在双功能重整催化剂上的分布情况和对催化剂反应性能的影响十分重要。

Querini 等对含炭铂铼重整催化剂的炭分布进行了详细的研究，结果列于图 5-1。

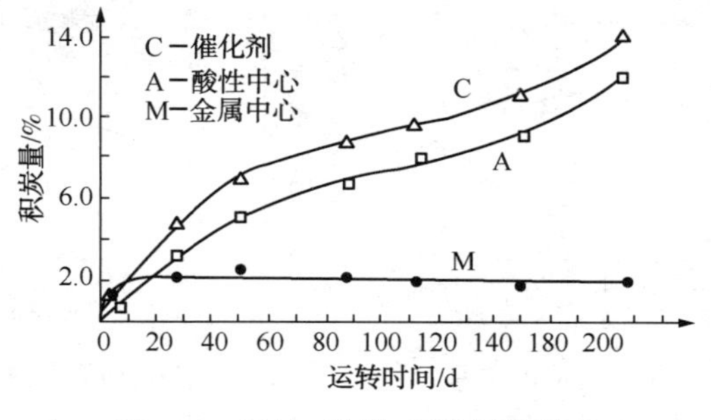

图 5-1　运转时间与积炭量的关系

由图 5-1 可以看出，在双功能重整催化剂的金属活性中心上积炭很快，但数量较少，而且在整个运转周期中金属活性中心上的积炭量几乎不变；酸性中心的积炭量随运转时间的增加而升高，与催化剂上的积炭趋势相同，因此有效控制催化剂酸性中心的积炭速率在正常值是保证催化剂长周期运转的关键因素。

二、催化剂氯含量对重整反应的影响

重整反应要求重整催化剂具有双功能作用，既具有金属活性中心，又要具有酸性活性中心。Verderone 等研究了重整催化剂氯含量对重整反应的影响。现以一种等铂铼比催化剂为例来说明。

等铂铼比催化剂含铂 0.3%、含铼 0.3%，载体为 γ-氧化铝，所用原料油族组成见表 5-1，其反应行为见图 5-2～图 5-9。

表 5-1　原料油的族组成

组成/%	C_5	C_6	C_7	C_8	C_9	合计
烷烃	1.55	11.61	15.72	73.85	12.46	65.19
环烷烃		7.81	13.55	1.62	0.16	22.94
芳烃		2.56	3.00	5.26	1.05	11.87
总计	1.55	21.98	32.07	30.73	13.67	100

原料油的密度为 720kg/m³，相对分子质量为 97，RON 为 69。

图 5-2 表示催化剂的氯含量对其活性的影响。无论对新鲜催化剂还是对积炭催化剂，它们的活性均随催化剂上氯含量升高而增加。但催化剂上氯含量达到一定程度后，催化剂的活性趋于稳定，这表明催化剂的金属功能和酸性功能达到平衡状态，此时是催化剂的适宜氯含量，当然同时还需要考虑氯含量对催化剂选择性的影响。但是当催化剂的氯含量过高时（1.2%），催化剂的裂解活性明显增强，辛烷值趋于下降。

新鲜催化剂上的氯含量与产品中芳烃含量的关系，与产品辛烷值的关系相似，如图 5-3 所示。而积炭催化剂的情况略有变化，当催化剂上氯含量大于 0.8%时，产品中芳烃含量随氯含量增大略有下降。但新鲜催化剂的氯含量在 0.8%～1.0%时，产品中芳烃含量变化不大，其氯含量的平衡点仍可认为在 1.0%左右。

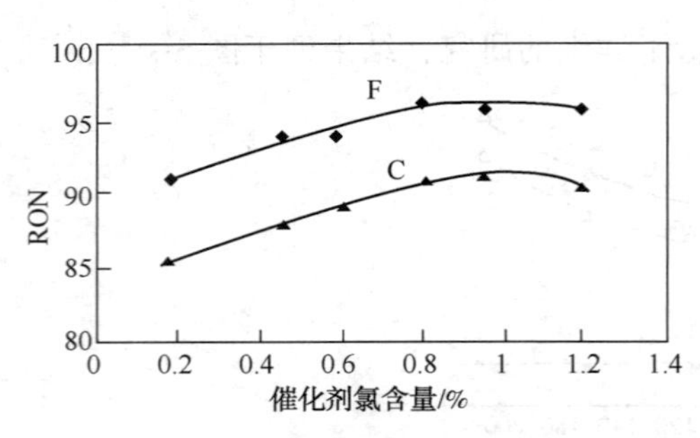

图 5-2　催化剂氯含量与产品辛烷值的关系
F—新鲜催化剂；C—积炭催化剂

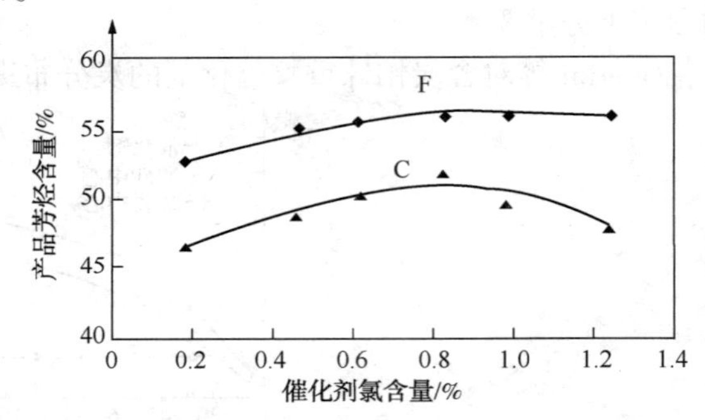

图 5-3　催化剂氯含量与产品芳烃含量的关系
F—新鲜催化剂；C—积炭催化剂

烷烃芳构化是重整诸多反应中反应速率最慢的反应，烷烃转化率和对芳烃的选择性是反映催化剂性能的重要参数。图 5-4 和图 5-5 列出了催化剂氯含量对烷烃转化率和对烷烃转化为芳烃的选择性的影响，其中烷烃转化率定义是原料中的 C_5^+烷烃总量扣除产品中的 C_5^+烷烃量后，与原料中的 C_5^+烷烃总量相除的分数；烷烃转化为芳烃的选择性定义为产品中的芳烃总量扣除原料中的芳烃和环烷烃转化为芳烃的量，与原料中 C_5^+烷烃总量减去产品中的 C_5^+烷烃量相除的分数。

图 5-4 表明，随着催化剂氯含量升高，C_5^+烷烃的转化率增大，在催化剂氯含量为 1.0%时转化率趋于稳定。图 5-5 说明烷烃转化为芳烃的选择性，在低氯的情况下，积炭催化剂的选择性比新鲜催化剂高，在催化剂氯含量高于 0.8%时新鲜催化剂的芳烃选择性优于

积炭催化剂。

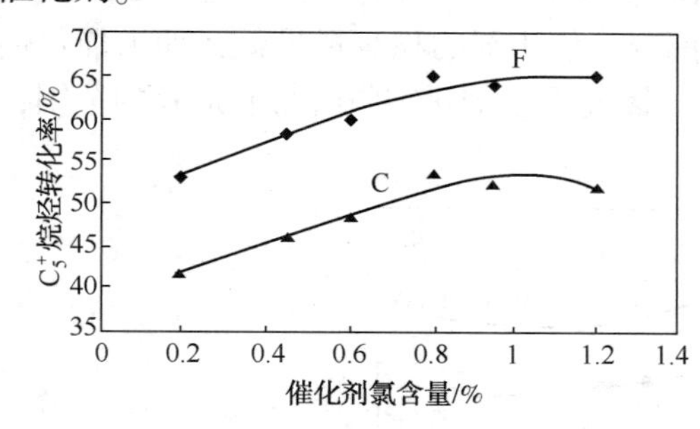

图 5-4　催化剂氯含量与 $C_5{}^+$烷烃转化率的关系

F—新鲜催化剂；C—积炭催化剂

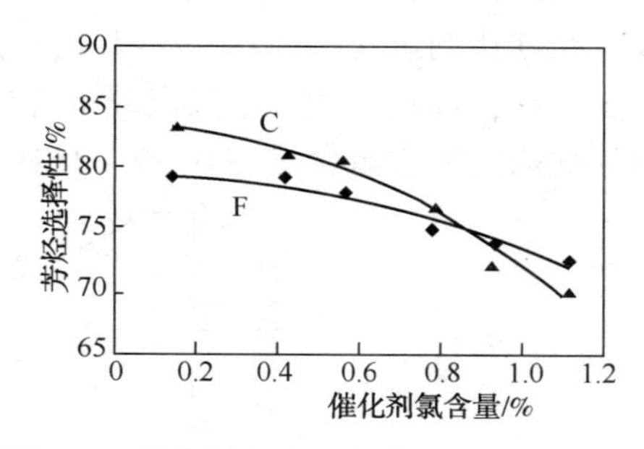

图 5-5　催化剂氯含量与芳烃选择性的关系

F—新鲜催化剂；C—积炭催化剂

图 5-6 显示出新鲜催化剂氯含量对气体组成的影响。从 5-6 不难看出，气体中甲烷含量与催化剂氯含量变化无关。这是因为甲烷是由金属活性中心的氢解反应生成的，与催化剂的酸性无关。而气体中 C_2～C_4组分是随氯含量升高而增多，这说明，C_2～C_4是在酸性中心上的加氢裂化反应生成的，所以它们呈同样的变化趋势。但是在催化剂氯含量大于 0.8%时，C_3组分含量随催化剂氯含量进一步增大而趋于稳定，为此气体中 C_3组成的变化规律可作为催化剂氯含量调整时的重要参考指标之一。

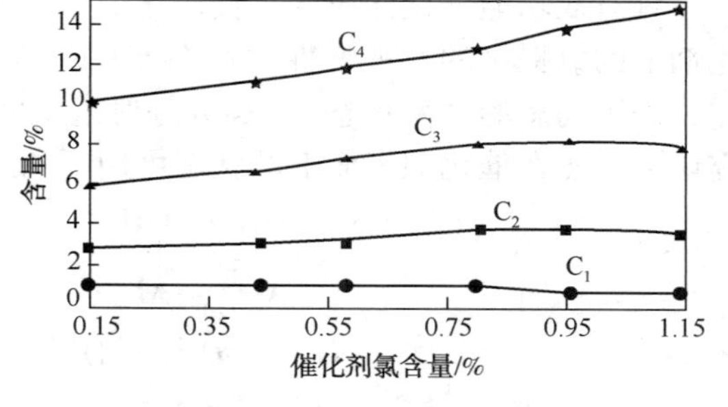

图 5-6　新鲜催化剂氯含量与气体组成的关系

图 5-7 和图 5-8 中 X_5和 X_7分别表示产品中 C_5烷烃或 C_7烷烃与原料中相应碳数烷烃的比值。图 5-7 表明随着催化剂氯含量的升高，X_5的值也相应增高，这是因为重质烷烃裂化生成 C_5烷烃，而这部分烷烃又不能定量转化为芳烃，因此产品中 C_5烷烃含量升高。但对于 X_7的值(见图 5-8)则完全相反，催化剂氯含量上升，X_7的值不仅小于 1，而且进一步下降，这说明反应前后 C_7烷烃的量明显变少，造成这种情况有两个原因，催化剂氯含量升高后 C_7烷烃加氢裂化加剧，另外芳构化反应也随之增加，使 C_7烷烃减少。图 5-8 显示出，当催化剂氯含量大于 0.8%时，X_7的值下降趋势变缓，趋于稳定。

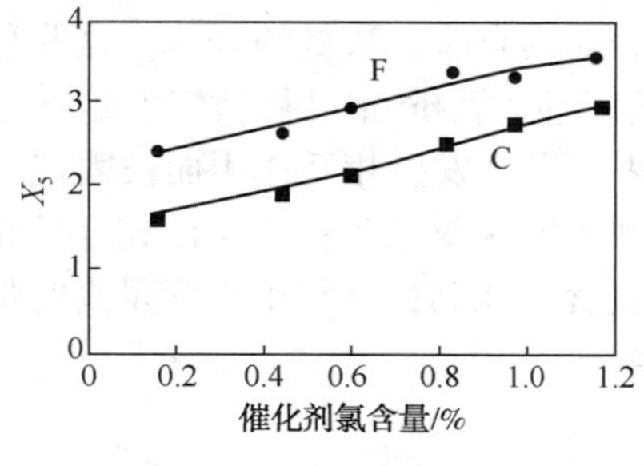

图 5-7　催化剂氯含量与 X_5的关系

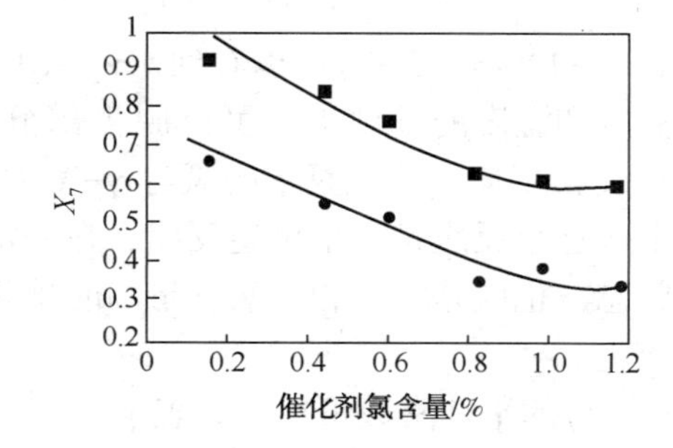

图 5-8　催化剂氯含量与 X_7的关系

催化剂上的氯含量不仅影响催化剂的活性和选择性，而且对催化剂的活性稳定性有明显的影响，图 5-9 列出了催化剂的氯含量与催化剂积炭量的关系，由图 5-9 可以看到，催化剂的氯含量偏低时，催化剂的积炭较多，催化剂氯含量向1%接近时，催化剂的积炭速率明显下降。在催化剂氯含量在0.9%~1.1%的范围内，催化剂的积炭量最低，如果催化剂氯含量进一步提高，催化剂积炭量又出现上升趋势。因此重整催化剂氯含量有适宜的范围，本文列举的催化剂的适宜氯含量在0.9%~1.1%。

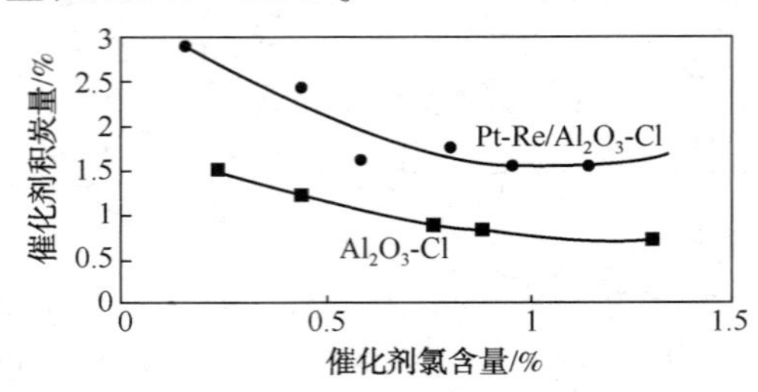

图5-9　催化剂氯含量与积炭的关系

三、重整催化剂水氯平衡的基本原理

具有双功能催化性质的重整催化剂，金属活性是由催化剂上的铂提供，酸性活性是由催化剂上的氯提供的。重整催化剂在使用过程中，催化剂上的氯不断流失，同时又在不断补充，处于动态的平衡状态。Castro等对重整催化剂的氯含量调节进行了较为深入的研究。研究认为，氯在催化剂表面上的状态可用下列反应方程式来描述：

$$\begin{array}{ccccc} & OH & & OH & \\ & | & & | & \\ & Al & & Al & \\ / & & \backslash\ / & & \backslash \\ O & & O & & O \end{array} \rightleftharpoons \begin{array}{ccccc} & & O & & \\ & / & & \backslash & \\ & Al & & Al & \\ / & & \backslash\ / & & \backslash \\ O & & O & & O \end{array} + H_2O \qquad (5\text{-}1)$$

$$\begin{array}{ccccc} & & O & & \\ & / & & \backslash & \\ & Al & & Al & \\ / & & \backslash\ / & & \backslash \\ O & & O & & O \end{array} + HCl \rightleftharpoons \begin{array}{ccccc} & OH & & Cl & \\ & | & & | & \\ & Al & & Al & \\ / & & \backslash\ / & & \backslash \\ O & & O & & O \end{array} \qquad (5\text{-}2)$$

把式(5-1)和式(5-2)合并，可得到式(5-3)。

$$\begin{array}{ccccc} & OH & & OH & \\ & | & & | & \\ & Al & & Al & \\ / & & \backslash\ / & & \backslash \\ O & & O & & O \end{array} + HCl \rightleftharpoons \begin{array}{ccccc} & OH & & Cl & \\ & | & & | & \\ & Al & & Al & \\ / & & \backslash\ / & & \backslash \\ O & & O & & O \end{array} + H_2O \qquad (5\text{-}3)$$

从式(5-1)~式(5-3)可以看到，γ-Al_2O_3载体表面具有一定数量的羟基，这些羟基基团在一定温度和湿度的条件下，可以脱去部分水，而产生“氧桥”；“氧桥”又可与气氛中的HCL发生交换反应，使气氛中的氯与γ-Al_2O_3载体表面羟基发生相互作用而被固定在氧化铝的表面上。这个反应是一个可逆反应，在一定温度和不同水氯摩尔比下可以相互转化，并达到平衡状态。也就是说气相中氯含量高时催化剂的氯含量就高，气相中水含量高时催化剂的氯就会流失。

式(5-3)的平衡常数可用下式表示：

$$K=\frac{[H_2O][\ {>}Al—Cl\ ]}{[HCl][\ {>}Al—OH\ ]} \qquad (5\text{-}4)$$

定义 R 为水氯摩尔比，设：

$$R=\frac{[H_2O]}{[HCl]}$$

式(5-4)就可以改为式(5-5)

$$[\;\rangle Al—Cl\;]=K\frac{1}{R}[\;\rangle Al—OH\;] \tag{5-5}$$

设：$C_{Cl}{}^{*}=[\;\rangle Al—Cl\;]$并定义为催化剂的平衡氯含量

$$L=[\;\rangle Al—Cl\;]+[\;\rangle Al—OH\;]$$

L 值为氧化铝表面的羟基和氯含量的总和，此值相当于氧化铝不含氯时表面羟基的总数。

由此式(5-5)可改写为：

$$C_{Cl}{}^{*}=\frac{KL(1/R)}{1+K(1/R)} \tag{5-6}$$

式(5-6)的右边共有三个变量：K、L、R，其中 R 为水氯摩尔比；K 为平衡常数。K、L 的函数，可用 $K=f(T)$、$L=f(T)$来表示。

当选定某种催化剂后，式(5-6)的催化剂平衡氯含量 $C_{Cl}{}^{*}$ 值只与温度和水氯摩尔比有关。式(5-6)可简化为：

$$C_{Cl}{}^{*}=K=f(T、R)$$

当反应温度一定时，则

$$K=f(R) \tag{5-7}$$

由式(5-7)可以看出：在催化剂选定后，当反应温度一定时，催化剂上的平衡氯含量只与气氛中的水氯摩尔比有关。也就是说在实际操作时，只要调节气氛中的水氯摩尔比就可改变催化剂上的平衡氯含量。由式(5-6)可以了解到，气氛中水含量升高，R 值变大，式(5-3)的反应向左移动，$C_{Cl}{}^{*}$ 值变小，即催化剂平衡氯含量变小；气氛中水含量下降，R 值变小，式(5-3)的反应向右移动，$C_{Cl}{}^{*}$ 值变大，即催化剂平衡氯含量升高。

当在气氛中的水含量很小而注氯量正常时，R 值就很小，$K(1/R)$的值远大于1，因此可以认为：$K(1/R)=1+K(1/R)$；

式(5-6)就可改写为 $C_{Cl}{}^{*}=L$

这说明催化剂的最高氯含量等于 L。即催化剂的最高氯含量等于催化剂载体表面羟基的总和。由此可见，在系统十分干燥时，如果注氯量正常也会造成催化剂氯含量大大超过催化剂的要求值。

四、影响水氯平衡的因素

（一）洗氯和补氯

当催化剂上的氯含量比要求值高时，就需要把催化剂上的氯洗掉；当催化剂上含氯量低时，就需要将氯补充到催化剂上。图 5-10 显示了三种不同氯含量的催化剂和载体，在 500L 下，用 R(水氯摩尔比)= 80 的气体进行处理时的结果。图 5-10 中催化剂的载体和浸了氯的、未浸氯的氧化铝是同一型号的氧化铝(CK300)。

图 5-10 中的三条曲线说明，无论是氯含量高的催化剂或载体，还是不含氯的催化剂或载体，在一定温度下用含一定量水和氯的气体(空气或其他气体)进行处理，均可达到其平衡氯含量。由于催化剂的载体和其他两种氧化铝是同一型号(指同一种方法制备的)，它们的平衡氯含量是相同的。起始氯含量较高的曲线 1 和曲线 2 的样品氯被洗去；不含氯的曲线 3 的样品，在处理过程中氯被逐渐补充，最后达到平衡。三条曲线水氯处理的结果与式(5-6)的预计情况一致。

但是必须注意，催化剂氯含量高时，需要洗去部分氯，其洗氯的速率虽然很快，但是也不要加大量的水使洗氯过快，造成各个反应器中催化剂氯含量再一次不平衡；而氯含量低时，要补充氯到氧化铝上的速率很慢。即氯流失容易，补氯则比较困难，这点与工业上的实际操作情况是一致的。因此必须注意在实际操作中不要使催化剂的氯流失太多，以免补氯耗时太长，影响重整产品的辛烷值以及造成重整催化剂积炭量增加。

(二) 气中水的影响

当反应温度一定时，催化剂或氧化铝上的氯流失，主要是气中水的作用。图 5-11 是表示一种含氯 1.25%的 0.38%Pt/Al_2O_3催化剂，在 500X：F 用含水 4700μg/g 的空气进行处理的结果。

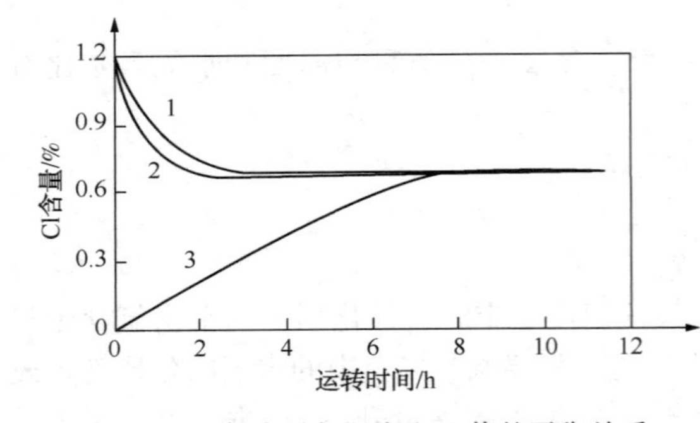

图 5-10　氯含量与温度和 R 值的平衡关系

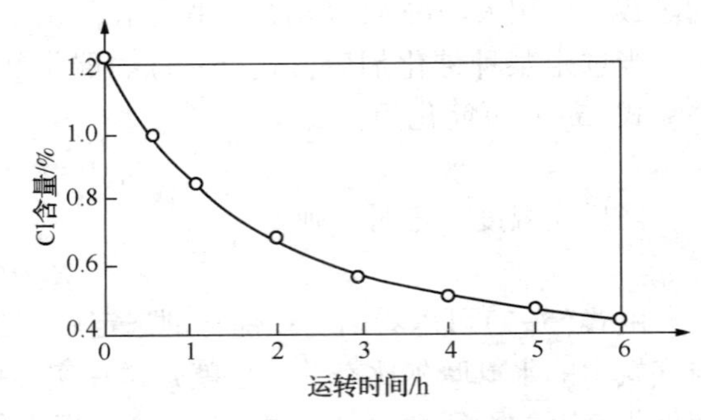

图 5-11　氯含量与温度和 R 值的平衡关系

从图 5-11 可见，将含水为 4700μg/g 的气体于 500T 下通过时，催化剂在第 6 小时，氯流失率就达 66%，同时从曲线的斜率变化可知，氯含量高时氯流失速率大，氯含量低时氯流失速率小。因此全氯型重整催化剂应尽量避免在高水的条件下运转。同时气中水含量过高时，会使铂晶粒长大，催化剂性能变差，而且无法在同一运转周期内恢复。

(三) 不同氧化铝品牌的影响

为了进一步了解不同方法(即不同牌号)生产的γ-Al_2O_3的氯保持能力是否相同，可以从图 5-12 显示的结果了解其影响。图 5-12 列出了 5 种不同牌号的氧化铝和催化剂，在 500℃下其平衡氯含量与水氯摩尔比的关系。十分明显，在相同水氯摩尔比的条件下，5 种不同牌号的氧化铝上的平衡氯含量各不相同，而且差异较大。因此在使用重整催化剂时，必须按照生产厂或专利商(研究单位)提供的水氯平衡计算公式或相关的水氯平衡操作手册来指导操作，对不同系列的重整催化剂不能采用同样的计算公式。图 5-12 中，如按图所示的情况，曲线 I 的含量为 1%时，曲线 5 在相同值下氯含量只有 0.64%，显然要使曲线 5 的氯含量达 1%时，相应的值要大大下降。

（四）反应温度的影响

图 5-13 是反应温度对水氯平衡的影响，图中曲线 1、曲线 2、曲线 3 均是以 CK300Al_2O_3和用 CK300Al_2O_3制备的 IVAl_2O_3催化剂或 Pt-R_eZAl_2O_3催化剂。将这些催化剂置于不同的水氯摩尔比的条件下，在 400℃、500℃、550℃观察水氯摩尔比与平衡氯含量的关系。

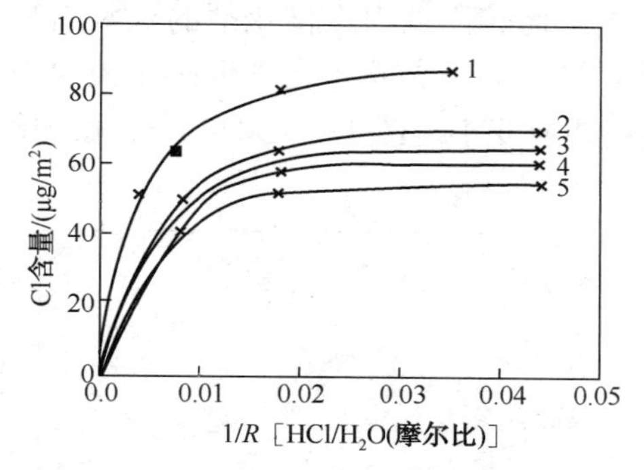

图 5-12　不同氧化铝对水氯平衡的影响

1—A10104-T 含氯氧化铝；2—SMR55 氧化铝；3—00-3P 氧化铝；4—CK300 氧化铝；5—Pt-Re/Al_2O_3

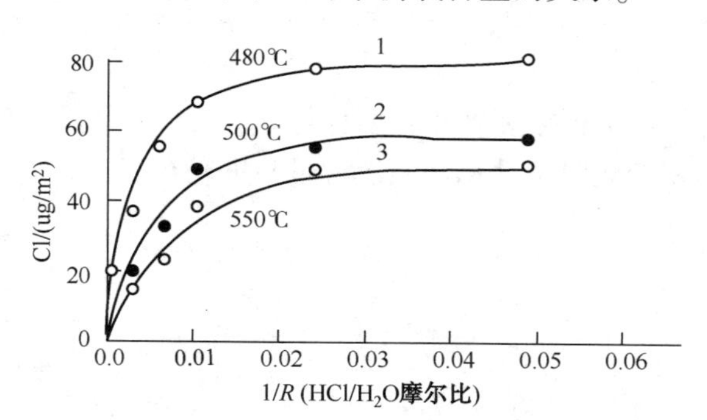

图 5-13　温度对水氯平衡的影响

1—CK300 Al_2O，Pt/Al_2O_3(CK300)；2—CK300 Al_2O，Pl/Al_2O_3(CK300)，Pt/Re/Al_2O_3(CK300)；3—CK300Al_2O，Pt/Al_2O_3(CK300)

从三条曲线的规律可知：

（1）只要氧化铝相同，在低载铂的情况下，催化剂的水氯平衡关系与载体氧化铝相同，即催化剂的持氯能力取决于氧化铝的性质；

（2）当催化剂或氧化铝上氯含量需要保持一定值时，如反应温度低，则所需水氯摩尔比要大；如反应温度高，则要采用较小的水氯摩尔比。这说明催化剂或氧化铝载体，在低温下氯保持能力强，而在高温下氯保持能力下降。因此在重整操作中，要保持催化剂上氯含量一定，则注氯量要随反应温度的升高而增大。

（五）气中氯含量的影响

图 5-14 中的三条曲线是三种不同水氯摩尔比的条件下处理同一样品的试验结果，数据表明在处理 3h 后三条曲线均趋于平衡状态。从三条曲线相对比较来看，与图 5-13 结果相同，R 值小其平衡氯含量就高；R 值大其平衡氯含量则低。曲线 1 是由三条重合的曲线叠合而成，其三条曲线是在相同值(R=40)下，但气氛中的水含量不同。从曲线 1 不难看出，样品的平衡氯含量只与水氯摩尔比有关，而与氯浓度无关，换句话说，在工业运转中催化剂的氯含量与气相的水和氯的摩尔比有关，而与气相中氯的含量无关。

鉴于这点，在工业装置上如果水含量很高时，在理论上是可以采用加大注氯量、保持水氯摩尔比不变的办法，使催化剂上氯不流失或少流失。但是这样做会引起装置腐蚀，同时还会因气中水过高造成催化剂比表面积下降，铂晶粒变大，从而使催化剂性能变差。因此必须找出气中水较高的原因，并采用相应措施降低气中水含量，同时可以适当加大注氯量，以防催化剂的氯流失过多。如果造成气中水较高的原因不能很快找出，重整装置必须降温操作，以保护催化剂的性能不受损伤。

（六）比表面积的影响

当使用某种全氯型催化剂时，由于长期运转使催化剂积炭以及再生等影响，催化剂比表面积会逐渐下降。从前面讨论中已经知道催化剂上的氯含量可用以下公式表示：

$$C_{Cl}{}^{*}=\frac{KL(1/R)}{1+K(1/R)}$$

从上面公式中可以清楚看到，在某一反应温度下要保持催化剂的平衡氯含量不变，即 K 和 $C_{Cl}{}^{*}$ 均为常数，此时只有 L 和 R 是变量了。如在同一运转周期内设催化剂的比表面积不变，即 L 为常数，则 R 必定是一个定值。但是当催化剂由于积炭或多次再生使比表面积下降，则 L 值就要变小；要保持 $C_{Cl}{}^{*}$ 不变，则 R 值也要相应变小。图 5-15 列出了催化剂比表面积变化时，催化剂上氯含量与 R 值的关系。

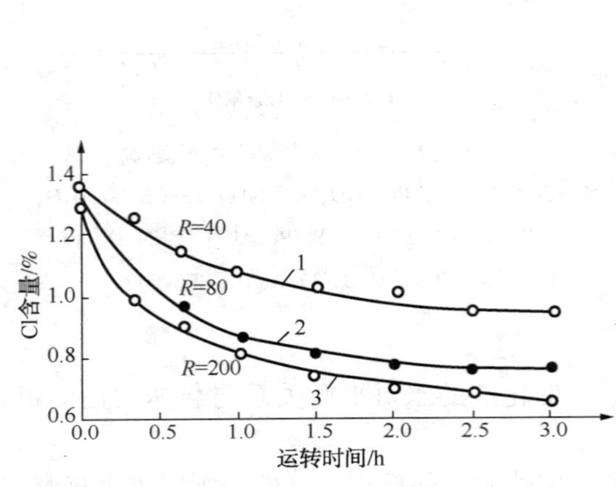

图 5-14　水氯摩尔比对催化剂上氯含量的影响

曲线 1 中 H_2O 含量分别为 80μg/g、250μg/g、550μg/g。

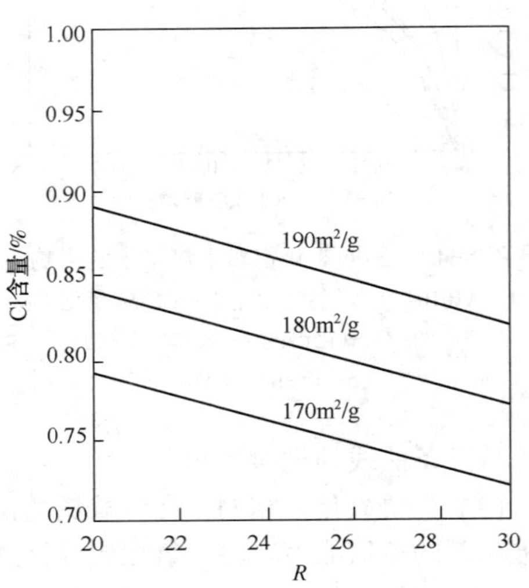

图 5-15　比表面积的影响

从图 5-15 可知，催化剂比表面积下降时，如果要保持催化剂上氯含量不变，就需要注入更多的氯，使 R 值下降，这点说明，催化剂比表面积下降使它保持氯的能力也随之下降。应该指出的是，国内固定床重整装置由于运转的苛刻度不高，产物的 RON 一般在 92~95 之间，因此都采用在同一运转周期内，不考虑因催化剂积炭而造成的比表面积下降的实际情况，注氯量保持在相同的水平上。随着清洁汽油的生产，有的炼油厂需要重整装置的生成油 RON 大于或等于 96，此时为保证运转中、后期的产品性质，需要考虑催化剂比表面积的变化，具体要求请见供应商提供的有关技术资料。必须指出，不同牌号的新鲜催化剂，它们即使比表面积相同，而保持氯的能力也会有很大差异，本节讨论的内容是指同一种催化剂比表面积变化的规律。为此需要再一次强调，不同供应商提供的催化剂，对水氯平衡的要求是不同的，应该很好阅读有关使用手册，并按要求操作。

综上所述，影响催化剂水氯平衡的因素有：氧化铝的种类、反应温度、水氯摩尔比、催化剂的比表面积等。当选定某种催化剂时，余下的影响因素只有后面三个：反应温度、水氯摩尔比和催化剂的比表面积；在运转苛刻度不太高的条件下，可以认为全周期催化剂的比表面积保持不变，这样在一定温度下操作时，只要调节水氯摩尔比就可以控制催化剂上的氯含量。

五、重整催化剂水氯平衡计算方法

前面已经介绍了氯对重整催化剂反应性能的影响及水氯平衡的基本原理。对使用某种催化剂的装置而言，由于催化剂已经选定，操作中影响催化剂上氯含量的主要因素共有三个：反应温度(加权平均床层温度)、水氯摩尔比及催化剂地表面积的变化。如果在具体操作中处理好这三者的关系，催化剂就可在要求的氯含量下平稳操作。重整催化剂水氯平衡计算，主要是确定在工业运转的条件下，固定床重整装置中重整催化剂的实际氯含量。由于在计算过程中要使用工业装置的操作参数和分析结果，例如，加权平均床层温度(WABT)、进料量、原料油的平均相对分子质量、油中水含量、注氯量、循环气中的水含量和氯含量等，其中有一些分析结果很难取得准确的数据，因此各大公司在重整催化剂的水氯平衡计算的有关手册中推出了各自简化的计算方法，以达到简便、较可靠地获得重整催化剂的氯含量估算数据。应该指出，无论是哪一种简便的计算方法，其基本原理是一样的。本节主要介绍水氯平衡计算的基本方法，以利于能够在掌握基本原理的基础上，加深对各种计算方法的理解和掌握。

（一）重整催化剂最适宜氯含量的确定

从前面的介绍中已了解到催化剂氯含量对其反应性能的影响，因此每种催化剂应有它对氯含量的要求。一般情况下氯含量的适宜范围在0.9%～1.1%。但是，当用户采用某种催化剂时应了解它对氯含量的具体要求，这些要求均是以实验室的研究结果和工业使用的经验而确定的。

为了讨论问题方便起见，以某种重整催化剂为例来说明水氯平衡的计算方法，该种催化剂氯含量控制的目标值为1.0%。

（二）重整催化剂上氯含量的计算

据资料介绍，国内外各种牌号的重整催化剂的氯含量计算方法各不相同，计算的步骤和公式也不相同，但是详细分析其内容，不难发现它们的基本原理和要点是相同的。不同之处主要在于系统水和氯含量的计算方法。为了便于说明问题，这里不详细讨论各种具体方法，而把计算的基本原理介绍清楚，这样便于大家掌握。

当用户采用某种重整催化剂后，催化剂供应商会提供催化剂的使用手册，并且可以从手册中查到在基准温度下催化剂的氯含量与水氯摩尔比(R)的计算公式和相应的图表。使用这些公式和图表，可以按下述的基本公式进行计算：

$$\mathrm{Cl_T}\% = \mathrm{Cl_{500}}℃\% \times TCF \times SCF \tag{5-8}$$

式中　$\mathrm{Cl}_T\%$——操作温度($WABT$)为T℃时的催化剂氯含量；

Cl_{500}℃%——基准温度为$WABT$=500℃时催化剂的氯含量；

TCF——温度校正系数；

SCF——比表面积校正系数。

按式(5-8)进行计算时，$\mathrm{Cl}_{500℃}\%$是水氯摩尔比的函数；TCF是操作温度的函数；SCF是催化剂比表面积的函数，而对新鲜催化剂而言$SCF=1$。式(5-8)中的各项数值可由供应催化剂的公司提供的操作手册中找到相应公式或图表，进行计算或查表而得。

*TCF*和*SCF*查阅的图表，见图5-16和图5-17。

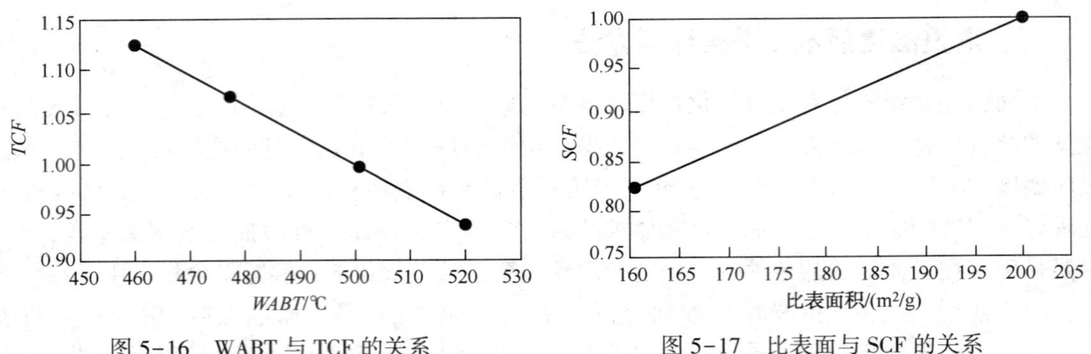

图 5-16 WABT 与 TCF 的关系　　图 5-17 比表面与 SCF 的关系

现举一些实例进行计算。从重整催化剂的使用手册中查到以下公式和计算图（见图 5-18）：

$$Cl_{500℃}\% = 113.5/(R^{0.233} \cdot 50.249)$$

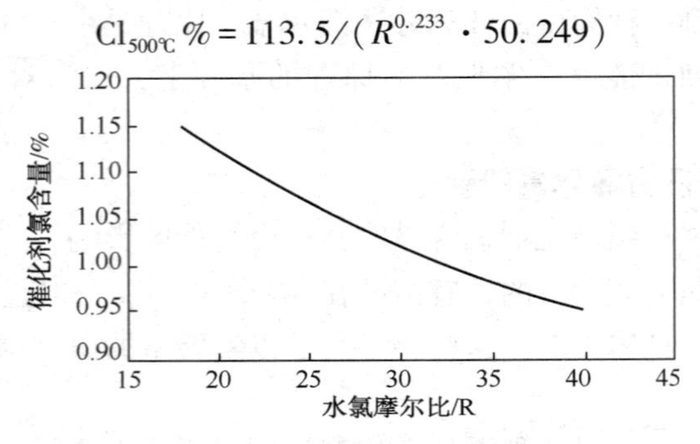

图 5-18 水氯摩尔比与氯含量的关系

（三）水氯摩尔比 *R* 值的计算

对于水氯摩尔比的计算，不同专利商均有自己的计算方法，计算过程比较复杂。这里介绍一种较为简单的方法，提供大家参考。反应系统的水氯摩尔比可按下列公式计算：

$$R = [Y_R \times G + Y_F \times (M_F/18)]/[X_R \times G + X_F \times (M_F/35.5)] \quad (5\text{-}9)$$

式中 X_F——整进料油中氯（包括注氯量），μg/g；

Y_F——重整进料油中水（包括注水量），μg/g；

X_R——循环气中氯，μL/L；

Y_R——循环气中水，μL/L；

M_F——重整原料油的平均相对分子质量；

G——气油摩尔比。

X_R为实测值，但是由于气中氯含量的测定是很困难的，所以可采用经验公式 $X_R = (0.45 \sim 0.75)X_F$ 估算。由各装置情况不同，此值也会有所不同。Y_R也是实测值，可以由循环气水分析仪上读取该数据；气水仪表失灵时，可以用 $Y_R = (3 \sim 5)Y_F$进行估算。蒸发脱水塔底油的氯含量<0.5μg/g 时，可以忽略不计。投入分子筛干燥罐时，Y_r为分子筛出口气中水，X_R气中氯为零；切出分子筛罐时，Y_R为高分气中水含最，X_r为高分气中氯含量。由于固定床重整装置有一段混氢和二段混氢工艺，因此注水、注氯也相应分成一段注入法和二段注入法，即一段水氯控制工艺和二段水氯控制工艺，本文着重介绍一段水氯控制工艺的计算方法以及简要介绍二段水氯控制工艺计算方法。

（四）计算实例

1. 一段水氯控制工艺的计算

【例 1】 水氯摩尔比 R 的计算示例

已知：蒸发塔底油中水含氯为 5μg/g；注水 2μg/g；气中水为 24μL/L；

注氯为 1.5μg/g；气中氯为 0.75μL/L；重整原料油的相对分子质量为 $M_F=108$；

气油摩尔比为 8；

解：$R=[Y_R\times G+Y_F\times(M_F/18)]/[X_R\times G+X_T\times(M_F/35.5)]$

$=[24\times8+(2.0+5.5)\times(108/18)]/[0.75\times8+1.5\times(108/35.5)]$

$=22.4$

【例 2】 重整催化剂氯含量的计算

操作条件为 WABT=480℃，其他条件同例 1，催化剂的比表面积 $S=200\text{m}^2/\text{g}$（第一次使用的新催化剂）。

按照例 1 的方法计算出 $R=22.4$；

从手册中查到以下公式及数据：$Cl_{500℃}\%=113.5/(R^{0233}\times50.249)$；

或从图 5-18 查出 $Cl_{500℃}$ 的数据：

$Cl_{500℃}\%=113.5/(22.4^{0.233}\times50.249)=1.098\%$；

从图 5-16 和图 5-17 中分别查出：TCF=1.05，SCF=1.0；

$Cl_{480℃}\%=Cl_{500℃}\%\times(TCF\times SCF)=1.098\times(1.05\times1.0)=1.15\%$。

从上计算可知该催化剂在 WABT=480℃下运转，催化剂氯含量偏高。

综上所述，整个计算步骤为：

① 从已知条件计算水氯摩尔比 R；

② 从 R 求得基准温度下的催化剂氯含量；

③ 从 WABT 和催化剂的比表面积查得 TCF 和 SCF；

④将 上述数据按式(5-8)进行计算，即得到操作条件下的催化剂氯含量。

【例 3】 注氯、注水量的计算

一般来讲，重整催化剂对环境中水的要求：

① 循环气中水含量在 30μL/L 以上时，不要注水，要投运分子筛罐；

② 循环气中水含量在 30μL/L 以下时，要切除分子筛罐，并在注氯的同时适量注水。使用前例的重整催化剂，它要求反应环境的水含量在 20～30μL/L，现设定控制值为 25μL/L。

已知：反应温度 WABT=450℃；脱水塔底油中水 $Y_F=5\mu g/g$；油气摩尔比 $G=8$；重整进料的平均相对分子质量 $M=108$。

解：设注氯量为 X_1；注水量为为 Y_1

重整催化剂在 WABT=480℃下运转时，氯含量应该是 1.0%；从图 11-16 和图 11-17 可以查到 TCF=1.05，SCF=1.0。

$Cl_{500℃}\%=Cl_{480℃}\%/(TCF\times SCF)=1.0/(1.05\times1.0)=0.952\%$

从 $Cl_{500℃}\%$的数据，查图 5-18 可以得到水氯摩尔比应该控制在 $R=40$。

循环气中氯按经验公式估算：$X_R=0.45\sim0.75X_F$，取 $0.5X_F$；

循环气中水按经验公式估算：$F_R=3\sim5Y_F$，取 $Y_R=3.5F_F$

根据上述条件可以列出以下两个方程：

$$40=[((5+Y_J)\times3.5)\times8+(5+Y_J)\times(108/18)]/[0.5X_i\times8+X_i\times(108/35.5)]$$

解方程得到：

$$Y_j=2.1\mu g/g$$
$$X_i=0.9\mu g/g$$

即应注氯 0.9μg/g，注水 2.1μg/g。

2. 二段水氯控制工艺的计算

重整反应是强吸热反应。在反应过程中，反应器中的催化剂床层会产生很大的温降，其总温降可达 150~350℃，因此重整装置一般采用 3~4 个反应器。通常第一、二反应器的温降最大，当所有反应器的入口温度相同时，第一、二反应器的催化剂床层加权平均温度比第三、四反应器的加权平均温度低很多。对二段混氢工艺而言，其差值更大。如果采用一段注氯，催化剂氯含量计算是以 4 个反应器的 *WABT* 为基准进行计算的，计算结果是第一、二反应器的催化剂氯含量偏高，而第三、四反应器的催化剂氯含量则偏低。这对高苛刻度运转的装置是十分不利的，直接影响催化剂的选择性和运转周期。现举例说明如下：

【例 4】 某厂使用上述重整催化剂，有 4 个反应器，各反应器的温度分布列于表 5-2。

表 5-2 重整各反应器的温度

反应器编号	一反	二反	三反	四反
入口温度/℃	480	485	490	500
出口温度/℃	395	435	463	490

4 个反应器的催化剂装填比是 1∶1.5∶2.5；5；一段混氢，气油摩尔比 8；原料油的相对分子质量为 108；脱水塔底油水含量 5μg/g；注氯 1μg/g，注水 2.1μg/g。

解：按照重整反应器的出、入口温度计算得到 WABT=479.4℃；

$$R=[((5+Y_j)\times3.5)\times8+(5+Y_j)\times(108/18)]/[0.5\times1.0\times8+1.0\times(108/35.5)]=34.2$$

$$Cl_{500℃}\%=113.5/(R0.233\times50.249)=0.99\%$$

按照 *WABT* 查图 5-16，得到 TCF=1.05；新催化剂，SCF=1.0

$$Cl_{472℃}\%=Cl_{500℃}\%\times(TCF\times SCF)=0.99\times1.05\times1.0=1.04\%$$

一段混氢的条件下，4 个反应器的催化剂平均氯含量是 1.04%；

如果将第一、二、三、四反应器分别进行计算，其结果列于表 5-3。

表 5-3 重整各反应器催化剂的氯含量

反应器编号	一反	二反	三反	四反
WABT/℃	437.5	460	475.6	495
TCF	1.183	1.113	1.062	1.005
催化剂氯含量/%	1.17	1.10	1.05	1.0

从上述计算中可以看到，在一段注氯的条件下，虽然总体上重整催化剂的氯含量控制在

1.04%，基本符合重整催化剂的要求。但是各个反应器中的催化剂氯含量却出现了很大的差别，一反与四反催化剂氯含量的差别接近20%左右。很显然，这样大的氯含量差别，对重整装置催化剂整体水平的发挥是不利的。

仔细分析表5-3数据可以发现：如果将四个反应器分成一反和二反、三反和四反两组，每组两个反应器中的催化剂氯含量差别较小，因此将这两组反应器分别按照催化剂的氯含量控制值进行水氯平衡计算和操作，就可以实现四个反应器的催化剂氯含量比较均匀。

二段水氯控制的计算方法，其基本原理与一段水氯控制的计算方法相同。但是由于二段混氢，各段的混氢量是不同的；另一方面各段的注水和注氯量也各不相同；而且循环回各段循环气的含水和含氯是与各段注水和注氯的总量相关联的，从而使水氯平衡的计算复杂化。为了应用方便，有关专利商会提供相应的计算方法或软件。

六、重整催化剂水氯平衡的判别和调整

催化重整装置的操作十分强调反应环境的控制，其中包括有毒物质和水氯平衡控制。在有毒物质得到良好控制的条件下，搞好水氯平衡是重整催化剂在运转过程中充分发挥催化剂水平的关键。

（一）重整催化剂水氯平衡的判别

重整催化剂水氯平衡的控制是要求重整装置操作人员通过调节注水量和注氯量，在反应系统循环气中水含量维持25μL/L左右的情况下，使重整催化剂的氯含量保持在(1.0±0.1)%。

工业装置在实际运转过程中有时会出现水氯平衡失调的情况。即运转中催化剂的氯含量偏离了0.9%~1.1%的范围。此时重整装置的各项技术参数会出现相应的变化，其中包括各反应器温降、产品辛烷值、循环气的组成、液化气产率、产品的收率和芳烃含量等。当催化剂氯含量偏离适宜范围时，通过对这些技术参数内在联系的分析可以得到催化剂氯含量是偏高或偏低的信息。

在正常的操作条件下，为校核固定床重整催化剂的氯含量是否在合适的范围内，可以将重整装置的入口温度调整到490~500℃，在空速为2.0h^{-1}时，反应器入口温度每提高3℃，测定重整生成油的辛烷值(RON)能否提高1个单位，如果达不到1个单位，说明催化剂的氯含量偏离了适宜范围；如果重整生成油的辛烷值不到但接近1个单位时，说明催化剂的氯含量略低于适宜范围。在上述情况下，催化剂含氯量是偏高还是偏低，需要根据循环氢组成、液化气产率、各反应器的温降等情况进行综合分析和判断。

（二）重整催化剂水氯平衡的调整

重整催化剂的金属功能和酸性功能之间的平衡，是通过调节注氯和注水量来控制的。

1. 注水

(1) 适宜水量。重整催化剂要求在反应系统的气氛中含有适量的水，以保证氯在催化剂上良好的分散和各反应器催化剂氯含量分布均匀。在重整反应系统中，水分压应保持在40~60Pa。相当于平均反应压力为1.47~1.67MPa的重整装置，循环气中水为20~35μL/L。

水除了上述功能外，在反应中它对环烷烃的开环反应和烷烃的脱氢环化反应都具有抑制

作用，因此水对这两个反应的相对重要程度与原料油类型有关。对于环烷基原料油，环烷烃含量高，环烷烃的脱氢反应是主要反应，烷烃的脱氢环化反应次于环烷烃脱氢反应，因此循环气中水偏高一些，25～35μL/L 较适宜；对于石蜡基原料油，在中、深度加工时，烷烃脱氢环化反应是十分重要的，因此循环气中水应低一些，20～25μL/L 较适宜。

调节循环气中水的方法是在重整进料中注入适量的水，注入的介质通常为乙醇或脱离子水等。

(2) 系统太干。是由于反应器混合进料的水含量太低，注水量不足的缘故。由此会造成氯在部分反应器的催化剂上积累，而另一部分催化剂氧含量偏低。重整装置会出现以下现象：

① 一反和四反的温降减少；

② 循环氢气纯度下降；

③ 循环气中甲烷含量升高，丙烷含量降低；

④ C_5^+ 液体收率总体上下降，初期 C_5^+ 液体收率变化不明显，较长时间后则下降明显。

系统太干的纠正方法是提高注水量，使循环气的水含量达到要求。

(3) 系统太湿。也就是说循环气中水含量太高。由此会造成重整催化剂氯含量总体下降，但是在循环气中水升高的初期，循环气中的氯含量会在短时间内上升，然后随之降低。此时重整装置会出现以下现象：

① 一反温降先是明显增加，随后很快出现下降，其余各反应器的温降也随之下降；

② LPG 产量和 C_5^+ 液体收率减少；

③ 重整生成油辛烷值明显下降，氢气产率降低；

④ 系统提温效果差。

(4) 纠正办法是：

① 循环气中水如果超过 50μL/L 时，将反应器的入口温度降低到 480℃以下；

② 检查系统水含量高的原因，检查并调整蒸发脱水塔的操作；

③ 投用分子筛干燥罐，并适当加大注氯量；

④ 循环气中水正常后，还需要进行一定时间的催化剂补氯操作，并视催化剂活性恢复情况适当提高反应温度，直至正常。

2. 注氯

(1) 适宜注氯量。对于不同类型的原料油，可以控制在该范围的上限或下限，例如对石蜡基的原料油可以将催化剂氯含量控制在 1.1%；而环烷基的原料油控制在 0.9%～1.0%较为适宜。

在正常情况下，催化剂的氯保持能力会随催化剂的比表面积下降而减弱。催化剂在使用过程中，引起比表面积下降的原因有二：一是催化剂的比表面积随再生次数的增加而下降；二是在高苛刻度运转过程中，运转中、后期催化剂因积炭量的增加引起比表面积下降。因此要根据催化剂比表面积的变化来提高注氯量，使催化剂的氯含量保持在要求的范围内，即相应降低水氯摩尔比。

应当注意的是：当催化剂需要进行氯含量调节时，不宜采用时注时停的间断注氯法，也不宜采用时多时少的波浪式注氯法，而应采用连续且均匀的连续注氯法。还应注意的是：调整注氯量时，每次调节的量最好不大于0.5μg/g。当需要作较大幅度的调整时，最好分步进行。调整注氯量时，要密切注意一反、四反的温降变化，因为一反、四反催化剂对水氯调整是比较敏感的。正常情况下，注氯量不宜较长时间大于3μg/g。只有在集中补氧时，才采用大于3μg/g的补氯量。

（2）催化剂氯含量低。催化剂氯含量太低时，其活性会明显下降。一般而言，催化剂氯含量每下降3℃，反应器入口温度大约需要升高3℃，即损失约3℃的活性。在重整催化剂出现活性下降时，不要贸然提高反应温度来弥补损失的活性，否则会造成C_5^+液体收率减少，催化剂积炭加快，影响催化剂运转周期。催化剂氯含量太低的现象是：

① 重整生成油辛烷值和芳烃含量下降，C_5^+收率略有下降；

② 循环氢纯度略有上升；

③ 液化气产量下降；

④ 提温效果不好，提高入口温度3℃，辛烷值的提高小于1个单位。

催化剂氯含量低，可以采用如下措施去纠正：

① 首先查清催化剂氯含量低的原因是由于注氯不足，还是由于气中水含量太高；

② 如果原因是由于循环气中水含量高引起催化剂上的氯流失，可采用上述“系统太湿”部分的措施；

③ 如果原因是由于注氯量偏低，可增加注氯量，调整好水氯摩尔比。

（3）催化剂氯含量太高。重整催化剂氯含量太高会出现以下现象：

① 一反、四反温降明显下降，其他各反应器也有下降；

② C_5^+液体收率明显下降，严重时生成油颜色变深；

③ 液化气产率增加；

④ 循环氢气纯度下降，C_3、C_4组分增多；

⑤ 生成油辛烷值或芳烃含量有所上升，但是在氯含量太高时辛烷值和芳烃含量会有较大幅度的下降。

催化剂氯含量高，可以降低注氯量，提高水氯摩尔比。

需要再次强调的是，如果重整装置出现水氯失调的情况，需要对装置出现的各种症状进行综合分析，对各种现象从重整反应机理的角度，找出其原因并采取相应措施，否则就可能作出与实际情况完全相反的结论。因为相同的现象在不同原因的情况时有发生。例如：重整最后一个反应器的温降下降，这种情况可以由两种反应过于强烈引起的，一种是放热较强的加氢裂解反应增强，即催化剂的酸功能增强，导致温降下降；另一种是放热较强的氢解反应增强，即催化剂的金属功能增强，导致温降下降。显然对于这两种情况的处理上是绝然不同的，前者是由氯含量过高引起的，需要降低氯含量；后者是由氯含量过低引起的，需要提高氯含量。另一方面对每种情况还需要进一步进行分析，例如催化剂氯含量过高，导致出现这种情况的原因，可能是注氯量太高而气中水适宜；也可能注氯量适宜而气中水太干。总之，重整催化剂的氯含量的控制是重整装置平稳操作的关键控制因素，也是直接影响催化剂性能的良好发挥和运转周期的关键之一。因此在出现水氯控制失常时，一定要辨证地分析各种症状，以作出正确的判断并采取相应的措施。

第二节　金属器壁的积炭问题

一、概述

重整装置金属器壁积炭，是指在重整反应的条件下，重整装置高温部位的金属器壁产生的积炭，这些设备包括加热炉管、反应器、换热器等，其中反应器壁的积炭最为严重。

自 1985 年我国第一套 CCR 装置投运以来，至 2010 年已有 38 套 CCR 装置建成并投产，到目前为止发生金属壁积炭的重整装置已经有 12 套，其中反应压力为 0.88MPa 的装置 1 套；反应压力为 0.35MPa 的装置 11 套，既有引进美国的，也有引进法国的专利装置。

在 20 世纪 90 年代中期，我国曾经有一套半再生式重整装置也发生了反应器壁积炭现象，但是该装置没有出现第二次积炭情况。而且在国内外均没有在其他半再生装置出现积炭现象。

上述统计数据表明，重整装置的反应压力从 0.85MPa 大幅降低到 0.35MPa，CCR 装置出现反应器壁积炭的比率随之升高。

二、反应器壁积炭的工艺特征及危害

1. 反应器壁积炭的工艺特征

由于反应压力为 0.85MPa 和 0.35MPa 的 CCR 装置在工艺流程、反应苛刻度等方面有着明显的不同，因此在出现反应器壁积炭时的工艺特征也有着明显的区别。

(1) 反应压力为 0.85MPa 装置反应器壁积炭的工艺特征。上海石化 1 号连续重整装置，反应压力为 0.85MPa，于 1985 年 3 月 2 日投运。该装置重整催化剂从第四反应器移出时，催化剂经过第四反应器底部的一组下料管进入到催化剂计量料斗，并用高速吹扫气将催化剂的计量料斗与第四反应器隔离。催化剂经过一组特殊的阀门从计量料斗进入 1 号提升器，最后经过提升管，催化剂进入再生系统上部的缓冲料斗。装置运转 204 天后，第四反应器的催化剂下料管出现堵塞，催化剂卸料不畅，需要人工敲打催化剂下料管才能维持催化剂的正常循环，这是装置出现反应器壁积炭的第一个特征，除此之外反应器壁积炭还有以下几个特征：

① 催化剂收集料斗的高速吹扫气的流量曲线明显变化；

② 第四反应器下部的催化剂下料管表面温度、部分管线表面温度变低；

③ 在某一时段催化剂粉尘量异常增多，尤其是细粉增多(见图 5-19)；

④ 催化剂计量料斗出现延时报警；

⑤ 1 号提升器内出现炭块，甚至出现炭包裹催化剂颗粒的炭块；

⑥ 待生催化剂上的炭含量下降；

⑦ 芳烃产率以及 RON 略有下降；

⑧ 再生催化剂中出现“侏儒”球(见图 5-20)，说明有炭块或者高炭含量(通常大于 7%)

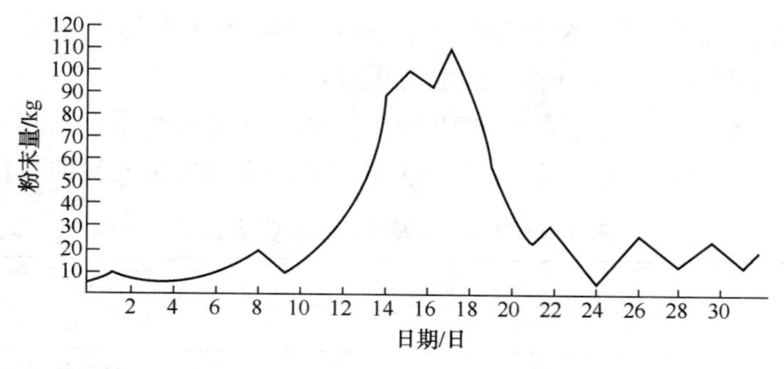

图 5-19　催化剂粉尘变化曲线

的催化剂颗粒进入到再生系统中，这部分颗粒在再生区内不能烧尽，残余部分进入到下一个催化剂处理区域——氧氯化区。氧氯化区是高温、高氧含量的操作环境，未烧尽的炭颗粒进入该区域之后，残余炭得到充分燃烧，造成局部高温，使得局部高温区周围的催化剂颗粒被高温烧结转相(由 γ 相转变为 α 相)，颗粒缩小变为“侏儒”球，直径大约为 Φ1. 2mm。“侏儒”球很容易从待生催化剂中分辨出来，因为侏儒球已经没有活性，在黑色的待生催化剂中它呈现为灰白色的小球。

装置的芳烃产率、液体产品收率和反应器的床层温度等工艺参数变化不大，难以作为积炭的指示性指标。在上述的八点特征中催化剂收集料斗的高速吹扫气的流量曲线明显变化和第四反应器催化剂下料管表面温度变低和堵塞是重要的装置积炭的指示性标志。

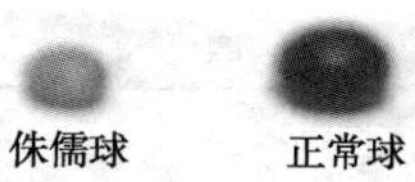

图 5-20　“侏儒球”与“正常球”的对比

(2) 反应压力为 0. 35MPa 装置反应器壁积炭的工艺特征。某炼油厂从美国引进反应压力为 0. 35MPa 的 CCR 装置，于 1996 年 7 月投产，运转 8 个月后停工检修，但反应器和再生器内的催化剂没有卸出，1997 年 4 月底检修结束开工。5 月初第二反应器出现温降下滑。至 6 月初，第二反应器的温降进一步下滑，第三反应器温降上升。在此期间，重整系统仅间歇注入少量的硫。上述特征是反应压力为 0. 35MPa 的 CCR 装置在基本不注硫的情况下出现的一个重要特征。该类装置在出现反应器壁积炭时还伴有以下特征：

① 重整反应系统出现温降分布不正常时，芳烃产率、液体产品收率和产品辛烷值变化不明显；

② 1 号提升器提升量不正常或出现炭块；

③ 待生催化剂上的炭含量下降；

④ 再生催化剂出现“侏儒”球；

⑤ 在某一时段催化剂粉尘量异常增多，尤其是细粉增多；这是由于扇形筒内被碳粉或催化剂碎颗粒填充，造成扇形筒流通面积大幅减少，反应器床层内气流速度大大提高引起催化剂局部流化，磨损加剧，产生大量催化剂粉尘；

⑥ 一反顶部的催化剂缓冲料斗的料位不稳定；

⑦ 反应器压降突然上升，装置被迫停工。

2. 反应器壁积炭的危害

通常由于对反应器壁积炭的危害性认识不足致使装置未能得到及时处理，造成严重的危害和重大损失。

反应器壁积炭造成的危害主要表现在二个方面：催化剂大量损失和反应器、再生器内构件损坏。现以实例来说明反应器壁积炭的危害程度：

(1) 某 CCR 装置的处理能力为 0.40Mt/a，以芳烃为目的产品。该装置 1996 年 7 月投产，1997 年 9 月因反应器壁积炭而停工。四个反应器内清理出来的炭的数量见表 5-4。

表 5-4　某 CCR 装置反应器积炭情况

反应器编号	一反	二反	三反	四反	合计
炭量/桶(200L)	10	26	9	9	54

据统计，在装置停工前 6 个月至清理反应器后再次开工期间，共消耗催化剂 30 多吨。

此外，反应系统内构件的损坏情况如见表 5-5 和图 5-21。

表 5-5　某 CCR 装置内构件损坏情况

反应器编号	中心管损坏根	扇形筒损坏根	下料管堵塞根
一反	下部 2 个小孔	17	9
二反	无	12	4
三反	无	4(另有 4 根变形)	无
四反	无	无	无

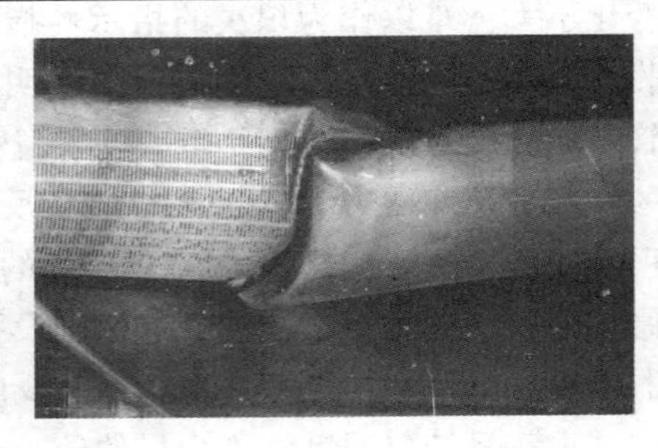

图 5-21　某 CCR 装置内构件损坏情况

(2) 某连续重整装置的处理能力为 0.60Mt/a，以生产高辛烷值汽油调和组分为目的产品。该装置 2001 年 10 月投产，运转 3 年零 3 个月后，于 2005 年 3 月因反应器壁积炭而停工检修。停工清理时从 4 个反应器内清理出来的催化剂比装剂量少 12.5～13t。从反应器内清理出炭 4.57t。4 个反应器中第二反应器积炭最为严重，其次是第一反应器，第三反应器有少量积炭，第四反应器基本上没有明显的积炭。

(3)某 CCR 装置处理能力 1.20Mt/a，以生产高辛烷值汽油调合组分为目的产品。

该装置于 2006 年 8 月 28 日进油，运转至第 28 天，四反下部催化剂收集器出口堵塞，被迫停工；

由于停工及时，检查后发现积炭主要发生在第二反应器的底部，四反有少量积炭，其他反应器均比较干净；各反应器内构件无损坏；催化剂损失量较少。

三、反应器积炭的原因

反应器内部的积炭从表观看可以分为：粉状炭和块状炭。部分的粉状炭和小块的块状炭可以在催化剂循环时被带出反应系统。块状碳又可以分为软炭块、硬炭块和软底炭。软炭块可以直接用手碾碎，颜色为暗黑色；软炭块是指与反应器壁接触的炭呈现为有十分光滑的接触面的软炭，一定厚度的软炭层后过度为硬炭；硬炭块有纯炭块和炭包催化剂的硬炭块。图5-22和图5-23分别为软炭块样品和炭包催化剂的硬炭块。

图5-22　软炭块样品

图5-23　炭包催化剂的硬炭块

将反应器内积炭的炭样进行元素分析，结果见表5-6。

表5-6　反应器内积炭炭样的元素分析结果

元素含量/%	一反底部软质炭	一反底部硬质炭
C	98.84	98.25
H	0.65	0.68
Fe	0.3708	0.2140
Ni	0.0044	0.0051
Cr	0.0043	0.0029
Mo	0.0049	0.0052
Mn	0.0025	0.0016

表5-6表明，无论是软炭块还是硬炭块，主要成分是炭，氢的含量很低，只有0.65%~0.68%，碳氢比很高，达到了152/1。炭中所含有的金属元素都是反应器壁和内构件制造材料的基本元素，其中铁含量最高，占金属元素总量的93%~95%。这些数据表明，反应器中的积炭包含有制造反应器及内构件的金属材料。

对炭样和积炭催化剂进行透射电子显微镜分析，结果见图5-24。

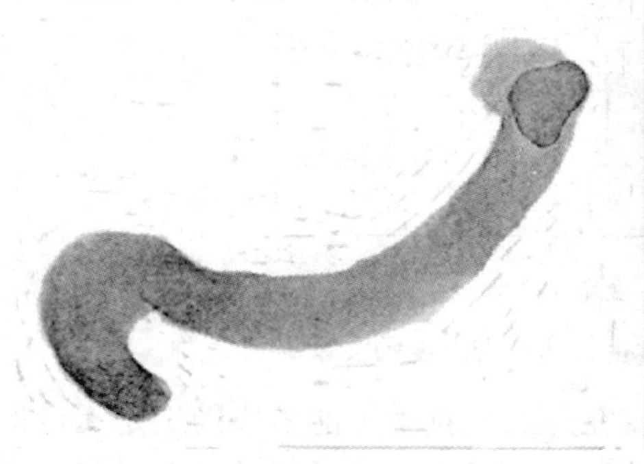

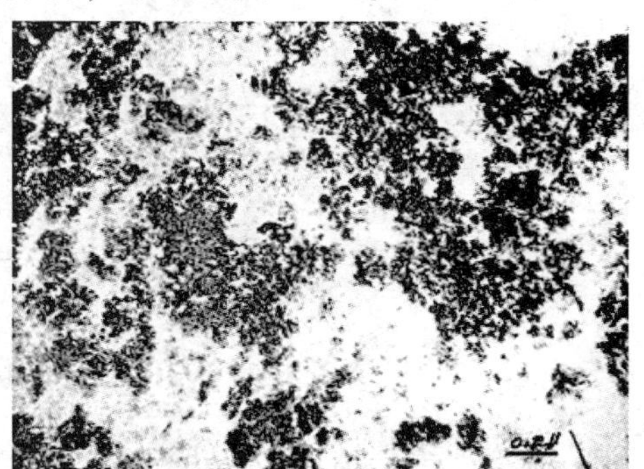

图5-24　炭样和积炭催化剂的透射电子显微镜照片

再取催化剂进行分析结果见表5-7。

表 5-7　积炭催化剂的元素和比表面积分析结果

样品名称	C 含量/%	S 含量/%	Cl 含量/%	Pt 含量/%	Sn 含量/%	比表面积/(m^2/g)
待生剂	3.4	0.006	1.09			
再生剂	0.02	0.006	1.38			142
还原剂			1.20	0.29	0.30	143

从积炭反应器内的催化剂样品的物化分析结果看，催化剂的 C、S、Cl、Pt、Sn 等元素的含量在正常范围以内，催化剂上沉积的炭的形态无异常。但是，炭块样品的透射电子显微镜照片显示，炭块的微观结构呈现为丝状炭结构，而且顶部有明显的黑点。对样品进一步用扫描电子显微镜的电子探针进行分析，结果见图 5-25，黑点部位是由 Fe、Ni、Cr 等组成的金属颗粒。

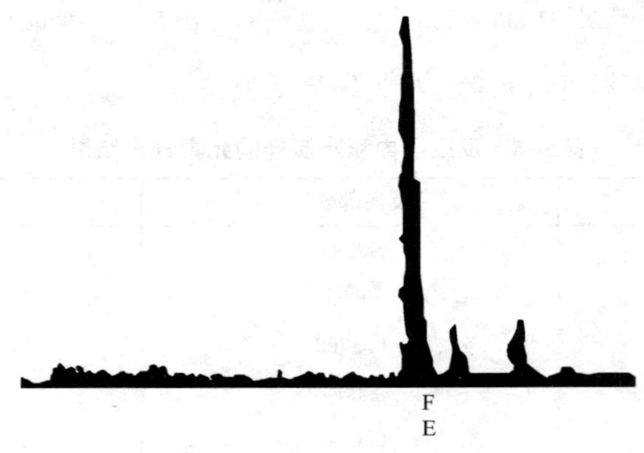

图 5-25　炭块样品的扫描电子显微镜电子探针分析结果

1. 丝状炭的生成机理

通常炭的沉积是一个包含不同生长形式的复杂结构，如果将这些复杂结构进行分类的话，可以分为三大类：无定形炭、石墨炭和丝状炭。对于金属器壁暴露在烃类的气氛中，这三种炭的相对生成速率与温度关系列于图 5-26。

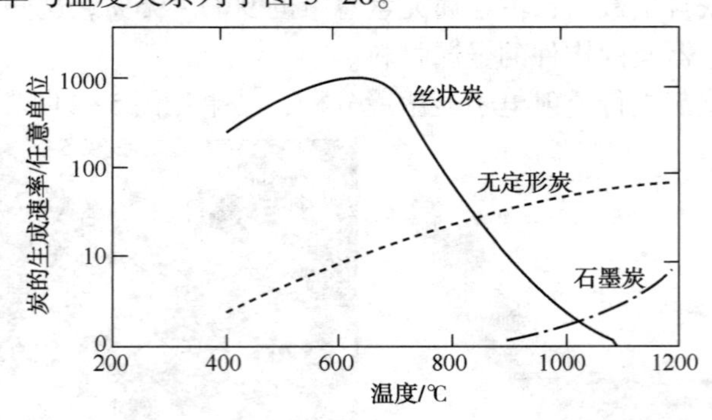

图 5-26　三种炭的相对生成速率与温度的关系

图 5-26 表明在重整反应条件下，金属暴露在烃的气氛中可能生成的炭是无定形炭和丝状炭，而丝状炭的生成速率比无定型炭快 100 倍。由此可见，在重整反应条件下，发生反应器壁积炭主要是生成丝状炭。

通常丝状炭的宽度是比较一致的，在 50~100nm 范围内，其形状通常是圆柱形，也观察到实心的、空心的和缠绕的或编织的。大部分丝状物有一小块金属颗粒，其直径与丝状物相同，并镶于沿长度相同的位置上，一般在丝状炭的顶部。这些位于丝状炭顶部的金属颗粒就是丝状炭的成长中心。

含碳气体，例如乙烷、一氧化碳、二氧化碳、苯、乙烯等，在一定的条件下可以在金属表面(例如铁、镍、钴、铬等)形成丝状炭。由于含炭气体的种类不同及金属种类也不同，因此还没有一种生炭机理可以将所有研究报告中的试验结果全部解释清楚。但是以下这种生炭机理是被大家普遍接受的，该机理的简要示意如图 5-27 所示。

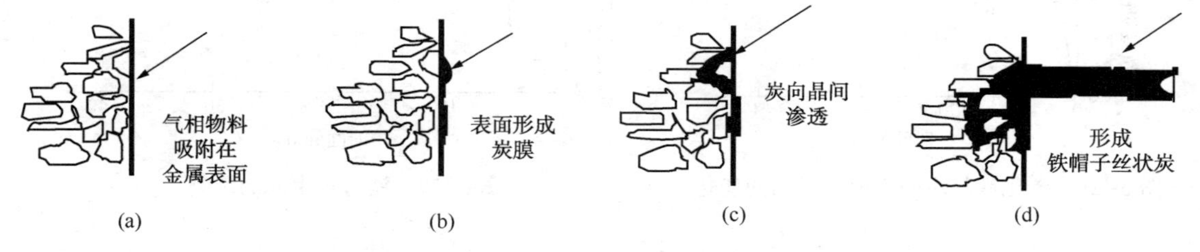

图 5-27　一种生炭机理

首先，气相的烃类分子吸附在金属表面；吸附的烃类分子经过一系列分解、脱氢反应，在金属表面形成炭原子；这些炭原子逐渐溶入或者渗入到金属的晶粒间或金属的颗粒间；随着时间的推移，金属颗粒上生成的炭不断地向颗粒间转移，并逐渐生成丝状炭，最后将金属颗粒推离金属母体。从理论上可以认为，金属表面所有的活性中心都可能发生上述反应。

在上述机理中，没有涉及烃类分子是如何吸附在金属表面上的，也没有说明吸附的烃类是在什么样的活性中心上发生脱碳反应，脱碳反应的前身物又是什么等复杂的问题。由于金属的种类和组成各不相同，含碳气体的组成也有很大的变化，因此回答这些复杂问题时难以用一种统一的机理模型来解释所有的反应和伴随的现象。

Albert 等以 CO、CO_2、CH_4、H_2、H_2O 等作为含碳气体的组分，进行了在铁的表面丝状炭生成初期阶段的机理研究。他们将铁表面与含碳气体反应后，用扫描电子显微镜(SEM)对金属表面进行了观察，发现在铁的表面被大量的丝状炭所覆盖，这些丝状炭呈圆柱形，直径约为 500nm，丝状炭顶部含有金属的晶粒。对铁的表面进行抛光，并有 2%~3%的 nital 溶液(硝酸的甲醇溶液)进行腐蚀，处理后的样品用 SEM 进行观察，发现在铁颗粒的边缘有大的碳化铁(Fe_3C)生成，呈珠球状结构。由此认为，这种碳化铁显然是在丝状炭生成前形成的。这个结论与 Tsao 的研究结果相一致。Tsao 利用纯的一氧化碳在 903K 的温度下与铁进行反应，同时利用 Mossbarer 能谱进行炭的分析，结果如图 5-28 所示。

从图 5-28 可以看出：碳化铁的生成先于游离炭，生成一定量的碳化铁之后，游离炭才开始迅速生成；开始时碳化铁的生成速率较快，但是碳化铁累积到一定量之后，就不再增加。Albert 还观察了在铁表面上生成丝状炭时，单位时间单位质量的铁引起的炭的质量增加分数与时间的关系，结果列于图 5-29。从图 5-29 可知，炭的质量增加分数在反应初期增加十分迅速，达到一最大值后，炭的质量增加分数有小幅的下降，然后进入稳定阶段，质量分数不再提高。这种规律在试验中多得到了相似的结果。

Buyanov 提出了烃类在铁的表面生成丝状炭的“炭化铁循环(Carbide cycle)”模型。炭化铁是烃类在金属表面发生分解反应的初期生成的，炭化铁在一定的条件下是处于亚稳状态，并在石墨炭覆盖的表面附近分解生成新的石墨炭。此时在石墨炭覆盖的颗粒表面很快达到平衡状态。炭化铁的浓度梯度是炭通过炭化铁颗粒扩散的驱动力。显然，这个丝状炭的生长模型不需要任何晶体的晶格，颗粒可能是液体。在碳化铁颗粒上丝状炭的成核和生长示意见图 5-30。

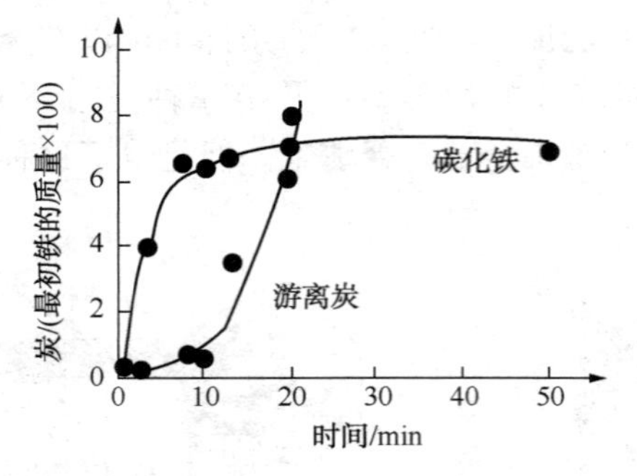

图 5-28　碳化铁与炭的生成随时间的变化

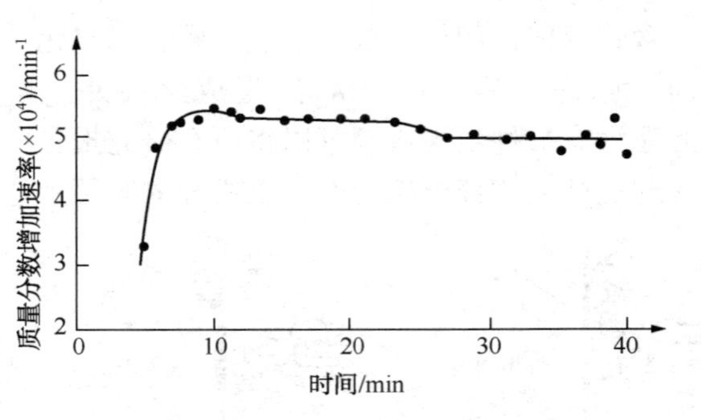

图 5-29　铁对炭生成的影响

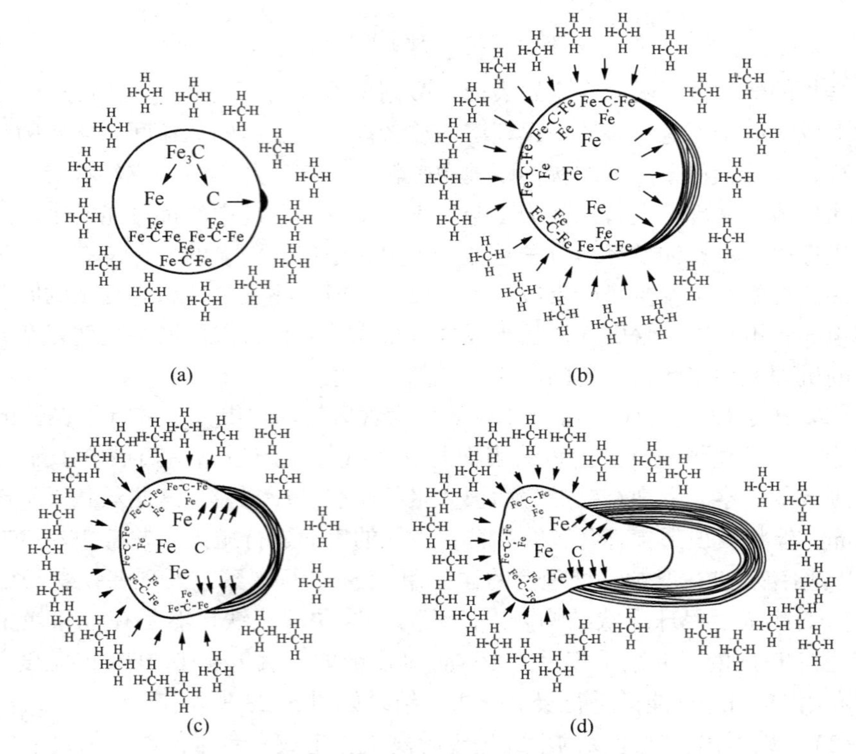

图 5-30　碳化铁颗粒上丝状炭的成核和生长示意

在甲烷的气氛中，于 680~800℃下，铁颗粒很快地被碳化生成碳化铁。在该条件下，碳化铁不稳定而分解，导致带炭粒子的过饱和，在颗粒表面出现石墨晶核。由于生成晶核需要克服高的激活屏障，其他石墨晶粒配置在石墨晶核的周围，然后在颗粒表面和甲烷之间的相互作用下，碳化铁的循环不断被重复。在初期，石墨层在颗粒表面的堆积是以平行的方向进行的。在某一时刻，颗粒变为液体状，后部开始延伸，石墨层变形，由原来的平行堆积改变为中空结构。随着毫微管的进一步生长，与颗粒接触的部分变窄，颗粒的颈部推向炭囊的内部，形成了类似珠子的结构。石墨管的颈部变得更窄，在空腔内的颗粒碎片被切断，石墨层与颗粒表面接触的方向变成垂直的接触，由此使得金属与炭的接触面积变得很小，以至于在炭的溶解和石墨化速率(扩散后的沉积)之间难以保持平衡。多余的炭被排出，并形成另外的石墨晶粒。

这些石墨晶粒沉积在已经生成的丝状炭的金属颗粒表面附近，并开始构筑下一个丝状炭的接点。

2. 丝状炭的特征

丝状炭是烃类在金属表面积炭的标志性产物，它具有以下几个特征：

(1) 所有丝状炭的顶部均有一个金属颗粒；

(2) 丝状炭的直径受顶部金属颗粒大小的控制。在大部分情况下，金属颗粒是比较小的，因此丝状炭的直径通常在 50~100nm 左右；

(3) 丝状炭的生长速率与温度有关，在铁、镍和钴-乙炔系统中，温度升高 320℃，丝状炭的生长速率加快 20 倍；

(4) 丝状炭顶部的金属颗粒如果被沉积物全部包裹，丝状炭将会停止生长；生长中的丝状炭，顶部的金属颗粒未被沉积物包裹；

(5) 顶部金属颗粒的大小与线状丝状炭的生成速率有关，如图 5-31 所示，金属颗粒越小，线状丝状炭的生成速率越快；

(6) 脱离了金属母体的丝状炭仍然具有化学活泼性。将丝状炭的炭块置于微型反应器中，在重整反应条件下进行反应。反应结果表明，脱离了母体的丝状炭与活性炭相比，有明显的催化脱氢和加氢裂解活性(见图 5-32)。在环己烷的脱氢反应中，活性炭的环己烷转化率仅为 0.4%~1.5%，装置内积炭的活性高达 5.2%~13.5%，二者相差 9 倍；对于正己烷的裂解产物 $C_1 \sim C_3$ 的产率，活性炭为 0%，没有活性，而丝状炭达到 0.7%~6.8%，表现出明显的催化活性(见图 5-33)。由此可以认为，装置内一旦积炭，在重整反应条件下，会发生炭生炭的反应，从而加快装置内积炭的速率和积炭量。

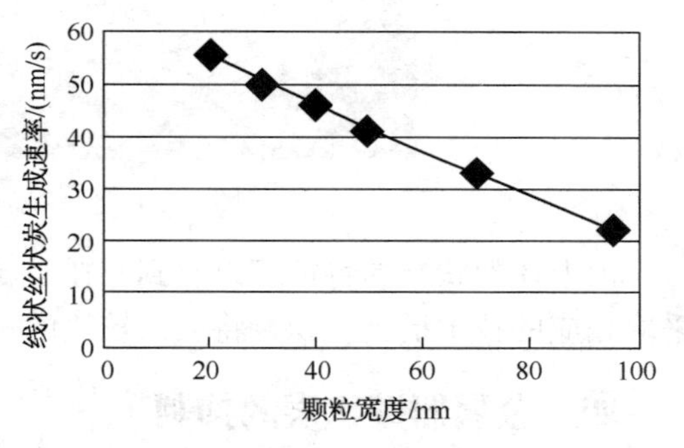

图 5-31　金属颗粒大小与炭生长速率的关系

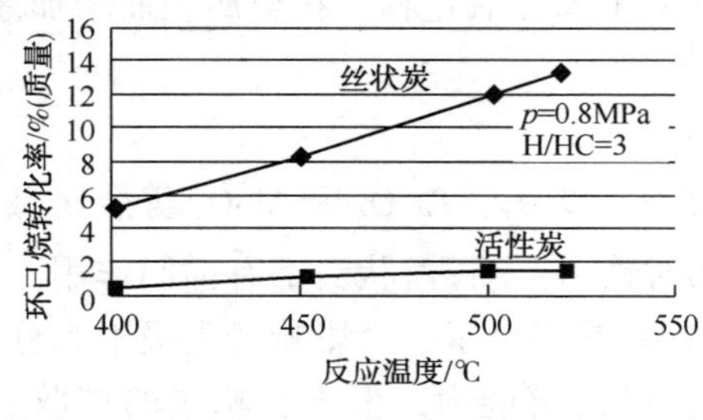

图 5-32　碳样的环己烷脱氢试验结果

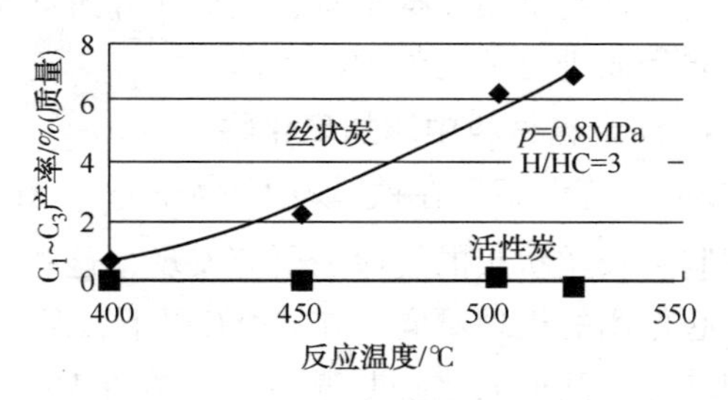

图 5-33　碳样的 $C_1 \sim C_3$ 产率

Baker 观察到：丝状炭顶部的金属颗粒，在丝状炭生长过程中出现分裂的现象，如图 5-34 所示。从图中可以看到，由颗粒 A 生长的丝状炭，其金属颗粒的直径为 95nm；之后颗粒 A 发生了分裂，分裂成颗粒 B 以及颗粒 C，其直径分别为 50nm 和 20nm。对照图像和数据进行分析后得到，在颗粒 A 上，丝状炭的生长速率是 22.3nm/s，而在颗粒 B 和颗粒 C 上，丝状炭的生长速率分别为 41.8nm/s 和 56.5nm/s。

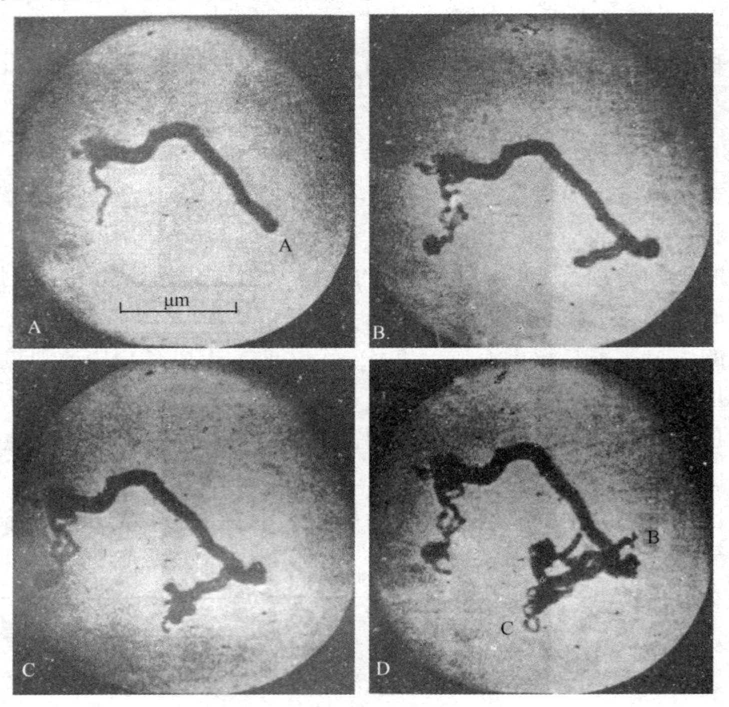

图 5-34　丝状炭顶部金属颗粒的分裂现象

由上述丝状炭的特征可以看到，在金属器壁上产生一定数量的丝状炭后，如果未能及时采取相应的技术措施，积炭将会以较快的速度发展，并会产生严重的后果。

四、金属器壁积炭的抑制

金属器壁积炭会导致加工工艺中的管线、阀门、换热器、反应器等发生堵塞或损坏，轻者造成工业装置运转周期缩短，重者造成装置被迫停工或出现安全事故，因此对于抑制金属器壁积炭必须引起重视。

为了抑制金属器壁积炭，人们研究过向金属材料中添加氧化物、在金属表面增加涂层、对金属表面进行硫化处理等方法。

1. 向金属材料中添加氧化物

Baker 等考察了在铁-镍中加入 SiO_2、Al_2O_3、TiO_2、WO_3、Ta_2O_5 和 MoO_3 等金属氧化物对抑制生长丝状炭的规律。研究发现，这些氧化物对铁-镍生长丝状炭都有抑制作用，但是它们起作用的机理不同。在 620℃以下，Al_2O_3 和 TiO_2 是提供了一个影响烃类吸附和分解的物理屏障；其他氧化物是减少了炭在金属颗粒表面的溶解能力，但不影响炭的扩散速率；SiO_2 是既减少炭的溶解能力，有降低了炭的扩散速率。虽然在试验中这些氧化物能够抑制丝状炭的生长，但是在实验中加入的添加物是氧化态的，如果加入到金属材料中是否能够保持原有形态，仍然起到相同的作用，这是需要解决的一个问题；另外，加入最少的量，达到最好的效果，在目前的试验条件下还无法进行考察；最后，这些氧化物加入到金属材料中以后，对材料的力学性能和结构性能的影响还不清楚。因此在工业实践中的应用还为时尚早。

2. 金属表面增加涂层

石脑油蒸汽裂解制乙烯装置也是一个长期受金属器壁积炭制约的工业生产装置。Brown等提出在Incoloy800的裂解炉管内壁利用气相沉淀法，在炉管高温(995℃)氧化的条件下将烷基硅氧化合物(如四乙基原硅酸酯)沉积在炉管壁上，形成一层很薄的无定形的氧化硅膜。试验结果表明，在炉管温度为700~880℃时，炉管的积炭量可大幅下降(减少9/10)，当温度大于900℃时，效果明显下降。

3. 硫化抑制金属器壁积炭

硫化抑制金属器壁积炭，在工业上已经有成熟的经验，如石脑油蒸汽裂解制乙烯装置：

Bennett等对25/20/Nb不锈钢进行预硫化和连续硫化，并在高温下考察了硫化对丝状炭生长的影响。结果表明，无论是使用噻吩、硫化氢、二氧化硫还是硫醇为硫化剂，都具有抑制丝状炭生成的作用，硫化剂直接吸附在金属表面的吸附活性中心上，阻止或减弱了金属表面对烃类的吸附，其中噻吩是最有效的添加物，因为噻吩的分子最大，吸附在金属表面对表面活性中心的阻隔效应最好；

在600℃下，无论是预先硫化还是连续硫化，在Gr_2O_3表面的烃类分解没有减少，这反映出，在Gr_2O_3表面的烃类分解的反应机理与Fe_2O_3不同；

连续硫化的效果，与带入硫化剂气体中的硫化剂的分压有关，硫化物分压愈高，效果愈好。

从CCR装置采集炭的样品的分析显示，积炭属于比较典型的丝状炭结构。由于重整催化剂是一种对硫十分敏感的催化剂，因此在采取抑制金属器壁积炭的措施上必须十分谨慎。

对金属器壁硫化是CCR装置可采取的重要技术措施。由于重整催化剂对原料油中的硫含量要求不大于0.5μg/g，硫含量过高会造成重整催化剂中毒，硫含量太少又会引起重整装置金属器壁积炭。

在重整装置进料的总硫含量控制上必须掌握：

进料中硫的总含量尽量接近0.5μg/g，但是不要超过0.5μg/g这一基本原则；

近期UOP在国内CCR装置上实施，开工初期在催化剂循环再生的情况下，注硫量达到1μg/g；但是后期催化剂的活性表现不尽人意，是否与上述操作有关，目前尚未进行深入研究。

对于抑制金属器壁积炭，在掌握积炭机理和有关重整催化剂基本知识的情况下，上述原则是可以适当变通的。

五、重整装置出现反应器炭块后的处理

CCR重整装置在出现反应器内积炭后，它所带来的经济损失少则数十万，多则上千万元，因此装置一旦出现炭块，必须引起充分的重视。首先需要做的事情是将收集到的炭块(或炭样)，尽快联系有关部门进行必要的物化分析。以尽快确定炭的形态，判断炭块形成的原因。

如果炭的形态是丝状炭，需要采取以下措施：

(1) 出现炭块后的首选处理方法是尽早停工处理。

① 由于反应器内构件可能损坏，而且在处理前不能详细了解内构件损坏的程度和数量，

因此必须准备好足够的内构件(数量和规格)，同时要考虑好损坏部件的修复办法；

② 由于部分催化剂被炭包裹，清出后无法使用。为此需准备好一定数量的催化剂。在做好准备工作的基础上，再停工检修。

(2) 由于反应器内有大量炭、少量硫化铁及油气，遇见空气极易自燃。为此清炭、卸剂工作需在氮封条件下进行。同时准备好必要的清理工具，如大功率吸尘器等。最好请有关专业人员进行清理。

(3) 清炭后必须对反应器内构件进行全面清扫，将扇形筒和中心管缝隙中的夹杂物清除干净。尤其要注意的是仔细检查带夹层的中心管，因为夹层缝隙中有可能夹有杂物，必须进行彻底吹扫，以防运转时引起压降不正常；

(4) 由于反应器内的积炭附着在设备的壁上，它们都是进一步积炭的种子，因此最好在器内进行喷砂处理；

(5) 如果全厂因生产需要或其他原因，CCR 装置暂时不能停工处理。此时需要注意以下几点：

① 在准确分析重整原料油硫含量的基础上，将重整进料硫含量调节到 0.45μg/g，并长期稳定注硫；

② 装置必须稳定操作，尽量不出现大的波动，如停电、停油泵或循环氢压缩机等；因为大的波动可能使得被炭块包裹着的催化剂床层倒塌，会使反应器下部的催化剂下料管堵塞或引起反应器压降上升；

③ 密切注视装置的压降变化，定期测定各反应器压降；

④ 最好在一号提升器内加装过滤网，以防止炭块带入再生系统。

⑤ 在装置满足全厂最低要求的条件下，尽管能在较缓和的苛刻度下运转，防止积炭情况恶化过快，并造成更严重的内构件损坏。

第六章　催化重整催化剂的失活与再生

第一节　重整催化剂的积炭失活

重整催化剂失活的原因(见表 6-1)。

表 6-1　重整催化剂失活的原因

序号	失活原因	可逆失活	不可逆失活
1	积炭	√	
2	S、N 化合物中毒	√	
3	金属面积降低(烧结)	√	
4	载体面积降低(烧结)		√
5	氯含量降低	√	
6	重金属污染		√
7	催化剂颗粒破碎生成细粉	√	
8	设备腐蚀产物(细粉的沉积、硫化铁鳞片)	√	

一、重整催化剂积炭的表征

(一) 积炭的位置、分布和定量分析

积炭的位置和定量分析见图 6-1~图 6-5 和表 6-2。

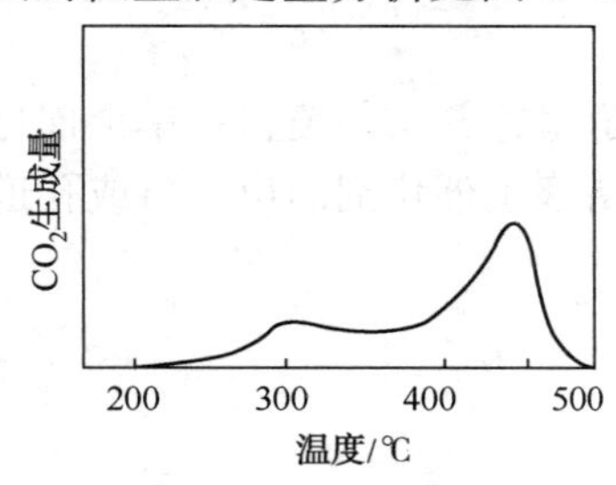

图 6-1　积炭 Pt/Al_2O_3 的 TPO 曲线

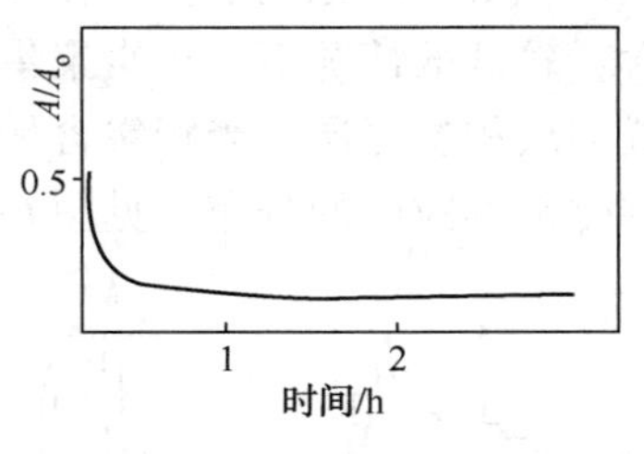

图 6-2　Pt/Al_2O_3 苯加氢相对活性与时间的关系

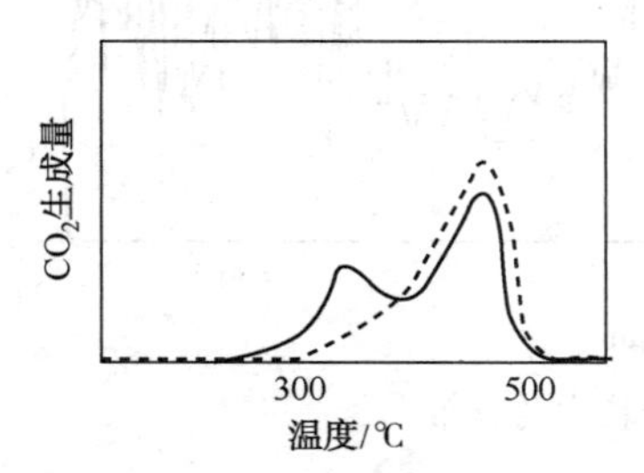

图 6-3　积炭 Pt/Al_2O_3 和 $Pt-Ir/Al_2O_3$ 的 TPO 曲线

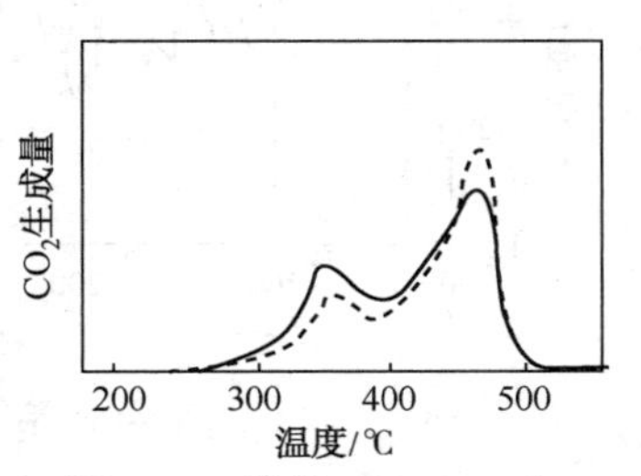

图 6-4　积炭 Pt/Al_2O_3 和 $Pt-Re/Al_2O_3$TPO 曲线

—Pt/Al_2O_3；--$Pt-Re/Al_2O_3$

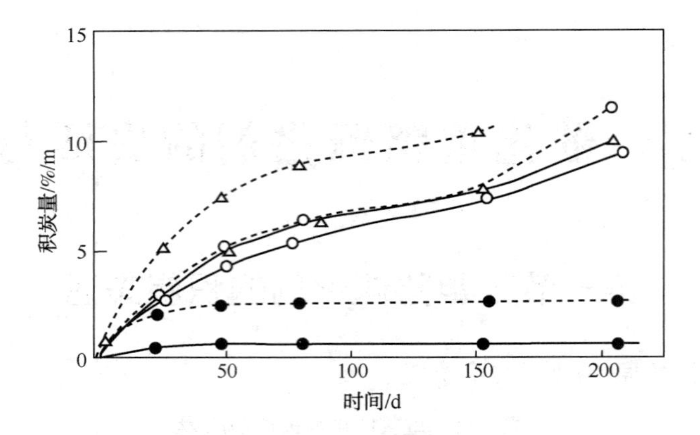

图 6-5　不同运转天数下等 Re/Pt 比和高 Re/Pt 比催化剂的积炭分布

△积炭总量；○酸性中心积炭；●金属中心积炭；---等 Re/Pt 比催化剂；—高 Re/Pt 比催化剂

表 6-2　两种 Re/Pt 比催化剂比较

项　目	等 Re/Pt 比催化剂					高 Re/Pt 比催化剂				
运转时间/d	26	49	87	161	208	26	50	75	158	210
积炭/%	4.7	7.1	8.4	11.4	14.0	3.2	4.5	6.3	8.2	10.0

（二）催化剂表面上积炭的分布

通过多种技术表征手段如 X 射线衍射、拉曼光谱、透射电镜和电子能量损失能谱对积炭的催化剂进行研究表明，积炭在催化剂上的分布是不均匀的，且以不规则方式排列。

在含炭催化剂上有无积炭区、轻微积炭区和重积炭区共三个区域。

积炭并不是以单层的形式在催化剂上沉积，而是从一开始积炭生成就是以三维的形式沉积，即使在高度积炭的催化剂上仍存在轻微积炭的区域。

在积炭含量较低的情况下，积炭聚集到催化剂的孔道里，并均匀覆盖在单个催化剂表面上形成单层或多层积炭壳层。当积炭含量过高时，积炭堵塞了催化剂的出入口或孔道。

积炭在催化剂颗粒中的分布，见图 6-6。

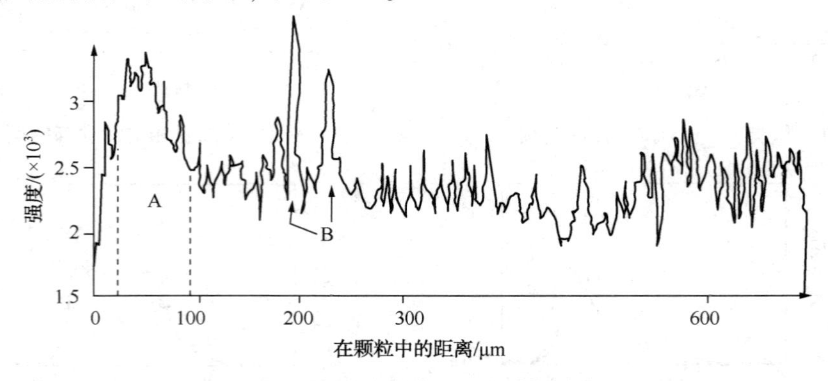

图 6-6　积炭在催化剂颗粒中的分布

（1）积炭在催化剂床层的分布。

① 积炭沿着催化剂床层的聚集主要是由积炭机理和反应条件决定的。

② 催化剂的类型和性质影响积炭在催化剂床层的分布。

③ 积炭在催化剂床层的分布是与催化剂床层接触的气相组成相关联的。

(2) 反应器内器壁上生成的积炭

① 沉积在反应器壁上的积炭多为丝状炭。

② 金属颗粒中被监测到含有 Fe，Cr 和 Ni，其中 Fe 含量较高。

③ 在反应器内壁上生成的积炭受到金属反应器自身的催化作用，这种积炭在正常的再生条件下很难去除。为了避免这种积炭的生成，反应器内壁需要进行特殊预处理，这取决于操作的性质。

(3) 催化剂床层的不同部位积炭含量与运转时间的关系

(三) 积炭的结构和组成

用红外光谱的方法对催化剂上的积炭进行研究，结果表明：积炭中存在芳香烃化合物的 C—H 键，—CH_2 基团和芳香烃化合物的环(见图 6-7)。

催化剂 Pt 含量、反应原料和时间影响积炭的 H/C 比，见表 6-3。

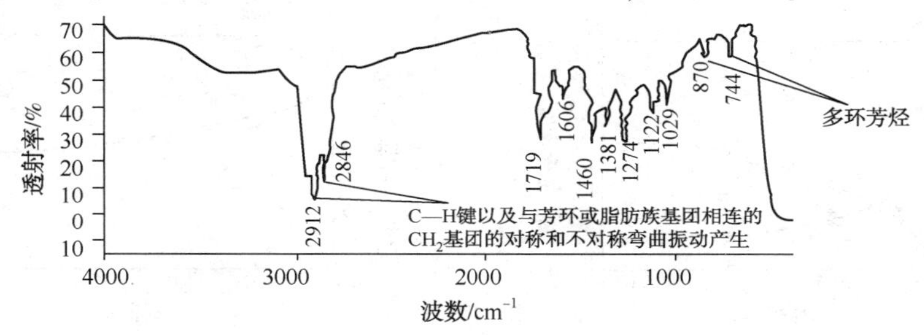

图 6-7　Pt-Sn/Al_2O_3 含炭催化剂红外光谱

表 6-3　催化剂 Pt 含量、反应原料和时间对积炭 H/C 比的影响

催化剂	Pt 含量/%	Pt 分散度/%	反应时间/min	反应原料	H/C 比
Pt	100		60	环戊烷+10%环戊二烯	1.05
Al_2O_3			60	环戊烷+10%环戊二烯	0.5
Pt/Al_2O_3	0.6	54	30	环戊烷	0.80
Pt/Al_2O_3	0.6	54	180	环戊烷	0.50
Pt/Al_2O_3	0.185	72	180	重整精制油	0.50
Pt/Al_2O_3	0.37	70	180	重整精制油	0.64
Pt/Al_2O_3	0.98	67	180	重整精制油	0.70

二、催化剂上积炭对各类重整反应的影响

(一) 积炭对脱氢反应的影响

积炭对环己烷脱氢的影响见图 6-8，运转时间对甲基环戊烷脱氢异构的影响见图 6-9，积炭沉积时间及正庚烷异构受积炭的影响见图 6-10，积炭对正庚烷脱氢环化反应的影响见图 6-11。

(二) 积炭对氢解反应的影响

由于氢解反应为一结构敏感反应，它需要合适的多原子铂簇团构成活性中心，一旦这类活性中心部分地被积炭覆盖，不能再形成多原子簇团，从而使氢解反应受抑制，其作用类似于合金或硫吸附。

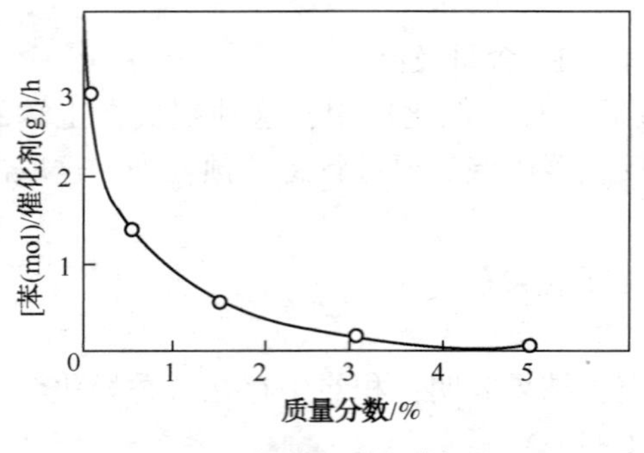

图 6-8　积炭对环己烷脱氢的影响

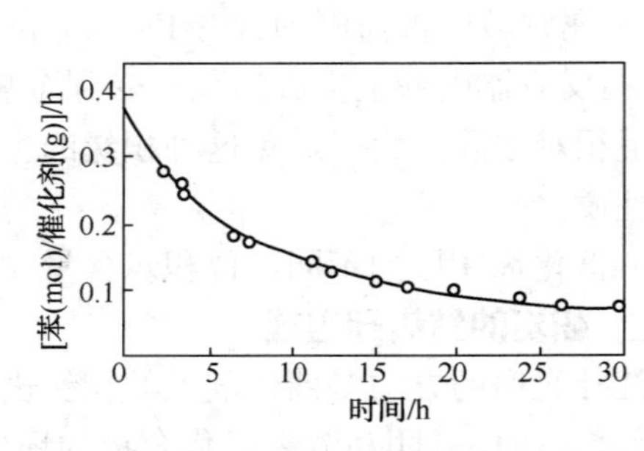

图 6-9　运转时间对甲基环戊烷脱氢异构的影响

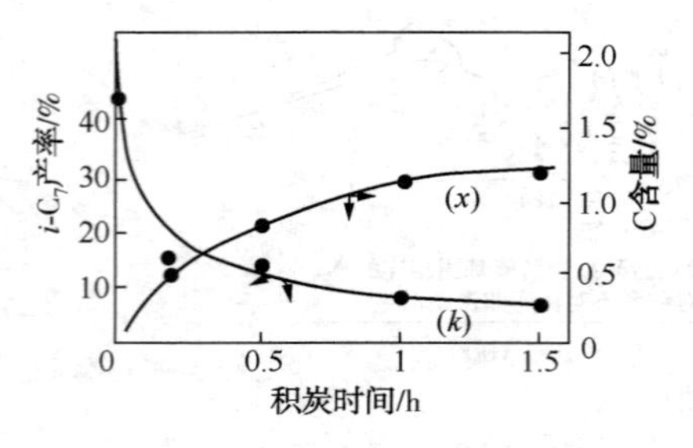

图 6-10　积炭沉积时间及正庚烷异构受积炭的影响

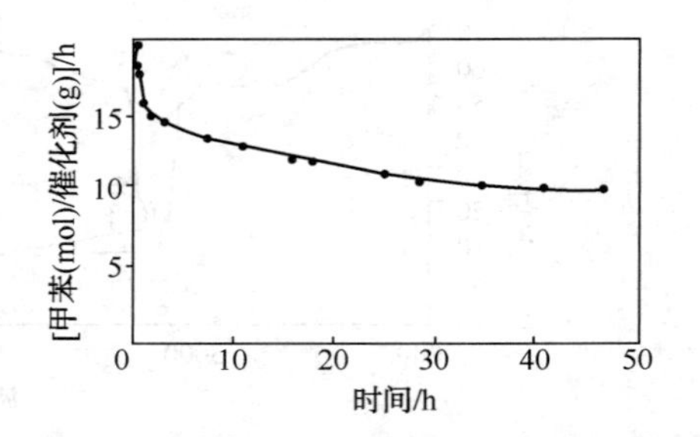

图 6-11　积炭对正庚烷脱氢环化反应的影响

单金属或双金属重整催化剂在使用前进行预硫化，是为了钝化易产生氢解反应的活性中心。

积炭对催化剂上各类反应的中毒程度见表 6-4。

表 6-4　积炭对催化剂上各类反应的中毒程度

原　料	反　应	中毒程度	机　理
正庚烷	脱氢	430	M
	裂化	300	B+M
	异构	125	B+M
	积炭生成	360	B+M
甲基环己烷	脱氢	110	M
	积炭生成	720	B+M
甲苯	脱烷基	700	M
	歧化	210	A
	积炭生成	750	B+M
2，2-二甲基丁烷	异构	30	A

三、反应条件对积炭失活的影响

（一）原料性质的影响

（1）不同反应原料对积炭的影响是不同的。

（2）原料的馏程较宽，干点较高的原料加快了积炭的生成。

（3）重整原料干点在204℃附近时，干点每升高1℃，催化剂的周期寿命下降1.6%～2.3%。

（4）干点在216℃附近时，干点每升高1℃，催化剂的周期寿命下降2.1%～2.8%。在更高温度下，催化剂的周期寿命下降的还要快。

（5）含有较高含量积炭前身物的原料加快了积炭的生成速率。

（6）原料中的不同积炭前身物对积炭的影响程度不同：环己烷(1)<苯(3)<乙基苯(23)<正己烷(35)<壬烷(41)<甲基环戊烷(130)<茚(250)<甲基环戊烯(370)<环戊二烯(670)。

（7）不同烃类添加物对积炭生成的影响见表6-5。

表6-5　不同烃类添加剂对积炭生成的影响

环烷烃添加物	积炭/%	芳烃添加物	积炭/%	正构烷烃添加物	积炭/%
石脑油+环戊烷	3.31	石脑油+苯	2.76	石脑油+C_5	2.95
石脑油+环戊烯	4.96	石脑油+甲苯	2.88	石脑油+C_6	2.73
石脑油+环戊二烯	15.04	石脑油+正丙基苯	4.22	石脑油+C_7	2.36
石脑油+甲基环戊烷	2.83	石脑油+茚	6.52	石脑油+C_8	2.48
石脑油+甲基环戊二烯	29.98	石脑油+四氢萘	2.61	石脑油+C_9	2.75
石脑油+环己烷	2.37	石脑油+萘	3.00	石脑油+C_{10}	3.55
石脑油+环己烯	2.50	石脑油	2.33		

（二）反应温度的影响

（1）提高反应温度加速了加氢裂化、积炭等副反应的进行，使催化剂上的积炭量增加。

（2）在反应压力和氢油比不变的情况下，提高反应温度和降低空速会使积炭更多地脱氢且石墨化，并且积炭主要在载体上沉积。

（三）反应压力的影响

（1）降低反应压力有利于环烷脱氢和烷烃的脱氢环化反应，同时减少了加氢裂化反应，但催化剂上积炭增加，使得催化剂的周期寿命缩短。低压下生成的积炭很容易通过再生去除。

（2）提高反应压力有利于加氢裂化反应，使重整生成油收率降低，但催化剂上积炭减少，积炭主要在载体上沉积，并且只能在高温下才能去除。

（3）操作压力和辛烷值对催化剂失活的影响见图6-12。

（4）反应压力对积炭石墨化程度的影响见表6-6。

表6-6　反应压力对积炭石墨化程度的影响

反应条件			积炭/%	可萃取积炭/%	石墨化积炭/%
压力/MPa	温度/℃	时间/h			
3.0	440	10	0.5	8	92
1.0	440	0.5	0.6	25	75

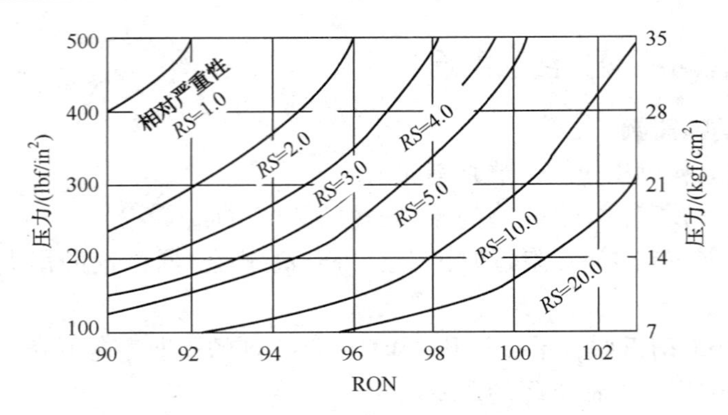

图 6-12　操作压力和辛烷值对催化剂失活的影响

（5）反应压力对金属活性受积炭毒害的影响见表 6-7。

表 6-7　反应压力对金属活性受积炭毒害的影响

反应压力/MPa	反应时间/min	苯加氢相对活性/(a/a_0)	金属上的积炭/%
3.0	900	0.70	0.8
1.0	360	0.35	1.4
0.1	60	0.18	2.8

（四）进料空速的影响

反应温度和压力不变时，降低空速对催化剂积炭的影响同降低氢油比(H_2/HC)对催化剂积炭的影响基本相当。

进料空速对芳烃转化率的影响随反应深度的增加而增加，前面反应器采用较大的空速，后面的反应器需要较低的空速。

反应温度、压力和氢油比(H_2/HC)不变时，空速降低，催化剂上的积炭量增加，而且积炭主要沉积在载体上。

（五）氢油比(H_2/HC)的影响

在反应温度、压力和空速不变时，氢油比降低，氢分压减少，有利于烷烃的脱氢环化和环烷脱氢，催化剂上的积炭量增加。氢油比从 8 降到 4 时，催化剂上的积炭量增加 75%，从 4 降到 2 时，积炭量增加 3.6 倍。

氢油比增加，所带入到反应器的热量也增加，因此加权平均床层温度增加。

半再生重整装置现普遍采用两段混氢工艺，一段采用较小的氢油比；二段需要较大的氢油比。

（六）反应时间的影响

随着时间的延长，积炭缓慢增加，多层积炭在催化剂上堆积使得孔道发生堵塞导致催化剂失活。

积炭中的环数随着反应时间的延长而增加，积炭中氢含量降低，积炭的石墨化程度加重。

反应时间与积炭量、H/C 比的关系见表 6-8。

表 6-8　反应时间与积炭量和 H/C 比的关系

反应时间/min	积炭量/%	H/C 比
15	0.61	0.70
60	0.84	0.65
135	1.53	0.63
300	2.53	0.55
600	4.64	0.39

四、催化剂性质对积炭的影响

（一）金属功能的影响

包括金属分散度的影响、铂含量的影响和助剂组元的影响。

（1）金属功能的影响见图 6-13。

① 金属分散度越高，小晶粒越多，单位 Pt 原子上沉积的 C 原子数目就越低，因此积炭量降低。

② 在相同金属分散度的情况下，Pt 含量增加，催化剂上的总积炭量增加。

③ 随着 Pt 含量提高，催化剂积炭的 H/C 比也提高。

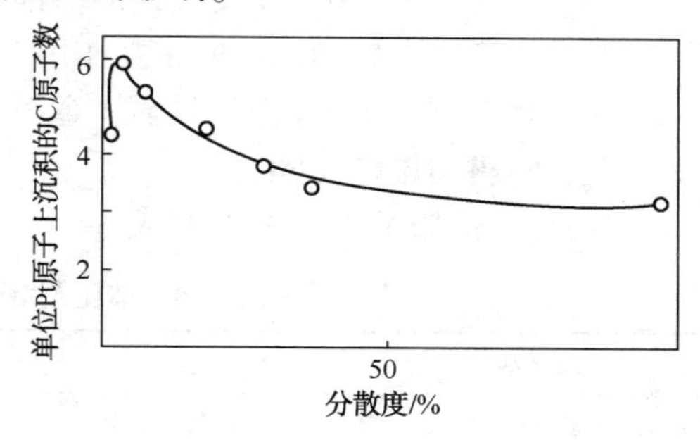

图 6-13　单位 Pt 原子上沉积的 C 原子数目与金属分散度的关系

（2）Pt 含量与催化剂的积炭关系见图 6-14。

① Pt/Al_2O_3 催化剂中引入 Re：Re 组元通过氢解作用破坏了积炭前身物；Re 调变了 Pt 的性质，使 Pt 的脱氢活性降低；S 选择性地与 Re 结合形成 Re-S，通过几何效应，Re-S 将大的 Pt 簇团分割成较小的簇团，抑制了积炭反应，因而积炭量下降。

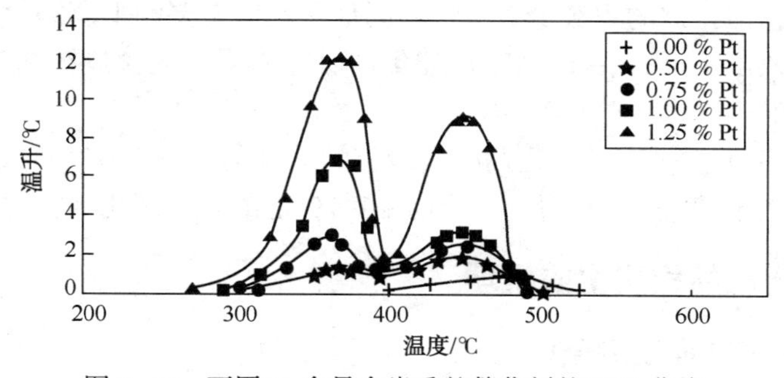

图 6-14　不同 Pt 含量含炭重整催化剂的 TPO 曲线

② Pt/Al_2O_3 催化剂中引入 Ir，通过加氢或氢解作用，Pt-Ir 破坏了积炭前身物，因此催化剂上的积炭量降低。

③ Pt/Al_2O_3 催化剂中引入 Sn，Sn 与 Pt 的相互作用，调变了 Pt 的性质，使金属中心上的积炭量减少。

④ Pt-Re(Sn)/Al_2O_3 催化剂中引入某些稀土金属组元，调变了 Pt 的性质，改善催化剂的选择性和降低积炭量，提高了催化剂的活性稳定性。

（3）金属助剂对催化剂积炭的影响见图 6-15。

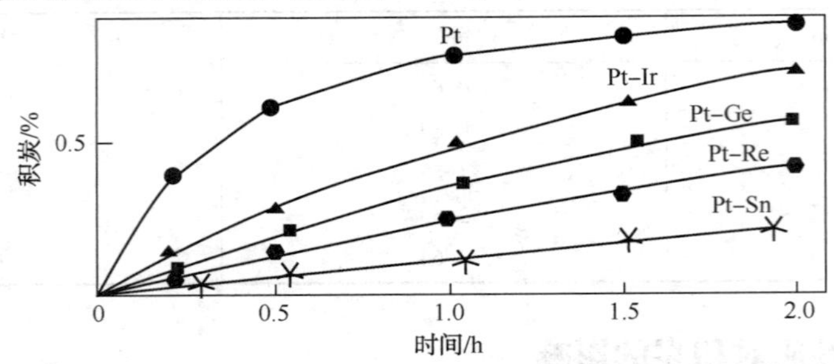

图 6-15　以正庚烷为原料的重整反应中催化剂积炭量随着催化剂的不同而发生变化

① 在正常压力下，积炭的毒性随着 Pt 和 Re 间的相互作用程度的增强而增加。

② Pt 与 Re 间的相互作用提供的活性氢可以迁移，并且在酸性位上使积炭前身物加氢。

③ Pt 和第二金属助剂间的相互作用对积炭生成和其毒性有重要影响。

④ Pt 和 Re 间的相互作用越强，金属功能因积炭失活的速率就越低。

（二）酸性功能的影响

酸性功能的影响见表 6-9 和表 6-10。

表 6-9　催化剂载体酸性功能对积炭量的影响

催化剂	Pt/Al_2O_3	Pt/TiO_2	Pt/SiO_2	Pt/MgO
积炭量/%	2.28	1.56	0.09	0.08

表 6-10　Al_2O_3 载体组成对积炭量的影响

Al_2O_3	0.6%K	0.2%K	纯 Al_2O_3	0.5%Cl	1.0%Cl
酸性/(meq $H^+/g\times10^2$)	33.2	37.1	44.1	51.2	57.8
积炭量/%	0.10	0.28	0.50	0.76	1.14

（1）要保持重整催化剂的积炭量最低，不同催化剂所需要的平衡氯含量是不同的。

（2）国外对 Pt/Al_2O_3 和 Pt-Re/Al_2O_3 催化剂研究表明，氯含量在 0.7%~0.9%范围时，催化剂上积炭量最低。

（3）Pt-Re(或 Sn)/γ-Al_2O_3 催化剂存在最佳的氯含量，为 1.0%~1.2%。

（4）Pt-Ir/Al_2O_3 催化剂，氯含量在 0.9%~1.1%范围时，催化剂上积炭量最低。

五、重整催化剂的积炭生成机理

（一）金属位上积炭的形成机理

1. 积炭生成中的 Cl 和多烯路线模型

积炭生成中的 3Cl 和多烯路线模型见图 6-16。

2. Lieske 关于积炭生成的两条路线

（1）C1 路线。由吸附在小部分带有高配位数 Pt 原子上的 Cl 物质生成的积炭大部分是在反应的早期阶段生成的，它是一个相对慢的过程。然而，非常少量的这种积炭就会明显改变催化剂的选择性。

（2）多烯路线。更多积炭由 C_6 烃在 Pt 上以很快的速度生成，导致相对数量的 Pt 被积

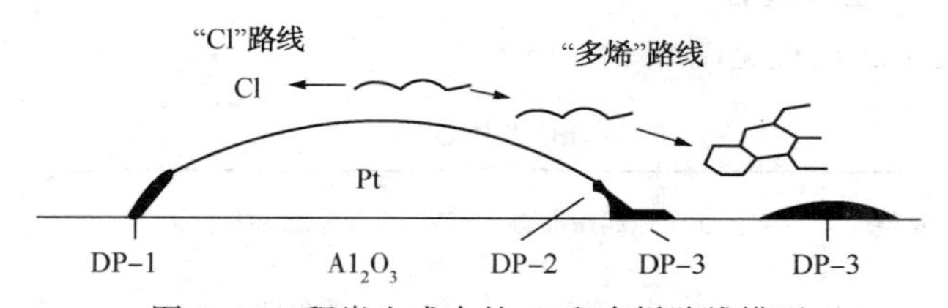

图 6-16　积炭生成中的 Cl 和多烯路线模型

DP-1：脱氢烃类；DP-2：在金属上积炭；DP-3：在载体上积炭

炭覆盖。在积炭生成的稳定阶段，积炭从 Pt 到载体的转变是控制步骤。

3. 金属位上积炭的形成机理

(1) 涉及到一系列的裂解反应和连续的脱氢反应导致碳原子的形成，这些原子(或部分加氢的中间物)结合形成石墨化和毒性较大的积炭。

(2) 在金属表面上积炭的沉积是基于在金属表面生成不同类型含炭沉积物的聚合反应。例如，大的 Pt 晶粒提高了积炭沉积速率，这是由于这些大 Pt 晶粒对在反应中生成的环戊二烯(积炭前身物)具有较高的稳定能力。

(3) 积炭在金属上生成是一个金属结构敏感性反应。与高分散的催化剂相比，低金属分散的催化剂对积炭失活更敏感，这可能是由于积炭主要在金属晶体的面上而不是在角落和边缘上生成。

(二) 酸性位上积炭的形成机理

酸性位上积炭的形成过程被认为是基于在金属功能上产生的脱氢中间物在酸中心上发生聚合反应。例如：以环戊烷为原料的积炭反应过程中，环戊烯发生缩合反应生成聚合芳烃(萘或分子更大的芳烃聚合)。

1. 金属和酸性中心上积炭生成的反应网络

金属和酸性中心上积炭生成的反应网络见图 6-17。

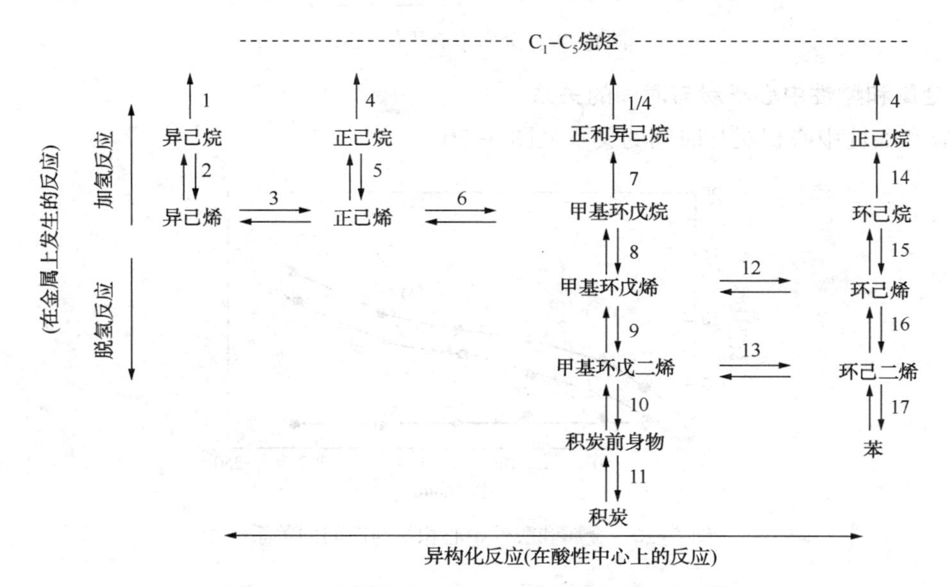

图 6-17　金属和酸性中心上积炭生成的反应网络

2. 重整催化剂积炭生成过程

重整催化剂积炭生成过程见图 6-18。

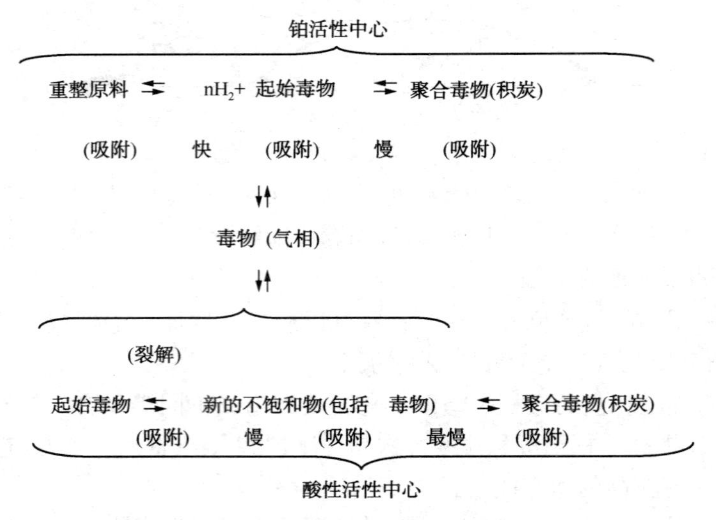

图 6-18　重整催化剂积炭生成过程

3. 金属中心积炭关系

金属中心积炭关系见图 6-19。

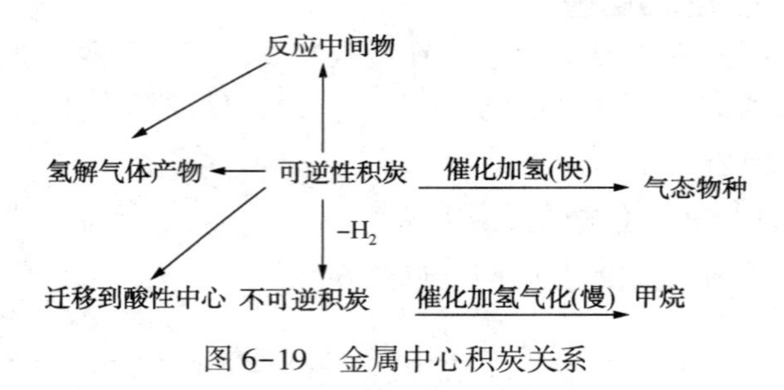

图 6-19　金属中心积炭关系

4. 金属和酸性中心积炭与时间的关系

金属和酸性中心积炭与时间的关系见图 6-20。

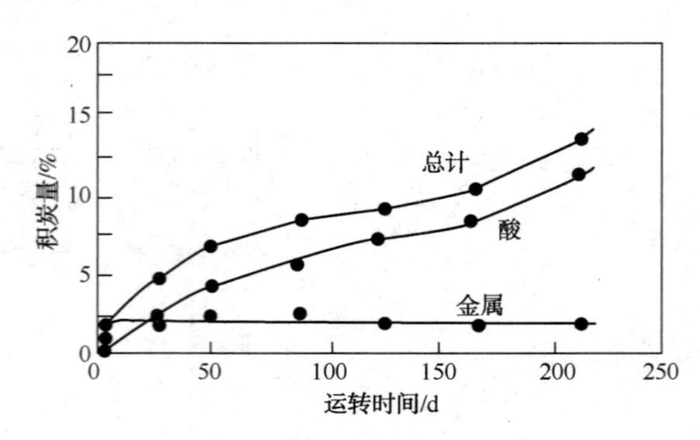

图 6-20　金属和酸性中心积炭与时间的关系

第二节 重整催化剂中毒和烧结失活

一、重整催化剂中毒失活

（一）酸性中心毒物

包括水的影响、氮化物中毒和其他酸性中心毒物。

重整催化剂对原料油中杂质含量的要求见表 6-11。

表 6-11 重整催化剂对原料油中杂质含量的要求

催化剂	Re/Pt 摩尔比=1	Re/Pt 摩尔比=2	Re/Pt 摩尔比>2.5	Pt/Sn
硫含量/(μg/g)	<1(最好 0.5)	<0.5	<0.2	<0.5
氮含量/(μg/g)	<0.5	<0.5	<0.5	<0.5
氯含量/(μg/g)	<0.5	<0.5	<0.5	<0.5
水含量/(μg/g)	<5	<5	<5	<5
砷含量/(ng/g)	<20	<20	<20	<20
铅含量/(ng/g)	<20	<20	<20	<20
铜含量/(ng/g)	<5	<5	<5	<5

1. 水的影响

水的影响见图 6-21。

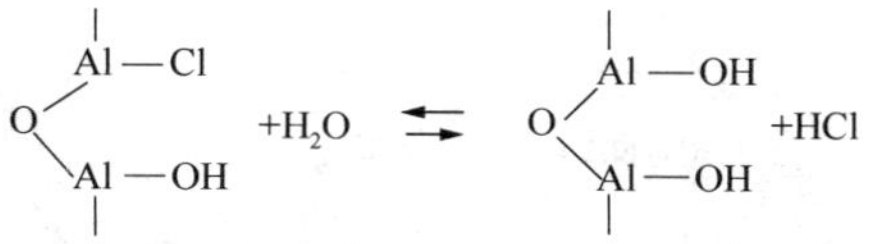

$$\mathrm{O}\begin{cases}\mathrm{Al-Cl}\\ \mathrm{Al-OH}\end{cases} + H_2O \rightleftharpoons \mathrm{O}\begin{cases}\mathrm{Al-OH}\\ \mathrm{Al-OH}\end{cases} + HCl$$

图 6-21 H_2O 对重整催化剂的影响

（1）重整原料油中水含量过高，会洗掉催化剂上的氯，使催化剂的酸性功能减弱而失活，并且使催化剂载体的结构发生变化，从而加速了催化剂上铂晶粒的聚集。

（2）氧及有机氧化物在重整条件下会很快变为水，所以必须避免原料中氧及有机氧化物的存在。

（3）Pt/Al_2O_3 催化剂作用下以正庚烷为原料转为甲苯的反应，在反应温度 510℃时，发现催化剂的失活速度在原料油中水含量为 100μg/g 时要比含水 15μg/g 时快 5 倍。

2. 补氯量对催化剂性能及积炭的影响

补氯量对催化剂性能及积炭的影响见表 6-12。

表 6-12 补氯量对催化剂性能及积炭的影响

水含量/(μg/g)	补氯量/(μg/g)	液体收率/%	芳烃产率/%	催化剂积炭量/%
100	0	80.0	55.6	3.95
100	20	76.3	56.2	3.96
100	40	73.0	53.9	5.44
100	60	70.1	50.9	5.77

试验条件为反应温度 490℃，反应压力 12.5kg/cm^2，氢/油(摩尔比)= 7/1。

3. 水氯环境的优化控制

（1）水和氯必须同时进行控制以维持一个水氯平衡。催化剂的氯含量应该控制在1.0%～1.2%，气中水控制为10～20μL/L。

（2）氯含量较低时，必须提高反应温度去维持辛烷值水平，因此加快了积炭生成。

（3）当氯含量高于1.2%时，催化剂的酸性太强，这会极大地提高积炭速率，因此缩短催化剂的周期寿命。

4. 氮化合物中毒

（1）氮的主要来源。

① 预加氢精制装置的设计压力考虑不周，不能适应原料油中氮含量的波动；原料中氮含量高时需要较高的反应压力。

② 重整混炼焦化汽油，由于焦化汽油氮含量较高，因此在混炼焦化汽油时必须综合考虑混合油的氮含量与预加氢装置的设计压力，确定装置可以接受的混炼比。

③ 重整上游工艺采用含氮的缓蚀剂，带入重整原料中。

④ 重整系统窜入焦化汽油或其他高氮含量的油。

⑤ 预加氢催化剂活性降低或失活导致脱氮不彻底。

⑥ 预加氢进出料换热器发生内漏。

（2）氮中毒后的主要表现见图6-22和图6-23。

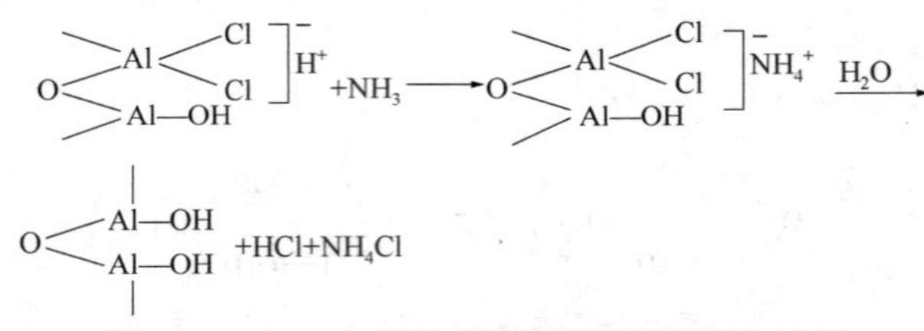

图6-22　NH_4Cl的形成导致催化剂氯流失过程

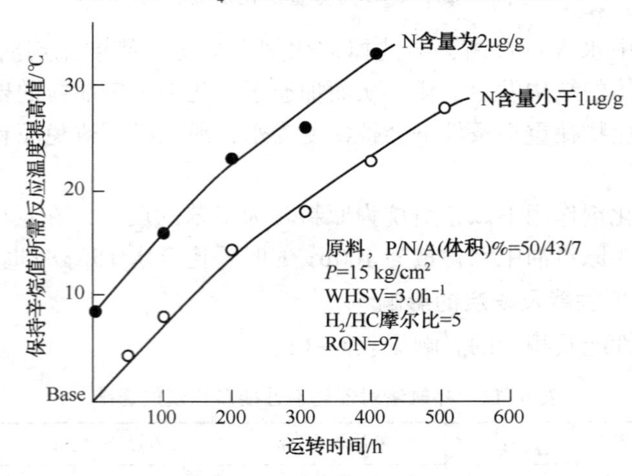

图6-23　催化剂失活速率与原料氮含量的关系

① 氮中毒引起催化剂的积炭速率加快，催化剂的活性下降，使催化剂的周期寿命缩短。

② 在重整反应条件下，NH_3的存在在很大程度上对高分散的Pt催化剂的性能有较大的影响。

③ 重整反应温降增加，这是由于加氢裂解反应减少，随之氢耗减少以及产生的热量减少所致。

④ 氮中毒引起催化剂的酸性不足，使得重整循环气中 C_3、C_4 含量下降，循环氢纯度提高。

⑤ NH_3 中毒是暂时性的。

⑥ 生成的 NH_4Cl 白色粉状物沉积在重整装置的低温部位如冷却器、循环氢压缩机入口，堵塞管线，使系统压降增大。重整脱戊烷塔塔顶空冷、塔盘、阀门堵塞，回流罐压力偏低，导致回流泵汽化不上量等。

（3）氮中毒后的处理措施。

① 重整催化剂被氮污染后，需要增加注氯量以保持催化剂的正常氯含量。在氮含量准确测定的基础上，适当提高补氯量。

② 在污染期间最好能降温操作，不能用提温的方法来保持生成油的辛烷值，因催化剂上酸性/金属功能之间处于不平衡状态，强化操作会增加催化剂的积炭量，缩短周期运转寿命。

③ 应尽快对重整原料进行氮含量分析，及时找出氮含量高的原因并及时排除，否则系统内生成的 NH_4Cl 将沉积在冷凝器、分离器、循环压缩机入口管线及脱戊烷塔内，使冷却效果变差，甚至可导致压缩机损坏。

5. 其他酸性中心毒物

碱金属与碱土金属化合物也是酸性中心的毒物，如 Na 在催化剂上是以 Na 盐的形式存在，它可以与 Al_2O_3 表面上羟基结合变成稳定的 Al—O—Na，这样就使催化剂上结合的氯变少，这种酸性中毒的损失是不可逆的。因此一般情况下要严格控制催化剂上钠含量小于 50μg/g。

（二）金属中心毒物

1. 硫的主要来源

（1）汽提塔效果变差。

（2）预加氢精制不合适，如预加氢催化剂活性降低或失活（包括活性差、实际反应温度偏低、积炭等因素）。

（3）预加氢进料与反应产物的换热器或汽提塔进料与塔底出料的换热器发生内漏，造成部分物料短路。

（4）冷壁反应器发生短路。

（5）开工线（指不经过预加氢的反应器的进料线、物料从进料泵直接进入汽提塔）没有加盲板，阀门内漏。

（6）重整催化剂硫中毒。

① 催化剂上硫吸附的性质和结构。

② 催化剂性质对硫中毒的影响。

③ 硫对催化剂活性、选择性和稳定性的影响。

④ 硫酸盐中毒。

(7) 催化剂上硫吸附的性质(1)。

① 在重整反应条件下，几乎所有的含硫化合物都很容易生成 H_2S，它可以强烈地吸附于金属表面上，在很低的含硫化合物气相浓度下也会导致催化剂活性降低。

② 化学吸附的硫与金属形成的化学键可以改变进行反应的金属原子的电子性质。

(8) 催化剂上硫吸附的结构(2)。

$$Pt+H_2S \longrightarrow PtS_{不可逆}+H_2$$

$$PtS_{不可逆}+H_2S \longrightarrow PtS_{不可逆}S_{可逆}+H_2$$

$$Re+H_2S \longrightarrow ReS_{不可逆}+H_2$$

$$ReS_{不可逆}+H_2S \longrightarrow ReS_{不可逆}S_{可逆}+H_2$$

(9) 催化剂性质对硫中毒的影响。

① 重整催化剂的特性如催化剂的类型、金属的分散程度、酸性和载体的性质等对同硫分子之间的相互作用有较大的影响，并且在不同程度上影响硫中毒的程度。

② 硫在 Pt-Re/γ-Al_2O_3 上的吸附表明，S 强烈地同 Re 结合，抑制了金属 Re 的氢解活性，并且显著地使铂簇团变小。由于 Re 金属的电子亲和力较低，因此硫在金属 Re 上的吸附比在 Pt 上要强烈得多，致使大部分 Re 和一部分 Pt 处于硫化态。Re—S 键的强度较大，因此提高了 Pt 的电子亲和力，这使得硫在 Pt 上的吸附能力降低。

(10) 硫对催化剂活性、选择性和稳定性的影响。

① 以 Pt-Re/Al_2O_3 催化剂为例，吸附在 Re 上的硫限制了石墨化积炭的生成。

② 当原料中的硫含量大于 0.03%时，对 Pt/Al_2O_3 催化剂的芳烃产率有较大的影响。

③ 硫含量的提高有两个主要的影响：抑制芳烃的生成和加快催化剂的失活速率。

④ 重整催化剂进行适量的预硫化后对涉及的相关反应有不同的影响，其中氢解反应受硫吸附的影响较大，过量的硫会降低脱氢环化反应的选择性。

⑤ 在工业开工初期，适量的硫引到某些催化剂(如 Pt-Re/Al_2O_3 系列催化剂)上还能抑制反应初期的因过度氢解反应导致的“飞温”，催化剂预硫化后可以降低积炭反应的程度，改善催化剂的选择性和稳定性。

⑥ 现在在工业上使用的催化剂多为双或多金属重整催化剂，对硫的限制将会更为严格，要求重整原料油中硫含量控制在 0.5μg/g 以下。

⑦ 重整原料中过量硫连续存在时，对催化剂寿命而言是一个毒物，但控制一个合适的硫含量对改善催化剂的芳构化性能和稳定性是有益的。由于硫吸附和积炭生成发生在相同的活性位上，因此催化剂进行预硫化降低了沉积在金属上的积炭量。

(11) 硫酸盐中毒。

① 催化剂烧焦时，积存在炉管等内壁的 FeS 与氧作用生成二氧化硫和三氧化硫进入催化剂床层，在催化剂上生成亚硫酸盐及硫酸盐强烈地吸附在铂及 Al_2O_3 载体上，减少了 Al_2O_3 表面的羟基数，促使金属晶粒长大，抑制金属的再分散，使催化剂的活性变差。

② 硫酸根不但抑制了催化剂的酸性和金属功能，同时加快了催化剂的失活速率，使芳构化活性与选择性大幅度下降。

③ 硫酸根的形成引起了催化剂上氯含量下降，使催化剂表面 L 酸强度降低，造成催化剂补氯困难，但并不破坏载体的结构。

(12) 工业重整催化剂硫中毒后的具体表现。

① 氢气产量降低。

② 重整循环气中氢浓度降低。

③ 加氢裂解性能加强，重整循环气中 C_3 和 C_4 产量增加。

④ 硫具有较强的穿透能力，各反应器温降逐步减少，反应器的总温降减少。

⑤ 生成油液体收率下降。

⑥ 提高操作苛刻度后催化剂的活性仍较低(提温效果不明显)。

⑦ 催化剂积炭速率加快(稳定性降低)。

(13) 重整原料油硫含量对催化剂活性稳定性的影响见图 6-24。

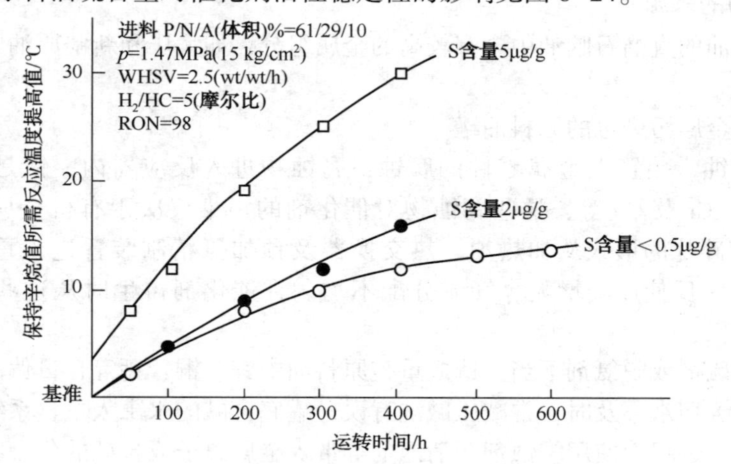

图 6-24　重整原料油硫含量对催化剂活性稳定性的影响

(14) 硫中毒及其恢复情况见图 6-25。

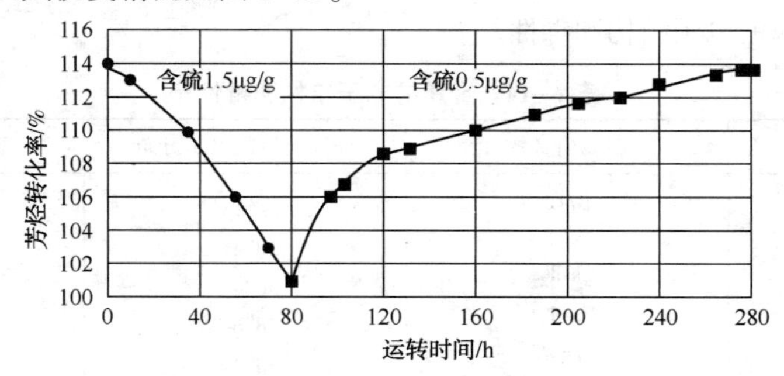

图 6-25　硫中毒及其恢复情况

(15) 重整催化剂硫中毒后的处理措施见表 6-13。

表 6-13　重整催化剂硫中毒后的处理措施

重整原料油中硫含量/(μg/g)	循环气中硫含量/(μg/g)	相应处理措施
<0.5	<1.0	正常操作
0.5~1.0	1.0~2.0	(1) 没有液相脱硫的装置，需提高加氢精制深度，改善脱水塔操作，使油中硫<0.5μg/g (2) 有硫控制设备的装置，应检查脱硫剂的效果，必要时更换新的脱硫剂，使油中硫<0.5μg/g

续表

重整原料油中硫含量/(μg/g)	循环气中硫含量/(μg/g)	相应处理措施
1.0~3.0	2.0~6.0	重整反应器入口温度降低10℃，查找原因加以消除
>3.0	>6.0	各反应器入口温度降到480℃以下，迅速查找原因，尽快解决，必要时重整装置进行停工处理

(三) 重整催化剂金属毒物中毒

1. 金属毒物的来源

(1) 某些原油的直馏石脑油中含有较高的金属组分，如大庆和新疆原油中含砷，中东油中含镍、钒等。

(2) 使用被金属污染过的原料油罐。

(3) 设备腐蚀。装置上金属零件的腐蚀，腐蚀物进入反应器内，铁是最普通的腐蚀物，其次是Mo、Cr及Cu等，这些腐蚀物对催化剂的污染仅次于有机金属的污染。腐蚀物常是以硫化物碎片的形式从加热炉、热交换器及预加氢精制装置进入重整反应器。这些碎片进入重整一反使压降增大、气流分配不均匀，催化剂再生时从这些碎片中释放出硫污染催化剂。

(4) 使用脱硫剂或脱氯剂不当，造成重整原料油中锌、铜、钙等含量偏高。

(5) 原料油罐切水不及时，常减压碱洗有误，罐底含碱的水窜入重整系统。

(6) 原料加工过程中使用缓蚀剂、消泡剂等带入金属离子或含硅的化合物。

(7) 使用拉过成品油的槽车导致Mn含量超高。Mn来自成品油中添加的MMT(甲基环戊二烯三羰基锰)燃油添加剂用来提高辛烷值。

表6-14为金属的电子结构和毒性。

表6-14　金属的电子结构和毒性

金属种类	金属前身物	外围轨道的电子分布	毒性
Na^{+}	$NaCl$	$2s^{2}2p^{6}$	0
K^{+}	KCl	$3d^{0}4s^{0}$	0
Ca^{2+}	$CaCl_2$	$3d^{0}4s^{0}$	0
Ba^{2+}	$BaCl_2$	$5d^{0}6s^{0}$	0
Fe^{2+}	$FeCl_2$	$3d^{6}4s^{0}$	1.1
Cu^{2+}	$CuCl_2$	$3d^{9}4s^{0}$	2.0
Zn^{2+}	$ZnCl_2$	$3d^{10}4s^{0}$	2.5
Ag^{+}	$AgNO_3$	$4d^{10}5s^{2}$	0.7
Sn^{2+}	$SnCl_2$	$4d^{10}5s^{2}$	7.6
Hg^{2+}	$Hg(N_3)_2$	$5d^{10}6s^{0}$	15
Pb^{3+}	$Pb(NO_3)_2$	$5d^{10}6s^{2}$	5.2

2. 砷中毒

(1) 国内某重整装置首次使用大庆石脑油为重整原料油时，砷含量在1000ng/g以上，经40天运转后，第一反应器温降为0℃，第二反应器为2℃，第三反应器为7℃。催化剂已完全丧失活性。

（2）催化剂上砷含量第一重整反应器为0.15%，第二反应器为0.082%，第三反应器为0.04%，砷已经穿透一反，进入第二、三反应器，第三反应器所沉积的砷也已超过催化剂上所允许的砷含量0.02%。

（3）再生前后催化剂的活性几乎没有差别，说明不能用再生的方法恢复砷中毒催化剂的活性。

3. 铅中毒

铅中毒见图6-26。

4. 铜、铁中毒

铜、铁中毒见图6-27。

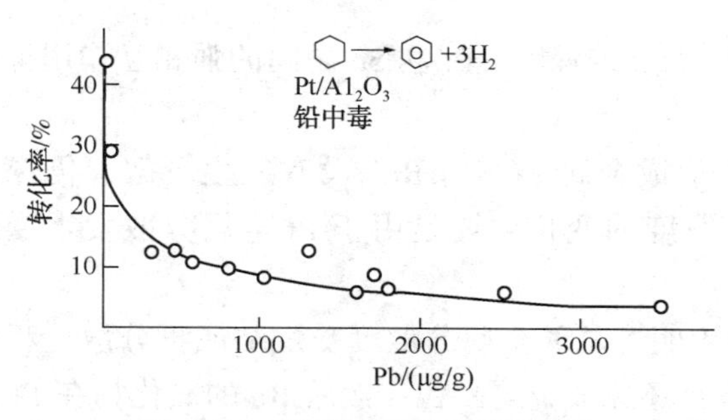

图6-26　转化率随铅含量的变化

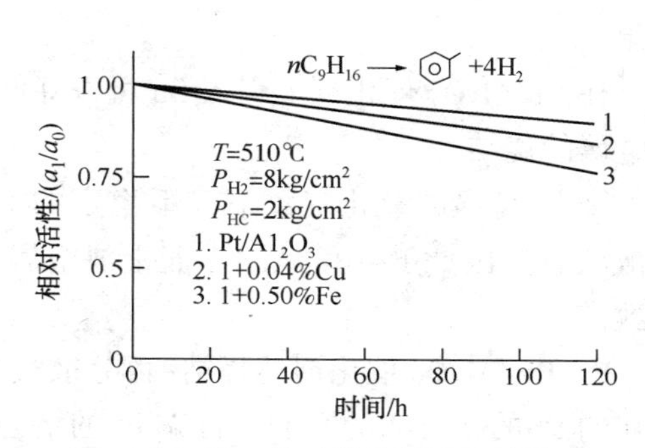

图6-27　铜、铁对催化剂活性的影响

5. 金属毒物的中毒机理及表现

（1）金属毒物与催化剂接触后，强烈地吸附在金属铂上，使金属失去加氢、脱氢功能，导致不可逆中毒。

（2）催化剂发生金属中毒后，在各反应器呈现“色谱”变化特征：一反穿透后向后面的反应器延续，前面的反应器温降减少，后面的增加，产品的辛烷值降低。

6. 金属毒物的预防措施

（1）定期进行重整进料的金属含量分析。

（2）定期测定预加氢进出料的金属含量，估算催化剂上的金属沉积量，及时更换催化剂。

（3）加工大庆或新疆高砷原油时，每年需更换1/2预加氢催化剂；最好在预加氢催化剂的前面加装脱砷剂。

（4）选用脱硫剂和脱氯剂时要慎重，最好选用镍剂，少用或不用含锌、铜、钠的脱硫剂；少用或不用含碱金属的脱氯剂。

二、重整催化剂烧结失活

（1）烧结是由于高温导致催化剂活性面积损失的一种物理过程，根据重整催化剂催化活性位的类型，烧结可分为金属烧结和载体烧结。

（2）在金属位上，催化活性的损失主要是由于金属颗粒的长大和聚结造成的，其相反的过程称为金属的再分散(金属颗粒变小)。

（3）在载体上，高温操作导致比表面积降低（伴随着载体的孔结构发生变化），导致酸性位活性降低。

（4）金属相烧结是可逆的，可以通过一些适当的措施使金属获得再分散。载体烧结是不可逆的，无法使其恢复活性。

催化剂组成对烧结的影响如下：

① 双或多金属重整催化剂的稳定性要比单金属好的多，在一定程度上可以认为在单铂催化剂中引入第二金属改善了催化剂的烧结特性。

在 Pt/Al_2O_3 催化剂上引入锗（Ge）、铱（Ir）可降低 Pt 的烧结程度，提高催化剂的稳定性，这可能是由于合金的形成以及载体与金属之间的相互作用导致载体发生改变的结果。

在 Pt/Al_2O_3 催化剂上引入 Sn 可以降低 Pt 的烧结程度，Pt 和 Sn 之间的强相互作用抑制了金属的烧结。

② 在高温的氧化气氛下，不稳定的 Pt^{4+} 形成金属 Pt，而 Re^{7+} 没有发生分解，仍保持分散状态，因此 $Pt-Re/Al_2O_3$ 催化剂金属分散度的变化主要是由于 Pt 金属分散发生变化所致。

$Pt-Re/Al_2O_3$ 催化剂的烧结-再分散过程表明，总的金属分散度受烧结或再分散过程中存在的 Pt 的络合物的影响。首先 Pt 的络合物被还原成金属晶粒，然后 Re 的氧化物在 Pt 晶粒处被还原，并生成 Pt-Re 簇团。因此，Pt 的分散度越高，Pt-Re 的分散度就越高。

（5）温度和气氛对烧结的影响气氛的性质和处理温度对催化剂的烧结有较大影响。按照晶粒迁移机理的看法，温度是影响烧结的主要因素。

提高温度加速了晶粒在载体表面上移动、碰撞和聚结形成大颗粒，因而加快了催化剂的烧结。

铂在不同气氛下烧结的强弱顺序如下：O_2>空气>H_2，N_2>真空。

温度和气氛对烧结的影响见图 6-28 和图 6-29。

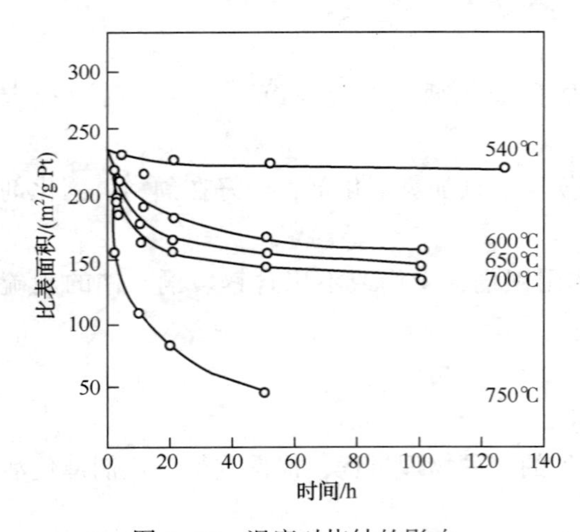

图 6-28　温度对烧结的影响

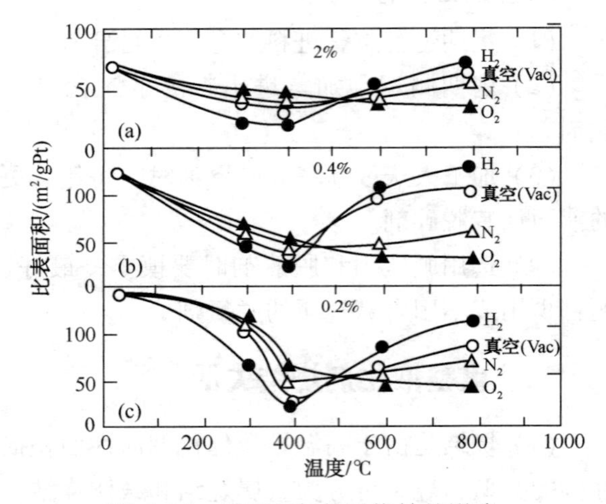

图 6-29　温度和气氛对烧结的影响

温度和气氛对烧结的影响见表 6-15。

表 6-15　温度和气氛对焙烧的影响

气氛	温度/℃	Pt 含量/%					
		0.2		0.4		2.0	
		H/Pt	a_c	H/Pt	a_c	H/Pt	a_c
N_2	300	0.456	20	0.236	42	0.175	55
	400	0.183	48	0.178	52	0.170	58
	600	0.212	42	0.186	49	0.178	57
	800	0.264	35	0.228	42	0.225	44
H_2	300	0.305	31	0.186	54	0.190	115
	400	0.081	100	0.103	103	0.106	121
	600	0.325	28	0.423	24	0.430	44
	800	0.420	22	0.505	20	0.507	35
O_2	300	0.476	19	0.281	33	0.211	50
	400	0.272	35	0.207	47	0.186	53
	600	0.171	55	0.145	67	0.144	70
	800	0.134	73	0.112	75	0.122	87

（6）氯对烧结的影响。

① 氯的作用非常重要，在氧化气氛下，它作为一种分散剂；在氢气气氛下，它作为一种稳定剂。

在氧和氯存在下，Pt 的烧结和再分散与生成表面络合物$[PtO_2]_s$和$[Pt^{IV}O_xCl_y]_s$有关。

无论是在载体上还是在气相中的氯对 Pt 的再分散都是必不可少的。在氧单独存在下，不能使 Pt 得到再分散。

② 在无氧的条件下，用气相中的氯（甚至在温度约 350℃）处理会导致 Pt 的再分散。

合适的氯处理可以阻碍烧结，但是阻碍的程度大大取决于预处理的条件。在低温下，可以阻碍烧结，然而在高温下氯明显地导致 Pt 再分散速率的提高。

（7）载体的性质对烧结的影响。

① 在氧化气氛下，载体的性质对 Pt 的烧结起着重要作用。由于 Pt 的再分散同金属和载体间的相互作用有关，SiO_2 和 $SiO_2-Al_2O_3$ 与 Al_2O_3 相比，它们与金属间的相互作用较弱，因此 Pt/SiO_2 和 $Pt/SiO_2-Al_2O_3$ 催化剂上 Pt 的烧结受温度的影响远比 Pt/Al_2O_3 的大。

② 在催化剂中引入氯提高了 Al_2O_3 的酸性，使得金属与载体间的相互作用加强，阻止了 Pt 晶粒的移动，因此金属烧结减弱。对于比表面积较小的载体，金属与载体的相互作用力减弱，因此金属容易烧结。

三、重整催化剂的烧结-再生分散机理

重整催化剂的烧结-再生分散机理见图 6-30。

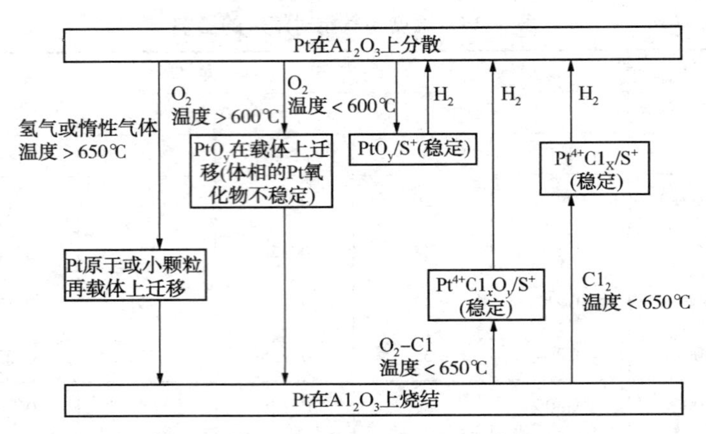

图 6-30　重整催化剂的烧结-再生分散机理

四、烧结对重整反应的影响

催化剂烧结对重整反应的影响见图 6-31。

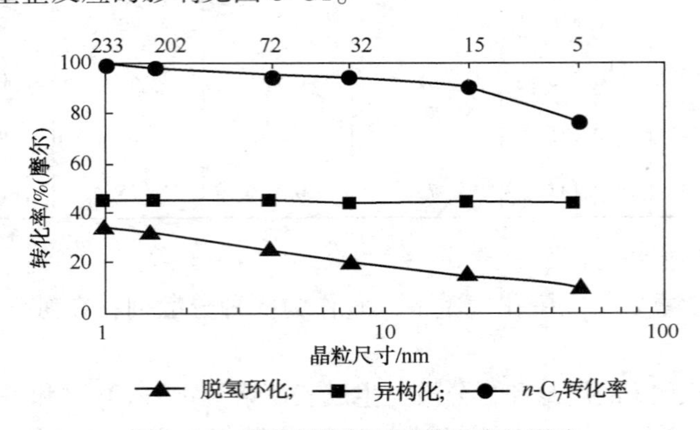

图 6-31　催化剂烧结对重整反应的影响

在工业装置上，催化剂再生后因 Pt 没有得到很好的分散，烧结造成的影响最明显。催化剂的初期活性较低是由金属分散度低造成的，这影响了催化剂的加氢、脱氢、脱氢环化和氢解等反应。

在催化剂烧焦过程中，当温度超高过多时，载体的结构可能发生变化，所担载的金属也要被烧结，金属烧结、晶粒长大后，对一些结构敏感反应就要产生影响，进而影响催化剂活性的发挥。

在催化剂还原时，所用的氢气如含有水分含量较高时，也会造成催化剂的烧结，降低金属的分散度，造成催化剂活性下降。

第三节　重整催化剂的再生

一、重整催化剂的正常再生

待生催化剂通过连接管道进入再生器，催化剂在再生器的内外环形筛网间向下移动，依次通过再生区、氯化区、干燥区。待生催化剂首先在再生区内进行烧焦，从再生气排出口出来的循环的再生烧焦气体，到再生冷却器，一部分经处理后排向大气，另一部分则与引入的仪表风一起经过再生鼓风机和再生电加热器，由烧焦温度分程控制冷却风机的风量和电加热器加热量，把温度控制在477℃的状态下，再生气体进入再生区，催化剂焦炭在再生区高温(<635℃)、低氧浓度(0.9%~1.3%(体积分数))下被烧掉。

烧焦后的催化剂进入氯化区进行氯化。氯化循环气从氯化鼓风机经氯化电加热器加热到一定温度后进入氯化区，四氯乙烯由注氯泵抽送，注入到氯化电加热器下游的气体物料中一起进入氯化区，催化剂上原有的氯化物在烧焦其间损失了，在氯化区内，催化剂与含有四氯乙烯的气体接触，氯化物再次沉积于催化剂上，以恢复原有的酸性，同时，在高温、富氧的条件下，催化剂的金属被氧化，达到重新分散的目的。氯化气由氯化气循环机循环使用，由于氯化气循环系统是一个闭路循环，而补充的空气由干燥区直接进入氯化区，因此，必须有一部分气体从氯化区进入再生区，以提供部分烧焦所需的氧。

氯化后的催化剂进入干燥区，干燥气用仪表空气，仪表空气经过空气干燥器(露点-70℃)和空气电加热器，加热到538℃后进入再生器底部的干燥区，在干燥区中，高温的干燥空气脱除了催化剂上在再生烧焦时所积累的水分，干燥空气上升到氯化区和再生区参加铂的氧化和烧焦过程，多余的则随再生气的定量排放而排放掉。

(一) 催化剂烧焦

1. 烧焦温度的控制

烧焦温度的控制(以A重整装置为例)见表6-16。

表6-16　CCR系统主要工艺参数

项　目	参　数	项　目	参　数
催化剂循环速率/%	10~100	待生催化剂碳含量/%	3~7
燃烧区入口温度/℃	477	再生器压力/MPa	0.24
燃烧区出口温度/℃	<565	燃烧区入口氧含量(摩尔分数)/%	0.5~0.8
燃烧区床层温度/℃	<593	一段还原气流量(标准状态)/(m^3/h)	1366
一段还原区入口温度/℃	397	二段还原气流量(标准状态)/(m^3/h)	1054
二段还原区入口温度/℃	497	再生剂碳含量/%	<0.2
干燥区入口温度/℃	581	再生剂氯含量/%	1.25~1.3

2. 烧焦压力的影响

压力提高，在控制相同氧浓度的情况下，实际上提高了氧的分压，以加快烧焦速度，缩短烧焦时间。

烧焦时再生气质量流量大，能及时将所产生的热量带出，减少床层温升，进而减少催化剂上金属的聚集。

在设备允许的情况下，可以适当提高烧焦时系统压力，以加快催化剂烧焦速率。

(二) 催化剂氯化更新

在烧焦过程中，由于产生较多的水，在高温下，一则导致催化剂上氯的流失，再则使活性金属晶粒聚集。

催化剂在含氧气氛下，注入一定量的有机氯化合物，高温下使金属充分氧化，在聚集的

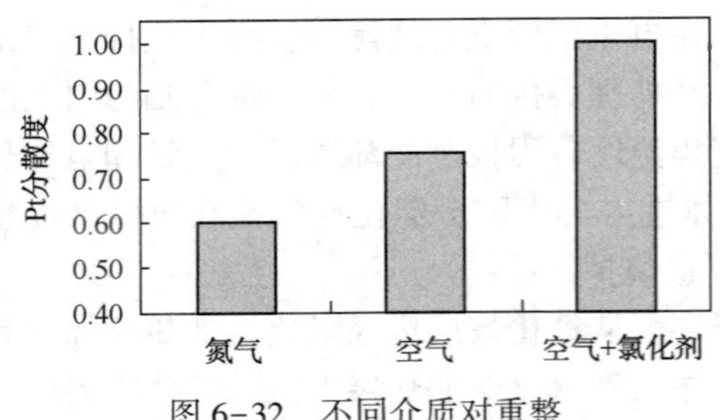

图 6-32　不同介质对重整催化剂的 Pt 分散度的影响

铂金属表面上形成Pt—O—Cl而自由移动，使得较大的金属晶粒再分散，并补充由于运转和烧焦时所损失的氯组分，以提高催化剂的性能。

氯化更新的效果与循环气中氧、氯和水含量及氯化温度、时间有关。

不同介质对重整催化剂的 Pt 分散度影响见图 6-32。

Pt/Al_2O_3 催化剂的氯化更新机理过程见图 6-33。

氯化更新时间对 Pt 分散度的影响见图 6-34。

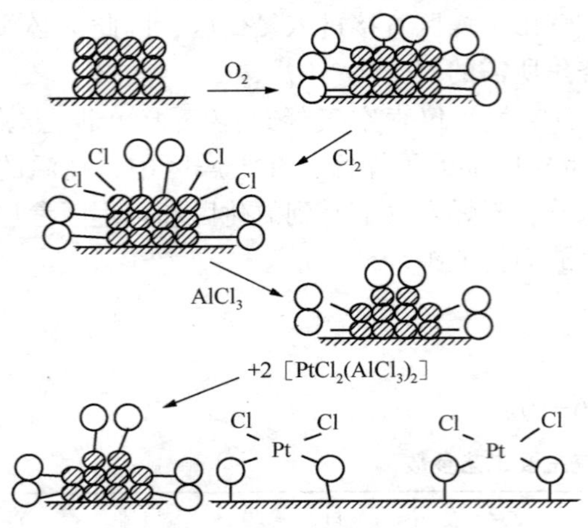

图 6-33　Pt/Al_2O_3 催化剂的氯化更新机理过程

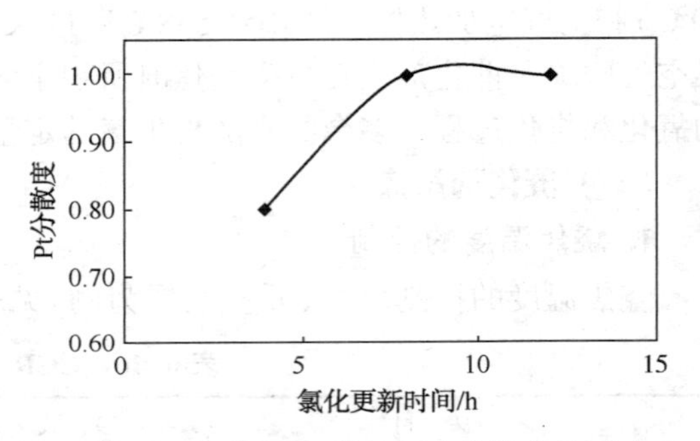

图 6-34　氯化更新时间对 Pt 分散度的影响

（三）催化剂还原

催化剂还原机理如下：

$$PtO_2+2H_2 \longrightarrow Pt+2H_2O$$

$$Re_2O_7+7H_2 \longrightarrow 2Re+7H_2O$$

1. 催化剂还原条件

催化剂还原时控制反应温度在 450～500℃，还原好的催化剂，铂晶粒小（2～5nm），金属表面积大，而且分散均匀。

还原 H_2 的纯度对还原质量的影响较大，要求 H_2 纯度大于 93%（体积分数）。

还原时必须严格地控制还原气中水含量，因为水会使铂晶粒长大和载体表面积减少，从而降低催化剂的活性和稳定性，所以必须严格控制还原气中的水含量以及尽量吹扫干净系统中残存的氧。

杂质含量（主要是 C_2^+ 烃类）等对还原质量的影响较大。

2. 还原介质对催化剂活性的影响

还原介质对催化剂活性的影响见图 6-35。

3. 还原介质对催化剂稳定性的影响

还原介质对催化剂稳定性的影响见图 6-36。

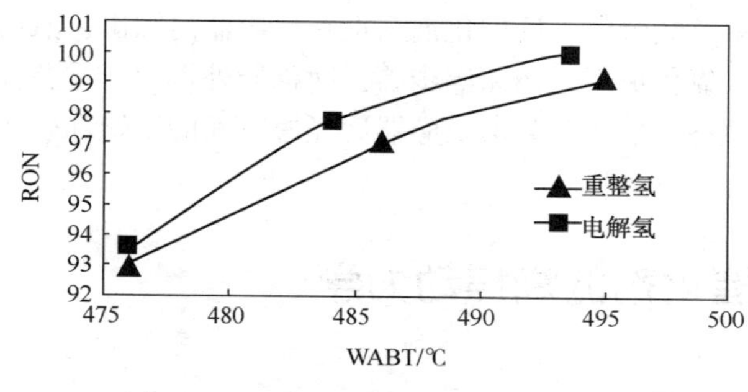

图 6-35　还原介质对催化剂活性的影响

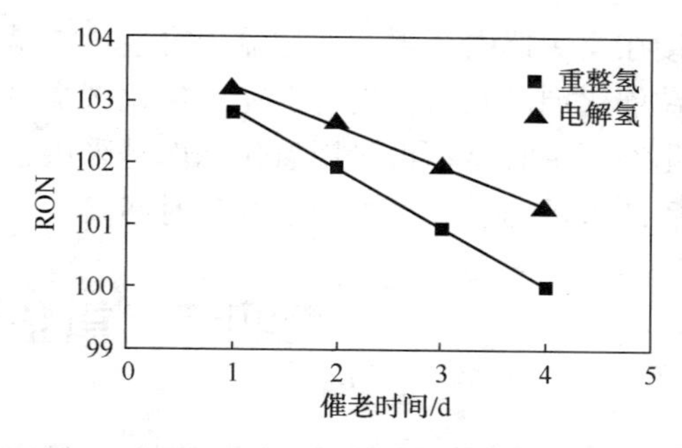

图 6-36　还原介质对催化剂稳定性的影响

二、硫污染的重整催化剂的再生

硫污染的重整催化剂的再生机理如下：

$$H_2S+Fe \rightleftharpoons FeS+H_2$$

$$4FeS+7O_2 \longrightarrow 2Fe_2O_3+4SO_2$$

$$2SO_2+O_2 \longrightarrow 2SO_3$$

（一）硫酸盐的危害

硫酸盐的存在阻碍了催化剂氯化更新过程中金属的分散。

在还原时，由于水的存在和硫酸盐还原生成 H_2S，这会导致催化剂发生严重烧结。在重整催化剂中，由于金属铂的存在，在特定的反应条件下，会发生如下反应。

$$SO_4^{2-}/载体+Pt \underset{O_2，480℃}{\overset{H_2，500℃}{\rightleftharpoons}} S-Pt+O_2^-/载体$$

（二）硫污染后的处理措施

（1）氧化脱硫。将重整加热炉和热交换器等有硫化铁的管线与重整反应器隔断，在加热炉炉管中通入含氧的氮气，在高温下一次通过，将硫化铁氧化成二氧化硫排出。

此法脱除临氢系统的硫及硫化铁后再配合催化剂的热氢循环、氧化烧焦、氯化更新、还原及硫化等过程，几乎可以完全恢复催化剂的性能。

（2）催化剂高温热氢循环脱硫。在重整装置停止进油后，压缩机继续循环，在氢气气氛下将重整各反应器入口温度逐渐提到 510~520℃，重整系统压力控制在 0.5~1.0MPa，气剂体积比为 800~1500h^{-1}（标准状态）。循环气中氢在高温下与硫及硫化铁作用生成硫化氢，并通过分子筛吸附或碱洗的方法除去。当重整高分出口气中硫化氢含量小于 1μL/L 时，热氢循环即行结束。

（3）重整催化剂发生较为严重的硫酸盐中毒后（如等铼铂比催化剂 SO_4^{2-} 含量大于 0.4%，高铼铂比催化剂大于 0.2%），采用氧化脱硫和热氢脱硫的方法均达不到脱硫效果，必须通过合适的方法进行脱硫酸盐处理，如在热氢还原时，在氢气中加入一定量的含氯有机化合物，可以将催化剂上的硫酸根脱除，使催化剂的活性得以恢复，这种脱除硫酸根的方法已经在多套装置上得到了验证。

三、重整催化剂的器外再生技术

重整催化剂再生技术分为两种：一是重整装置停工后催化剂不从重整反应器内卸出，直接在反应器内再生，简称器内再生；二是重整装置停工后催化剂从重整反应器内卸出，然后在催化剂厂专门的设备上完成催化剂烧炭、氯化更新、还原等步骤，简称器外再生，重整催化剂开工时，不再采用氧化态而是采用还原态，催化剂装填反应器后经短时间的干燥和硫化后即可进油，大大缩短了开工时间。

第四节　重整催化剂的烧焦动力学

一、烧焦温度对烧焦速率的影响

催化剂的烧焦速率方程

$$R_c = 5.9\times10^{-3}\times e^{-3450/T}\times C_c^{0.85}\times(p_{O_2}\times G/120)^{0.485}$$

式中　R_c——烧焦速率，molC/s · mL 催化剂；

T——催化剂床层平均温度，K；

p_{O_2}——烧焦介质的氧分压，MPa(绝压)；

C_c——催化剂上的积炭浓度，molC/mL 催化剂；

G——气剂体积比(标准状态)，$m^3/(m^3\cdot h)$。

表 6-17 为烧焦速率与烧焦温度的关系。

表 6-17　烧焦速率与烧焦温度的关系

烧焦温度/℃	烧焦速率 $R_c\times10^7$/[mol C/(s · mL 催化剂)]
380	0.722
420	0.970
460	1.247

从表 6-17 中可以看出，随着烧焦温度的提高，烧焦速率加快。但是过高的烧焦温度会导致催化剂表面温度过高(由于积炭燃烧放热)而使催化剂的金属晶粒和载体烧结，特别是载体的烧结，为不可逆的，因此必须控制适宜的烧焦温度。

二、氧分压对烧焦速率的影响

表 6-18 为烧焦速率与氧分压的关系。

表 6-18　烧焦速率与氧分压的关系

氧分压/MPa	烧焦速率 $R_c\times10^7$/[molC/(s · mL 催化剂)]
0.11	1.043
0.165	1.244
0.195	1.376

烧焦时通常采用氮气与氧气的混合气作为烧焦介质，介质中的氧分压是烧焦过程中必须要控制的重要参数。氧分压过低烧焦速率较慢，烧焦时间长，还会导致催化剂上的氯流失较大；氧分压过高烧焦速率很快，积炭燃烧的热量会使催化剂表面温度超高，产生烧结等现象。因此适当控制提高介质中的氧分压可以加快烧焦速率，缩短烧焦时间。

三、积炭量对烧焦速率的影响

表6-19为烧焦速率与积炭量的关系。

表6-19　烧焦速率与积炭量的关系

积炭量/%	烧焦速率 $R_c \times 10^7$/[molC/(s·mL 催化剂)]	积炭量/%	烧焦速率 $R_c \times 10^7$/[molC/(s·mL 催化剂)]
1.40	0.4012	8.00	1.8807
2.63	0.667	11.50	2.5601
4.00	1.0434	14.1	3.0440

在烧焦温度、气剂比及氧分压相同的条件下，催化剂上的积炭量对烧焦速率也有影响。从表6-19可以看出，在相同的烧焦条件下随着催化剂上积炭量的增加，烧焦速率也会增加。在工艺操作上，可以采用调节循环速率等手段，来控制烧焦催化剂上的积炭量。

第五节　重整催化剂运行过程中典型事故分析

一、连续重整催化剂跑损分析

连续重整装置采用UOP第二代专利技术，于1997年8月投产，投产时规模为600kt/a，装置最初使用UOP专利催化剂R-134，2005年更换为国产PS-Ⅵ催化剂。2008年10月装置进行了扩能改造，规模达到800kt/a。

2008年11月21日改造一次开车成功，装置进入第五运行周期，到2009年7月4日装置运行7个月后，催化剂出现跑损现象。根据公司总体安排，该装置于2009年7月26日停工，卸出重整反应器中所有催化剂，目前已基本找出催化剂跑损的部位和原因。

（一）事故现象

2009年7月4日21：00再生系统突然因催化剂藏量低热而停车。反应器顶部缓冲区料位LIC2与分离料斗料位LI22快速下降，如图6-37所示。图中第一次热停车前的料位变化属于正常料位转移，LIC2与LI22交替增降。

7月5日12：00向系统添加400kg催化剂后再生系统继续运行，19：00又因催化剂料位低再生系统热停车。到7月9日共补剂900kg。料位的快速下降引起装置管理人员的重视，在第二次热停车后，联系仪表维护人员对料位计的准确性进行了校对、测试，结论为无异常。这样就排除了仪表的误指示因素。

（二）原因分析

1. 催化剂外漏分析

从以上压降数据可以看出，当催化剂跑损后一反压降出现异常，相比设计值、实际运行值有较大幅度的增长，其他各反压降没有明显变化。一反压降所占总压降的比例由4.4%左右上升到20%，增幅很大，极为异常。

造成一反压降上升的原因：反应油气通过一反的阻力增加，一般来说是扇形筒、中心管约翰逊网发生了堵塞，油气流通面积减小造成的，粉尘和破碎的催化剂也会造成堵塞，但这

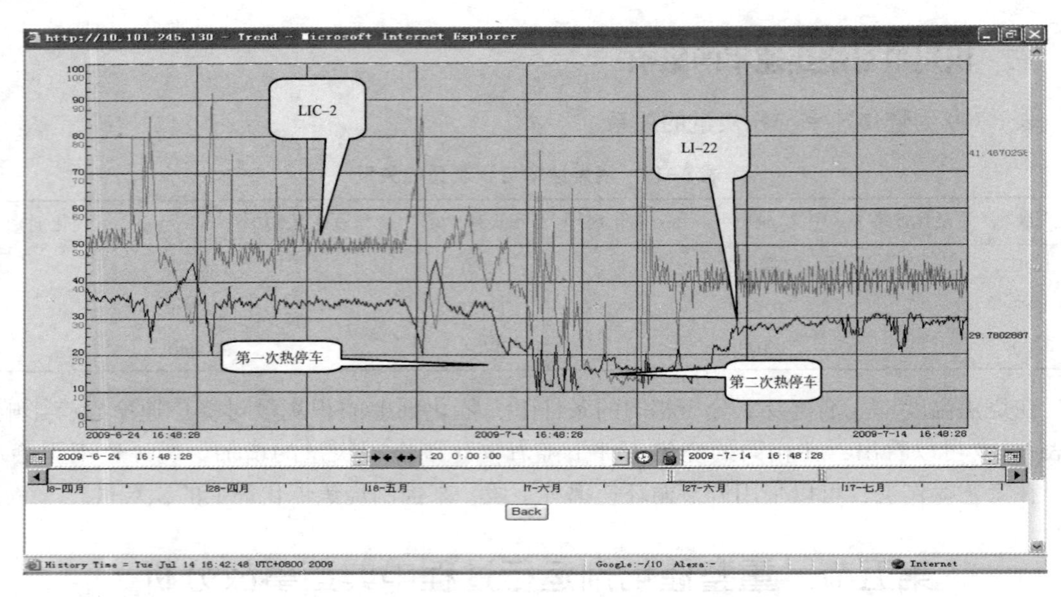

图 6-37　LIC2 与 LI22 料位变化趋势图

需要一个渐进的过程。而催化剂跑损与一反压降上升同时发生，可以初步判断跑损的催化剂集中到了一反。

7 月 8 日清理催化剂粉尘收集器 M260AB 过滤芯，未发现大量整颗粒催化剂，粉尘量 4kg，属正常；7 月 5 日、7 日、8 日对重整产物分离罐底泵 P-201AB 过滤器进行清理，未发现整颗粒催化剂；重整进料板式换热器 E201 壳程压降在跑剂前后没有变化，均为 0.061MPa。

通过以上三种现象可以判断，系统中催化剂没有外漏出来，一定是囤积在某设备内。

2. 反应器压降测量数据对比分析

反应器压降测量数据对比分析见表 6-20。

表 6-20　反应器压降测量数据对比分析

对比项目	设计工况	正常工况	7 月 10 日
重整进料量/(t/h)	75	75	78
反应温度/℃	541	532	520
压缩机转数/(r/min)	8375	7800	7800
一反压降/MPa	0.020	0.012	0.046
二反压降/MPa	0.020	0.012	0.012
三反压降/MPa	0.02	0.013	0.012
四反压降/MPa	0.030	0.022	0.022
总压降/MPa	0.31	0.27	0.23
一反压降占总压降比例/%	6.45	4.44	20

从以上压降数据可以看出，当催化剂跑损后一反压降出现异常，相比设计值、实际运行值有较大幅度的增长，其他各反应器压降没有明显变化。一反压降占总压降的比例由 4.4%

左右上升到20%，增幅很大，极为异常。

造成一反压降上升的原因：反应油气通过一反的阻力增加，一般来说是扇形筒、中心管约翰逊网发生了堵塞，油气流通面积减小造成的，粉尘和破碎的催化剂也会造成堵塞，但这需要一个渐进的过程。而催化剂跑损与一反压降上升同时发生，可以初步判断跑损的催化剂集中到了一反。

3. 反应器温降数据变化对比分析

反应器温降数据变化对比分析见表6-21。

表6-21　反应器温降数据变化对比分析

项　目	跑损前 7月1日	跑损后 7月8日	7月9日	7月10日	7月11日	7月12日	7月13日	7月14日
一反温降/℃	127	100	115	114	110	111	110	105
二反温降/℃	86	72	88	88	89	93	94	90
三反温降/℃	61	47	64	62	63	65	67	63
四反温降/℃	43	31	48	49	48	47	49	45
总温降/℃	317	250	315	313	310	316	320	303
一反温降占总温降比例/%	40.1	40.0	36.5	36.4	35.5	35.1	34.4	34.7
二反温降占总温降比例/%	27.1	28.8	27.9	28.1	28.7	29.4	29.4	29.7
进料量/(t/h)	95	50	75	77	78	78	78	78

注：由于7月5日~8日装置处于频繁调整阶段，数据自进料稳定后开始统计。

从表6-21温降数据可以看出，当催化剂跑损后一反温降下降12~22℃，且无法恢复到正常状态。二反温降逐渐上涨，上涨幅度为2~8℃。温降发生了转移，也就说明了部分反应已经转移到二反进行了，一反效率在不断下降。

一反温降占总温降的比例也在不断下降，由最初的40%，下降到目前的34.5%左右。二反温降占总温降的比例却在不断上升，由最初的27%上升到目前的29.5%左右。

温降比例的转移进一步可以说明一反内部出现了问题。

4. 导致催化剂跑损初步原因分析

通过上述不同角度的数据分析，基本可以判断：催化剂跑损在一反中。该现象类似镇海炼化1.0Mt/a连续重整装置在2008年底的跑剂情况。镇海炼化跑剂点为催化剂输送管法兰。

（三）采取措施

装置于2009年7月26日停工，7月29日15：00重整反应器卸出全部催化剂，一反~四反全部人孔打开。进入人孔处对反应器进行检查，发现一反催化剂输送管法兰螺栓大部分开裂，9支输送管的螺栓几乎都存在问题，且一反顶封头螺栓也有开裂现象，而其他反应器的情况较好，并未发现问题。一反23根扇形筒中存有不同高度的催化剂。由此可以确定导致催化剂跑损和一反压降、温降异常的根源在于催化剂输送管螺栓失效。

图6-38~图6-41是各部位螺栓的损坏情况。另外，各反中心管下法兰螺栓和中心管膨胀节护套螺栓有松的现象。

图 6-38　催化剂输送管螺母丢失，法兰开裂

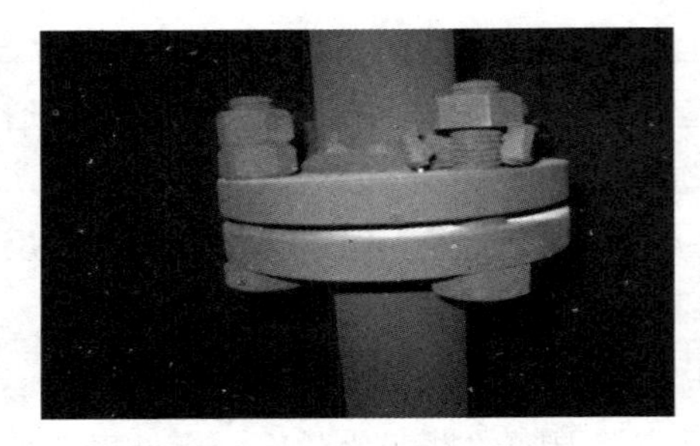

图 6-39　输送管螺母已经开裂

图 6-40　一反开裂的法兰螺栓孔
另有一反 10 片法兰变形

图 6-41　一反扇形筒中催化剂

二、再生注氯管线堵住的处理及原因分析

（一）事故现象

2004 年 9 月 30 日周检发现，采样出的再生催化剂的颜色不均匀，催化剂表面部分呈淡红色（象铁锈一样的颜色），少数颗粒明显缩小（采样中约有 10 来颗，呈白色）。

（二）原因分析

初始时不能确定真实原因所在，技术组下发车间指示，加强跟踪，加强观察和分析。

2004 年 11 月 16 日，再生单元手动停车更换 E753（开工时所配的 E753 经一段时间运行后腐蚀严重，处理时抽芯不出，决定全部更换），决定趁此机会抽出再生器的四氯乙烯喷头，全面检查注氯管线是否堵住。

（1）检查结果表明：

① XV7539 至再生器段的注氯管线（此段为 1.0MPa 蒸汽套管加热段）基本畅通（接近再生器的部分管线大部分堵住）。该部分用风贯通时，出口风量很小，接着用水（蒸汽凝结水）贯通，再用干燥风贯通，出口风量明显增大；吹出的赃物为黑色，带细小的黑色颗粒（估计为焦粒，中间可能为催化剂粉尘）。

② 再生器中注氯喷头线（约 20cm 长）堵塞严重，其内仅有微小通道畅通；风、蒸汽均不能贯通，水泡也没能解决，最后交于钳工贯通；贯通出的赃物为黑色焦块，焦块中间为黄色，并且是沿管内壁而径向滋生，滋生物表面为黑色，滋生物内部为黄色。

（2）结焦原因分析。

① 再生热停车后，注氯阀 XV7539 自动关闭，使得 XV7539 至再生器内注氯喷头段管线内的四氯乙烯不流动（可称之为“死住”），同时 XV7539 后注氯加热蒸汽套管的 1.0MPa 蒸汽

没能及时停用，以致四氯乙烯结焦(此原因可能性较小，因为1.0MPa蒸汽的温度不高，在250℃左右)。

② 再生热停车后，氯化床层温度仍在460℃左右，使得再生器内注氯喷头线(20cm长)内“死住”的四氯乙烯结焦。(最大可能原因)

③ 再生器内注氯喷头线中四氯乙烯结焦后，体积缩小，催化剂粉尘随之进入注氯管线，从而加快了结焦速率，也使得温度不高的接近再生器的注氯部分管线结焦(此处温度在300℃左右)。

(三) 采取措施

在再生热停车后，及时停止加热蒸汽，及时贯通XV7539至再生器内注氯喷头线，不留“死住”的四氯乙烯在高温线内。

在注氯蒸汽加热套管后部加一氮气线，待再生热停车后立即打开氮气，把套管后部管线中的四氯乙烯吹入再生器内，并一直保持至开车。(可以在所加氮气线上加一电磁阀，使其当XV7539自动关闭时自动打开，当XV7539自动打开时自动关闭，可能所需费用较大。)

把黑烧时用的上部空气线改在空气干燥器后，XV7535前，使得再生黑烧时所用空气也为水含量小于5μL/L的干燥空气。

三、重整反应器结焦事故

(一) 事故现象

某重整装置第四反应器底部的催化剂卸料管出现了不畅通的现象，开始采用木锤敲击振荡卸料(反应器底部共有10根催化剂卸料管)。在提升器中发现了小焦块，直至出现了大量的焦块，之后又发展并导致10根卸料管几乎均不畅通的恶劣情况。

(二) 原因分析

有关反应器结焦原因。美国UOP公司的专家也与中方技术人员的看法一致。经过中、美专家共同探讨研究，终于在装置运行中得到解决。问题的症结是原料中无硫存在，金属表面活性大，导致严重结焦。

装置积炭原因和现象的探讨：

(1) 金属器壁上的积炭是带有铁粒子的丝状炭，这就形成了铁粒子高度分散在炭中的一种催化剂。从该炭催化生炭的模拟试验以及用该炭与普通活性炭在加压微反上进行的环己烷脱氢对比试验可见，该炭具有较高的脱氢活性和催化生炭的能力。因此，带有铁粒子的丝状炭一经生成，则在它的催化作用下就可以使炭的生成更加迅速。

(2) 丝状炭的生成原因是由于连续重整装置在苛刻操作条件(高温、低压、低空速等)下，在还原气氛中烃被吸附在金属晶粒的表面，再经脱氢或氢解等反应产生原子炭并溶解在金属晶粒中。由于炭的沉积和生长而使金属晶粒与基体分离，结果产生前端带有金属粒子的丝状炭，而这种丝状炭又能催化烃类脱氢，使丝状炭本身会变得又粗又长。另一方面，随着在高温下不断地反应，丝状炭顶部的铁帽子会进一步分散，使含微水铁粒子的丝状炭的催化生炭的能力提高。

(3) 模拟试验结果表明，这种丝状炭在420~450℃即可形成，而它对烃类的催化脱氢生炭的反应影响则是温度越高，反应进行得越快。

(4) 这种炭可以在炉管和反应器内的器壁上生成，就可随气流进入一反的扇形管中，因此扇形管下部逐渐被堵死。由于扇形管中的丝状炭的催化生炭作用，使炭量迅速增加，体积变大，因此产生强大的力把扇形管胀破；如果炭在反应器内的器壁上生成，由于丝状炭的催化生炭作用，使炭量迅速增加，这种生长在器壁与扇形管之间的炭把扇形管推向中心。由于扇形管被支撑圈所固定，因此使扇形管变成弯曲的“鼓肚”或把支撑圈胀断，又造成中心筒被支撑圈顶破，使催化剂进入下一个加热炉的炉管中，甚至被气流带入下一反应器的扇形管中；同时由于扇形管下部被推向中心筒，使得催化剂下料管被积炭堵塞，催化剂流动性变坏，这样就造成了恶性循环，积炭会更迅速地生成，而设备的损坏也更严重，上述这二种情况往往同时发生，使反应器的内构件随运转时间的增长损坏得更严重。

(5) 在这里需要引起注意的是，第二代 CCR 装置在出现碳块以前，都出现各反应器温降倒置的现象。据现场情况分析可以认为，温降出现下降的反应器中部分催化剂因炭块的包围而不能移动。随着时间的延长，催化剂活性下降直至完全失活。原料油通过这部分催化剂时不能产生温降，使该反应器转化率下降，温降变小；紧随其后的反应器的温降就随提高。

(三) 采取措施

(1) 停止使用脱硫保护床，使反应器进料走旁路；

(2) 向反应器内注硫，进料中的硫控制在 0.2~0.3μg/g 左右；

(3) 硫控制了反应器内催化剂的金属表面活性，避免了反应器内的结焦；

(4) 在开停工、事故停车中，反应器的温降不要大起大落，严加控制。

由于温降变小的反应器内有部分催化剂不再移动，使得整个反应系统可循环的催化剂量变少，对参加反应的催化剂而言，其再生循环加快。在反应条件不变的情况下，催化剂再生循环加快势必使得催化剂积炭量下降。因此对于第二代 CCR 装置而言，出现反应器温降下降、待生剂积炭减少是装置积炭的重要信号。

(四) 装置积炭的防止

从上述的结果来看，大量积炭的生成首先是生成初级的带有铁粒子的丝状炭，然后通过其催化生炭，以致使丝状炭变粗变长，而温度、压力、氢油比及系统中的氯含量等均能影响炭的生成速率，但最根本的是应如何防止含有金属粒子的丝状炭的生成。丝状炭生成与否又与金属器壁的表面金属活性有关，为了防止带金属粒子的丝状炭的生成，应对金属器壁表面金属进行钝化，要做到这一点可能有多种办法，但最简单易行的办法是在重整催化剂允许的条件下采用硫来钝化金属器壁，抑制丝状碳的生成。

上面举例中的连续重整装置，其进料为直馏汽油和加氢裂化重石脑油的混合油，但是它又经过了加氢精制，进料中的硫含量只有(80±20)ng/g。因此可以说该 CCR 装置基本上是在无硫的条件下操作，使设备的金属壁未得到钝化，容易生成丝状炭。一般 CCR 装置所使用的催化剂可允许原料中的硫含量小于 0.5μg/g。经过实践，上面的 CCR 装置连续在原料中注入硫，控制进料硫含量在 0.3~0.4μg/g，达到了使金属壁钝化而减少丝状炭生成的目的，确保了装置正常运行。

(五) 装置出现炭块后的处理建议

出现炭块后的首选处理方法是尽早停工处理。由于反应器内构件可能损坏，而且在处理前不了解内构件损坏的程度和数量，因此必须备够内构件的数量和规格，同时要考虑好损坏部件的修复办法；另一方面，由于积炭时，部分催化剂被炭包裹，清出后无法使用，为此需准备好一定数量的催化剂。在做好准备工作的基础上，再停工检修。

由于反应器内有大量炭、少量硫化铁及油气，遇见空气易自燃，为此卸剂、清炭工作需在氮封条件下进行。同时准备好必要的清理工具，如大功率吸尘器等。

清炭后必须对反应器内构件进行全面清扫，将扇形筒和中心管缝隙中的夹杂物清除干净。尤其要注意的是仔细检查四反中心管夹层缝隙中有无夹杂物，如果有夹杂物，必须在中心管内进行彻底吹扫，以防运转时引起压降不正常。

由于反应器内的积炭附着在设备的壁上，它们都是进一步积炭的种子，因此最好在器内进行喷砂处理。

如果全厂因生产需要，CCR装置暂时不能停工，在此情况下需维护操作，建议注意以下几点：

（1）在准确分析重整原料油硫含量的基础上，将重整进料硫含量调节到0.3~0.4μg/g，并稳定长期注硫。

（2）装置必须稳定操作，尽量不出现大的波动，如停电、停油泵或循环氢压缩机等；因为大的波动可能使得被炭块包裹着的催化剂床层倒塌，会使反应器下部的催化剂下料管堵塞或引起反应器压降上升。

（3）密切注视装置的压降变化，定期测定各反应器压降。

（4）最好在一号提升器内加装过滤网，以防止炭块带入再生系统。

（5）在装置满足全厂最低要求的条件下，尽量能在较缓和的苛刻度下运转，以免积炭情况恶化过快影响运转周期和造成更严重的内构件损坏。

第七章　芳烃抽提与抽提精馏

苯(B)、甲苯(T)、二甲苯(X)是生产聚苯乙烯、尼龙、涤纶等重要石油化工产品的基础原料。BTX 的生产主要来自催化重整生成油以及蒸汽裂解制乙烯副产品的裂解加氢汽油。催化重整生成油是芳烃和非芳烃的混合物，必须从中分离出各种纯的芳烃才能满足工业需要。工业上常用精馏法分离液体混合物，但他们难以用来分离纯芳烃，原因之一是相同碳数的烷烃、环烷烃和芳烃之间的沸点差很小，采用普通精馏方法无法得到高纯度的芳烃产物，原因之二是芳烃和许多非芳烃都形成共沸物，从而影响芳烃的精馏分离。

从催化重整或裂解加氢汽油中分离 BTX，主要有液-液抽提法(通常所说的芳烃抽提)和抽提精馏法(ED，又名萃取精馏)，其中液液抽提法仍占一定的比重。液液抽提工艺的芳烃质量好、回收率高、对原料的适应性好，比较适合同时分离高纯度的 BTX。

与液液抽提相比，抽提精馏工艺具有流程简单、投资省、操作费用低等优点，比较适合从富含苯的窄馏分原料中回收纯苯。

第一节　液液抽提

一、工艺原理

(一) 溶剂的基本特性和要求

芳烃抽提利用选择性溶剂对芳烃和非芳烃的溶剂性和选择性的差异，通过萃取、水洗、汽提、溶剂回收、溶剂再生等单元操作实现芳烃与非芳烃的分离的一种工艺。抽提所得的混合芳烃再进行精馏分离，进而得到纯苯、甲苯和二甲苯等。抽提的流程基本相同或相似，而过程的经济性包括产品的纯度、收率、消耗等指标在很大程度上都取决于溶剂的性能。

芳烃抽提就是借助选择性溶剂的作用从烃类混合物中分离高纯芳烃的物理过程。抽提过程的技术指标在很大程度上取决于溶剂的性能。一个好的工业抽提溶剂应具备如下特性：

(1) 对芳烃的选择性要好，有利于提高芳烃的纯度；

(2) 对芳烃溶解能力大，以利于降低溶剂比和操作费用；

(3) 与芳烃的沸点差大，以便与溶剂分离；

(4) 热稳定性及化学稳定性好，以确保芳烃不被降解物质所污染；

(5) 无毒、无腐蚀性，便于操作和设备材质选取；

(6) 价廉易得。

工业上常用的几种芳烃抽提溶剂见表 7-1。

表 7-1　几种工业抽提溶剂的一般性质

溶　剂	相对分子质量 M	相对密度 d_4^{30}	沸点/℃	凝固点/℃	黏度/mPa·s	150℃汽化热/(kJ/kg)	分解温度/℃
N-甲基吡咯烷酮	99.13	1.03	206	-24	0.97	493	
N-甲酰基吗啉	115.14	1.15	244	21	2.7(70℃)	401	230
环丁砜	120.16	1.26	287	28	2.5	514	220
二甲亚砜	78.13	1.10	189	18		552	120
四甘醇	194.24	1.16	327	-5	4.0	456	237
三甘醇	150.18	1.12	288	-7	3.5	656	206

(二) 溶剂的溶解性与选择性

溶解性：

采用一定温度下烃类在溶剂中无限稀释活度系数的(γ)倒数表示。

当溶剂与芳烃和非芳烃形成两液相时，也可采用分配系数 K 表示：

$$K=x_{EA}/x_{RA}$$

式中　x_{EA}、x_{RA}——分别代表平衡时，抽提相和抽余相中芳烃的质量浓度分数。

选择性：

采用非芳烃与芳烃活度系数之比的对数表示。也可采用类似精馏过程相对挥发度的形式表达：

$$\beta=(x_{EA}.x_{RN})/(x_{RA}.x_{EN})$$

式中　x_{RA}、x_{RN}——分别表示平衡时抽余相中芳烃和非芳烃的浓度分数。

表 7-2 列出了常用溶剂苯和正己的溶解性和选择性数据。图 7-1 列出了烃在环丁砜中的相对溶解度。

表 7-2　以苯和正己烷表示的溶解能力和选择性

溶　剂	溶解能力($1/\gamma_{苯}$)			选择性　$\lg(\gamma_{正己烷}/\gamma_{苯})$		
	25℃	60℃	100℃	25℃	60℃	100℃
N-甲基吡咯烷酮			0.71	1.10	0.94	0.81
N-甲酰基吗啉	0.47	0.51	0.54	1.25	1.10	0.96
环丁砜	0.38	0.41	0.43	1.48	1.29	1.12
二甲亚砜	0.29	0.44	0.48	1.34	1.11	0.90
四甘醇	0.35	0.40	0.44	1.12	1.00	0.88
三甘醇	0.21	0.24	0.27	1.11	0.98	0.87

溶解能力顺序依次为：N-甲基吡咯烷酮>N-甲酰基吗啉>四甘醇>环丁砜>二甲亚砜>三甘醇。对 BTX 的分离，所选择的溶剂在适当的操作温度下，其溶解能力在 0.25~0.40 的范围内为最佳。

选择性的优劣次序依次为：环丁砜>二甲亚砜>N-甲酰基吗啉>四甘醇>三甘醇>N-甲基吡咯烷酮。

综合选择性、溶解能力、热稳定性等重要因素，以环丁砜为最佳，其次为 N-甲酰基吗

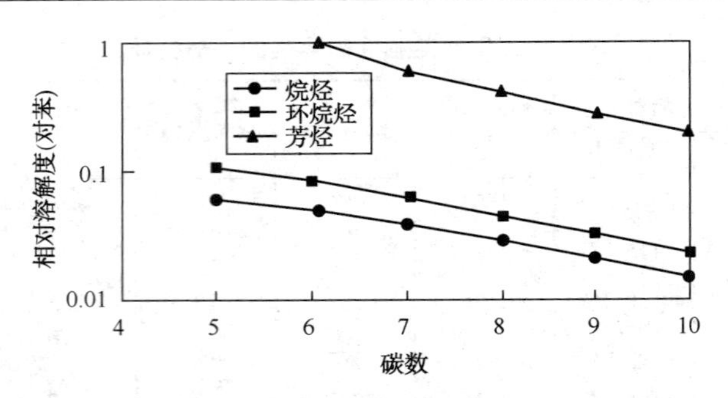

图 7-1　烃在环丁砜中的相对溶解度(50℃，含水 1%)

啉和四甘醇。

(三) 抽提系统的相平衡

1. 相平衡的基本关系

根据热力学定律：在一定温度 T、压力 p 下处于平衡状态的两相，逸度相等。对于气液平衡的两相，$f_i^V = f_i^L$，即：

$$y_i\phi_i p = x_i\gamma_i p_i^{\ 0}\phi_i^0 \exp\left(\frac{1}{RT}\int_{p_i^0}^{p} V^L \mathrm{d}p\right)$$

在低压下也可以简化为：

$$y_i p = x_i p_i^0 \gamma_i$$

液液两相达平衡时应满足：

$$x_i^{\mathrm{I}}\gamma_i^{\mathrm{I}} = x_i^{\mathrm{II}}\gamma_i^{\mathrm{II}}$$

式中　f_i^V、f_i^L——组分 i 的气相和液相逸度；

ϕ_i、ϕ_i^0——组分 i 在系统状态及饱和状态下气相逸度系数；

x_i、y_i——组分 i 的液相及气相摩尔分率；

γ_i——液相组分 i 的活度系数；

R——气体常数；

Ⅰ、Ⅱ——平衡的两个液相。

2. 基础相平衡数据

基础相平衡数据包括二元气液平衡、二元互溶度、多元气液平衡和多元液液平衡数据。测定和关联这些基础相平衡数据，可以更好地理解、掌握芳烃抽提工艺。

3. 多元气液及液液相平衡数据的预测

利用二元相平衡数据获得的模型参数对多元气液及多元液液平衡数据的预测，对芳烃抽提装置的过程模拟、设计和操作优化等具有重要作用。

二、几种抽提工艺

(一) 甘醇溶剂抽提工艺

1952 年，美国 UOP 和 DOW 化学公司开发成功了以二甘醇(DEG)为溶剂的 Udex 芳烃抽提工艺，在此基础上又陆续对工艺进行了改进，并推出了与二甘醇同系列的三甘醇(TEG)和四甘醇(TETRA)溶剂。我国科研单位从 20 世纪 50 年代后期开始，系统地开展了甘醇类溶剂芳烃抽提工艺的研究，先后开发成功了二甘醇、三甘醇及四甘醇抽提工艺，特别是简化的甘醇类溶剂抽提工艺，已得到了广泛的工业应用。

图 7-2 和图 7-3 分别标绘了甘醇类溶剂抽提工艺四塔和五塔流程示意。目前以二甘醇及三甘醇为溶剂的 Udex 流程，已很少使用了，其基本流程与图 7-2 相似，但还包括芳烃水洗和水分馏系统。

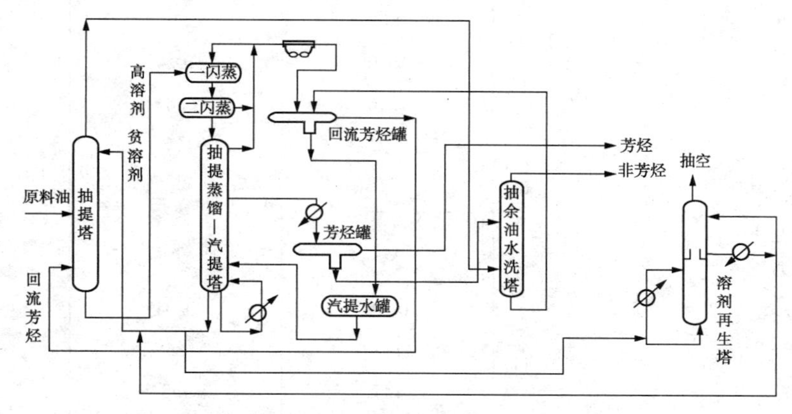

图 7-2　甘醇类抽提四塔流程

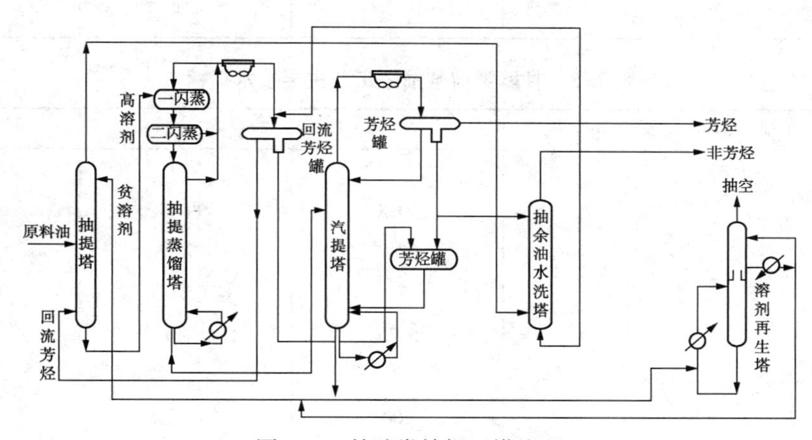

图 7-3　甘醇类抽提五塔流程

表 7-3 为典型的重整抽提原料油性质，表 7-4 为甘醇类溶剂抽提主要操作参数，表 7-5 为甘醇类溶剂抽提工艺主要技术指标。

表 7-3　典型的重整抽提原料油性质

项　目	数　据	项　目	数　据
密度(20℃)/(g/cm^3)	0.7622	90%	146
溴值/(gBr/100g)	0.89	干点	174
馏程/℃		组成/%	
初馏点	69	烷烃	30.0
10%	83	环烷烃	2.0
50%	103	芳烃	68.0

表 7-4　甘醇类溶剂抽提主要操作参数

项　目	二甘醇	三甘醇	四甘醇
抽提塔压力/MPa	0.8	0.8	0.8
抽提塔塔顶温度/℃	145	120	120
抽提塔塔底温度/℃	140	110	110
溶剂比(对进料)	16.0	10.4	6.2
回流比(对进料)	1.16	0.83	0.8
贫溶剂含水量/%	8.6	6.3	5.0
抽提蒸馏塔底压力/MPa			0.04
抽提蒸馏塔顶温度/℃			102
抽提蒸馏塔底温度/℃			126
汽提塔底压力/MPa	0.05	0.04	0.05
汽提塔顶温度/℃	118	85	86
汽提塔底温度/℃	147	143	148
汽提塔侧线温度/℃	122	110	
汽提水量/%	1.9	2.7	4.3

表 7-5　甘醇类溶剂抽提工艺主要技术指标

项　目	二甘醇	三甘醇	四甘醇
芳烃回收率/%			
苯	99.8	99.8	99.9
甲苯	98.7	99.2	99.5
二甲苯	87.6	95.0	97.0
苯结晶点/℃	5.35	5.40	5.40
公用工程消耗(以原料计，相对值)			
冷却水	100	79.1	67.2
电	100	73.9	67.7
蒸汽	100	81.8	70.9
溶剂消耗/(kg/t 原料)	0.5~1.0	0.4~0.8	0.2~0.5

由表 7-4 和表 7-5 可见，甘醇类溶剂抽提工艺随着二甘醇、三甘醇、四甘醇的次序，溶剂比显著减小，过程的能耗和溶剂消耗也减小，而芳烃的回收率逐渐提高。由于甘醇类溶剂抽提流程都基本一样，因此，由二甘醇改三甘醇、四甘醇或由三甘醇改四甘醇的改造工程量都相当小，而溶剂的升级换代可产生明显的经济效益。目前，国内已基本淘汰了二甘醇和三甘醇抽提装置，国外尚有一定数量的三甘醇抽提装置仍在运行。

对于重整生成油的芳烃抽提，四甘醇抽提工艺具有芳烃产品质量好，收率高，能耗低，溶剂价廉易得，对设备腐蚀性小等优势，因此仍不失为一种较好的芳烃抽提工艺。

(二) 环丁砜溶剂抽提工艺

1961 年，Shell 公司推出了以环丁砜为溶剂的芳烃抽提工艺(Sulfolane)，由于其投资低、芳烃产品质量好、收率高等特点，自从第一套工业装置投产以来，该工艺得到了广泛的工业应用。国内于20世纪80年代初，开始致力该工艺的研究与开发，在有关研究单位和工程设计单位的密切配合下，于80年代末期开发成功了改进的以环丁砜为溶剂的抽提工艺(SAE)，并很快得到了推广应用。图7-4标绘了环丁砜抽提工艺的流程示意。表7-6为抽提原料的性质，表7-7为主要工艺操作数据。

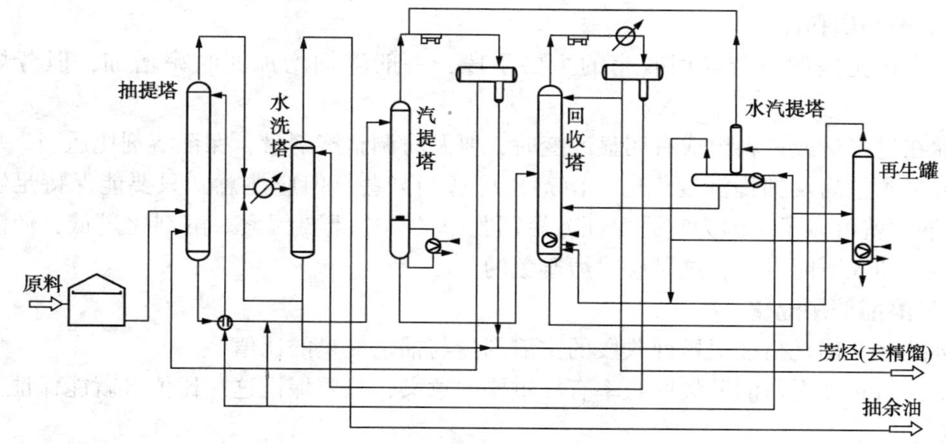

图7-4 SAE工艺流程示意

表7-6 抽提原料的性质

项　　目	C_6~C_7 馏分	C_6~C_8 馏分	项　　目	C_6~C_7 馏分	C_6~C_8 馏分
相对密度(20℃)	0.7776	0.8345	芳烃含量/%	60.5	83.7
馏程/℃			苯	17.5	45.1
初馏点		67	甲苯	42.3	28.8
终馏点		167	二甲苯	0.7	9.7
溴值/(gBr/100g)	2.5	<1.0	C_9 芳烃		0.1
硫含量/(μg/g)	<1.0	<1.0			

表7-7 主要工艺操作数据

项　　目	C_6~C_7 抽提	C_6~C_8 抽提	项　　目	C_6~C_7 抽提	C_6~C_8 抽提
抽提塔温度/℃			回收塔压力/MPa(绝)	0.035~0.045	0.035~0.045
塔顶	70~80	80~100	回收塔塔底温度/℃	175~180	175~180
塔底	55~65	65~85	芳烃回收率/%		
溶剂质量比(对进料)	2.5~3.5	3.5~5.0	苯	100	100
回流质量比(对进料)	0.3~0.5	0.6~0.9	甲苯	99.5~99.9	99.3~99.8
贫溶剂含水量/%	<1.0	<1.0	二甲苯		97.0~98.0
提馏塔压力/MPa(绝)	0.2~0.3	0.15~0.25	芳烃中非芳烃含量/(μg/g)	100~300	300~800
提馏塔塔底温度/℃	175~180	175~180	苯的结晶点/℃	>+5.40	>+5.40

三、工艺操作因素分析

芳烃抽提过程的影响因素很多，概括为三要素：原料油(抽提进料)、溶剂和采用的手段(设备、操作条件等)。在溶剂和设备结构选定后，操作条件就起着重要的作用。

在抽提工艺中，溶剂的水含量和抽提操作温度，在决定恰当的选择性和溶解度上起了重要的调节作用。保证产品纯度的具体手段是回流比，保证芳烃回收率的手段是溶剂比。适当的回流比、溶剂比和必要的抽提塔塔板数是保证抽提工艺正常操作的重要手段。

关于主要工艺参数的意义的说明：

(一) 溶剂进料比

溶剂进料比是调节芳烃回收率的主要手段，一般溶剂增加回收率增加，但芳烃质量下降。

因此在进料量或进料组成有明显改变时，要及时调整溶剂量，保证溶剂比适当。一般在原料中芳烃含量高及抽提温度低时，溶剂比可适当高些。但应注意到只要能保持足够的溶剂/抽余油比就可以了，因为它是保证芳烃回收率的一个重要因素。溶剂比过低，使溶剂与油相互溶，抽提不能进行，这是应尽力避免的。

(二) 溶剂抽余油比

溶剂抽余油比是指抽提塔回收段的主溶剂量与抽余油量的比值。

这个比值对抽提塔的芳烃回收率有极重要的意义，只要保证这一比值，就能保证芳烃有效的回收。

一般在此值满足的情况下，为保证抽提油的纯度，所需的主溶剂量也是足够的。

(三) 烃负荷

烃负荷是指抽提塔反洗段中，实际存在于溶剂-烃混合液中的总烃类数。

在反洗段，溶剂的主要作用是提供选择性地溶解全部抽提油和循环液，所以在反洗段的溶剂通常是高负荷的。

烃负荷随反洗量的增加而增大，随进料中烃含量的变化而改变。

当烃负荷小于0.32时，增加反洗比，可改善溶剂的选择性。但反洗比过大，烃负荷超过0.32时，溶剂的选择性就下降，这时应适当增加贫溶剂量或设计时考虑较低的操作温度来提高溶剂的选择性，以保证抽提的纯度。

(四) 反洗比

为了排除高沸点的非芳烃，需要反洗。尤其是需要生产高纯度的芳烃时，更显得重要。在反洗段中主要是轻芳置换轻非芳，轻非芳置换重非芳烃。当反洗比提高时，会增加抽提塔反洗段的烃负荷，如烃负荷过大，能导致溶剂选择性降低，使芳烃损失到抽余油中去，同时也使芳烃纯度下降。当苯塔顶返回的拔顶苯数量过多，反洗液中过量的苯在反洗段会提高所有烃类的溶解力，也就降低了选择性。

(五) 回收塔回流比

必要的回流比将保证抽提油中含尽可能少的溶剂。然而回流比过大，除了消耗能量外，因塔顶气液相负荷增大，也可能产生雾沫夹带现象而将溶剂带出。

(六) 汽提水溶剂比

水在抽提系统中的主要作用是在抽余油洗塔中回收抽余油中溶剂和在回收塔中汽提芳烃，降低溶剂的分压，使溶剂不过热分解。

一般汽提蒸汽量根据从溶剂中汽提所有芳烃所需的量来定，而不是由抽余油水洗塔所需的水量来定的。

汽提水溶剂比过大将过多地消耗能量。

四、抽提过程的重要设备抽提塔

液液抽提过程中的核心设备是抽提塔。工业上已采用的抽提塔有填料塔、筛板塔、脉冲塔、转盘塔及梅尔混合沉降塔等，其中筛板塔具有结构简单、制造成本低、不易堵塞和处理量大的优点，绝大多数液液抽提装置均采用筛板抽提塔。国内液液抽提过程几乎都采用筛板抽提塔。

抽提蒸馏过程的核心设备是抽提蒸馏塔。工业上已采用的抽提塔有填料塔、浮阀塔以及填料浮阀复合塔。由于抽提溶剂循环使用，导致溶剂系统容易脏污，填料塔往往出现分析效率逐渐下降的现象，影响装置长周期稳定运行。浮阀塔可以克服溶剂系统脏污的影响，保证装置长周期稳定运行，而且设备投资低于填料塔，目前工业上抽提蒸馏塔主要采用浮阀塔板型式。

第二节　抽提精馏

一、工艺原理

分离制取芳烃的原料主要有重整油、裂解加氢汽油和煤焦油等。在这些原料中，不仅含有与芳烃沸点相近的非芳烃，而且某些非芳烃可以与芳烃形成各种共沸物，通过普通精馏方法不能得到高纯度芳烃。

对于烃类混合物，在常压范围内气相可作为理想气体处理，通过精馏方法分离关键组分 i、j 的难易程度可以用相对挥发度 α_{ij} 表征：

$$\alpha_{ij}=\frac{y_i/x_i}{y_j/x_j}=\frac{\gamma_i p_i^{\circ}}{\gamma_j p_j^{\circ}} \tag{7-1}$$

式中　x——液相摩尔分数；

y——气相摩尔分数；

γ——液相活度系数；

p°——纯组分饱和蒸汽压。

相对挥发度 α 越远离 1，越有利于精馏分离。在恒沸组成时两组分相对挥发度为 1，通过普通精馏方法无法实现恒沸溶液的分离。在式(7-1)中，p_i°/p_j° 在通常温度范围内基本不变，改变相对挥发度的唯一途径就是通过加入溶剂来改变其活度系数比 γ_i/γ''_j。加入选择性溶剂后，原料溶液的组分、组成均发生了变化，分子间相互作用改变，因而也使原料组分的活度系数比值发生变化，从而使相对挥发度 α_{ij} 尽可能远离 1，有利于精馏分离。这就是抽提蒸馏的基本原理。

图 7-5 表示常压时苯-环己烷共沸物(苯的质量分数 51.8%)体系加入不同浓度环丁砜溶剂后的活度系数及相对挥发度的变化情况。随着环丁砜浓度的增加，环己烷活度系数 γ_j 增加快，苯活度系数 γ_i 增加缓慢，结果使 α_{ij} 增大，可实现苯和环己烷的精馏分离。

SED 工艺是一个典型的抽提蒸馏分离芳烃过程，采用环丁砜作为选择性溶剂，溶剂系统中含适量水以增加溶剂的选择性，并降低溶剂回收温度。典型的 SED 过程包括抽提蒸馏

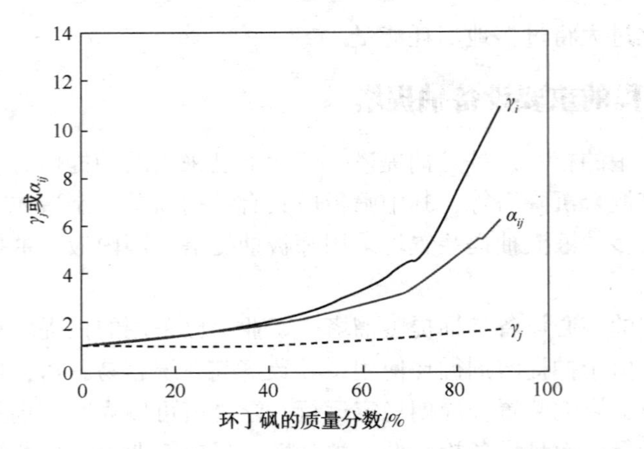

图 7-5　环丁砜浓度对苯和环己烷活度系数及相对挥发度的关系

i、j 代表环己烷、苯，体系除溶剂基的组成为苯 51.8%

(ED)塔、非芳烃蒸馏塔、溶剂回收塔和溶剂再生塔。溶剂和原料馏分在抽提蒸馏(ED)塔接触形成气液两相，由于溶剂与芳烃的作用力更强，使非芳烃富集于气相，于塔顶排出；芳烃组分富集于液相并被提纯，于塔底排出。富集芳烃的液相进入溶剂回收塔，在塔内进行芳烃与溶剂的分离，贫溶剂循环使用。抽提蒸馏塔塔顶蒸出的非芳烃中含微量溶剂，在非芳烃蒸馏塔内通过普通精馏回收溶剂。一小股贫溶剂进入溶剂再生塔减压蒸发，脱除其中机械杂质和溶剂降解物，保持溶剂系统洁净。

二、几种抽提工艺

(一) 抽提蒸馏

环丁砜抽提蒸馏(SED)分离芳烃是一个典型的物理分离过程，该工艺采用含水环丁砜为溶剂，主要利用溶剂对烃类各组分相对挥发度影响不同的基本原理，通过萃取精馏达到分离芳烃和非芳烃的目的。装置包括抽提蒸馏塔、非芳烃蒸馏塔、溶剂回收塔、溶剂再生塔和其他辅助设施。

(二) 液液抽提

采用环丁砜为液-液萃取的溶剂，以抽提和抽提提馏相结合的方法来分离芳烃和非芳烃。溶剂回收塔采用了减压、水蒸气蒸馏；为保证回收塔塔底贫溶剂的组分和含水量，采用了组分控制系统；为去除溶剂氧化所生成的酸性聚合物，在溶剂循环管线上设置了过滤器；为提高环丁砜溶剂的 pH 值，设置了劣化溶剂再生装置。为了保证苯产品的高质量，采用了温差控制；由于环丁砜和苯的冰点较高，因此防冻保温措施成为一个重要环节。

第三节　芳烃抽提

催化重整生成油经抽提后得到的混合芳烃(BT 或 BTX)需要再经过白土精制和精馏。方可生产出苯、甲苯和混合二甲苯或邻二甲苯、乙苯等合格产品。目前大多数芳烃生产装置均以生产苯、甲苯和混合二甲苯产品为主，只有少数装置也同时生产邻二甲苯和乙苯产品。

一、轻芳烃的主要性质数据

轻质芳烃的纯化合物包括苯、甲苯、乙苯、对二甲苯、邻二甲苯等，与它们沸点最低的芳烃是异丙苯和正丙苯，其物性数据列于表7-8。

表7-8　常见轻质芳烃的物性

化合物名称	苯	甲苯	乙苯	对二甲苯	间二甲苯	邻二甲苯	异丙苯	正丙苯
分子式	C_6H_4	C_7H_8	C_8H_{16}	C_8H_{10}	C_8H_{10}	C_8H_{10}	C_9H_{12}	C_9H_{12}
分子量	78.12	92.14	106.17	106.17	106.17	106.17	120.20	120.20
常压沸点/℃	80.10	110.62	136.19	138.35	139.10	144.41	152.39	159.22
结晶点/℃	+5.53	-94.91	-94.98	13.26	-47.87	-25.18	-96.04	-99.50
临界温度/℃	288.94	318.57	343.94	343.0	343.82	357.07	357.8	365.15
临界压力/kPa	4898	4109	3609	3511	3541	3733	3209	3200
临界密度/(kg/m^3)	302	292	284	280	282	288	280	273
临界压缩因子	0.271	0.264	0.263	0.260	0.260	0.263	0.263	0.265
偏心因子	0.212	0.2566	0.3011	0.3243	0.3311	0.3136	0.3353	0.3444
蒸气压/kPa								
20℃	10.02	2.91						
40℃	24.37	7.89	2.86	2.65	2.52	2.04	1.47	
60℃	52.19	18.52						3.12
80℃	101.0	38.82	16.77	15.62	15.10	12.66	9.67	7.63
100℃	180.0	74.17					20.67	
120℃	300.3	131.3	64.21	60.37	58.94	50.64	40.26	32.94
140℃	473.6	218.1					72.64	60.30
160℃	712.8	345.0	184.4	174.9	172.1	150.5	122.9	103.4
摩尔热容/[J/(mol·℃)]								
20℃	134.1	154.9	184.5	180.3	180.4	183.3		211.0
60℃	142.4	169.0	197.3	193.3	198.0	202.0	220.5	228.4
100℃	152.6	181.5	213.2	208.3	212.9	216.2	229.6	245.6
140℃	167.4	196.9	229.0	224.2	227.9	230.6	260.0	362.8
160℃	175.1	205.4	237.0	232.2	235.6	237.9	270.8	271.3
汽化潜热/(kJ/mol)								
60℃	31.84	36.03	40.38	40.67	41.24	41.61	43.56	44.80
80℃	30.78	34.96	39.28	39.57	40.12	40.54	42.42	43.67
120℃	28.37	32.63	36.94	37.20	37.59	38.24	39.89	41.13
160℃	25.47	29.99	34.31	34.54	34.66	35.68	36.96	38.20
液体密度/(kg/m^3)								
20℃	877.4	867.0	867.7	864.2	869.0	884.7	862.1	861.3
60℃	836.6	829.3	831.8	828.9	833.7	850.3	828.6	827.0
100℃	792.5	790.3	795.2	791.6	796.2	814.0	793.2	792.1
140℃	744.1	748.8	756.7	751.6	756.1	775.3	755.4	755.9
表面张力/(N/m)								
20℃	0.0301	0.0285	0.0293	0.0281	0.0291	0.0303	0.0283	0.0290

续表

化合物名称	苯	甲苯	乙苯	对二甲苯	间二甲苯	邻二甲苯	异丙苯	正丙苯
60℃	0.0237	0.0239	0.0250	0.0240	0.0248	0.0261	0.0243	0.0249
100℃	0.0188	0.0195	0.0208	0.0200	0.0206	0.0219	0.0204	0.0210
140℃	0.0142	0.0152	0.0168	0.0161	0.0165	0.0179	0.0167	0.0172
黏度/mPa·s								
20℃	0.638	0.580	0.666	0.642	0.615	0.809	0.780	0.857
60℃	0.381	0.373	0.426	0.410	0.404	0.501	0.479	0.521
100℃	0.255	0.264	0.300	0.288	0.289	0.345	0.326	0.353
140℃	0.184	0.200	0.226	0.232	0.217	0.254	0.240	0.257
导热系数/[W/(m·K)]								
20℃	0.146	0.143	0.135	0.136	0.136	0.137	0.134	0.132
60℃	0.132	0.128	0.123	0.127	0.127	0.128	0.121	0.124
100℃	0.119	0.116	0.111	0.117	0.117	0.118	0.111	0.115
140℃	0.108	0.105	0.101	0.107	0.107	0.108	0.100	0.106

从表7-8中沸点数据看到：苯与甲苯沸点差为30.52℃；甲苯与乙苯沸点差为25.47℃；邻二甲苯与异丙苯沸点差为7.98℃，它们之间用精馏方法分离并不困难；而间二甲苯与邻二甲苯沸点差只有5.31℃，用精馏方法分离比较困难；至于乙苯与间二甲苯沸点差只有2.16℃，用精馏的方法分离出乙苯非常困难的，大概需要400块塔板的精馏塔在回流比100的条件下操作，才能得到高纯度的乙苯产品。

二、芳烃产品的质量标准

石油苯、甲苯、混合二甲苯产品质量规格有国家标准，中国的国家标准编号分别为GB 3405—2011、GB 3406—2010和GB 3407—2010，参见表7-9～表7-11。

表7-9　石油苯的质量标准

项　　目	质量指标			试验方法
	优级品	一级品	合格品	
外观	透明液体，无不溶水及机械杂质			目测①
颜色(Hazen单位—Pt—Co色号)	≤20			GB/T 3143
密度(20℃)/(kg/m^3)	878～881		876～871	GB/T 2013
馏程范围/℃			79.6～80.5	GB/T 3146
酸洗比色	酸层颜色不深于1000mL，稀酸中含0.1g重铬酸钾的标准溶液	酸层颜色不深于1000mL烯酸中含0.2g重铬酸钾的标准溶液		GB/T 2012
总硫含量/(mg/kg)	≤2		≤3	SH/T 0253
中性试验	中性		GB/T 1816	
结晶点(干基)/℃	≥5.40	≥5.35	≥5.00	GB/T 3145
蒸发残余物/(mg/100mL)	≤5			GB/T 3209

① 将试样注入100L玻璃量筒中，在20℃±3℃下观察，应是透明、无不溶水及机械杂质。

表 7-10　石油甲苯的质量标准

项　　目	质量指标		试验方法
	优级品	一级品	
外观	透明液体，无不溶水及机械杂质		目测①
颜色(Hazen 单位—Pt—Co 色号)	20		GB/T 3143
密度(20℃)/(kg/m^3)	865~868		GB/T 2013
烃类杂质含量 苯含量/% C_8 芳烃含量/% 非芳烃含量/%	 0.05 0.05 0.20	 0.10 0.10 0.25	GB/T 3144
酸洗比色	酸层颜色不深于 1000mL 稀酸中含 0.2g 重铬酸钾的标准溶液		GB/T 2012
总硫含量/(mg/kg)	2		SH/T 0253②
蒸发残余物/(mg/100mL)	5		GB/T 3209
博士试验	通过		SH/T 0174
中性试验	中性		GB/T 1816

① 20℃±3℃下目测，对机械杂质有争议时，用 GB/T 511 方法进行测定，应为无。

② 允许用 SH/T 0252 方法测定，有争议时以 SH/T 0253 方法为准。

表 7-11　石油二甲苯的质量标准

项　　目	质量指标				试验方法
品种	3℃混合二甲苯		5℃混合二甲苯		
质量等级	优级品	一级品	优级品	一级品	
外观	透明液体，无不溶水及械械杂质				目测①
颜色(Hazen 单位—Pt—Co 色号)	20				GB/T 3143
密度(20℃)/(kg/m^3)	862~868	860~870	860~870		GB/T 2013
馏程/℃ 初馏点 终馏点 总馏程范围	 137.5 141.5 3		 137 143 5		GB/T 3146
酸洗比色	酸层颜色不深于 1000mL 稀酸中含 0.5g 重铬酸钾的标准溶液	酸层颜色不深于 1000mL 稀酸中含 0.7g 重铬酸钾的标准溶液	酸层颜色不深于 1000mL 稀酸中含 0.5g 重铬酸钾的标准溶液	酸层颜色不深于 1000mL 稀酸中含 0.7g 重铬酸钾的标准溶液	GB/T 2012
总硫含量/(mg/kg)　≤	3				SH/T 0253②
蒸发残余物/(mg/100mL)　≤	5				GB/T 3209
铜片腐蚀	不腐蚀				GB/T 11138
博士试验	通过		通过		SH/T 0174
中性试验	中性				GB/T 1816

① 20℃±3℃下目测，对机械杂质有争议时，用 GB/T 511 方法进行测定，应为无。

② 允许用 SH/T 0252 方法测定，有争议时以 SH/T 0253 方法为准。

三、芳烃的白土精制

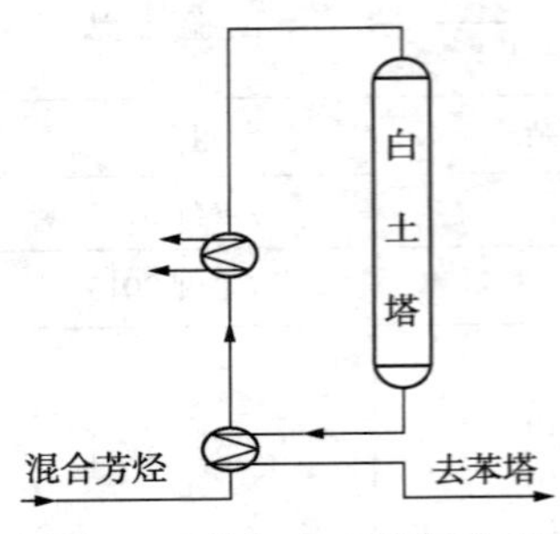

图 7-6　芳烃白土精制流程

通常从催化重整生成油经溶剂抽提得到的混合芳烃中含有微量的烯烃，一般需要采用颗粒白土进行液相精制处理，以除去其中的烯烃。白土精制的工艺流程见图 7-6。混合芳烃经换热和加热后进入白土塔，进行固液接触，使烯烃产生叠合，并大部分吸附在颗粒白土表面，从白土塔底出来的混合芳烃与进料换热后送至苯塔进行精馏。

白土精制用的颗粒白土时经过活化处理的，并含有一定的水含量，一般为 3.5%～6.5%，颗粒通常为 8～16 目或 30～60 目。白土精制的操作条件：温度 175～200℃，压力 1.0～1.5MPa，空速为 $0.5h^{-1}$左右。

四、芳烃精馏工艺

芳烃精馏工艺流程取决于混合芳烃的组成和要求的产品种类，可分为苯、甲苯或苯、甲苯、混合二甲苯或苯、甲苯、混合二甲苯、邻二甲苯或苯、甲苯、混合二甲苯、邻二甲苯几类，从而可有二塔、三塔、四塔和五塔流程多种。目前中国以生产苯、甲苯和混合二甲苯的装置占大多数，即三塔流程占大多数，因此以下仅简单叙述三塔流程，流程示意见图 7-7。

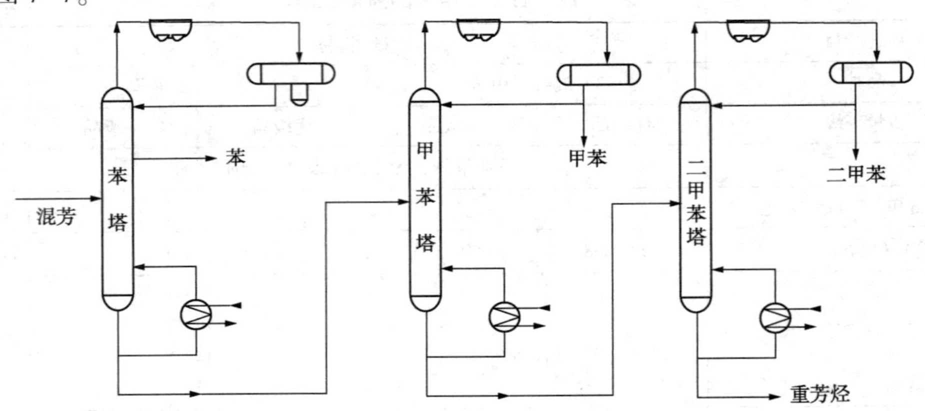

图 7-7　芳烃精馏三塔流程示意

经过白土精制的混合芳烃进入苯塔中部，苯塔塔顶馏出物经冷凝冷却后入回流罐，回流罐罐底设有分水包以除去微量水，油全部用泵打回苯塔塔顶作回流，当回流中非芳增多时，可排出一小部分至抽提回流芳烃罐或抽提原料罐，以保证苯产品的高质量。苯产品从苯塔侧线液相抽出经冷却后送产品检验罐。苯塔塔底物用泵送至甲苯塔中部，甲苯塔塔顶馏出物经冷凝冷却后入回流罐，一部分打回塔顶作回流，另一部分为甲苯产品送入甲苯产品检验罐。甲苯塔塔底液用泵送至二甲苯塔中部，二甲苯塔塔顶馏出物经冷凝冷却后入回流罐，部分作回流打回塔顶，其余为混合二甲苯产品送产品罐。二甲苯塔塔底物为重芳烃，经冷却后送出装置。苯、甲苯、二甲苯塔的主要操作条件见表 7-12，操作性质见表 7-13。

表 7-12　芳烃精馏工艺条件

项　目	苯塔	甲苯塔	二甲苯塔
塔顶压力/MPa(表压)	0.02~0.05	0.02~0.05	0.02~0.05
进料温度/℃	90~100	140~150	160~165
塔顶温度/℃	85~92	115~125	140~150
侧线温度/℃	83~91		
温差/℃	2~4	2~5	
塔底温度/℃	140~150	160~165	170~180
回流比(对产品)	2~7	2~4	1.5~3
实际塔板数/℃	44~60	40~54	40~54

表 7-13　芳烃精馏产品的质量

项　目	苯	甲苯	二甲苯
密度(20℃)/(kg/m³)	877~880	866~868	862~869
馏程范围/℃	79.8~80.3	110.4~110.9	137.5~142.5
酸洗比色/号	<1	<2	<7
硫含量/(mg/kg)	<2	<2	<3
结晶点/℃	5.2~5.5		
烃类杂质含量/%			
苯		<0.05	
甲苯	0.05		<0.10
二甲苯		<0.10	
非芳烃	<0.10	<0.25	<0.25

中国生产的石油苯大多数为优级品和一级品，也有少部分为合格品；石油甲苯多数为优级品；石油混合二甲苯多数为优级品，但有3℃和5℃混合二甲苯之分。

此外中国还有少数工厂也生产邻二甲苯和乙苯产品，由于乙苯和对二甲苯沸点差仅为2.16℃，精馏分离相当困难，分离乙苯的精馏塔需要300~100块实际塔板(通常二塔或三塔串联)，回流比为900~100，方可得到纯度大于99.5%的乙苯产品，乙苯收率大于90%。间二甲苯与邻二甲苯沸点差为5.31℃，分离邻二甲苯的精馏塔也需要90~150块实际塔板，回流比为7~14，方可得到纯度大于98%的邻二甲苯产品，邻二甲苯产率大于85%。

五、芳烃精馏中的温差控制

苯塔和甲苯塔系生产高纯度苯和甲苯产品，通常要求苯产品中甲苯含量小于0.05%~0.10%，甲苯产品中苯或二甲苯含量均小于0.05%~0.10%，要达到这样高的产品纯度，对精馏塔的设计和操作都提出了很高要求。目前。苯塔一般设计为44~60块实际塔板，甲苯塔塔板数为40~54。此外，两塔均采用温差控制方案来保证产品质量。所谓温差控制就是采用塔内相隔一定塔板数的两块塔板上的温度差来实现产品质量控制，其中一块塔板组成比较恒定，作为参比温度点，另一块塔板温度对于产品质量变化比较敏感，作为灵敏温度点，通过维持两板温差恒定来控制产品质量。温差控制常用于苯塔、甲苯塔、乙烯塔、丙烯塔等精密精馏塔，其本质上是压力补偿后的温度控制，以消除压力波动对产品质量的影响。在精密精馏过程中，尽管塔的压力控制在很小范围波动，单产品纯度要求非常高，组分变化引起的温度变化比压力变化引起的温度变化小得多，微小的压力波动也会造成明显的效应。如苯、甲苯分离，压力变化 6.7kPa，苯的沸点变化 2℃，已超过质量指标的规定，而这样的压力波动完全是有可能发生的，因此需要考虑补偿压力微小波动的影响。当压力波动时，各板温度的变化方向一致的，两板间的温差变化非常小，因此可采用温差作为被控变量，保持产品纯度符合要求。温差控制实施的关键在于选择适当的参比温度点和灵敏温度点。通常情况下，苯塔设有 48 块塔板，苯产品从 44 块(自上而下)抽出，进料口为 24 块板，控制 34 块板(灵敏板)与 44 块板(参考温度点)的温差；甲苯塔设有 43 块板，甲苯产品从 43 块板(顶)出，进料口为 24 块板，控制 35 块板(灵敏板)与 43 块板(参考温度点)的温差。苯塔与甲苯塔的温差控制控制有两种控制流程。一是回流控制方案，又称热量平衡控制方案，采用温差与塔顶回流量串级控制；二是物料平衡控制方案，采用温差与塔顶产品采出量串级控制。两种方案均是可行的。

第八章　过程自动控制及仪表

第一节　过程自动控制

一、反应系统的控制

（一）反应系统温度控制

在重整实际操作过程中，反应温度是需要随时控制的主要参数，要根据原料组成和产品辛烷值要求不同，确定不同的反应温度。重整反应主要是吸热过程，各个反应器出口温度比入口的温度低，各个反应器的温差也可能不同。

反应器系统温度常规控制方案：加热炉出口管物料温度(反应器入口温度)作为主回路，加热炉的燃料气压力作为副回路，组成串级控制系统。通过设置副变量来提高主变量的控制质量；对于副回路的干扰有超前控制作用，因而减少了干扰对主变量的影响。

（二）反应系统压力控制

反应压力是催化重整的基本操作参数，它影响产品收率，需要反应的温度以及催化剂的稳定性，反应系统压力常规控制方案如下：

汽轮机作为离心式压缩机驱动源，离心式压缩机可能是两段串级，也可能是三段串级，但是基本控制控制理念是相一致的，这里主要按三段串级的介绍为主。

喘振是离心式压缩机的固有特性，防喘振控制线根据压缩机厂家提供的性能曲线计算所得，也可以通过现场实测喘振线所得。经过温压补偿的入口流量，入口压力和出口压力组成当前工况的压缩机运行点 HR，根据控制工作点离喘振线之间距离，避免压缩机的喘振，保证了设备的安全稳定运行。

压缩机控制方案是极其复杂控制回路，主要包括：压缩机转速控制；压缩机防喘振控制；压缩机负荷分配控制；压缩机解耦控制；入口压力超压控制。

1. 压缩机转速控制

入口压力作为一个主要控制器 PIC，根据入口压力设定值 SP，在正常动态条件下，可以通过调速控制入口压力，压缩机需设定最高可调转速和最低可调转速。调速是相对比较节能一种手段，避免回流浪费，当入口压力高时，提高转速，降低入口压力。当入口压力低时，降低转速，提高入口压力。

2. 压缩机防喘振控制

根据压缩机运行点 HR 离喘振线距离不同，防喘振控制器 PID 参数是不同的。当运行点 HR 在防喘振线右侧，控制器以 PID 调节为主；当运行点 HR 越过防喘振线，控制器以 PI 调节为主；防喘振线与喘振线之间可设定一个比例控制线，当运行点 HR 继续向左移动，越过比例控制线，控制器以 P 调节为主；当运行点 HR 越过喘振线，喘振阀电磁阀失电，防喘振阀全部打开。

3. 压缩机负荷分配

设置一个主压力控制器 PIC，控制压缩机总的入口压力，每台串联压缩机都设置各自的负荷分配控制器，各自的喘振控制器，以及汽轮机的速度控制器。总压力控制器 PIC 测量入口压力，其输出指挥协调串联压缩机各自的负荷分配控制器来协调控制压缩机的负荷，这一协调动作有两个调节过程在同时进行：当入口压力变化，PIC 的输出指挥每台机组中的负荷分配控制器去调节负载，其输出作为速度控制的设定值从而调节压缩机转速升降，以维持总的入口压力，这一过程叫负荷分配；

4. 压缩机解耦控制

为了避免转速和防喘振控制之间的耦合现象，需要通过压缩机解耦控制来消除。在重整增压机这样的应用中，有多个控制回路，如每台机的喘振控制、入口压力控制等，这些控制回路之间存在一定的互相干扰。当高压压缩机防喘阀打开时，会使低压压缩机出口压力上升而促使其运行点向喘振方向移动，造成喘振；而低压压缩机防喘阀打开时，会使高压缩机入口流量降低，其运行点也向喘振区域移动，进入更深的喘振区域；这样的互相影响就是干扰。同样，入口压力控制在工艺要求下调低压缩机转速时，会使压缩机向喘振区域移动，从而影响喘振控制。

5. 入口压力超压控制

入口压力超压工况下，通过放空阀和防喘振来保证入口压力的稳定。

二、塔的控制

精馏塔是利用混合物中各组分的沸点不同，使液相中的轻组分和气相中的重组分互相转移，实现分离。对于一个精馏塔来说，需要从以下四个方面考虑来设置必要的控制方案，保证产品的质量，获得最大的产品收率：产品质量控制；物料平衡控制；能量平衡控制；约束条件控制。

常规脱戊烷塔控制方案：

(1) 塔顶灵敏板温度 TIC 作为主回路，回流罐抽出管线流量 FIC 作为副回路，组成串级控制系统。

用塔顶的温度控制实际是对物料组分的控制，塔顶温度与抽出液流量串级控制是物料平衡控制方式，保证了塔顶温度的稳定，同时又保证产品质量。

(2) 回流罐液位 LIC 作为主回路，回流罐内回流管线流量和抽出管线流量之和 FIC 作为副回路，组成串级控制系统。

回流罐液位与总流量串级控制的过程实质是脱戊烷塔内部自身能量调整过程，保证了能量平衡。

(3) 塔顶压力 PI 作为测点，单回路控制回流罐放空阀 PV。

塔顶压力单回路，保证了塔顶压力的稳定条件。

(4) 塔釜液位 LIC 作为主回路，塔釜生成油流量作为副回路，组成串级控制系统。

塔顶液位 LIC 和生成油流量串级控制，保证了塔内物料平衡。

三、加热炉的控制

1. 四合一加热炉控制

（1）四合一加热炉燃料气控制主要分为两路：一路为长明灯管线；另一路为主火嘴管线。

长明灯管线的燃料气压力通过在管线上配置自力式减压阀来调节，控制燃料压力。

主火嘴管线燃料气压力控制目前有三种：第一种控制方案是每台加热炉出口管线(反应器入口)配置温度测点，出口物料温度串级控制该加热炉燃料气压力；第二种控制方案是加热炉出口温度与出入口温差做低选后串级调节该加热炉燃料压力，这种方案增加安全值和选择控制；第三种控制方案是加热炉出口温度与手动输入值做高选后串级调节该加热炉燃料气压力，这种方案增加人为安全控制因素。

（2）四合一加热炉一般情况下合为一体，共用对流段和烟道，无预热回收系统。炉膛顶设置一个压力测点，监测炉膛负压情况，单回路控制烟道挡板。在炉膛顶配置氧化锆分析仪表，监测烟气中的氧含量，氧含量测量值参与加热炉的联锁。烟道挡板也可以通过炉膛顶设置的压力测点与氧含量测点做选择来控制调节。

（3）汽包三冲量控制主要的三个控制参数：汽包液位，汽包进水量，汽包出水量(蒸汽流量)。三冲量液位控制方案主要目的是克服“假液位”现象，当汽包给水量突然减少时，由于这个时间段里锅炉传给汽包的热量不变，致使汽包内液体大量汽化，将液位抬起(造成虚高的假液位)。通过一段时间后，汽包内热量达到新的平衡以后，气化量稳定，液位才慢慢降下来。当给水量突然增大时，情况刚好相反。当出口蒸汽流量突然增加时，汽包压力突然下降，使得气化量突然增加，这样水位虚假升高。通过一段时间后，汽包内热量新的平衡达到以后，气化量稳定，液位才慢慢降下来。当出口蒸汽流量突然减少时，情况相反。为了克服“假液位”带来的危险，因此使用三冲量控制方案，这里介绍一种相对简单的，安全的三冲量控制方案。汽包进水量和汽包的液位组成串级回路，汽包液位作为主回路，汽包进水量作为副回路，汽包蒸汽流量作为该串级回路的前馈，组成一个前馈加串级的控制系统。

2. 塔底重沸炉的控制

重沸炉主要作用是提供给分馏塔稳定的，持续的热源，因此控制重沸炉出口温度是关键。常规的控制方案是重沸炉出口配置温度测点，串级控制燃料气压力，组成一个复杂串级回路。为了消除流量变化对串级回路影响，因此在重沸炉的进料管线配置流量测点，组成一个流量的单回路控制回路，稳定入口流量。

四、催化剂连续再生的控制

（一）催化剂连续再生控制系统

催化剂连续重整再生是催化重整发展中的新技术，现有国内连续重整再生工艺技术基本上都是国外引进。在这里主要介绍的是 UOP cyclemax 催化剂再生控制系统 CRCS。CRCS 是一个可编程的控制包，是 UOP 开发研制的第三代产品，专门用于实现催化剂连续再生过程控制。

这个 CycleMax 催化剂控制系统由以下两个可编程电子控制系统(PES)构成：一个 PES 控制系统和一个 PES 保护系统。

1. PES 控制系统的功能

(1) 调节流经料斗的催化剂流量，从而调节流经整个再生系统的催化剂流量；

(2) 修改补充阀的斜坡，以稳定料斗/提升用气体的压差和催化剂流量；

(3) 为各个信号提高高速 PDIC 回路控制，以产生改进的催化剂循环；

(4) 为操作员界面提供一个串行链路。

2. PES 保护系统的功能

(1) 对工艺进行监视，并操作阀门，以防止该系统出现工艺偏差；

(2) 对工艺和电加热炉的复位以及脱扣信号实施监视，以保护电加热炉和其他工艺设备；

(3) 最大限度地降低因设备的不当操作而导致人员伤害、设备损坏或催化剂损坏的可能性；

(4) 为操作员界面和 PES 控制系统提供一个串行链路；

(5) 与 DCS 的接口；

(6) 允许在操作过程中在系统中加入催化剂；

(7) 允许在操作过程中从系统中清除催化剂粉尘和细粒；

(8) 对系统内使用的化学品(氮气、氯化物、塔底空气)进行调节；

(9) 运行冷却模式，以防止损坏反应器内件。

(二) 闭锁料斗循环控制程序

闭锁料斗循环控制是通过平衡阀和料位指示实施循环，以对料斗区进行加压和减压。闭锁料斗循环控制主要按 5 个连续阶段操作控制：就绪，加压，卸料，减压和装料，见表 8-1 所示。

表 8-1　闭锁料斗循环控制 5 个连续阶段

阶　段	说　明
就绪	循环之间正常的静止阶段
加压	对料斗区实施加压，以便与料斗缓冲区的压力相自适应
卸料	将催化剂从料斗区输送到料斗缓冲区
减压	对料斗区实施减压，以便与料斗分离区的压力相自适应
装料	将催化剂从料斗分离区输送到料斗区

(1) 就绪阶段。就绪阶段是循环之间正常的静止阶段。最初，料斗从减压阶段启动这个工序。正常的工序从就绪阶段开始。如图 8-1 和图 8-2 所示。

打开料斗上部平衡阀；关闭料斗下部平衡阀。

在出现以下条件时，工序进入下一阶段：

催化剂流量系统处于“接通”模式，并出现以下任何一种状态：

料斗料位降至可调的逻辑触发器的值(范围 30~99，40%为默认值)以下。

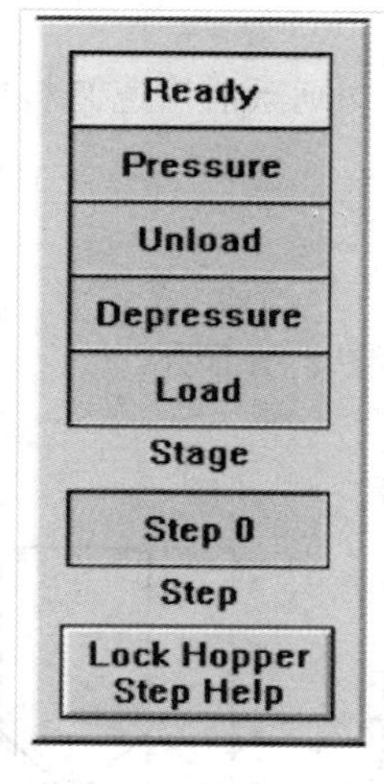

图 8-1　就绪阶段

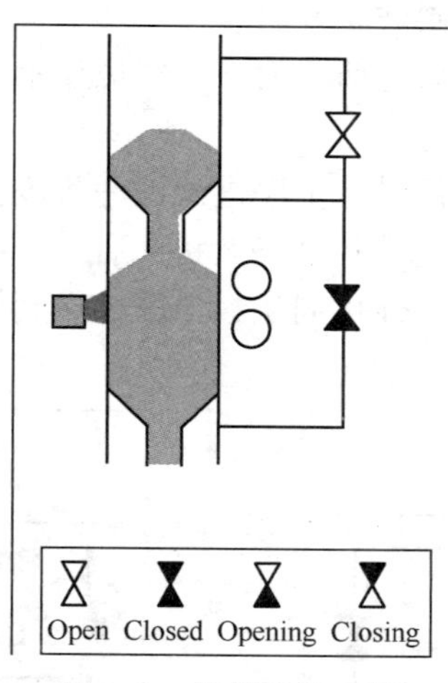

图 8-2　就绪阶段步骤

（2）加压阶段。通过利用氢气对料斗区进行加压，使其与缓冲区的压力自适应，以此为卸料阶段做准备，如图 8-3 所示。

步骤 1：如图 8-4 所示。

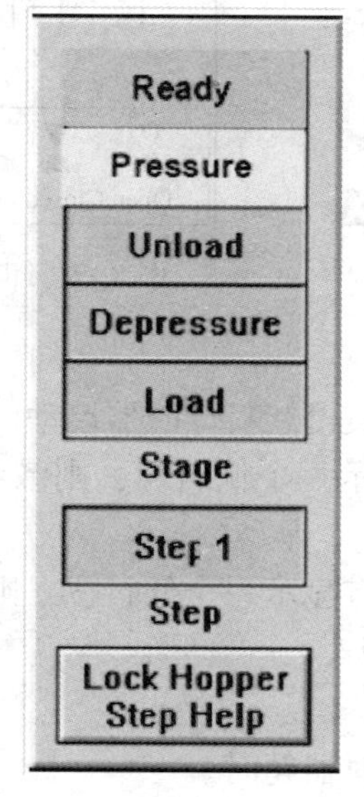

图 8-3　加压阶段

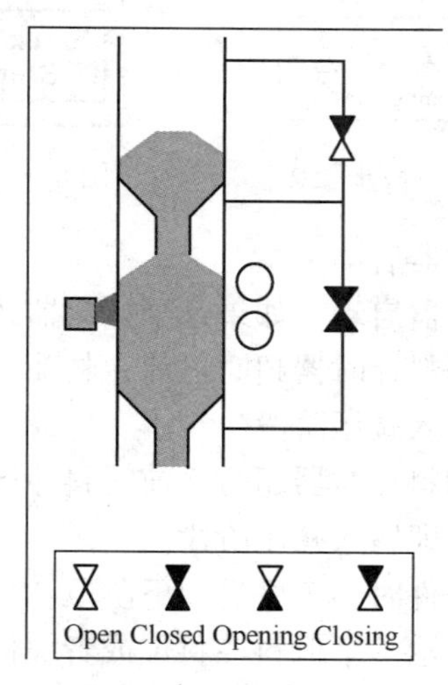

图 8-4　加压阶段步骤 1

上部平衡阀呈斜坡状关闭。

卸料计时器启动。

快速卸料报警（如果被激活）复位。

缓慢卸料报警（如果被激活）复位。

在满足以下条件时，工序进入下一步骤：

上部平衡阀已完成其呈斜坡状关闭，而且上部平衡阀关闭位置传感器，显示关闭位置。

步骤 2：如图 8-5 所示。

下部平衡阀呈斜坡状开启。

如果在步骤结束之前，料斗区料位显示一个低料位，则激活快速卸料报警，而循环工序立即转入减压阶段。

在满足以下条件时，工序进入下一阶段：

下部平衡阀已完成其呈斜坡状开启。

(3) 卸料阶段。催化剂从料斗区输送到缓冲区，如图 8-6 所示。

步骤：如图 8-7 所示。

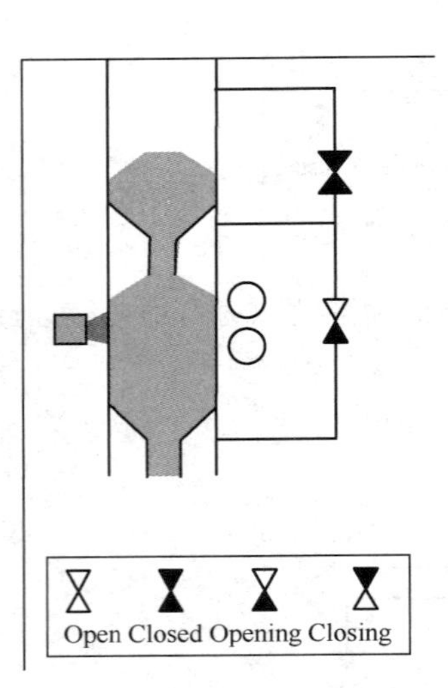

图 8-5　加压阶段步骤 2

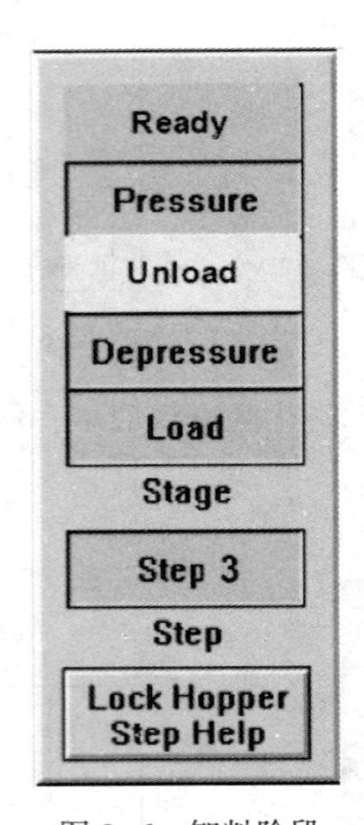

图 8-6　卸料阶段

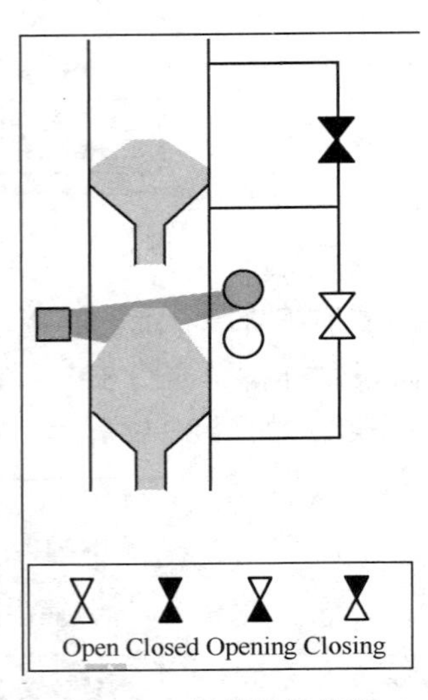

图 8-7　卸料阶段步骤

卸料步骤计时器启动。

快速卸料计时器启动。如果这个计时器超时，则缓慢卸料计时器启动。

如果在快速卸料计时器超时之前，料斗区料位显示一个低料位，则激活快速卸料报警，而循环工序立即转入减压阶段。

如果在缓慢卸料计时器超时之前，料斗区料位没有显示一个低料位，则激活缓慢卸料报警，而循环工序立即转入减压阶段。

在满足以下条件时，工序进入下阶段：

料斗区料位显示一个低料斗料位或者缓慢卸料计时器超时。

(4) 减压阶段。对料斗区进行减压，以便与分离区的压力一致。如图 8-8 所示。

步骤 1 如图 8-9 所示。

下部平衡阀呈斜坡状关闭。

装料计时器启动。

快速装料报警(如果被激活)复位。

缓慢装料报警(如果被激活)复位。

在满足以下条件时，工序进入下一步骤：

下部平衡阀已完成其呈斜坡状关闭，而且料斗下部平衡阀关闭位置传感器显示关闭位置。

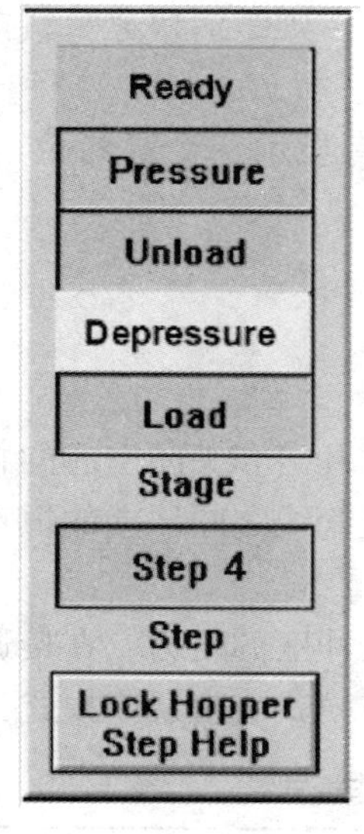

图 8-8　减压阶段

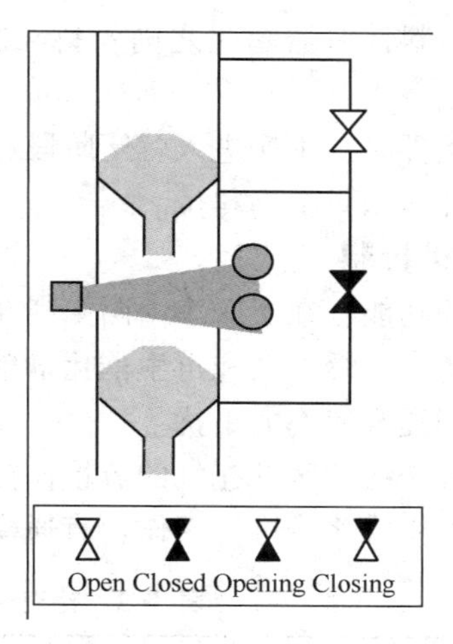

图 8-9　减压阶段步骤 1

步骤 2 如图 8-10 所示。

上部平衡阀呈斜坡状开启。

如果在步骤结束之前，料斗区料位计显示一个高料位，则激活快速装料报警。

在满足以下条件时，工序进入下一个阶段：

上部平衡阀已完成其呈斜坡状开启。

(5) 装料阶段。在装料阶段，将催化剂从分离区输送到料斗区。如图 8-11 所示。装料步骤如图 8-12 所示。

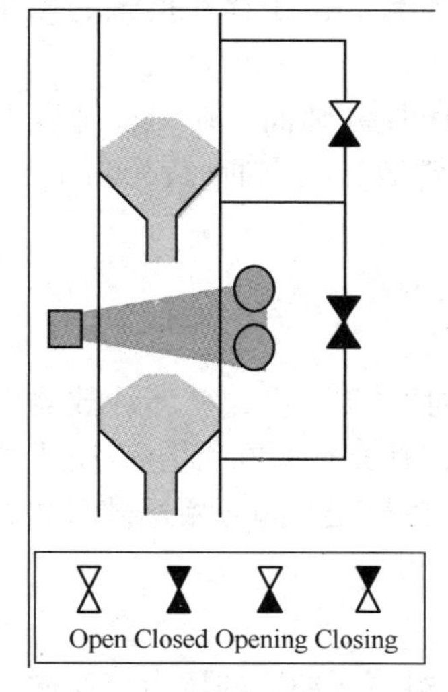

图 8-10　减压阶段步骤 2

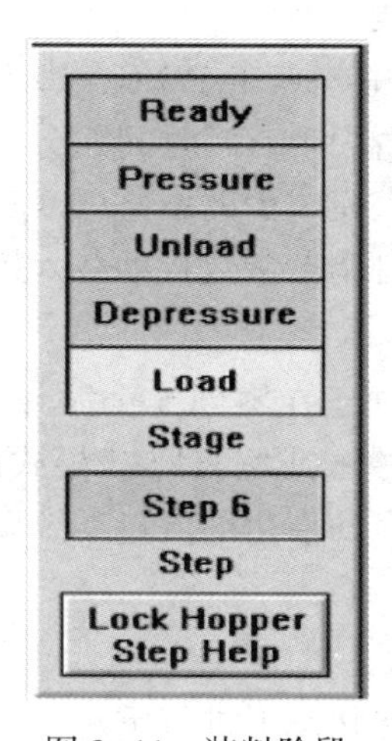

图 8-11　装料阶段

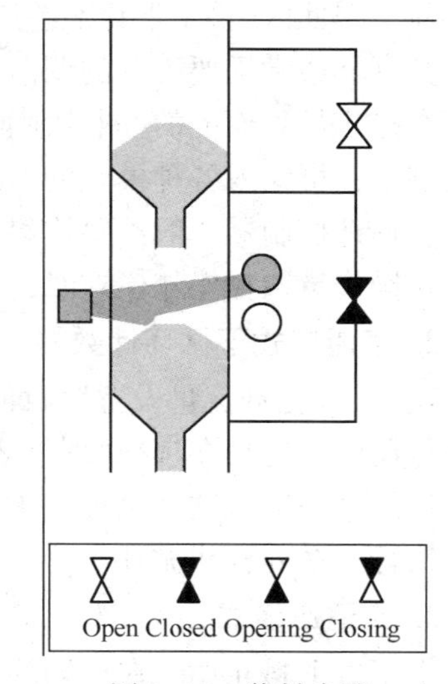

图 8-12　装料步骤

装料计时器启动。

快速装料计时器启动。

如果这个计时器超时，则缓慢装料计时器启动。

如果在快速装料计时器超时之前，显示一个高料位，则激活快速装料报警，而循环工序立即转入就绪阶段。

如果在缓慢装料计时器超时之前，料斗区料位没有显示一个高料位，则激活缓慢装料报警。

在出现以下条件时，工序进入就绪阶段：

料斗区料位计显示一个高料位。

（三）补充阀的控制

补充阀系统的功能，在于减小由两个料斗平衡阀的开启和关闭引起的料斗缓冲区压力波动。目的在于保持料斗缓冲区和再生催化剂辅助提升气管线之间压差的恒定，从而最大限度地减小再生催化剂提升速率的干扰。

补充阀通过改变缓冲区补充气的流量而控制料斗缓冲区的压力。在接通催化剂流量系统时，补充阀以三种模式之一进行操作：直通模式、斜坡模式或自适应模式，见表 8-2。

表 8-2　补充阀的三种操作模式

模　式	功　　能	说　　明
直通模式	使用场合： ①在断开催化剂流量时； ②在料斗重启后的若干首次循环期间	料斗缓冲区/再生催化剂辅助提升气体差压控制器输出
斜坡模式	正常操作模式-用于维持稳定的料斗差压状态	控制系统补充阀的斜坡模式，对补充阀进行控制
自适应模式	在改变阀门斜坡时使用	控制系统改变补充阀的斜坡，以提高差压控制效率

1. 料斗缓冲区/再生催化剂差压调节器 PID 参数

料斗缓冲区/再生催化剂差压控制器，有三组控制器调谐常数。由于存在模式的操作差异，控制器通常需要不同的调谐参数。

在操作员界面上的“料斗画面”中，点击 PDIC，进入 PID1 控制画面。在工程师以上安全级别上，可输入各种模式的 G（增益）和 TI（时间积分）调谐常数。在直通（Feedthrough）模式中，预计控制器一般需要比斜坡表模式少的增益（G）。

在操作员选择操作模式时，各自调谐常数自动载入控制器。

2. 直通模式下循环计数器

这个“催化剂流量设置”画面，便于在零到 5 个循环之间对“直通”模式循环计数器设定值进行调整。这是在选择“斜坡表”模式或“自适应”模式以后，补充气阀在“直通”模式中连续操作的循环数。这个设置便于在启动催化剂流量系统以后、在补充气阀开始遵循斜坡表之前，执行一系列料斗循环。

3. 自适应模式

由于每个料斗循环在已知的干扰状态下进行重复，因此，料斗缓冲区的压力应遵循一个可预见的模式。可利用这个模式与某一设定值常数的比较，对料斗的操作进行调整，最大限度地降低干扰效应，并减少再生催化剂的第三次提升，这种调整被称为“自适应”模式。

料斗缓冲区/再生催化剂辅助提升气差压 PID 调节属于常规控制，不能足以迅速对压力干扰做出响应。补充气阀的一个与料斗步骤同步的输出斜坡表，能够预见并抵制干扰。

最初的补充气阀的斜坡曲线系列带有一个控制系统；不过，由于与设计条件相比，很多因素对实际的性能产生影响，因此，这些斜坡仍然需要调整。为了修改当前有效的补充阀的斜坡，并最大限度地降低料斗缓冲区和再生催化剂辅助提升气体管线之间的压力波动，“自适应”模式采用一种学习算法。

在“自适应”模式中，根据当前(旧的)补充气阀斜坡数据和相应的料斗缓冲区/再生催化剂辅助提升气压差模式之间的关系，控制系统生成新的补充阀的斜坡数据点。

这个学习算法如下：

$$\text{MVnew at } t = \text{MVold at } t - (K_1 \text{ or } K_2) \times (\text{PDTat } t+n - \text{PDICSP})$$

其中　MVnew at t——时间 t 新的补充气阀斜坡控制器输出；

MVold at t——时间 t 先前的(旧的)补充气阀斜坡控制器输出；

K_1——料斗步骤 0、1、3 和 6 的可调常数，范围为 0 到 1.000，增量为 0.001；

K_2——料斗步骤 2、4、和 5 的可调常数，范围为 0 到 1.000，增量为 0.001；

PDTat $t+n$——时间($t+n$)的料斗缓冲区/再生催化剂辅助提升气的压差；

n——压差测量信号以后的时间偏差，范围为 0~5.0s，增量为 0.1s。

这个等式中的(PDTat $t+n$)项，在当前的补充气阀位置发生变化以后，采用“n”秒偏差的压差测量信号；这个补充阀的位置，根据稍后在循环中出现的压差测量值进行改变。在以后循环中实施校正时，便于补充气阀根据预计稍后在循环中出现的压差波动开始校正。这利用了料斗显示一个可预见的循环模式的事实。

必须在使用“自适应”模式之前，在“催化剂流量设置”画面中输入若干输入参数。至于切换到“自适应”模式，简单地将控制系统上的“Local/DCS”开关置于“Local(就地)”位置。然后，按下操作员界面“料斗画面”上的“Adaption Mode”按钮，以切换到”自适应”模式。

在处于”自适应”模式的同时，控制系统在“观察”循环和“计算”循环之间交替。当控制系统被切换到”自适应”模式而且自适应模式循环计数器的值大于零时，在下一个料斗循环开始(即当料斗步骤 1 开始)时，控制系统开始第一个观察循环。

一个观察循环是一个完整的无报警的料斗循环。在一次观察循环过程中，以下情况可能引发问题：

(1) 料斗循环被停止和重启。

(2) 出现任何料斗报警(见本章先前的“料斗报警”)。

任何这些情况将阻止控制系统进入一个计算循环。相继进行的料斗循环保持观察循环，直至出现一个无任何这些情况的、完整的观察循环为止。

在出现一个完整的、无报警的料斗观察循环以后，这个料斗循环被称为“计算循环”。这个“计算循环”在补充气阀斜坡表上执行学习计算，并将所修改的斜坡表载入控制系统。在完成一个计算循环以后，下一个完整的循环是一个观察循环，接着是一个计算循环，以此类推，直至”自适应”模式循环计数器的读数达到零值。将在下面的观察循环中，使用计算循环中创建的变更补充气阀斜坡。

4. 自适应模式下循环计数器

利用“Adaption Mode Cycle Counter(自适应模式循环计数器)”，为自适应模式学习算法设置一系列循环(范围为 1~20)，以便评估和变更补充阀的斜坡。该系统在其完成一个观察循环和一个计算循环(最少两个锁斗循环)，便对该计数器进行减量。

5. 阀门斜坡学习参数 K_1：

这个“Valve Ramp Learning Constant(阀门斜坡学习参数 K_1)”，对各个计算循环的料斗步骤0、步骤1、步骤3和步骤6的所需量进行控制。在执行这些步骤的过程中，缓冲区内的压力波动以及所需的量最少，其范围为0～1.000。

6. 阀门斜坡学习参数 K_2

这个“Valve Ramp Learning Constant(阀门斜坡学习参数)”，对各个计算循环的料斗步骤2、4和5的所需的量进行控制。在执行这些步骤的过程中，下部平衡阀呈斜坡状开启或关闭。所需了解的量将相当大，以抵消由阀门运动引起的干扰，其范围为0～1.000。

7. 闭锁料斗提升气差压控制器设定值

这个用于控制料斗缓冲区和提升气体之间压力的“Lock Hopper Lift Gas Differential Controller Setpoint(闭锁料斗提升气差压控制器设定值)”，是PDIC的SP值。学习算法对补充阀斜坡表进行调整，以将PDT与SP值相一致。设定点的范围为0～100.0%，这里，0为控制器设定点范围的最小值，而100为最大值。

8. 补充气阀的改变速率限值

这个“Makeup Valve Rate of Change Limit(补充气阀的改变速率限值)”，对补充气阀斜坡表中的执行点之间所能够改变的补充阀的阀位量进行控制。这个参数在各个新的计算斜坡表中充当一个后滤波器，其范围为阀门开度的1.0%～5.0%。

(四) 催化剂添料控制程序

催化剂添加料斗1如图8-13所示。

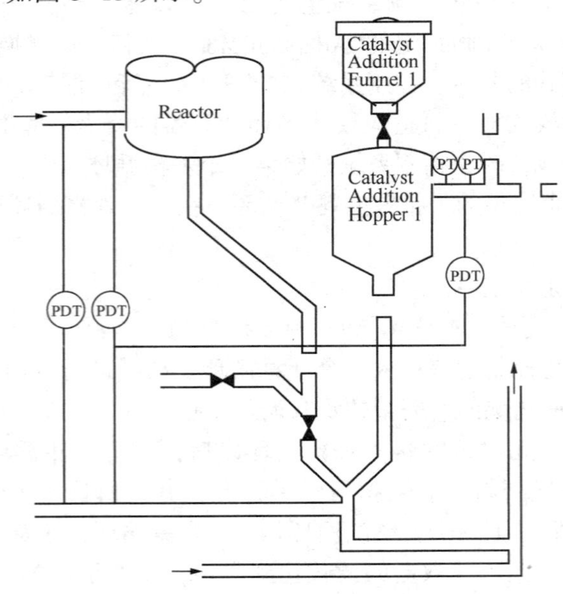

图8-13　催化剂添加料斗1

催化剂添加料斗开关如图8-14所示。

操作员利用位于现场控制站内的现场开关上的“催化剂添加料斗1装料和卸料”位置，添加催化剂。

图 8-14　催化剂添加料斗开关

如果将现场开关移动到“Load(装料)”位置，用催化剂对“催化剂添加料斗 1”实施装料。如果将现场开关移动到“Unload)卸料)”位置，从“催化剂添加料斗 1”向“待生催化剂提升系统”卸料。

控制系统按照一个由 6 个阶段(断开、加压、卸料、保持、减压和装料)构成的工序操作“催化剂添加料斗 1”，如表 8-3 所示。

“催化剂添加料斗 1”工序对阀门实施循环，以便对“催化剂添加料斗 1”进行加压和减压，从而装入和卸出催化剂。

表 8-3　控制系统操作的 6 个阶段

阶　段	说　明
断开	各循环之间正常的静止阶段-“催化剂添加料斗 1” 工序始终从“断开”阶段开始
加压	利用氮气对“催化剂添加料斗 1”进行置换和加压，使其与“待生催化剂提升系统”的压力相匹配
卸料	将催化剂从“催化剂添加料斗 1”输送到待生催化剂提升管线
保持	等待来自现场开关的开始装料的信号
减压	将“催化剂添加料斗 1”的压力释放到大气压力
装料	通过漏斗将催化剂添加到 “催化剂添加料斗 1”中

在完成装料阶段以后，工序返回到断开阶段。

(1) 断开阶段。断开阶段为两个循环之间正常的静止阶段。工序从“断开”阶段开始。

断开阶段包含一个步骤 0(见图 8-15)

装料阀、加压阀、放空阀和卸料阀关闭(见图 8-16)。

“非腾空的红色指示灯”发亮。

装料指示灯熄灭。

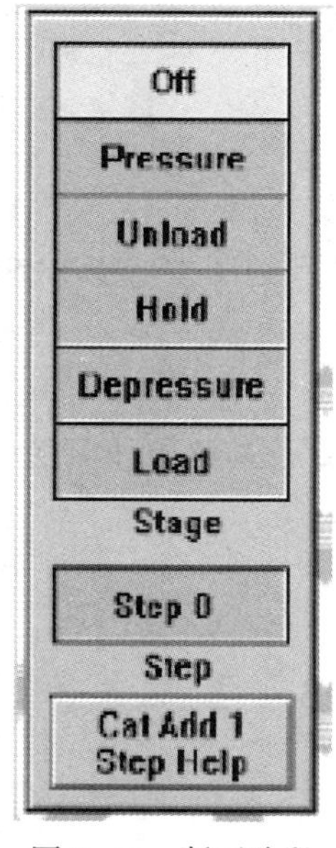

图 8-15　断开阶段

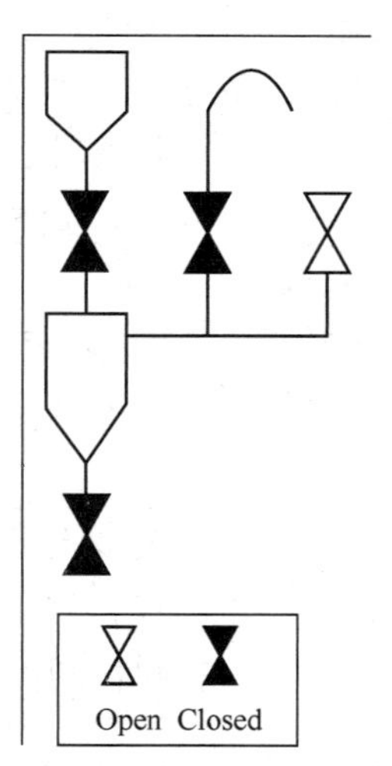

图 8-16　断开阶段步骤 0

在满足以下条件时，工序进入步骤 1：

装料阀、加压阀、放空阀和卸料阀被验证关闭，

操作员将现场开关从“Off(断开)”位置移到“Unload(卸料)”位置。

(2) 加压阶段如图 8-17 所示。在加压阶段，利用氮气对“催化剂添加料斗 1”进行置换和加压，使其与“待生催化剂提升系统”的压力相匹配。

加压阶段由 6 个步骤组成：

步骤 1 如图 8-18 所示。

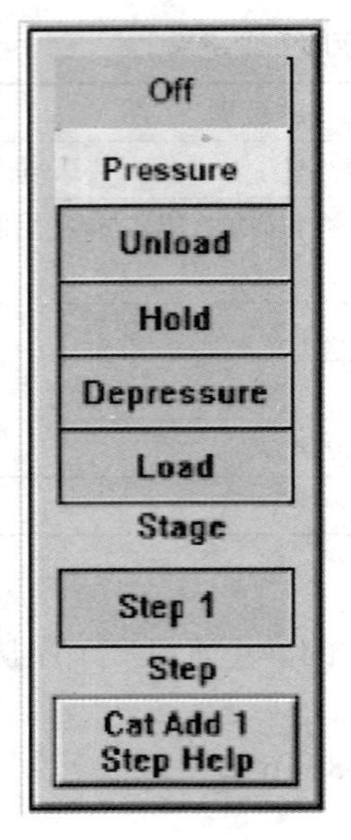

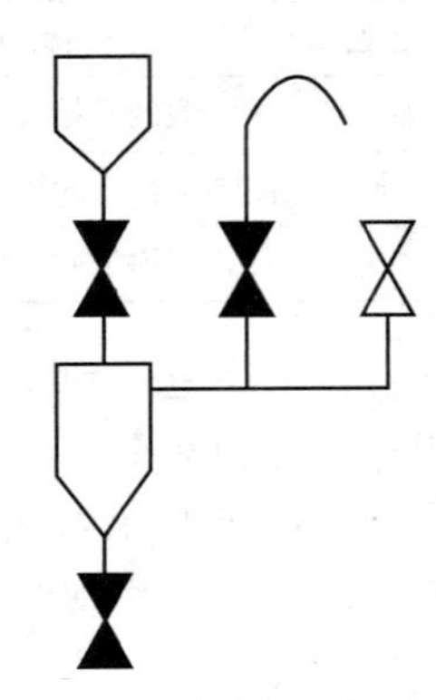

图 8-17　加压阶段　　　　图 8-18　加压阶段步骤 1

在该步骤的执行过程中，如果操作员将现场开关或紧急停止开关从“Unload(卸料)”位置移到“Stop(停止)”位置，则循环返回到步骤 0。

加压阀打开。

在满足以下条件时，工序进入步骤 2：

“催化剂添加料斗 1”和待生催化剂辅助提升气之间的压差低于 PDSL-3013 设定值；

现场开关处于“Unload(卸料)”位置。

步骤 2 如图 8-19 所示。

在该步骤的执行过程中，如果操作员将现场开关或紧急停止开关从“Unload(卸料)”位置移到“Stop(停止)”位置，则循环返回到步骤 0。

加压阀关闭。

在满足以下条件时，工序进入步骤 3：

现场开关处于“Unload(卸料)”位置；

装料阀、加压阀、放空阀和卸料阀被验证关闭。

步骤 3 如图 8-20 所示。

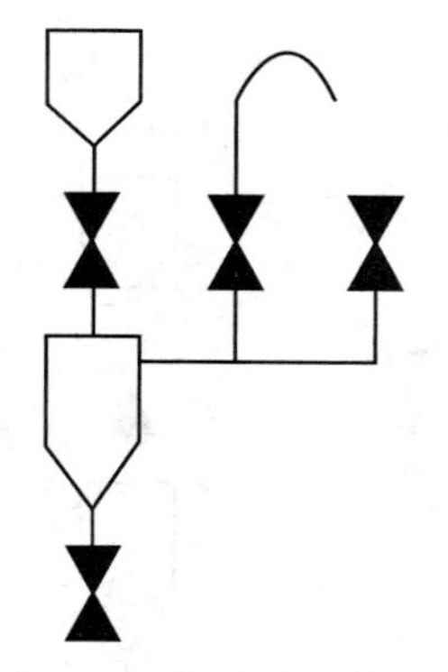
图 8-19　加压阶段步骤 2

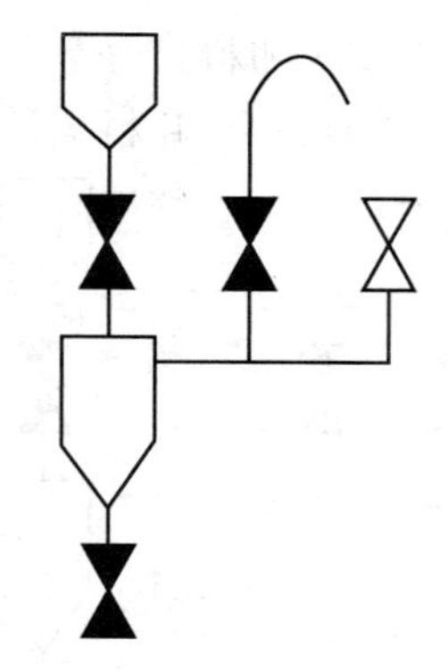
图 8-20　加压阶段步骤 3

在该步骤的执行过程中，如果操作员将现场开关或紧急停止开关从“Unload（卸料）”位置移到“Stop（停止）”位置，则循环返回到步骤 0。

放空阀 打开。

在满足以下条件时，工序进入步骤 4：

两个“催化剂添加料斗 1”压力变送器的值均低于设定值；

没有激活“催化剂添加料斗 1”压力变送器的标定报警；

“催化剂添加料斗 1”和待生催化剂辅助提升气之间的压差高于设定值；

现场开关处于“Unload（卸料）”位置；

装料阀、加压阀和 卸料阀被验证关闭，而 放空阀被验证开启。

步骤 4 如图 8-21 所示。

在该步骤的执行过程中，如果操作员将现场开关或紧急停止开关从“Unload（卸料）”位置移到“Stop（停止）”位置，则循环返回到步骤 0。

放空阀关闭。

在满足以下条件时，工序进入步骤 5：

现场开关处于“Unload（卸料）”位置；

装料阀、加压阀、放空阀和 卸料阀被验证关闭。

步骤 5 如图 8-22 所示。

在该步骤的执行过程中，如果操作员将现场开关或紧急停止开关从“Unload（卸料）”位置移到“Stop（停止）”位置，则循环返回到步骤 0。

加压阀 打开。

在满足以下条件时，工序进入步骤 6：

“催化剂添加料斗 1”和待生催化剂辅助提升气之间的压差低于设定值；

现场开关处于“Unload（卸料）”位置。

步骤 6 如图 8-23 所示。

在该步骤的执行过程中，如果操作员将现场开关或紧急停止开关从“Unload（卸料）”位置移到“Stop（停止）”位置，则循环返回到步骤 0。

加压阀 关闭。

在满足以下条件时，工序进入步骤 7：

两个“催化剂添加料斗 1”压力变送器的值均高于设定值；

现场开关处于“Unload（卸料）”位置；

装料阀、加压阀、放空阀和 卸料阀被验证关闭。

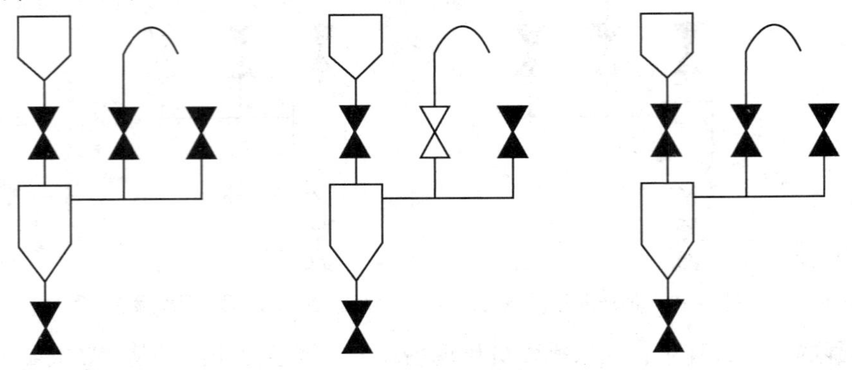

图 8-21　加压阶段步骤 4　　图 8-22　加压阶段步骤 5　　图 8-23　加压阶段步骤 6

(3) 卸料阶段如图 8-24 所示。

在卸料阶段，催化剂从“催化剂添加料斗 1”输送到待生催化剂提升管线。

卸料阶段含有一个步骤 7，如图 8-25 所示。

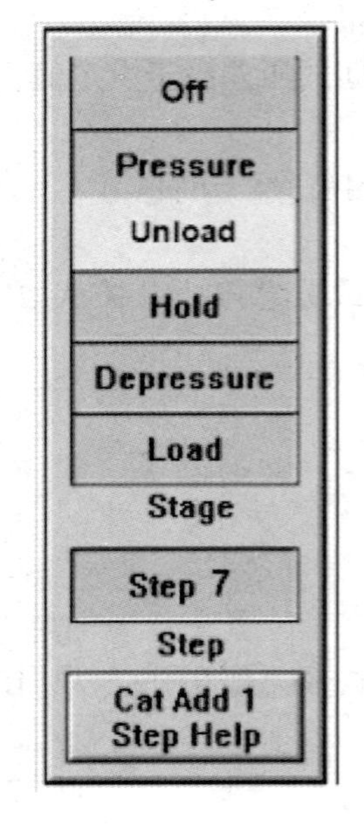

图 8-24　卸料阶段

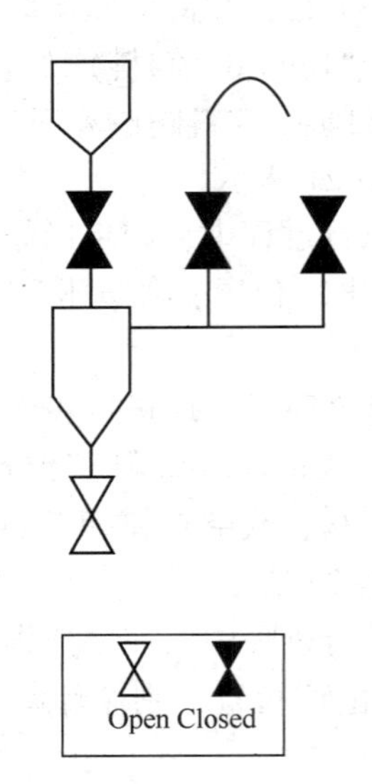

图 8-25　卸料阶段步骤 7

在该步骤的执行过程中，如果操作员将现场开关或紧急停止开关从“Unload（卸料）”位置移到“Stop（停止）”位置，则循环返回到步骤 0。

卸料阀打开。

在满足以下条件时，工序进入步骤 8：

如以下条件所规定的那样，出现卸料步骤的结束：

隔离系统关闭，实施催化剂的提升。如果没有验证待生催化剂隔离阀(顶部)的开启，而且待生催化剂提升管线的压差高于设定值，当压差在 1min 内变得低于设定值时，出现卸料步骤结束；

或者隔离系统关闭，不实施提升。如果没有验证催化剂隔离阀(顶部)的开启，而验证卸料阀的开启，而提升管线的压差没有高于设定值，当压差在 5min 内低于设定值时，出现卸料步骤结束；

或者隔离系统开启，实施催化剂的提升。如果验证待生催化剂隔离阀(顶部)、卸料阀和待生催化剂隔离阀(底部)的开启，在完成 7 个锁斗循环以后出现卸料结束；并且验证装料阀、加压阀和 放空阀的关闭，并验证卸料阀的开启。

(4) 保持阶段如图 8-26 所示。在保持阶段，“催化剂添加料斗 1”等待来自现场开关的一个信号，以启动装料工序。

保持阶段含有一个步骤 8，如图 8-27 所示。

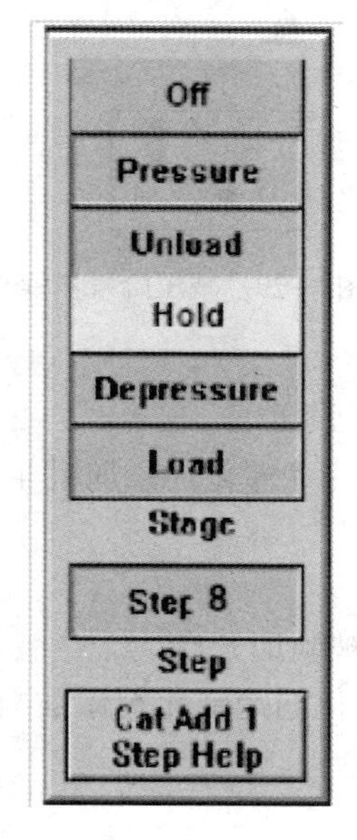

图 8-26　保持阶段

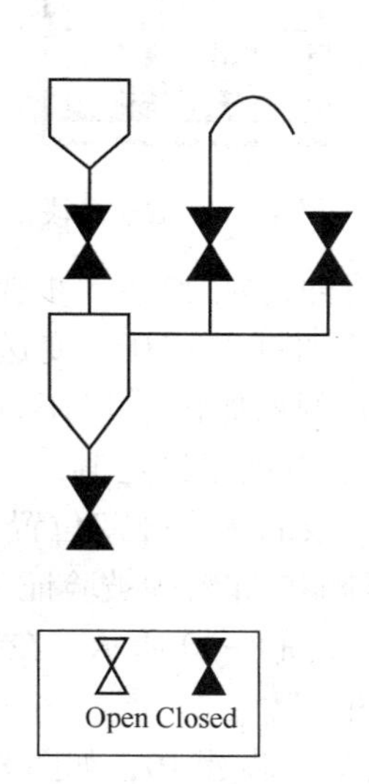

图 8-27　保持阶段步骤 8

在该步骤的执行过程中，如果紧急停止开关移到“Stop (停止)”位置，则循环返回到步骤 0。

卸料阀关闭。

“催化剂添加料斗 1 未腾空指示灯”熄灭。

在满足以下条件时，工序进入步骤 9：

操作员将现场开关从“Off (断开)”移到“Load (装料)”位置；

装料阀、加压阀、放空阀和 卸料阀被验证关闭。

(5) 减压阶段如图 8-28 所示。在减压阶段，将“催化剂添加料斗 1”的压力释放到大气压力。

减压阶段含有一个步骤 9，如图 8-29 所示。

在该步骤的执行过程中，如果操作员从“ Load (装料)”位置移动现场开关，则循环返回到步骤 8；如果操作员将紧急停止开关移到“Stop (停止)”位置，则循环返回到步骤 0。

放空阀开启。

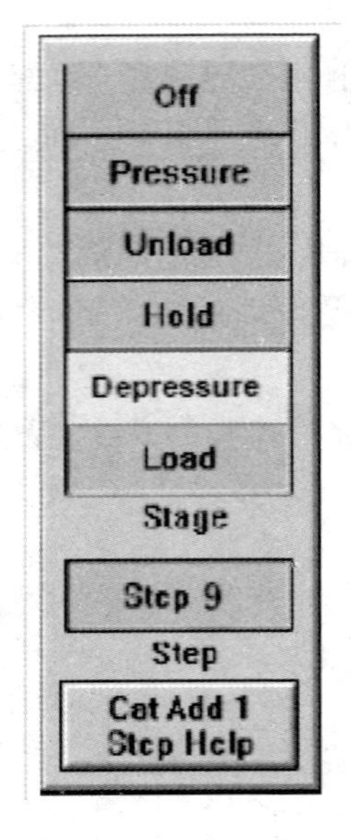

图 8-28　减压阶段

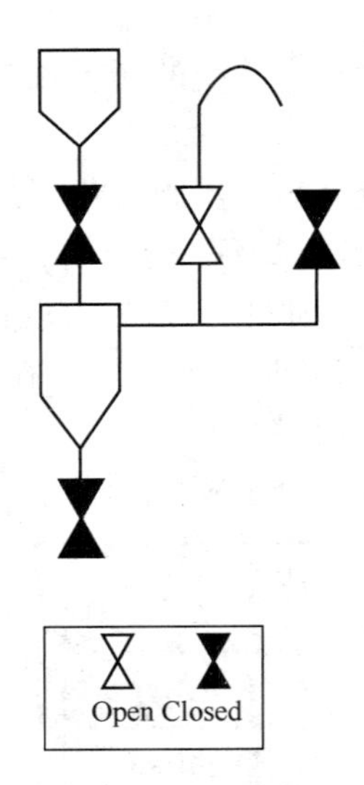

图 8-29　减压阶段步骤 9

在满足以下条件时，工序进入步骤 10：

两个“催化剂添加料斗 1”压力变送器的读数均低于设定值；

没有激活“催化剂添加料斗 1”压力变送器标定报警；“催化剂添加料斗 1”和待生催化剂辅助提升气之间的压差高于设定值；

现场开关处于“Load（装料）”位置；

装料阀、加压阀和 卸料阀被验证关闭，而放空阀被验证开启。

（6）装料阶段如图 8-30 所示。在装料阶段，将催化剂经催化剂添加料斗 1 的漏斗添加到“催化剂添加料斗 1”。

装料阶段含有一个步骤 10，如图 8-31 所示。

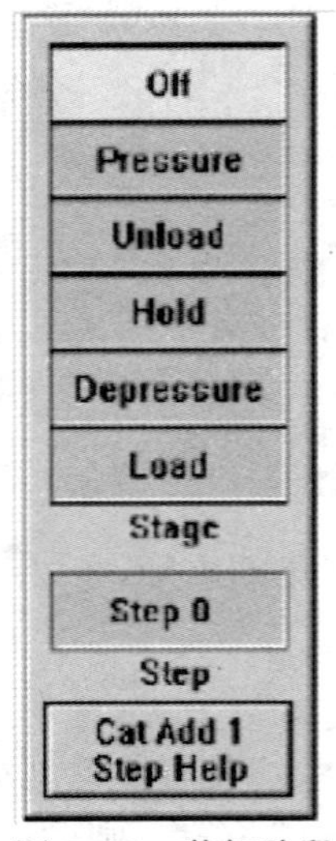

图 8-30　装卸阶段

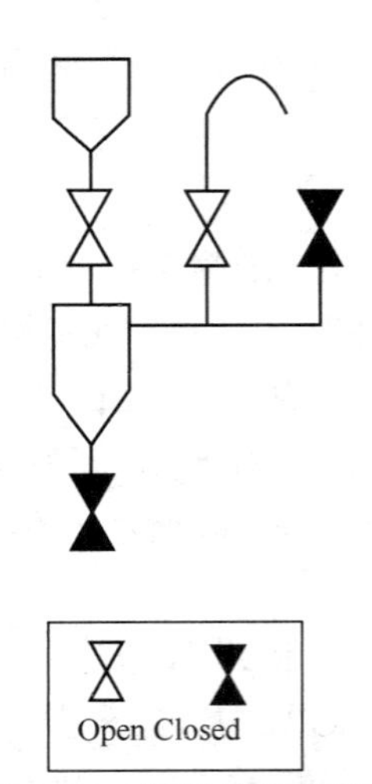

图 8-31　装料阶段步骤 10

在该步骤的执行过程中，如果将紧急停止开关移到“Stop（停止）”位置，则循环返回到步骤 0。

装料阀打开。

在装料阀验证开启时，“催化剂添加料斗 1”装料指示灯发亮。

在满足以下条件时，工序进入步骤 0：

操作员从“Load(装料)”位置移动现场。

(五) 隔离系统

这个隔离系统在可燃气体和空气之间保持隔离状态，从而在压差偏离必要等级时实施隔离。

有两个单独的隔离系统：待生催化剂隔离系统和再生催化剂隔离系统。

(1) 待生催化剂隔离系统，将反应器与待生催化剂提升系统隔离。

(2) 再生催化剂隔离系统将氮气密封罐与料斗隔离。

“待生催化剂隔离系统”的控制有两个模式：开启和关闭。可利用 DCS 或操作员界面开启或关闭这个待生催化剂隔离系统。最初，待生催化剂隔离系统是关闭的。

(1) 开启模式如图 8-32 所示。在按下“Open”按钮以切换到“开启”模式时，这个控制系统：

关闭待生催化剂隔离氮气阀门；

验证待生催化剂隔离氮气阀门是否关闭；

打开待生催化剂隔离阀（顶部）和待生催化剂隔离阀(底部)。

(2) 关闭模式如图 8-33 所示。在按下“Close”按钮以切换到“关闭”模式时，这个控制系统：

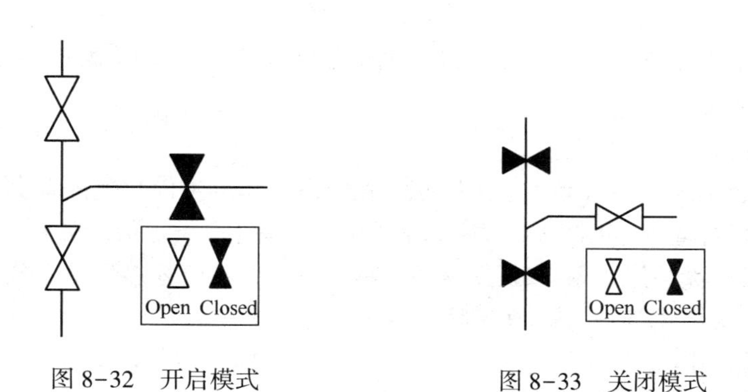

图 8-32　开启模式　　图 8-33　关闭模式

关闭待生催化剂隔离阀（顶部)和待生催化剂隔离阀(底部)；

验证这两个隔离阀是否关闭(如果这两个隔离阀没有进行关闭的验证，待生催化剂隔离氮气阀无论如何会打开)；

打开待生催化剂隔离氮气阀门。

“再生催化剂隔离系统”的控制具有两个模式：开启和关闭(见表 8-4)。可利用 DCS 或操作员界面开启或关闭这个再生催化剂隔离系统。最初，再生催化剂隔离系统处于关闭状态。

表 8-4　再生催化剂控制系统的两个控制模式

模　式	说　　明
开启	便于催化剂从氮气密封罐输送到料斗中
关闭	将氮气密封罐与料斗隔离

(1) 开启模式如图 8-34 所示。在按下“Open”按钮以切换到“开启”模式时，这个控制系统：

关闭再生催化剂隔离氮气阀门；

验证再生催化剂隔离阀是否关闭；

打开再生催化剂隔离阀(顶部)和再生催化剂隔离阀(底部)。

(2) 关闭模式如图 8-35 所示。在按下“Close”按钮以切换到“关闭”模式时，这个控制系统：

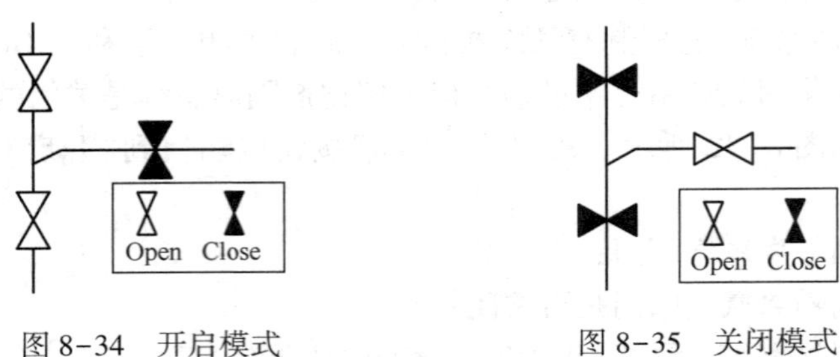

图 8-34　开启模式　　图 8-35　关闭模式

关闭再生催化剂隔离阀(顶部)和再生催化剂隔离阀(底部)。

验证这两个隔离阀是否关闭。如果不验证这两个隔离阀是否关闭，则再生催化剂隔离氮气阀门将保持开启。

打开再生催化剂隔离氮气阀门。不过，如果如污染氮气停车所显示的那样，氮气受到污染，则该阀门保持关闭。

再生催化剂隔离系统-装量模式

在料斗装填催化剂时，CRCS 机柜内的装量开关打开再生催化剂隔离系统。这个开关使通常需要的氮气密封罐/再生塔和氮气密封罐/料斗压差许可设定值走旁路，并打开该系统。

只有在再生塔运行-停止系统处于“停止”模式时，该系统才能以这个模式工作。

在切换到“装量模式”时，这个控制系统：

关闭再生催化剂隔离氮气阀门；

验证再生催化剂隔离放气阀门是否关闭；

打开再生催化剂隔离阀(顶部)和再生催化剂隔离阀(底部)。

自动从装量模式中退出

在出现以下任何条件下，控制系统将再生催化剂隔离系统自动从装量模式中退出：

再生塔运行-停止系统被置于“运行”模式；

紧急停止开关被置于“停止”模式。

当切换到“正常”模式时，这个控制系统：

关闭再生催化剂隔离阀(顶部)和再生催化剂隔离阀(底部)；

验证这两个隔离阀是否关闭。

如果不对这两个阀门实施关闭验证，则再生塔催化剂隔离氮气阀门始终保持开启。

打开再生催化剂隔离氮气阀门。不过，如果如污染氮气停车所显示的那样，氮气受到污染，则该阀门保持关闭。

（六）细料收集罐控制方案

这个细料收集罐系统的功能，在于安全地清除除尘器中的粉尘和细料。

一旦粉尘和细料聚积在除尘器内，控制系统便将粉尘装入细料收集罐，而后者能够将细料卸入一个罐中。

细料收集罐的装料和卸料的现场开关位置如图 8-36 所示。

图 8-36　现场开关位置

利用现场控制站内现场开关上的“Load（装料）”和“Unload（卸料）”位置，除去粉尘和细料。

如果将现场开关切换到“Load（装料）”位置，便将粉尘和细料装入细料收集罐。

如果将现场开关切换到“Unload（卸料）”位置，则将粉尘和细料从细料收集罐卸载到一个罐内。

控制系统按照一个由 5 个阶段（断开、减压、卸料、加压和装料）构成的工序操作细料收集罐，如表 8-5 所示。

这个细料收集罐工序对阀门实施循环，以便对细料收集罐进行加压和减压，从而脱除粉尘和细料。

表 8-5　控制系统五个操作阶段

阶　段	说　明
断　开	各循环之间正常的静止阶段 - 细料收集罐工序始终从“断开”阶段开始
减　压	将细料收集罐的压力释放到大气压力
卸　料	将粉尘和细料从细料收集罐输送到一个罐中
加　压	利用淘洗气体对细料收集罐加压，使其与除尘器的压力相匹配
装　料	将粉尘和细料从除尘器输送到细料收集罐

在满足以下所有条件时，可启动细料收集罐的循环：

紧急停止开关处于“Run（运行）”位置；

阀门电源可用。

卸料工序用于将细料收集罐腾空到一个罐内。

装料工序用于将粉尘和细料从除尘器输送到细料收集罐。

操作员可将现场开关置于“Off”位置而停止细料收集罐工序。

如果出现以下任何状态，工序立即返回到“断开”阶段（步骤 0）：

紧急停止开关处于“Stop（停止）”位置；

阀门电源发生故障。

（1）断开阶段如图 8-37 所示。

“断开”阶段为两个循环之间正常的静止阶段。工序从“断开”阶段开始。

“断开”阶段包含一个步骤。如图 8-38 所示。

装料阀、加压阀、放空阀和卸料阀关闭。

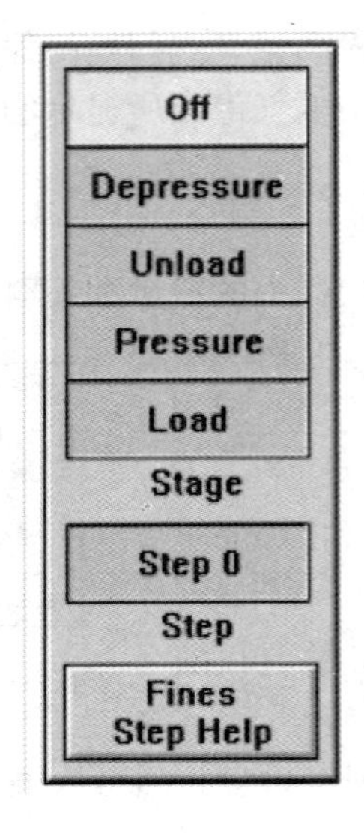

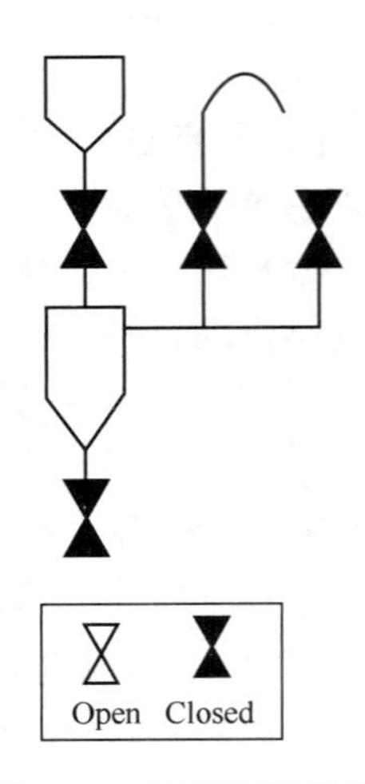

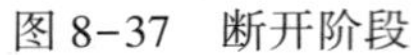

图 8-37　断开阶段　　　图 8-38　断开阶段步骤 0

在满足以下条件时，工序进入步骤 1：

装料阀、加压阀、放空阀和卸料阀 被验证关闭；

现场开关处于“Unload（卸料）”位置。

在满足以下条件时，工序进入步骤 3：

装料阀、加压阀、放空阀、卸料阀被验证关闭；

现场开关处于“Load（装料）”位置。

（2）减压阶段如图 8-39 所示。在减压阶段，将细料收集罐的压力释放到大气压力。减压阶段含有一个步骤 1，如图 8-40 所示。

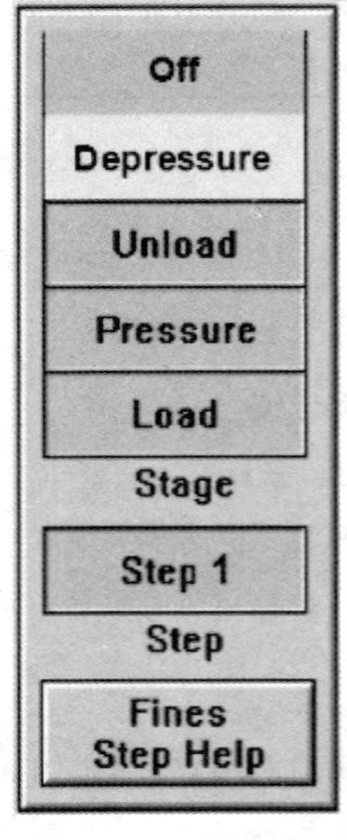

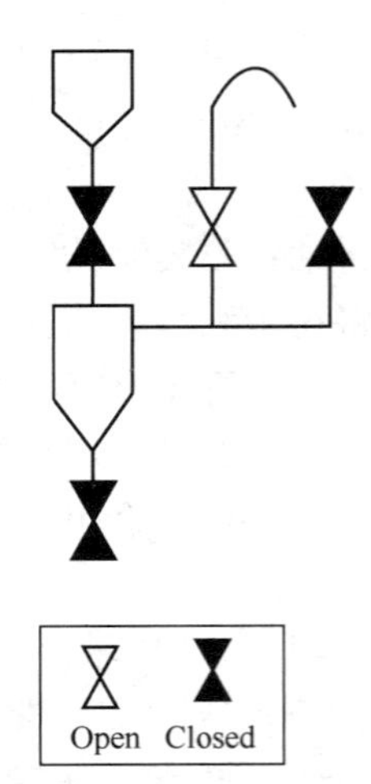

图 8-39　减压阶段　　　图 8-40　减压阶段步骤 1

在该步骤的执行过程中，如果操作员将现场开关或紧急停止开关从“Unload（卸料）”位置移到“Stop（停止）”位置，则循环返回到步骤0。

放空阀打开。

在满足以下条件时，工序进入步骤2：

两个细料收集罐的压力变送器的读数均低于设定值；

没有激活细料收集罐的压力变送器标定报警；

细料收集罐和除尘器之间的压差高于设定值；

现场开关处于“Unload（卸料）”位置；

装料阀、加压阀和卸料阀被验证关闭，而放空阀被验证开启。

（3）卸料阶段如图8-41所示。在卸料阶段，将粉尘和细料从细料收集罐输送的一个罐中。

卸料阶段含有一个步骤2，如图8-42所示。

在该步骤的执行过程中，如果操作员将紧急停止开关移到“Stop（停止）”位置，则循环返回到步骤0。

卸料阀打开。

在满足以下条件时，工序返回到步骤0：

现场开关从“Unload（卸料）”位置移动。

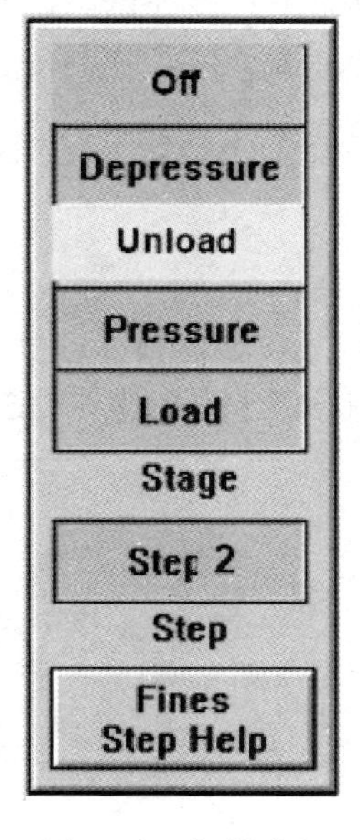

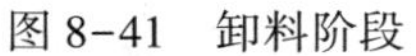
图8-41　卸料阶段

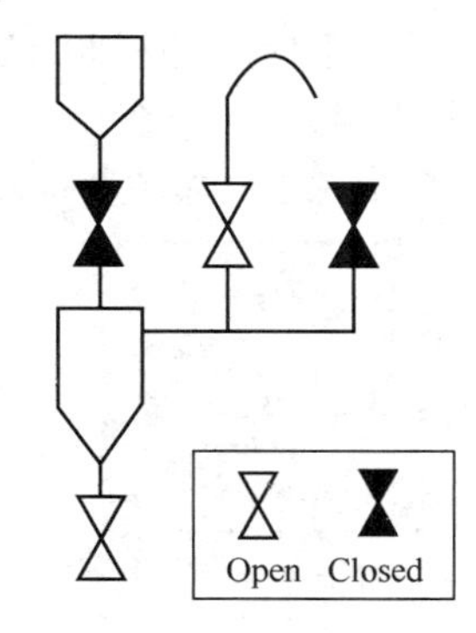

图8-42　卸料阶段步骤2

（4）加压阶段如图8-43所示。

在加压阶段，利用淘洗气体对细料收集罐进行加压，使其与除尘器的压力相匹配。

加压阶段由步骤3和步骤4组成，如图8-44和图8-45所示。

在步骤3的执行过程中，如果操作员将现场开关或紧急停止开关从“Load（装料）”位置移到“Stop（停止）”位置，则循环返回到步骤0。

加压阀打开。

在满足以下条件时，工序进入步骤 4：

现场开关处于“Load（装料）”位置；

细料收集罐和除尘器之间的压差低于的设定值；

装料阀、放空阀和卸料阀被验证关闭；

加压阀 被验证开启。

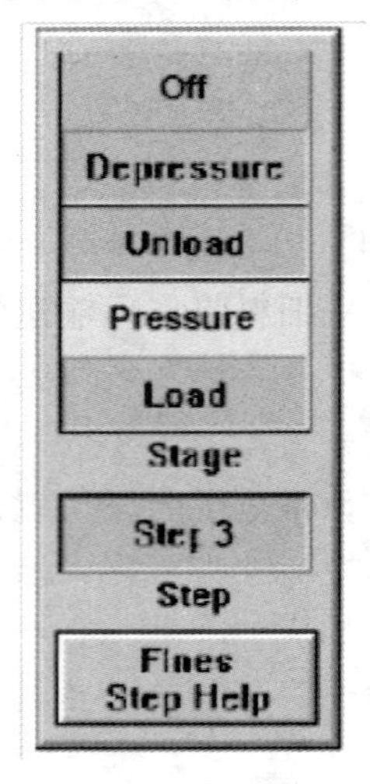

图 8-43 加压阶段

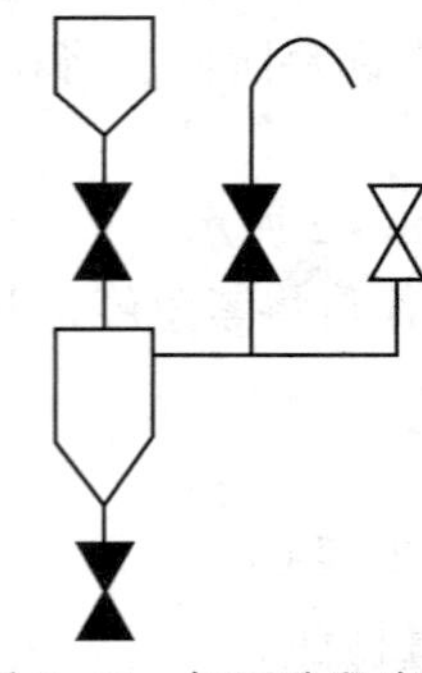

图 8-44 加压阶段步骤 3

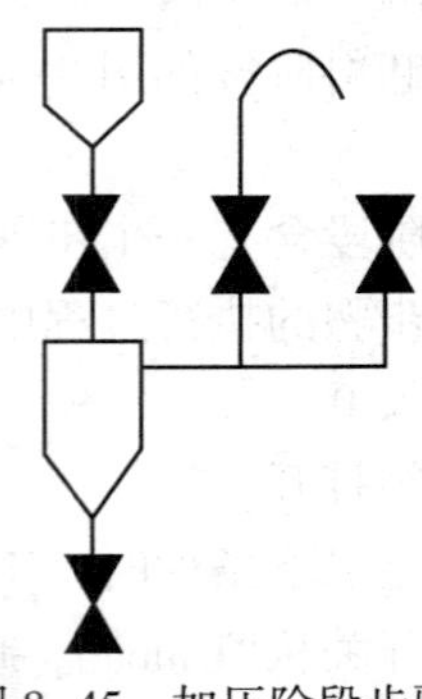

图 8-45 加压阶段步骤 4

在步骤 4 的执行过程中，如果操作员将现场开关或紧急停止开关从“Load（装料）”位置移到“Stop（停止）”位置，则循环返回到步骤 0。

加压阀关闭。

在满足以下条件时，工序进入步骤 5：

两个细料收集罐的压力变送器的读数均高于设定值；

装料阀、加压阀、放空阀和卸料阀 被验证关闭。

（5）装料阶段如图 8-46 所示。在装料阶段，将粉尘和细料从除尘器输送到细料收集罐中。

装料阶段含有一个步骤 5，如图 8-47 所示。

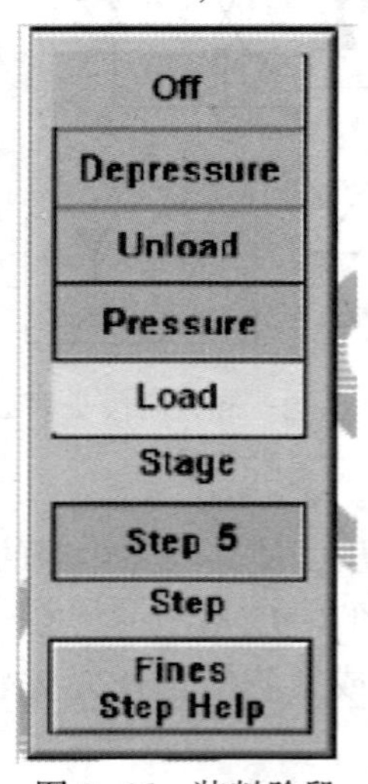

图 8-46 装料阶段

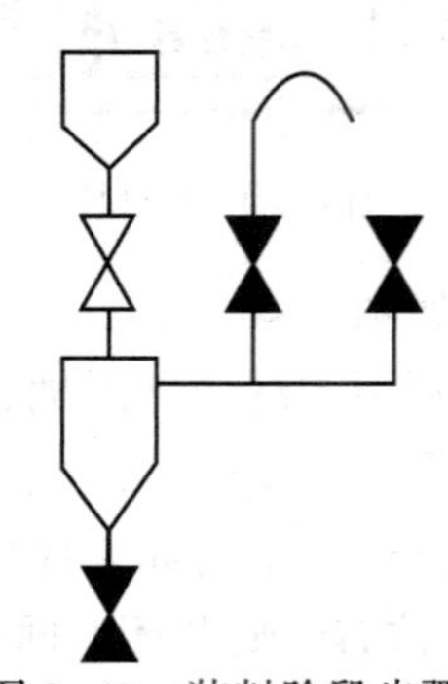

图 8-47 装料阶段步骤 5

在该步骤的执行过程中，如果操作员将现场开关或紧急停止开关从“ Load（装料）”位置移到“Stop（停止）”位置，则循环返回到步骤 0。

打开阀门装料阀以排空除尘器。

在满足以下条件时，工序进入步骤 0 或“断开“阶段：

操作员从“ Load（装料）”位置移动现场开关。

五、加热炉安全联锁系

（一）四合一加热炉安全联锁系统

四合一加热炉总燃料气管线上配置一个主切断阀，每个加热炉燃料气管线都配置一台调节阀和一台切断阀，调节阀带切断功能。每台切断阀配置两台电磁阀，电磁阀可以是串级，也可以是并联，主要从安全性和可靠性角度考虑，电磁阀通过得失电控制切断阀的开关。

四合一加热炉长明灯管线一般情况下是共用的，因此在长明灯总管线上配置一台自力式调节阀和一台切断阀，自力式调节阀主要用来控制燃料压力。

（1）四合一加热炉燃料气安全联锁条件。

① 紧急切断开关联锁（控制室紧急切断开关和现场紧急切断开关）；

② 重整循环氢流量低低三取二联锁；

③ 热水循环泵流量低低二取二联锁；

④ 汽包液位低低二取二联锁；

⑤ 汽包压力高高二取二联锁；

⑥ 长明灯压力低低三取二联锁。

只要满足以上任何一个联锁条件，关闭四合一加热炉燃料气所有切断阀和调节阀，重整进料切断阀。

（2）单个加热炉燃料气安全联锁条件。

① 单个加热炉的出口物料温度高；

② 单个加热炉的燃料气压力低。

只要满足以上任何一个联锁条件，都会关闭当前加热炉燃料气的切断阀和调节阀，并不会影响到其他的单个加热炉工作情况。

（3）四合一加热炉长明灯安全联锁条件。

① 紧急切断开关联锁（控制室紧急切断开关和现场紧急切断开关）；

② 长明灯压力低低三取二联锁。

只有当长明灯管线总管压力低低三取二联锁或者紧急切断开关，会造成长明灯管线和燃料气同时切断。其他联锁情况下，长明灯仍然处于正常工作状态。

（二）塔底重沸炉的安全联锁条件

塔底重沸炉燃料气系统有两种工况，一是燃料气，二是燃料油和燃料气混合。这里主要以燃料气介绍为主。

（1）塔底重沸炉燃料气联锁条件。

① 多路进料流量低低联锁（四取二，三取二，二取二）；

② 燃料气压力低低联锁；

③ 长明灯管线压力低低联锁（三取二）；

④ 紧急停车按钮(控制室紧急停车按钮和现场紧急停车按钮);

⑤ 余热回收停车信号。

只要满足以上任何一个联锁条件，加热炉燃料气切断阀。

(2) 余热回收停车信号。

同时满足以下三个条件，参与加热炉燃料气切断阀联锁。

(a) 引风机停机状态;

(b) 烟气防空阀未打开;

(c) 对流室压力高高联锁(二取二)。

同时满足以下三个条件，参与加热炉燃料气切断阀联锁。

(a) 鼓风机停机状态;

(b) 多个快开风门未打开(n 取 m);

(c) 辐射室氧含量低。

(3) 重沸炉长明灯联锁条件。

① 长明灯管线压力低低(三取二);

② 紧急停机按钮。

只要满足以上任何一个联锁条件，关闭长明灯切断阀，燃料气切断阀。

六、先进控制

20 世纪 90 年代 DCS 系统已成为炼油化工等装置的主要控制设备，常规 PID 控制器是以单回路或串级控制为主要调节手段，进行单参数调节。很少考虑变量之间的相互作用，而且是在被控参数产生偏差后才进行调节。由于装置变量之间总是存在相互作用，因此当装置状况或者生产方案变化时，操作人员需要同时调节多个控制回路，并确保各调节量相互匹配，才能将装置的操作点控制在某一范围内。

尽管 DCS 的应用，使得比例控制、均匀控制等高级控制手段得以实现，但也只能解决几个变量中间的协调问题，而且难以解决操作变量之间的经济优化问题，可靠性和适应性较差。

先进控制(英文缩写：APC)是一套工业应用软件，它将整个生产装置或者某个工艺单元作为一个整体研究对象，首先通过现场测试，量化描述各变量之间的相互关系，建立过程多变量控制器模型。利用该模型可以预测装置的变化，提前调节多个相关的操作变量，因而可提高装置运行的平稳性。利用成本因子，计算优化控制方案，使装置处于最优操作点附近运行，从而最大限度地提高目的产品产率、降低消耗，增加经济效益。

(一) 先进控制技术的基本原理

首先要通过工厂测试采集的数据，结合工程经验建立控制器模型。控制器投运后的工作步骤:

① 采集实时工艺数据，利用模型来预测工艺参数的变化趋势;

② 用模型计算动态控制方案;

③ 结合经济优化，决定如何调节操作变量，并计算出操作变量的调节步幅。

控制器在每个控制周期都会比较预测值和当前实际值，并且进行矫正。控制器的调节范围是由操作人员根据操作经验(或设计)而设定。

由于会有多种控制方案来实现控制目标，因此控制器需要利用操作变量线性规划指针的方法来比较确定控制方案，从而在实现控制目标的同时，不断地把装置推向最优操作点，以获得最大的经济效益。

（二）重整先进控制软件

20世纪90年代以来，在许多石油化工装置上，已经应用了一系列先进控制软件。在催化重整装置上，比较常用的几家先进控制软件公司如下：

HONEYWELL INDUSTRY SOLNTIONS 公司 APC 技术（鲁棒性多变量预估控制技术的 PROFIT 控制器）；

ASPEN TECHNOLOGY 公司 APC 技术（DMCplus）；

INVNSYS PERFORMANCE SOLUTIONS 公司 APC 技术（Connoisseur 多变量预估控制系统）。

下面主要介绍 Aspen Technology 公司的 DMCplus 技术：

DMC 控制器是周期性运行的（例如：60秒进行一次数据采集和传输），装置控制工程师将根据工艺变化的快慢和网络负荷情况在工厂测试阶段决定该频率的快慢。在每个控制周期内，DMC 控制器先从 DCS 或数据库中采集实时数据，在执行完预测、线性规划和动态控制计算三个步骤后，输出新的操作变量的设定值到 DCS。

（1）预测阶段。预测从当前时间到稳态时间内被控变量的变化。需要采集的参数包括：

① 上个周期被控变量的预测值；

② 被控变量的当前值；

③ 操作变量的当前值；

④ 前馈变量的当前值。

控制器根据输入值和内部模型预测装置的未来变化，并且用前一周期的预测值与当前实际值比较，二者的偏差用来矫正预测结果。这样保证了在每个周期预测值都得到矫正，并给控制器提供反馈信息。控制器确定操作变量和前馈变量的变化对被控变量的影响，并矫正预测值。预测阶段的结果是，控制器计算出每个被控变量在整个稳态时间内一系列的预测值。

（2）线性规划阶段。该阶段的目的是确定操作变量和被控变量的值，以满足控制目标、获得最大经济效益和最小消耗。输入参数有：

① CV 预测值；

② 操作变量的上下限；

③ 被控变量的上下限；

④ LP Cost-操作变量的单位变化给装置带来的经济效益或消耗；

⑤ 操作变量的设定值。

被控变量的上下限给定了控制器的目标范围，控制器将使操作变量维持在这些上下限以内。如果有多种调节方案都可以满足控制器的目标，控制器通过采用操作变量的 LP Cost 的方法，优化操作变量和被控变量的设定值，从而达到最大的经济效益，满足控制器目标。将操作变量的值限制在上下限范围内，决定最优值时线性规划将考虑这些上下限。

线性规划阶段结束时，控制器计算出操作变量和被控变量的目标值，这些目标值在当前操作条件下是最优的。然而，每个控制器周期都要运行线性规划模块，如果装置操作条件发生变化，将会产生一系列新的优化目标值。值得注意的是，优化目标值通常处于操作变量和被控变量的约束卡边条件上。

(3) 动态控制计算。线性规划计算结束后，进行动态控制计算。动态控制计算的目的是确定操作变量的调节步幅，使它达到线性规划得到的稳态目标，并使被控变量在稳态时间内，它的实际值与目标值之间的偏差最小。简而言之，线性规划 LP 决定装置走到哪里？而动态控制计算决定怎样走。动态控制计算的输入参数有：

① 操作变量的当前设定值；

② 设定值的上下限；

③ 被控变量的预测值。

动态控制计算不仅确定操作变量的当前调节值，而且确定一系列未来的调节量。由于每个控制器周期都要进行动态控制计算，因此控制计划将随装置操作条件和预测偏差的变化而改变。

在每个控制周期内，DMC 控制器都努力使被控变量的实际值与目标值之间的偏差最小。然而，即使最完美的控制器也会存在偏差，当 DMC 控制器不能满足所有的控制目标时，它将适当放弃某些被控变量的控制目标。根据被控变量的重要性，给定它们的权值。DMC 控制器根据权值以合适的顺序放弃被控变量的控制目标。在整定参数中，首先用“Rank”区分 CV 的重要性级别控制器。首先要保证 Rank 级别高(数值小)的 CV 在控制范围内。在同一 Rank 中通过“Equal Concern”因子衡量被控变量的权重。

(4) DMCplus 技术在催化重整装置中的应用。

① 提高重整装置处理量。选用装置的总进料作为控制器的操作变量(MV)；加热炉炉膛温度，压缩机出口温度等作为被控变量(CV)，保证每个被控变量不超限的情况下尽量提高装置进料量。

② 提高反应深度。过调整反应器入口温度，芳烃潜含量，C201 塔底 C_7 链烷烃含量和 C201 塔的液体收率，实现装置的稳定操作、提高重整生成油收率、保证催化剂的长周期运行、降低能耗。

③ 增加高附加值产品收率。

(a) 脱戊烷塔 C201。通过塔顶抽出控制灵敏板温度、塔顶 C_6 含量，由塔底再沸炉出口温度控制塔底 C_5 含量和塔釜温度，实现降低塔顶 C_6 含量、塔底 C_5 组分含量。

(b) 脱丁烷塔 C202。通过 C202 由塔顶侧线抽出和塔底蒸汽控制灵敏板温度和塔釜温度，实现降低塔顶 C_5 和塔底 C_4 含量。

④ 降低装置能耗

通过合理调整烧焦温度及进风量，实现催化剂床层温度和烧焦段氧含量的控制，防止催化剂再生系统超温以及降低装置能耗。

第二节　仪表选择和安装

一、装置仪表概况

催化重整装置工艺过程为连续生产，工艺介质可燃、易爆、高压、高温，部分介质具有腐蚀、毒性，原料黏度较高，为保证仪表安全、可靠的工作，在仪表选型中，充分考虑上述特殊生产环境，选用技术先进、质量可靠、有成熟使用经验和技术支持的产品。根据情况分别采用本质安全类防爆仪表和隔爆类仪表。

本装置的变送器和现场信号转换类仪表选用本质安全型，配用隔离式安全栅构成本质安全防爆系统，主要包括温度变送器，压力变送器，差压变送器，浮筒液位计，电/气阀门定位器等；开关类仪表选用防爆等级相当的隔爆型仪表。

一般情况下，调节阀的执行机构选用气动薄膜执行机构，配电/气阀门定位器。部分可调 CV 微小流量调节阀，V 型球阀灯按照专利商的要求采用进口产品。

根据安全等级的要求，分别采用泄露量 Class V 级、Class VI 级切断阀；所有切断阀配置了双电磁阀，正常励磁，双电磁阀均失电，切断阀动作。部分双动作执行机构的切断阀，带有仪表风气罐，当仪表风断风，保证切断阀两个行程的动作，并保持 30min 的供风量。在加热炉的对流室均安装了氧化锆氧仪，在重整再生单元，设置了微量氧分析仪，轻烃/氧分析仪，微量氧分析仪直接安装在工艺管线上。

为确保装置安全生产和人身安全，在装置区，压缩机等易发生可燃性气体泄漏的场所，设置可燃性监测探头。

二、在线分析仪表

（一）加热炉氧化锆分析仪表

加热炉烟气测量氧含量通常选用氧化锆分析测量仪表，氧化锆材质是一种固体电解质，在 600℃以上高温条件下，是氧离子的良好导体。

氧化锆探头是利用氧化锆浓差电势来测定氧含量的传感器，其核心的氧化锆管安置在一微型电炉内，位于整个探头的顶端。

氧化锆管是由氧化锆材料掺以一定量的氧化钇或氧化钙经高温烧结后形成的稳定的氧化锆陶瓷烧结体。由于它的立方晶格中含有氧离子空穴，因此在高温下它是良好的氧离子导体。因其这一特性，在一定高温下，当锆管两边的氧含量不同时，它便是一个典型的氧浓差电池，在此电池中，空气是参比气，它与烟气分别位于内外电极。在实际的氧探头中，空气流经外电极，烟气流经内电极，当烟气氧含量 p 小于空气氧含量 p_0（20.6%O_2）时，空气中的氧分子从外电极上夺取 4 个电子形成 2 个氧离子，发生如下电极反应：

$$O(p_0)+4e^- \longrightarrow 2O^{2-}$$

氧离子在氧化锆管中迅速迁移到烟气边，在内电极上发生相反的电极反应：

$$2O^{2-} \longrightarrow O(p_0)+4e^-$$

由于氧浓差导致氧离子从空气边迁移到烟气边，因而产生的电势又导致氧离子从烟气边反向迁移到空气边，当这两种迁移达到平衡后，便在两电极间产生一个与氧浓差有关的电势信号 E，该电势信号符合“能斯特”方程：

$$E=(RT/4F)\mathrm{Ln}(p_0/p)$$

式中，R、F 分别是气体常数和法拉第常数；T 是锆管绝对温度，K；p_0 是空气氧含量（20.6%O_2），p 是烟气含量。由公式可见，在一定的高温条件下（一般）600℃），一定的烟气氧含量便会有一对应的电势输出，在理想状态下，其电势值在高温区域内对应氧含量。

在理想状态下，当被测烟气与参比气浓度一样时，其输出电势 E 值为 0mV，但在实际应用中，锆管实际条件和现场情况均不是理想状态。故事实上的锆管是偏离此值的。实际上，一定氧含量锆管输出的电势为理论值和本底电势的和，称为无浓差条件下锆管输出的电势值为本底电势或称为零位电势，此值的大小又在不同温度下呈不同的值，并且随锆管使用期延长而变化。因此，如不对此情况处理，会严重影响整套测氧仪的准确和探头寿命。

（二）催化剂再生氧化锆分析仪表

催化剂再生氧含量越高导致的再生温度越高，容易损坏烧焦区的催化剂和设备；氧含量过低会导致烧焦速率过慢而烧焦不彻底，（含炭催化剂进入氯化区后，会和高氧含量的氯化气体接触发生燃烧产生过高的氯化区温度，也会损坏催化剂）。

在一般情况下，氧含量控制在0.5%～0.8%（摩尔分数），属于微量氧分析级别，通常采用特殊氧分析（UOP专利指定），其工作原理与加热炉氧化锆分析一样。由于再生系统催化剂工艺特殊要求，仪器包括流量低报警，仪表故障报警，温度报警等。

由于测量介质可能含水和氯，取样探头材质一般选哈式合金C，所有与过程气体接触部件的材质为Hastelloy-C。

（三）氢分析仪表

通常在重整循环氢管线上安装一台氢纯度分析仪表，在连续重整再生氮气总管上安装一台氢/烃分析仪表。在重整再生装置中，氮气主要是用来隔离氢气和氧气，如果氮气被污染，将会引起再生氮污染停车。

一般情况下，氢分析仪表都采用热导式工作原理，热导式气体分析仪表是通过测量混合气体热导率的变化量来实现被测组分浓度的测量，氢气的热导率远远大于其他背景气中各组分的热导率。

由于气体的热导率很小，它的变化量则更小，很难直接测得，因此工业上采用间接测量方法，通过热导池，把混合气体热导率的变化转化成热敏元件电阻的变化，热敏元件构成一个惠斯顿电桥，电阻值的变化是比较容易精确测量出来的。

通常氢纯度分析仪表气路分为两路：一路为样品气，另一路为参考气。当样品气纯度和参考气纯度一致时，惠斯顿电桥处于平衡状态。当样品气中H_2浓度发生变化时，势必造成电桥的不平衡，输出一个相对应信号，通过信号转换处理，输出4～20mA。氢/烃分析仪表工作原理跟氢纯度分析仪表是相同的。

（四）微量水分析仪表

在化工、石油生产过程中，控制物料中的水含量具有重要的作用。通常在线微量水分析仪表主要有以下三种：电解式微量水分析；电容式微量水分析仪；晶体振荡式微量水分析仪表。电容式可用于气体，也可用于液体，其他只能用于气体。

（1）电解式微量水分析仪表主要部分是一个特殊的电解池，池壁上绕有两根并行的螺旋形铂丝，作为电解电解。铂丝间涂有水化的P_2O_5。P_2O_5具有很强的吸水性，当被测气体经过电解池时，其中的水分被吸收，产生磷酸溶液，并被两铂丝间通以的直流电压电解，生成H_2和O_2随氧气排除。在电解过程中，产生电解流，电流正比于气体中的水含量，测出电流大小，即可测得水含量。

（2）电容式微量水分析的探头是以铝和能渗透水的黄金膜为极板，两板间填以氧化铝微孔介质，多孔性的氧化铝吸收水分，这样就使电容器两个极板之间介质的介电常数E发生变化，因而电容量也随之变化。测量电容变化方法有伏安法，电桥法，谐振法和差频法。

（3）晶体振荡式微量水分析仪表的敏感元件是水感性石英晶体，它是在石英晶体表面涂敷了一层对水敏感的物质。当样品气通过晶体时，吸收水分，增加晶体的质量，从而使振荡的频率降低。通入参比气后，带走水分，减少晶体质量，从而使振荡的频率增加，频率差与水分含量成正比。

三、放射性料位仪

放射性料位仪是利用放射源产生的γ射线，穿过被测容器及容器中的介质时，射线被不同高度料位所吸收，故测得因被吸收而衰减的射线强度，就测得了相应的料位。

（一）测量系统的构成

放射性料位仪由以下几个部件组成：放射源、一次仪表即检测器和二次仪表。

（1）放射源。放射源通常有钴-60，半衰期为5.3年；铯-137，半衰期为30年。放射源可以根据测量要求做成点源，多点源或棒源，并有不同的规格及必要的防护容器。

（2）检测器。检测器通常有电离室型，盖格计数管型和闪烁晶体加光电倍增管型三种。电离室型探测器结构一般比较牢固，性能稳定，工作寿命长，缺点探测效率低，仪表射源强度高。盖格计数管型探测器成本低廉，结构简单，便于维修，缺点探测效率低，工作寿命短。闪烁晶体加光电倍增管型探测器的探测效率高，减低仪表射源的强度，其工作寿命也较长，可达数年。其缺点是成本高，稳定性稍差，抗震性差。

（3）二次仪表。二次仪表由脉冲放大器、补偿电路、转换显示单元和电源部分组成。脉冲放大器起脉冲放大和整形作用。补偿电路分两个部分：一部分补偿测量线性；另一部分补偿放射源随时间的强度衰减，显示单元中包含输出报警继电器回路，可设定上下限报警。

（二）放射性料位仪的安装

由于放射性料位仪生产厂家不同，其安装方式、安装要求等也不同，现场安装应根据产品说明书进行。

在同一台设备的相同高度垂直安装一台料位开关和一台料位测量仪表式，交叉干扰也是值得注意的重要问题。

放射源和检测器常布置在容器的对称两侧，采用设备预焊件固定，预焊件凹凸设备100~300mm。放射源一般为块状或者球状，检测器常为长柱状或块状。

放射性料位仪的检测器应垂直安装，尽可能将检测器头向下。放射源的放射角必须准确对准检测器的测量范围。如果放射性料位仪范围较大，则需多个监测器级联，注意各个检测器测量范围之间不可有盲区。为了延长仪表的使用寿命，可在检测器上方安装遮阳罩，避免日光的直射。对于料位开关要在设定的料位标高水平安装。

四、特殊阀门

催化重整再生装置由于输送的物料为催化剂颗粒，又有氢氧环境隔离等特殊问题，因此应用采用了部分特殊阀门，包括球阀、V型球阀、可调CV阀。

（一）球阀

球阀主要用于介质中有催化剂场合。国内引进UOP专利的催化重整再生装置，通常使用专利商推荐的生产厂家，由于使用的这些产品是按专利商的要求生产的，因此使用可靠、安全，特别是用于闭锁料斗的上、下平衡阀。

1. 阀体

全通径设计，既可以消除因变径而产生的介质逆流及对冲现象，避免介质在流动时将催化剂粉化，又可以最大程度降低催化剂对阀内件的磨损。阀体一般采用 316SS 不锈钢制造。

2. 球体

球体材质一般与阀体材质一样，采用 316SS 不锈钢材料，表面镀 Stellite 或者 Nibo。由于阀体和球体的材质相同，具有相同的热膨胀系数，因此在各个工况下，温度的变化不会影响球阀的密封性能。由于球体表面镀 Stellite 或者 Nibo，提高了球体的硬度和耐磨性，因此催化剂在高速流动情况下，这种硬度还能保证阀内件的使用。

3. 阀座

阀座材质为 316SS 表面镀碳化钨，阀座后背腔用弹性石墨件填满。阀座与其他部件具有相匹配的热膨胀系数，而且磨损，完全满足催化剂再生工况要求。

（二）V 型球阀

V 型球阀如图 8-48 所示。

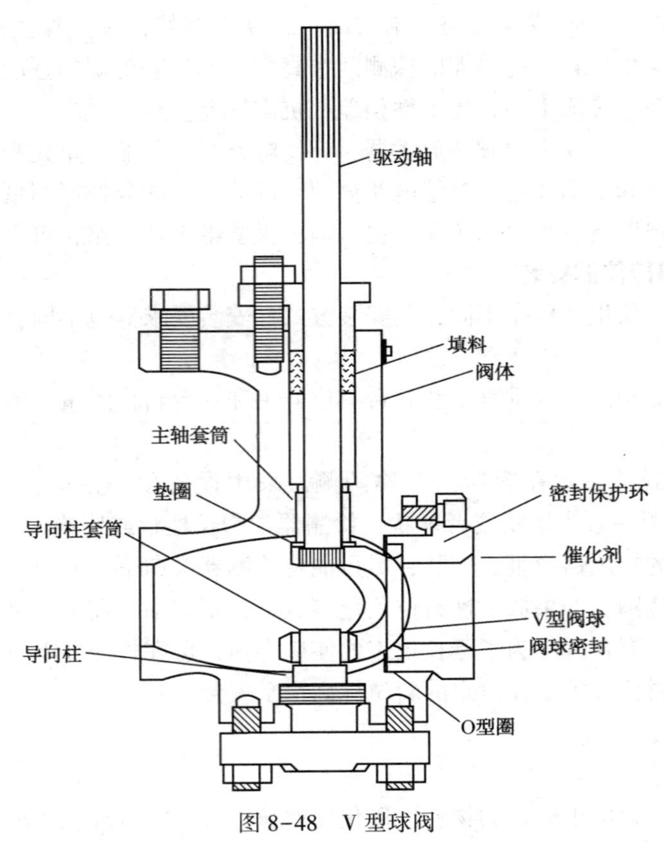

图 8-48　V 型球阀

球和阀座之间的剪切运动可以停止催化剂流动，但不会损坏很多催化剂小球，且不发生阻塞。球和阀座之间有一定的缝隙，不会完全阻断气体流动。

阀体一般为 316SS，球体表面堆焊司太莱合金，阀体带 V 型缺口，这种结构可以大大减轻催化剂及阀芯、阀座的磨损，防止关阀时切碎催化剂。

（三）可调 CV 阀

可调 CV 阀如图 8-49 所示。

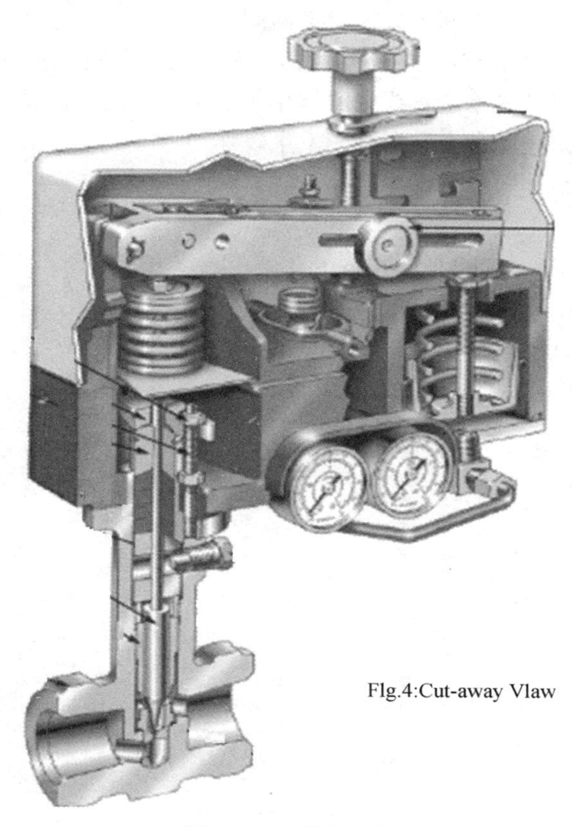

图 8-49　可调 CV 阀

CV 值可调，一般可以调整范围在 10%~20%。催化重整再生闭锁料斗提升气补充阀就是典型的可调 CV 阀。

五、现场仪表安装的特殊要求

催化装置常规表安装一般没有特殊要求，要求基本相同：孔板应有一定的前后直管段，介质为气相时，应在水平管顶取压，变送器置于取压点上方；介质为液相时，在水平管水平位置(也可在下 45°)取压，变送器置于取压点下方，测量管线越短越好。凝结水管出口管到孔板，调节阀所处的水平管必须保证一定的垂直高度，其目的是保证孔板、调节阀在全液状态下工作。下面介绍一下重叠式连续重整装置再生 UOP 工艺压差测量管线管路的安装要求：

（1）所有取压口均为法兰，除闭锁料斗在其顶部取压外，其他取压点均斜上与设备侧壁成 45°的夹角，材质同设备；

（2）取压口的阀门 VA 为 *DN*25 闸阀，其中阀 A 的材质为不锈钢。阀 B 材质为碳钢，并且当变送器与取压点在同一平台时阀 B 可以取消；

（3）引压管为 *DN*15，与水平线夹角不小于 45°，不允许有水平管线；

（4）引压管线为 *DN*15，与水平管线夹角不低于 45°，不允许有水平管线；

（5）阀 A 后置变送器的测量管线材质为碳钢；

（6）在所有测量管线垂直部分设置膨胀旁；

（7）从安全考虑，高低压之间不允许设平衡阀。

测量管线与水平管线不小于 45°的夹角和 *DN*15 的测量管线，主要目的是防止催化剂粉尘窜入测量管线，使可能进入测量管线中的催化剂粉尘下落回工艺设备中。高低压之间不允许设平衡阀，其目的是防止两种介质混合，发生爆炸。

第九章　催化重整主要设备

第一节　主要静设备

一、概述

典型的固定床半再生重整装置和连续重整装置的主要静设备见表9-1和表9-2。原料油预处理部分除了脱砷、脱氯、预加氢反应器、预加氢进料/反应产物换热器和一些小型的缓蚀剂罐、注硫罐为合金钢设备外，其他均为碳钢制的一般塔器、换热器和容器。重整反应和再生部分的反应器、再生器、重整进料/反应产物换热器等主要设备和少量型设备为合金钢，其他为碳钢。本节着重介绍重整装置主要静设备的结构、特性、材料和使用情况。

表9-1　典型的固定床半再生重整装置主要静设备

序号	名　　称	操作条件		主体材质
		温度/℃	压为/MPa	
1	预加氢(脱砷、脱氯)反应器	340	2.5	15CrMoR+0Cr18Ni10Ti(00Cr17Ni14Mo2)
2	预分馏塔	179	0.43	碳钢
3	预加氢进料/反应产物换热器	管340 壳300	2.3 2.7	管箱15CrMoR+0Cr18Ni10Ti(00Cr17N 管子0Cr18Ni10Ti(00Cr17Ni14Mo2) 壳程15CrMoR
4	预加氢时料/反应产物换热器	管240 壳200	2.2 2.8	碳钢
5	重整第一反应器	488	1.6	1.25Cr-0.5Mo-Si或2.25Cr-1Mo
6	重整第二反应器	493	1.5	1.25Cr-0.5Mo-Si或2.25Cr-1Mo
7	重整第三反应器	498	1.4	1.25Cr-0.5Mo-Si或2.25Cr-1Mo
8	重整第四反应器	503	1.3	1.25Cr-0.5Mo-Si或2.25Cr-1Mo
9	重整进料/反应产物换热器	管410 壳478	1.7 1.25	1.25Cr-0.5Mo-Si或2.25Cr-1Mo
10	二段混氢进料/反应产物换热器	管411 壳478	1.7 1.25	1.25Cr-0.5Mo-Si或2.25Cr-1Mo
11	稳定塔	顶72 底213	1.45 1.5	碳钢

表 9-2　典型的连续重整装置主要静设备

序号	名　　称	操作条件		主体材质
		温度/℃	压为/MPa	
1	预加氢(脱砷、脱氯)反应器	340	2.5	15CrMoR+0Cr18Ni10Ti(00Cr17Ni14Mo2)
2	预分馏塔	179	0.43	碳钢
3	预加氢进料/反应产物换热器	管 340 壳 300	2.3 2.7	管箱 15CrMoR+0Cr18Ni10Ti(00Cr17N 管子 0Cr18Ni10Ti(00Cr17Ni14Mo2) 壳程 15CrMoR
4	预加氢时料/反应产物换热器	管 240 壳 200	2.2 2.8	碳钢
5	还原段	530	1.2	1.25Cr-0.5Mo-Si 或 2.25Cr-1Mo
	重整第一反应器	530	0.49	1.25Cr-0.5Mo-Si 或 2.25Cr-1Mo
	重整第二反应器	530	0.44	1.25Cr-0.5Mo-Si 或 2.25Cr-1Mo
	重整第三反应器	530	0.39	1.25Cr-0.5Mo-Si 或 2.25Cr-1Mo
	重整第四反应器	530	0.35	1.25Cr-0.5Mo-Si 或 2.25Cr-1Mo
6	重整进料/反应产物换热器	管 410 壳 509	0.56 0.32	1.25Cr-0.5Mo-Si 或 2.25Cr-1Mo
7	置换器换热器	管 509 壳 316	0.32 0.37	1.25Cr-0.5Mo-Si 或 2.25Cr-1Mo
8	再生器	565	0.25	00Cr17Ni14Mo2(0Cr18Ni10Ti)
9	再生空冷器	管 517 壳 400	0.25 0.0018	00Cr17Ni14Mo2
10	还原气换热器	管 206 壳 255	1.23 0.59	15CrMoR
11	放空气洗涤塔	42	0.03	碳钢
12	催化剂加料斗	常温	常压	不锈钢
13	催化剂闭锁料斗	常温	0.6	不锈钢
14	分离料斗	88	0.26	碳钢
15	闭锁料斗	149	0.5	碳钢
16	分尘收集器	62	0.33	碳钢
17	脱戊烷塔	顶 89 底 231	1.03 1.15	碳钢

二、反应器

催化重整装置中反应器有预加氢(脱砷、脱氯)反应器和各种形式的重整反应器。

(一) 预加氢反应器

为了满足重整催化剂对进料油中的硫、氮、砷、铅、铜等有害杂质的要求，根据原料油中杂质含量的不同，有选择地设置脱砷反应器、脱氯反应器和预加氢精制反应器。

在预加氢精制反应器中可发生脱硫(硫化物转化成 H_2S)、脱氮(转化成 NH_3)、脱氧(转化成 H_2O)、脱金属、脱氯化物和烯烃饱和反应。在脱砷反应器中，原料油中的砷与催化剂(如钼镍催化剂或专用的脱砷剂)接触，转化成不同的金属砷化物(如 NiAs)留在催化剂中而被脱除。在脱氯反应器中，氯化物与脱氯剂反应生成氯盐而被脱除。

随着我国炼制含硫原油的日益增多，在作为重整原料的直馏石脑油或焦化石脑油中，硫含量越来越高，在反应器中生成的 H_2S 含量也随之提高，这就加重了设备的腐蚀，因而目前所建重整装置的预加氢反应器，主体材质基本上采用以 Cr-Mo 钢为基材的不锈钢复合钢板，内部构件大体相同，都是轴反应器。入口处装有进料分配器，床层上部通常设有支垢篮，催化剂床层上下均装有不同规格的瓷球，出口处装有出口收集器等，如图 9-1 所示。

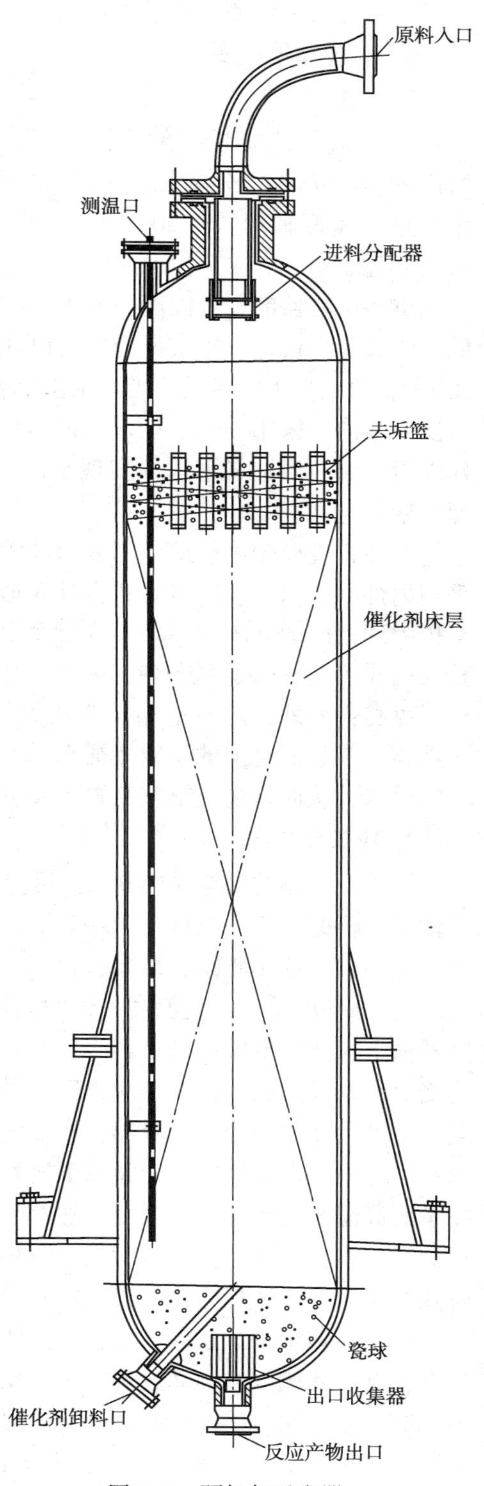

图 9-1　预加氢反应器

进料分配器的作用是把时料均匀地分配到整个床层上并避免进料直接冲刷催化剂床层。预加氢反应器进料为气态，在设计进料分配器时，考虑到主要问题是如何防止气流冲刷催化剂床层，避免床层中形成中间高四周低或四周高中间低的现象，达到床层上表面平整的目的。

进料中常常含有污垢、杂质或腐蚀产物，这些微粒会浮盖在床层上表面，堵塞油气通道，增加床层压降，严重时造成停车事故。去垢篮的作用是增加油气进入床层的流通面积(通常为 3~4 倍反应器内径的横截面积)和提供一定的容积，以储存一定量的脏物而不致于堵塞油气通道，导致床层压降增加，从而延长了反应器的操作周期。去垢篮通常采用焊接条缝筛网(约翰逊网)或金属丝网制成直径 Φ130mm 或 Φ160mm，长 400mm 或 600mm 的若干个圆筒形篮子，均匀等间距地布置在各个同心圆上，放在催化剂床层的项部，埋在瓷球之中。

出口收集器的作用是提供反应产物流出通道，防止催化剂流失。它需要支撑瓷球、承受催化剂净重产生的压头和床层压差。出口收集器可用一块钢板制圆筒和顶部盖板焊成骨架，在圆筒的周边开若干长条形也，顶部盖板上钻若干个圆孔，在骨架外面捆上一层(或两层)金属丝网或焊上一层焊接条缝筛网。出口收集器需选择合适的金属丝网(或筛网)

规格，以提供合适的流通面积，避免催化剂流失，同时也应避免因流通面积过小造成催化剂阻塞，阻力增加致使反应器压降过大。

（二）重整反应器

1. 分类

重整反应器视内部器壁上有无隔热衬里可分为冷壁和热壁两种形式；按油气在反应器内的流动方向可分为轴向和径向两种形式；按催化剂在反应器内是否流动分为固定床和移动床两种形式。20 世纪 80 年代以后，反应器已很少采用甚至不用冷壁式而普遍采用热壁式。

重整反应器的设计温度一般为 545℃，连续重整反应器的设计温度较高，而设计压力较低，尤其是近代连续重整反应器的设计压力更低。由于重整反应器的设计温度较高，我国在 20 世纪 60~70 年代建设的半再生重整装置，因缺乏耐高温抗氢腐蚀的 Cr-Mo 低合金钢，重整反应器内壁采用隔热衬里来降低器壁温度，从而壳体采用碳钢制造，即冷壁形式。80 年代以后，耐高温抗氢钢基本实现了国产化，因此反应器壳体采用了 Cr-Mo 低合金钢制造，即冷壁反应器。

在装置规模较小、催化剂装填量较少的半再生重整装置中，反应器床层高度较低，通常采用内件结构简单、制造安装容易的轴向反应器。随着装置规模从早期的 0. 1~0. 2Mt/a，逐步扩大到目前的 0. 3~0. 8Mt/a 甚至到 2. 2Mt/a，重整反应器需要装填的催化剂越来越多，重整反应器的直径(或容积)越来越大，床层越来越高，特别是第三、第四反应器的直径更大，床层更高；另外，随着重整反应压力的降低，要求反应器(和系统)的压力降要小；第三，从重整油气与催化剂的反应特征来看，油气通过催化剂床层的流通路径无需太长，便可满足反应要求，从而在现代重整装置中大量采用径向反应器。

2. 冷壁反应器

冷壁反应器的结构见图 9-2。反应器内衬隔热衬里之后，在操作情况正常和衬里完好的条件下，器壁温度一般低于 200℃，器壁的设计温度通常取为 250℃，并在外壁涂高温变色漆，壳体材料选用碳钢，以节省投资。当器壁温度底于 250℃时，外壁涂漆是蓝色的，超过 250℃，外壁涂漆就由蓝变白，说明内部衬里已经损坏，高温油气已从损坏的隔热衬里处串到器壁上，造成器壁超温，若不及时修补，长期在超温情况运行时，用碳钢制造的壳体将可能受氢腐蚀或造成局部高热应力区，最终导致器壁破裂，这是使用冷壁反应器最为关注的问题。生产中使用的冷壁反应器，在油气进出口的法兰与接管连接处，由于衬里较薄，隔热效果差，色漆变白，经常处于超温下运行，给安全生产带来了严重的威胁，因而有的设计者使用了耐高温和氢腐蚀的低合金钢法兰和接管。而筒体和封头上发生超温现象较少，只有当衬里的施工质量不好、操作波动大或隔热热衬里损坏时才会发生器壁超温。为了防止油气冲刷隔热衬里，在冷壁反应器内安装了不锈钢的内衬筒。

反应器器壁一旦超温，设备安全便受到威胁。隔热衬里一旦损坏，只能待装置停车并卸出催化剂后才能修补，而且现在施工比较麻烦，质量不好控制。20 世纪 80 年代以后，我国 Cr-Mo 低合金钢材的生产技术、产品质量和供应已逐步解决，国内许多容器制造厂已掌握了制造 Cr-Mo 低合金钢设备的各项技术，且成本增加不多，因而不再采用冷壁反应器。

冷壁反应器的进料分配器和出口收集器的使用功能与预加氢反应器类似。

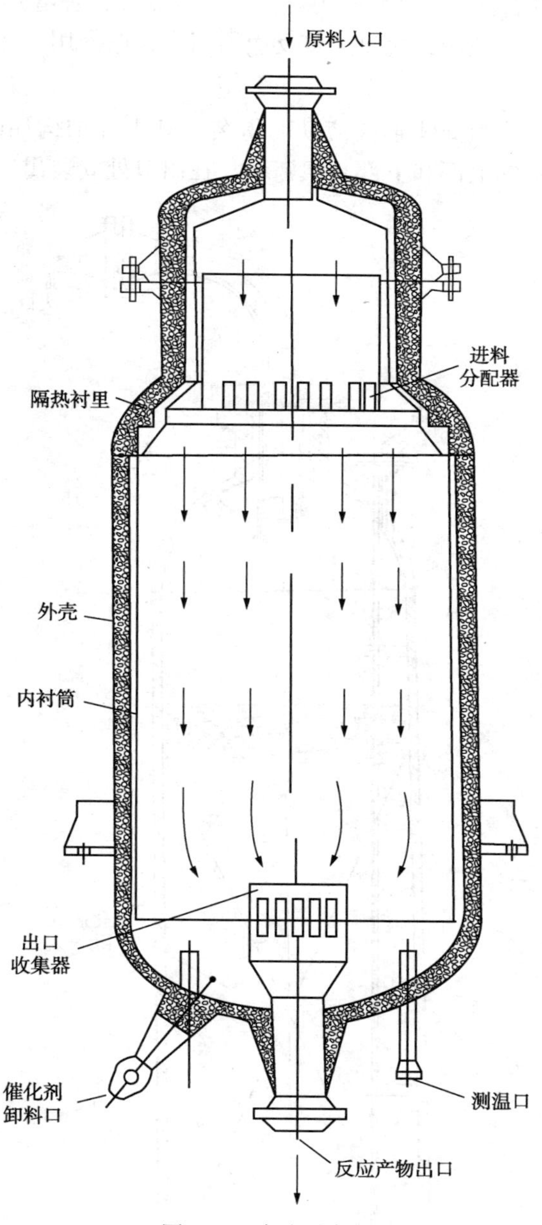

图 9-2　冷壁反应器

3. 热壁反应器

热壁反应器的结构见图 9-3～图 9-6，它们分别用于固定床和移动床，有轴向反应器和径向反应器。热壁反应器的壳体直接接触高温油气和氢气，能耐氢的腐蚀。重整反应器的操作温度约为 530℃，固定床重整反应器的操作压力为 1.5～2.0MPa，连续重整反应器的操作压力为 0.35～0.8MPa，根据这样的操作条作，受压件材料按图 9-18 纳尔逊(Nelson)曲线"临氢作业用钢防止脱碳和微裂的操作极限"可选用 1Cr-0.5Mo、1.25Cr-0.5Mo-Si 或 2.25Cr-1Mo 三种低合金钢中的任一种均能满足抗氢腐蚀的要求，但有报道称 1Cr-0.5Mo 和

1.25Cr-0.5Mo-Si 钢长期在高于 441℃使用时，在反应器开口焊缝热影响区粗晶区存在潜在裂纹危险，因些现已不推荐使用，所以重整反应器当今普遍使用 2.25Cr-1Mo 低合金钢。

4. 轴向反应器

轴向反应器因其反应物沿筒体轴向流动而得名，其内部结构如图 9-3 所示，入口处置进料分配器，催化剂床层的上部和下部装填瓷球，在出口处安装出口收集器。油气从入口进

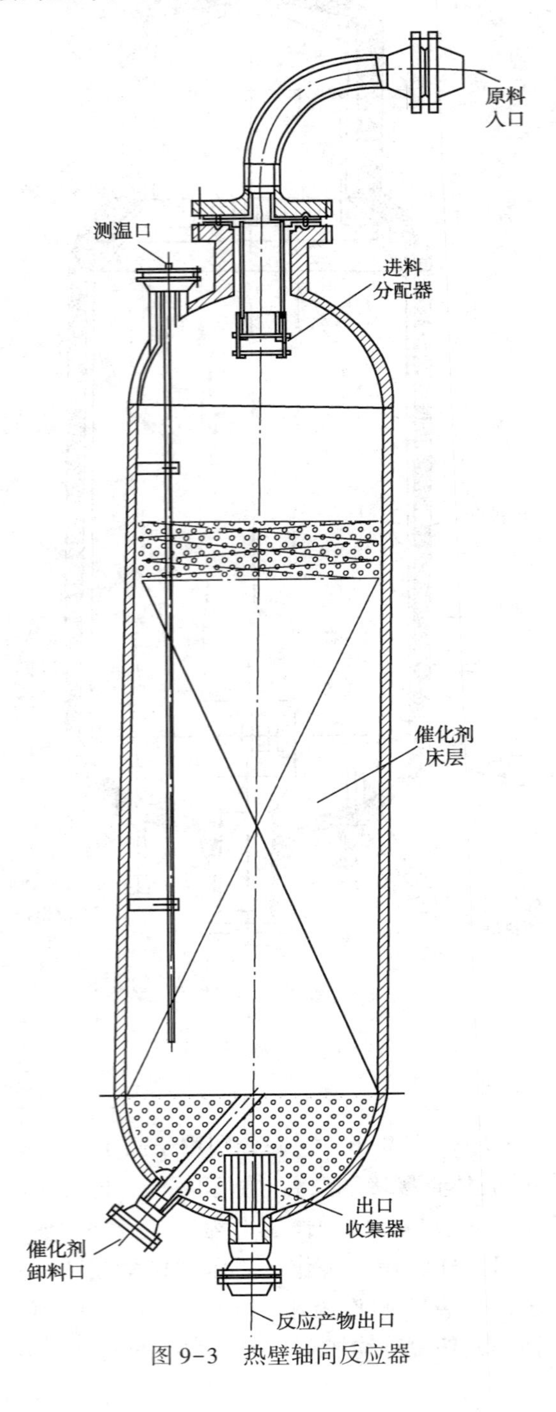

图 9-3　热壁轴向反应器

入，经进料分配器进入床层成轴向流动，和催化剂发生反应，之后通过出口收集器流出。进料分配器和出口收集器的作用与要求和预加氢反应器一样。

5. 径向反应器

径向反应器因其反应沿筒体径向流动而得名，其内部结构见图 9-4~图 9-6。有固定床

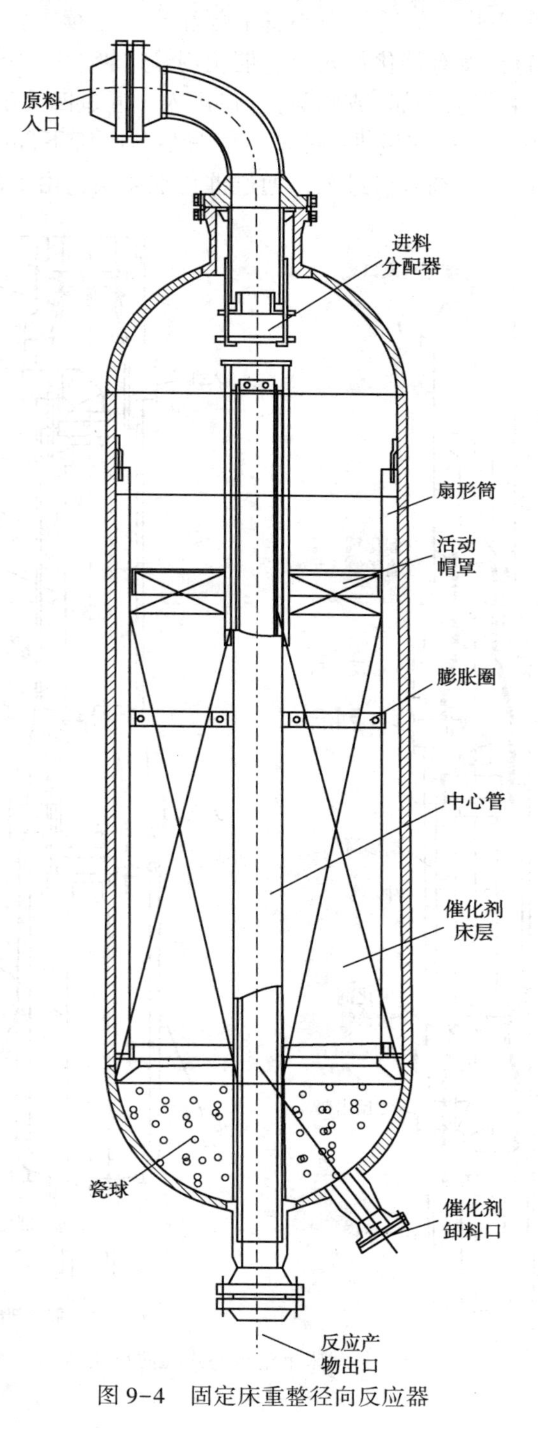

图 9-4　固定床重整径向反应器

和移动床两种形式，在固定床中催化剂是不流动的，而在移动床中催化剂量是沿轴向流动的。固定床重整径向反应器(见图 9-4)内件有进料分配器、中心管、活动帽罩和扇形筒夹等。催化剂装填在中心管和扇形筒这间的环形空间，床层上面装填瓷球或废催化剂，床层下面装填瓷球，油气从上部入口经进料分配器进入，通过四周扇形筒径向流经催化剂床层，与催化剂发生反应后进入中心管，最后从中心管下部流出。连续重整(移动床)均采用径向反应器(见图 9-5 和图 9-6)，设有催化剂入口、催化剂输送管、中心管、扇形筒(或外筛网和套筒)、催化剂出口等。油气从上部(或侧面)入口进入，通过四周扇形筒(或外筛网)径向流经催化剂床层，与催化剂发生反应后进入中心管，最后从吣管下部(见图 9-6)或上部(见图 9-5)流出。催化剂从上部催化剂入口进入，通过催化剂床层，由下部催化剂出口流出。

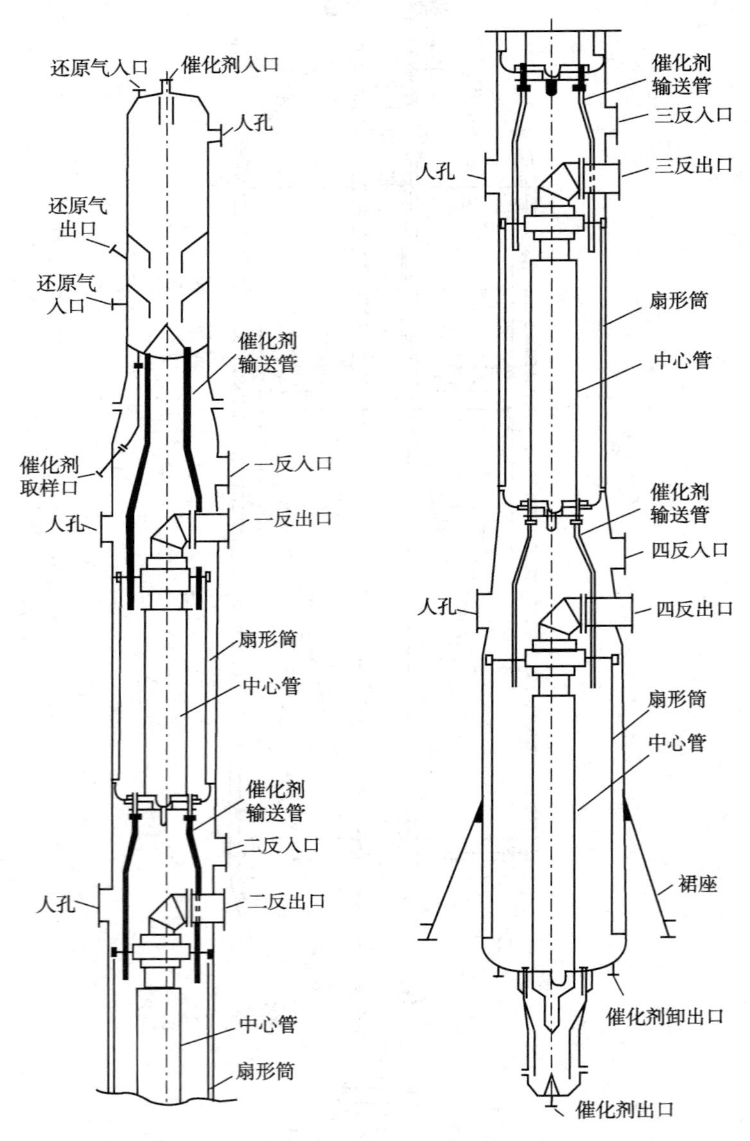

图 9-5　移动床重整重叠式径向反应器

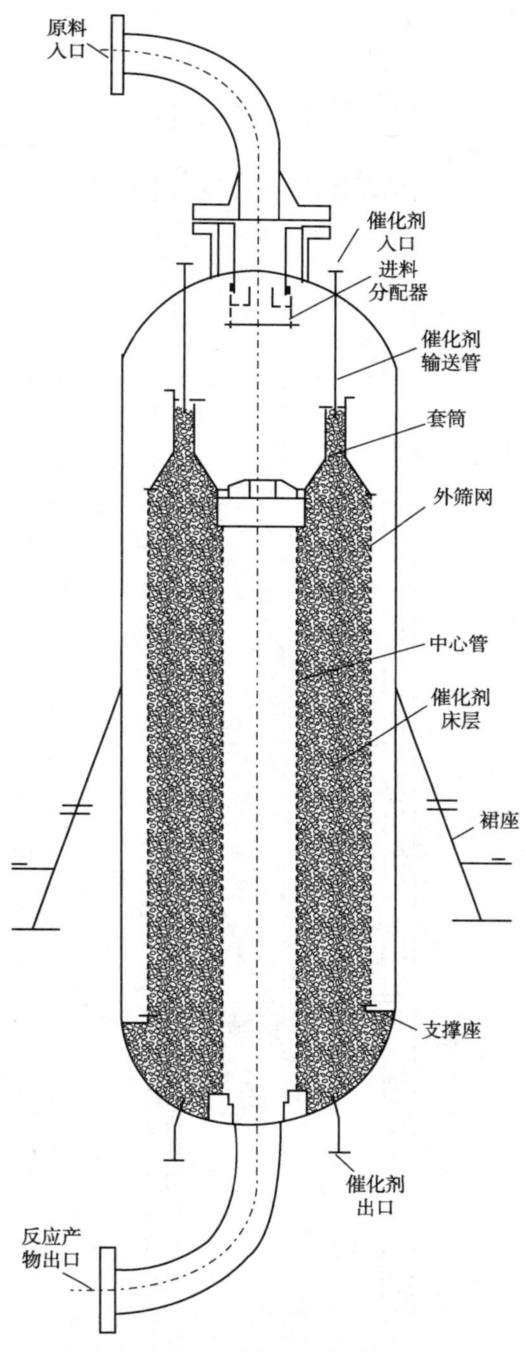

图 9-6　移动床重整大型外筛网反应器

径向反应器中心设置了一根中心管，在器壁设置若扇形筒(或一个大型外筛网)以及它们的连接件，实现油气径向均匀流动，主要特点和功能介绍如下。

(1) 中心管。各种形式的径向反应器都有一根中心管，它由开孔圆筒、外网(外包金司丝网或焊接条缝筛网)和上下连接件(吊耳、盖板、支承座等)组成(见图 9-7)。内部开孔圆

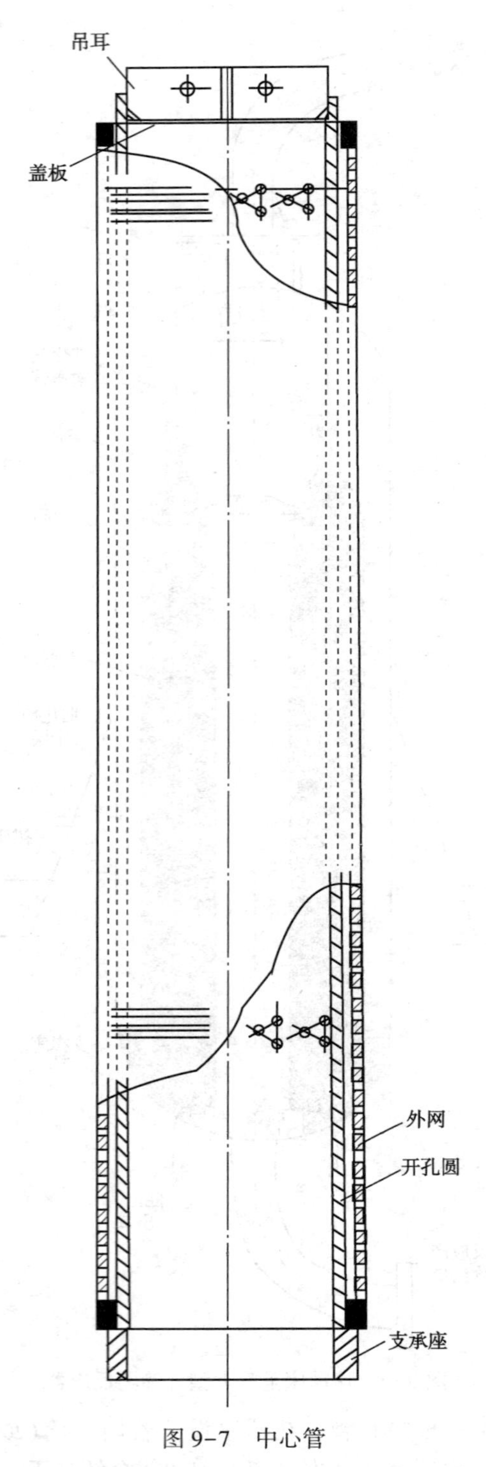

图 9-7　中心管

筒通常用 6~10mm 厚的不锈钢板卷焊而成，承受催化剂床层压差和催化剂的堆积质量产生的静压头。内部圆筒上根据工艺要求开设一定数量的小孔，气流通过小孔时产生一定的压降，孔的大小、数量和布置是实现油气在催化剂床层中流动是否均匀、反应效果好坏的关键。对固定床重整反应器，中心管开孔圆筒外可以包金属丝网，也可以包焊接条缝筛网，主要目的是防止催化剂在中心管中流失。早期的中心管都是是外包金必丝网，它制作简单，价格便宜，但强度低、易堵塞、易损坏、催化剂易流失。鉴于国内生产焊条缝筛网的技术已经成熟，中心管开孔圆筒外已不再包金属丝，而改包一层焊接条缝筛网。特别是连续重整反应器，中心管外必须包焊接条缝筛网，因为金属丝网除了上述弊病之外，还由于表面不够平整光滑，致使催化剂在床层中流动不畅、易磨损等现象。采用外包焊接条缝筛网时，需注意焊接条缝筛网的缝隙(或开孔)方向必须与催化剂的流动方向一致，以减少催化剂的堵塞和磨损。另外，焊接条缝筛网的支撑杆必须与内部开孔圆筒上的小孔相互错开，不得挡住内筒上的小孔。

此外，在重叠式连续重整反应器最末一台反应器的中心管上，焊接条缝筛网与内部开孔圆筒之间还增加了一层1.2mm厚的长条形孔的冲孔板，以防止或减少一旦焊接条缝筛网损坏时，催化剂从最末一台反应器的中心管经油气出口流进压缩机或产品中。此时，在确定中心管内部开孔圆筒上的开孔面积时，应考虑由于被中间冲孔板和焊接条缝筛网的双层遮挡而要相应加大。

(2) 扇形筒和大直径外筛网。径向反应器的周边有均匀布置若干扇形筒或安装一个大直径外筛网两种形式。扇形筒可从反应器顶部人孔放入或取出，便于维修和更换，但两个相邻扇形筒之间有一个小小的死角，不利于油气和催化剂的流动。大直径外筛网不能从反应器内取出，制造厂在焊接反应器顶封头与筒体最后一道焊缝前就要装入反应器内，给制造带来不便，使用中一旦损坏很难修理，这是一个较严重的缺陷，但它有利于床层中油气和催化剂的均匀流动。在固定床和连续重整径向反应器中，普遍采用的是扇形筒，法国某公司在过去的连续重整反应器中采用过大直径外筛网，现也改用扇形筒。

扇形筒有两种结构形式，一种是用1.2mm(或1.5mm甚至2.0mm)厚的钢板冲制而成，另一种是用焊接条缝筛网制成。冲孔板用得较普遍，焊接条缝筛网使用的较少。用不锈钢板冲制的扇形筒，在开孔区内需冲若干排，每排若干个长13mm、宽1.0mm的长条孔(各排孔距为3.2mm)，冲孔数量很大，冲孔公差要求较严。为防止催化剂量流入扇形筒背后，要求扇形筒背部和器壁之间要紧贴。为此，对扇形筒的直线度、扭曲度和背部形状均有严格的要求。连续重整反应器用扇形筒，顶部还带有D字形的升气管和密封板或填料密封结构，升气管和密封板的配合间隙和公差要求严格，制造难度大。

大直径外筛网(见图9-6)的基本构件是焊接条缝筛网，外筛网缝隙均匀，与催化剂接触面光洁平整，筛网缝隙方向与催化剂流动方向一致，有利于催化剂流动，可减少催化剂磨损。大直径外筛网由于直径大，刚度相对较小，成形组装困难，尺寸公差不好控制，制造难度大。

焊接条缝筛网广泛使用于预加氢反应器、重整反应器和再生器等设备内件上，如去垢篮、分配器、床层支承、中心管、扇形筒，大直径外筛网、出口收集器、过滤器等。焊接条缝筛网是由支撑杆和V形筛条在一台专用的筛网焊接机上通过触焊焊制而成。它具有表面光洁平整、缝隙均匀、开孔率大、接头牢固、机械强度高、刚性好、不易堵塞、不易变形等特点，是金属丝网的优良替代品。广泛用于石油、化工、煤炭、医药、食品等行业。

6. 连续重整反应器

一个装置中的连续重整反应器多数为四台(少数为三台)串联操作，其布置有重叠式、并列式和两两重叠+并列三种型式。重叠式布置的反应器之间的催化剂靠反应器之间的压差和自身的势能，实现自上而下的流动，不需要专用提升系统和提升设备。并列式布置的反应器之间的催化剂流动靠一套专用提升系统来完成。

(1) 重叠式反应器。重叠式反应器的每一台反应器内均由一根中心管、8~5 根催化剂输送管、布置在器壁的若干扇形筒和连接中心管与扇形筒的盖板组成，见图 9-8。催化剂和油

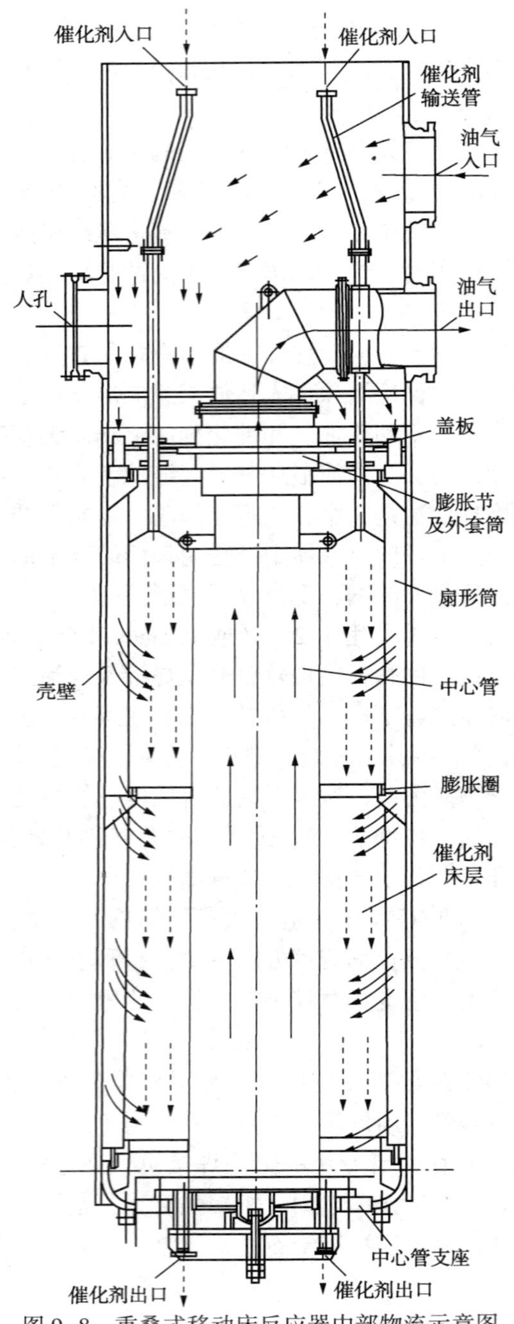

图 9-8　重叠式移动床反应器中部物流示意图

气在反应器内的流向见图9-8。催化剂从还原段通过催化剂输送管进入一反的中心管和扇形筒之间的催化剂床层，靠势能缓慢地向下流动，直至反应器底部，然后经底座一的引导口，通过催化剂输送管进入二反。照此，直至催化剂进入末反下部的催化剂收集器，最后从催化剂出口流出。

油气从反应器入口进入，通过布置在器壁的扇形筒顶部D字形升气管均匀地流入扇形筒中，然后径向流过催化剂床层，进入中心管，从反应器上部出口流出。此外，在中心管上部膨胀节外面还设有一夹套，在夹套上部周围方向开设若干通气孔，夹套下部(位于盖板之下)是用焊接条缝筛网制作的圆筒，一小部分油气进入夹套上的通气孔，再从盖板下部的焊接条缝合筛网进入催化剂床层，防止催化剂向中心管聚集，避免形成死区。为了同样的目的，把通气孔设置在盖板上，是当前采用的另一种形式。早期的重叠式重整反应器，油气出口设在中心管的底部，即所谓上进下出，近期的反应器油气出口设在中心管的上部，即所谓上进上出，这样的改进更有利于油气在床层中的均匀分配。

重叠式反应器的顶部有过多种形式。主要区别是设不设催化剂还原段和何种形式的还原段。把催化剂还原段放在反应器的顶部，便于反应再生系统的布置，但增加了反应器的总高，对制造、运输不利。过去还原段采用列管式加热器的形式(见图9-9)，现在直接用高温还原气加热催化剂，省去了列管式加热器(见图9-5)。还原段与反应器分别布置或不设还原段时，在反应器顶部有一小段圆筒作为缓冲段使用。

重叠式反应器的最末一级反应器，在底部设有催化剂收集器和引出口(见图9-10)，在中心管底部支座上设置有用8个或10个隔板分成的环形催化剂出口，早期下面锥形段也用导向叶片分割成同样数量的小区，相互对应，引导催化剂从下部流出，近期已取消导向叶片，改用两段锥筒+圆筒形内件。

(2) 并列式反应器。并列式反应器是指装置中的几台反应器独立并联布置，串联操作，其内件同中心管、大直径外筛网(或若干扇形筒)、套筒、盖板、催化剂进出口及催化剂输送管组成(见图9-6)。催化剂从顶部催化剂入口进入，经输送管进入中心管和外筛网(或扇形筒)之间的催化剂床层，向下流动，从底部催化剂出口流出。油气从原料入口进入，经进料分配器进入大直径外筛网(或扇形筒)与反应器器壁之间的环形空间，然后径向流过催化剂床层，进入中心管，从下部反应器出口流出。

三、再生器

再生器分固定床和移动床两种类型。

(一) 固定床再生器

半再生式重催化剂采用就地再生，即催化剂不必从反应器卸出，就在反应器内再生，反应器也就是再生过程的再生器。有的公司的连续重整再生器也使用过类似固定床式的再生器，催化剂以分批方式进行再生。再生器分成两段，每一段下部设有锥形筛网和催化剂流通口组成的支撑床。待生催化剂分批量定量地进入再生器中，按程序依次对催化剂进行烧焦、氧氯化和焙烧干燥。再生完一批后，催化剂从再生器中卸出，然后再重新装入下一批待生催化剂进行再生。

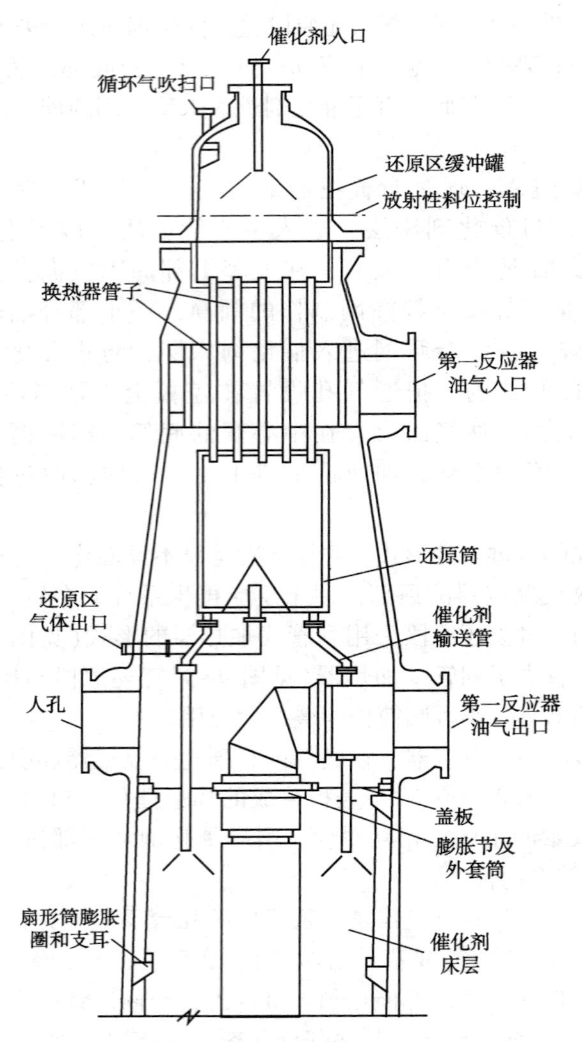

图 9-9　移动床重整重叠式径向反应器顶部还原段结构示意图

（二）移动床再生器

最近采用的移动床再生器有一段烧焦和两段烧焦两种形式。它们具有径向烧焦段、轴向氧氯化段和干燥段，内部结构设计和布局区别较大，现简要说明如下。

1. 一段烧焦再生器

一段烧焦再生器的结构形式如图 9-11 所示，催化剂从顶部入口进入外筛网和内筛网之间的环形空间，在这里进行烧焦，烧焦后的催化剂下流到氯化区进行补氯，然后继续下流到干燥区，干燥后入冷却区进行冷却，最后从下部催化剂出口流出，经闭锁料斗到提升器，催化剂再从提升器到反应器顶部的还原段。

催化剂在再生器内的烧焦、氯化、干燥和冷却是由从外部通入的各种介质在器内完成的，在上段烧焦区，从烧焦区入口通入含有一定量空气的高温氮气，绕过设置在入口处的弧形档板，从四周均匀地径向进入催化剂床层，烧去催化剂上的积炭，燃烧之后的气体进入内网并向上流动，从顶部烧焦气出口流出。下部在加热气入口也是引入含有一定量空气的高温

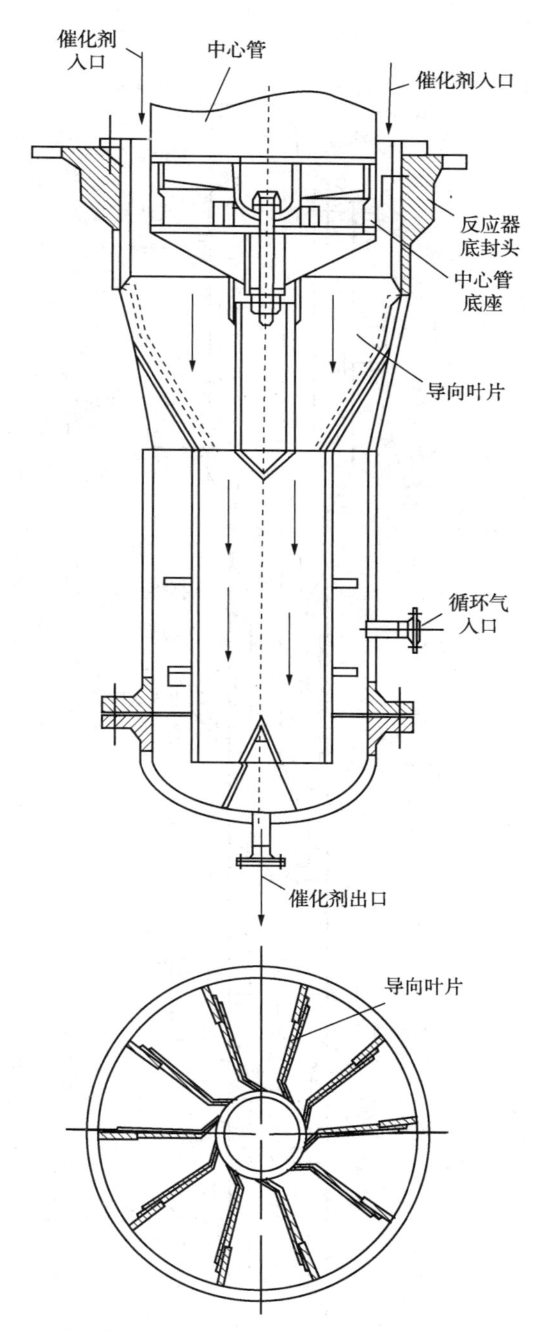

图 9-10　移动床重整重叠式径向反应器底部收集器结构示意图

氮气，进一步烧去从上部来的催化剂上的积炭。含氯化物气体从氯化气入口进入外套筒和器壁之间的环形空间，往上流动，然后翻转向下进入内外套筒之间的环形空间，再翻转向上与催化剂逆流接触，完成催化剂的氯化。干燥气体从干燥气入口进入套筒与器壁之间的环形空间，先向下流，然后翻转向上与催化剂逆流接触，完成催化剂干燥。冷却气体从冷却气入口进入套筒与器壁之间的环形空间，也是先向下流，然后翻转向上与催化剂逆流接触，完成催化剂冷却。

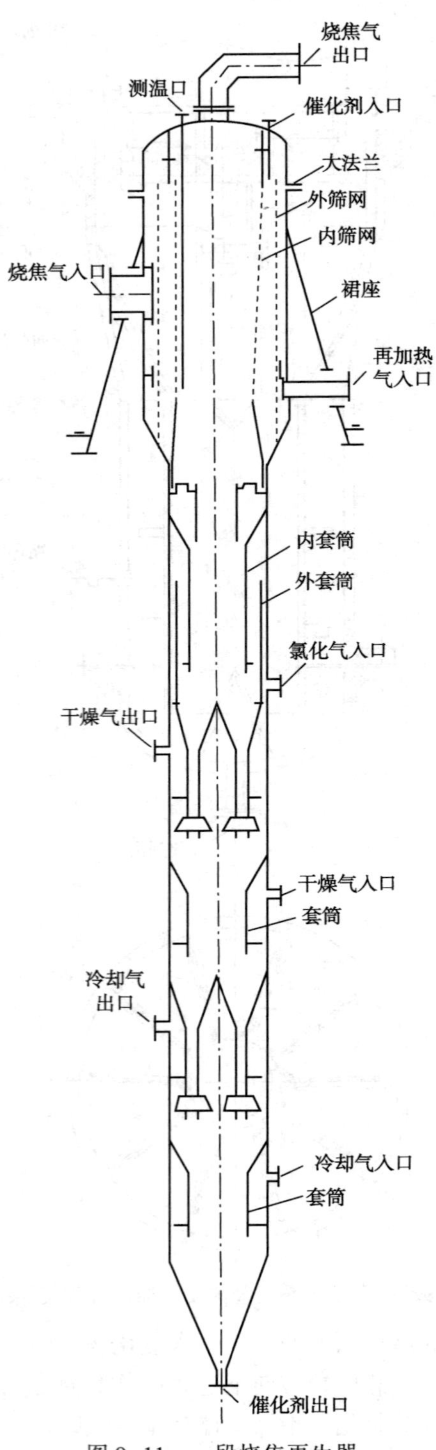

图 9-11　一段烧焦再生器

烧焦区内件主要由内外两层圆筒形焊接条缝筛网构成，烧焦是在同一内构件里完成的。

筛网缝隙(开孔)均匀、表面光滑，催化剂流动畅通，烧焦均匀。氯化、干燥和冷却各区的内件主要是以锥形圆筒构成，气流在向上流动与催化剂逆流接触过程中实现氯化、干燥和冷却的目的。

2. 两段烧焦再生器

两段烧焦再生器的结构见图9-12。催化剂从顶部催化剂入口进入缓冲区，然后经催化

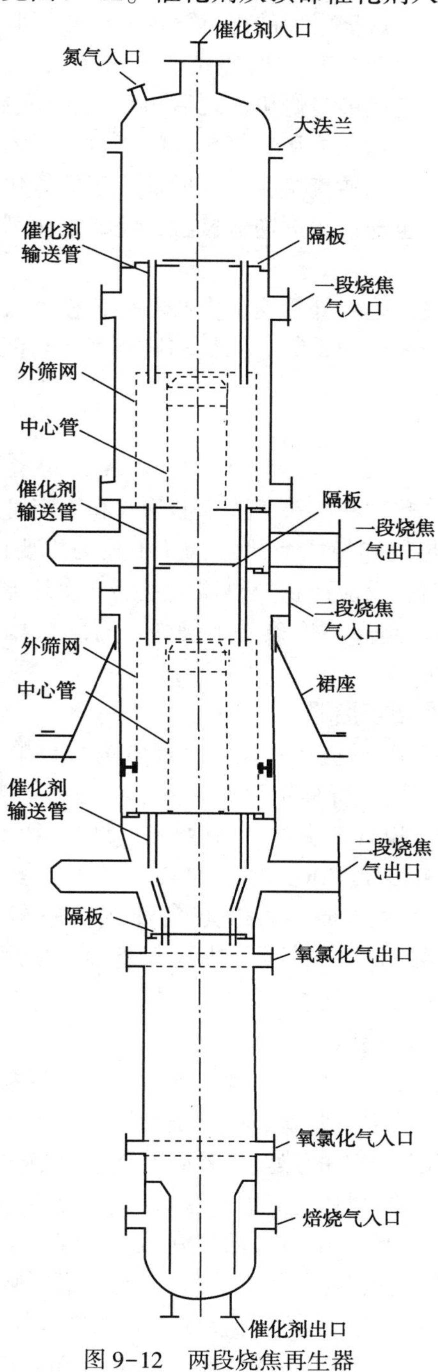

图9-12　两段烧焦再生器

剂输送管进入第一个中心管和外筛网之间的环形空间，再经催化剂输送管下流到第二个中心管和外筛网之间的环形空间，之后再从催化剂输送管先后下流到氧氯化轴向床层和干燥轴向床层，最后催化剂从催化剂出口管进入下部料斗。

催化剂在再生器内完成烧焦、氧氯化和干燥。在主烧焦区的一段烧焦气入口通过含有一定量空气的高温再生气，进入两隔板之间的空间，下流到外筛网与器壁之间，径向进入催化剂床层，烧去催化剂上的积炭，燃烧之后的再生气进入中心管向下流动，从一段烧焦气出口排出。在第二段烧焦区，二段烧焦气从二段烧焦气入口进入下一个外筛网与器壁之间的空间，再径向进入催化剂床层，完成最终烧焦，之后再生气体下流到下部两隔板之间的空间，从二段烧焦气出口流出。含氯化物气体从氧氯化段的氧氯化气入口进入，经由焊接条缝筛网制成的升气管向上流动，与催化剂逆流接触，完成催化剂的氯化。干燥气体从下部焙烧气入口进入，之后翻转向上流动，也与催化剂逆流接触，完成催化剂干燥。干燥气与氧氯化气混合一道从氧氯气出口排出。

烧焦区内件有两段，每段均是由外筛网、中心管、盖板和底板构成的径向流动床层，完成催化剂的烧焦。氧氯化和干燥分别是氧氯化气和焙烧气在与催化剂逆向流动的两个轴向床层中，完成氯化和干燥。

四、换热器

重整装置中使用较多的换热器有浮头工、U 形管式和固定管板式，此外还有一些比较特殊的单管程纯逆流列管式换热器和板式换热器，其中较为重要的合金钢换热器有预加氢进料/反应产物换热器，重整进料/反应产物换热器，置换气换热器和还原气换热器等(见表 9-1 和表 9-2)。这些换热器均在高温临氢条件下操作，有的操作介质还含有 H_2S 和氯化物，需使用 Cr-Mo 合金钢和不锈钢。

(一) 预加氢进料/反应产物换热器

预加氢装置中的预中氢进料/反应产物换热器通常为数台单壳程 U 形管式换热器或数台双壳程 U 形管式换热器串联使用，管程走反应产物，壳程走进料。管程的操作介质中含有氢和 H_2S，温度高时，存在 H_2 和 H_2S 腐蚀，因此临近反应产物出口的换热器，管箱采用 1Cr-0.5Mo(15CrMoR)+0Cr18Ni10Ti(00Cr17Ni14Mo2)复合钢板，换热管采用 0Cr18Ni10Ti(00Cr17Ni14Mo2)无缝钢管；壳程走原料油和氢气，操作温度较管程低，硫化物还未反应生成 H_2S，因而高温位的换热器的壳程，有时只考虑氢腐蚀，采用 15CrMoR 钢材不带复合层。操作温度较低的换热器均采用碳钢制造。

(二) 重整进料/反应产物换热器

重整装置反应系统的操作压力，特别是现代连续重整反应系统的操作压力较低，为了降低循环氢压缩机的负荷，节省动力，要求反应系统的压力降要小，即反应器、换热器和管线的压力降总和要小；要回收反应产物的热量，就必然要提高换热器的传热效率和增大传热面积来实现压力降小传热效率高的目标，重整进料/反应产物换热器通常采用单台(或双台并联)、单管程、纯逆流结构。为此，在国内已经建成投产或正在建设的大中型重整洁装置中，普遍选用大型列管式立式换热器(见图 9-13)，板壳式换热器[见图 9-14 中(a)、(b)]或缠绕管式换热器(见图 9-15)。板壳式换热器较列管式立式换热器具有传热系数高、热端温差更小、占地面积小等特点，回收更多的热量，减少了第一重整加热炉的热负荷。但制造难度大，一次性投资较高，维修难。近期，我国在板壳式换热器研究开发工作中已取得了明显的成效，并在许多新建的工业装置中得到应用。缠绕管式换热器的特性介于列管式和板壳式之间，具有回收热量大、热端温差小的特点。

1. 列管式立式换热器

列管式立式换热器在我国早期建设的重整装置中使用了单台(或双台并联)的传热面积为320~3952m^{2}的立式换热器，可以满足0.1~0.8Mt/a重整装置的需要。列管式立式换热器可在国内制造，价格便宜，结构牢固可靠，维修方便。列管式立工换热器由上部管箱、上端固定管板，带有一对高温大法兰的壳体、管束、外头盖和带有膨胀节、分配器的外浮头组成。

典型的列管式立式换热器的结构见图9-13，从重整最末一台反应器出来的高温反应产物从壳程上部进入，往下流经若干折流板与换热管换热之后进入外头盖，从产品油气出口流出。原料分成油和氢气两股物料，分别从油入口和氢气入口进入，油通过中间液体进料管上部的分配头喷出，氢气通过盘式分配器，两股流体在浮动管板前端均匀混合之后进入换热管内，一直上流，与壳程热流逆流换热之后进入管箱，从原料油气出口进入第一重整加热炉。当传热面积小时，冷端只有一个开口，油和循环氢气进入换热器之前，先在管道上混合，后进入外浮头端，没有专用的油分配头，只有盘式分配器。开工前应认真检查换热器的油入口分配头的安装是否正确，膨胀节的定位拉杆是否松开，此外还必须将油入口管线的焊渣、泥沙等脏物彻底清除干净，以避免堵塞分配头小孔，产生大的压差，降低进料量，带来不均匀分配。

设计大型列管式立式换热器，除了要作两相流的传热计算外，还需要解决好换热器的整体结构布置、预防振动、油气入口处的气液分配，热补偿和高温大法兰的结构及其密封等问题。

(1) 上端固定管板和高温大法兰。一般来说，需要抽出管束进行检修的U形管式、浮头式或其他可抽芯的换热器，管板均放在两个两个法兰之间，而立式换热器则把管板和大法兰分开放在两处，管板放在上端，与壳体焊死固定，可拆卸法兰放在离开固定管板一段距离的下端壳体上。这是当换热器壳体直径较大，温度较高时，为避免管箱大法兰和壳程大法兰与管板之间，由于温度不同，温差较大，产生膨胀量不一而导致法兰与管板连接处的密封垫泄漏而采取的对策，同时大法兰下移之后，还可适当降低大法兰的操作温度，减少泄漏的几率。

(2) 管束。传热面积为3952m^{2}的立式换热器，换热管长度为21.35m的管束质量达72t，占换热器总质量的2/3。过去使用的立式换热器中，大多数管束都是可抽的，有利于制造厂组装和管板与壳体连接焊缝的检查。但当高温大法兰发生泄漏时，需要拆开大法兰更换垫片，而整台换热器安装就位后，要从上面把管束抽出来是一件很艰难的事。我国曾有过个别立式换热器，采用过没有上部那对高温大法兰，管束不能抽出的结构。从立式换热器在我国的使用情况来看，管壳程均走干净的汽油和氢气，一般不会因为管束受到腐蚀和结垢后，需要拆卸这对大法兰抽出管束进行清洗，因此管束不一定要设计成可抽结构。

(3) 外头盖下端油气入口。为了检查和修理外浮头上的分配器、膨胀节等零部件，首先拆去外头盖法兰与外头盖侧法兰和封头上的凸缘与油气入口管上法兰的连接螺栓(见图9-

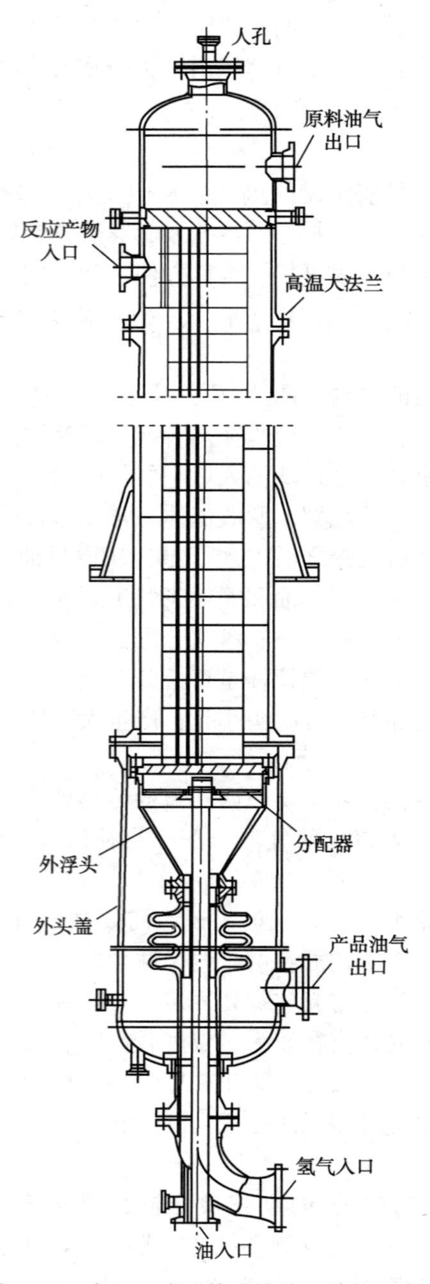

图 9-13　大型立式列管式换热器结构示意图

13），卸下外头盖，便可检查、维修膨胀节，再进一步拆开浮头法兰与勾圈的连接螺栓，便可检查分配器。下端油气入口法兰与封头上的凸缘的连接结构有两种形式可供选择。一种为单面密封结构，它的结构简单，使用可靠，不易泄漏，适合混合油气进口直径较小时使用。在拆卸外头盖时，油气进口法兰可通过焊在封头上的凸缘内孔。另一种为双面密封结构，它需要内外两面（管壳程）同时密封，容易泄漏，在加工密封面时需要采取相应的措施，它适合混合油气进口直径较大，油气进口法兰难以通过凸缘内孔时使用。

（4）分配器。换热器传热效果的好坏，除整体结构布置、管束的长径比、拆流板布局等因素外，每根换热管内的介质流量分配是否均匀，也是一项十分重要的因素，一旦有的换热管内出现量少或无量的情况，换热管的传热作用便降低或丧失，同时会出现各根管子的管壁温度不同、膨胀量不一、受力状况恶化的不利情况，因而设计一个好的分配器是十分重要的。

生产中常用的分配器有两种形式，一种形式如图9-13所示，液体从中心管进入，在中心管的上端设置有沿圆周均匀分布若干小孔的分配头，液体以较高速度从孔中喷出。另一股为循环氢气，从氢气入口进入，通过开有若干小孔的盘式分配器，与从中心分配头喷出的液体均匀混合，然后在浮动管板端进入每根换热管内。另一种形式是油和循环氢气在进入换热器之前，先在管道上混合，从油气入口进入外浮头，通过盘式分配器，最后进入换热管内。前者适用于大负荷、后者适用于小负荷的换热器。

（5）振动。在管壳式换热器，特别是在壳体直径较大、介质为气体的大型列管式立式换热器中，在壳程时口，折流板缺口和流体横流换热管时容易激起管子振动或声振动，导致换热管撞击折流板孔而被切断，换热管的疲劳破坏，高的噪音污染或增大壳程液体阻力降等现象。流体诱导振动的主要原因为：流体横向从管外绕过管子流动时产生的卡曼旋涡频率、紊流抖振主频率与管子最低固有频率之比大于0.5，或流体横流速度大于流体发生弹性不稳定时的临界横流速度时，可能会发生管束振动；卡曼旋涡频率或紊流抖振主频率与声音驻波频率之比在0.8~1.2范围内时，可能会发生振动。在设计列管式立式换热器中，为降低壳程压降，需加大折流板间距，但大到一定程度时就会产生振动，这是不允许的。为解决振动问题，需采用折流板缺口处无换热管的折流板结构(NTIW型)，并在两折流板之间设置2~3个支撑板，以减小换热管的无支撑长度，提高换热管的固有频率，消除振动。

防振措施：根据立式换热器的结构布置和工艺参数进行工艺计算，在满足工艺传热和压降要求的前提下，采用通用的传热计算程序初步核算，检查是否有发生振动的可能，若有，再用专用的防振动计算程序进行详细计算。若无相关计算程序，可参照GB 151—1999《管壳式换热器》附录E管束振动进校核，检查是否有导致上述发生振动的工况，若有，采取调整管子和折流板布置、在管束上设置与换垫管长度方向平行的纵向防振板等相应的防振措施，消除振动。

（6）热膨胀。立式换热器的管束长达21.35m，管程进出口、壳程进出口以及管壳程的温差均较大，需要考虑由于管壳程温差产生的管束和壳体热膨胀量不同，并给予合适的补偿。根据工艺参数和传热计算，计算出换热管各段的管壁温度和相应的壳体壁温，确定管束和壳体的热膨胀节的补偿量时，还需考虑事故状态以及制造组装中存在的偏差，然后确定一个较大的补偿量。

（7）高温大法兰及其密封。大型立式换热器的高温大法兰，内径已接近2m，操作温度约500℃，法兰密封是一大难题。换热器安装就位之后，一旦法兰泄漏，要从近30m高处抽出20多米长、重达五六十吨的管束来更换垫片，十分困难。因而设计者必须十分重视这对大法兰的每个细节，采取确保大法兰不泄漏的相应措施。从设计上除了考虑法兰的强度、刚度、合适的密封垫外，还对大法兰增加了一道唇形密封焊接结构，并对制造和检验提出了较为严格的要求，实践证明，采取双保险措施后效果较好。

2. 板壳式换热器

板壳式换热器见图 9-14，它由外壳和板束两大部件组成。板束由若干板片叠置焊接制成，每块板片用 0.8～1.2mm 厚不锈钢板冲压或爆炸成型，板片上开设各种不同形式的流道。板片两侧和各通一股流体(相当于管壳式换热器的壳程或管程)，两股流体在板束的上下端(或两侧)进出，并与进出口相通。外壳是用耐热抗氢钢制成的受压圆筒，在外壳与板束间充满循环气体或反应产物，以平衡板束压力，降低板束压差。重整最末一台反应器的反应产物通过板壳式换热器的上部反应产物入口进入板束的一程，经换热后从下部反应产物出口流出，原料油和循环气两股物流分别从下端液体进口和循环气进口进入板壳式换热器，经均匀混合之后进入板束的另一程，与高温油气换热之后从上部混合物料出口流出。

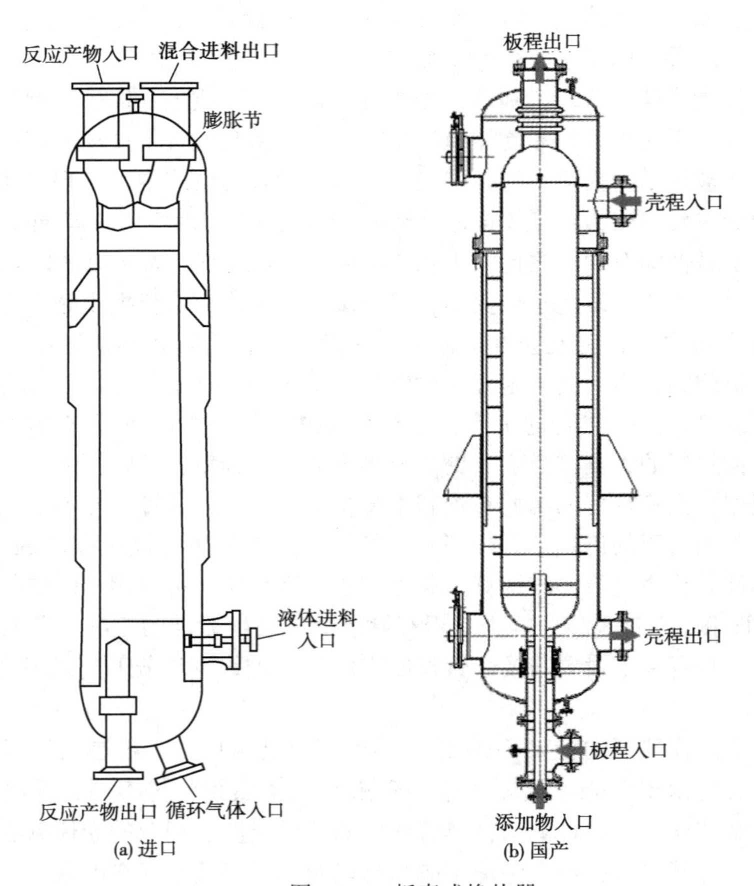

图 9-14　板壳式换热器

(1) 外壳。板壳式换热器与列管式立式换热器外壳的操作条件类同，所用材料相同，仅在结构上有些差异。列管式立式换热器的热端和冷端，出于制造和检修的需要，在外壳的上端和下端设置一对大法兰，板壳式换热器有的仅在上端设置一对大法兰，有的没有大法兰。

(2) 板束。在国内已投产的重整装置中所用的板壳式换热器的板束有两种类型，其区别在于，板束两端的流道、布局及其相连的油气进出口的位置和结构差异较大，而板束的主体均采用若干板片叠置焊接制成。

板壳式换热器的板束在设计、制造和使用中重点关注的技术关键如下：

① 板片的流道形式和尺寸是制造商的专用技术，与板壳式换热器传热性能和压降密切相关，是板壳式换热器的关键核心技术所在，传热性能是直接表明板换技术水平的一个最基本的参数，压降的高低是影响装置处理能力和能耗的一个重要指标。传热性能和压降是选用板壳式换热器应考虑的两个最重要最基本的条件。

② 板束的焊接。制造板壳式换热器的难点之一是板片制成板束时四周的焊接工作，首先是选择合适的焊接工艺和配置专用的焊接接备，其次是焊接工作量大(一台 10000m^{2}的板壳式换热器，板束国周的焊缝长度近 11000m)，当焊接工艺不当、焊接装备不到位、焊接时未严格执行焊接工艺规程都会造成板壳式换热器在使用中的泄漏，影响使用效果，甚至造成装置非计划停工。

③ 板束热端的结构与布局是消除板束与外壳、板束自身的热膨胀的关键所在，板束与外壳之间的热膨胀差靠热端膨胀节来克服，而板束自身(板片与板片，板片与侧板)各个部位因热膨胀差(包含操作中的各种工况)产生的应力和板束内外压差产生的应力靠热端板片结构与焊接接头牢靠程度来解决。国内过去在板壳式换热器使用上发生的事故中，多半在此处出现了失效和泄漏，因此板束热端的结构布局和焊接是制造板壳式换热器的又一技术难点。冷端的结构和受力状况与热端类似，由于操作温度低，出现失效的机率比较少见。

④ 冷端入口分配器。冷端油气入口分为原料油和循环气两股流体分别从下端油入口和循环气入口进入，油气进入板束时分配是否均匀是影响板束传热性能以及板束各部分的温度分布的重要因素。循环气为气态，容易实现均匀分配，原料油是液态，在大面积板壳式换热器(一台 10000m^{2}的板壳式换热器横截面约为 2m×2.4m)中，要实现液态油均匀地分配在板束的整个横截面上，设计一个好的分配器是非常重要的。目前在我国使用的板壳式换热器原料油入口分配器有两种：一种是在板束下端两侧对应板束入口各设置一根开有很多小孔的喷淋棒；另一种是在板束下端设置一个分配头或一根分配管(或设置 U 型、H 型分配管)。

3. 缠绕管式换热器

缠绕管式换热器的总体结构见图 9-15，它是近几年在重整装置上使用的又一种国产大型换热器。它由外壳和管束两大部件组成。管束是由多根多层缠绕换热管线成，一根换热管长度达几十米，比普通换热器的换热管都长很多，可制成单台传热面积近万平米的换热器。热端温差与板壳式换热器相当，由于绕管的特殊形态，可吸收膨胀差，因此，热端和冷端均不设置膨胀节。同时，流体流经这样的形状的换热管也不易引起振动。外壳选材和制造要求与板壳式换热器一样，它没有壳体大法兰。

其特点有：高效单旋式换热器设计制造的技术参数不受压力等级、装置规模、板锻件生产能力等因素的限制，可满足大型化装置的设计需求；高效单旋式换热器能适应管、壳程两侧物流较大的温度差、压力差，承受瞬间冲击的能力更强；高效单旋式换热器则无特别升降温速度的要求，使得设备在遇到突发事件时的操作安全性大大增加；高效单旋式换热器管程介质以螺旋方式通过，而壳程介质波涌式地横向交叉通过换热管，使得高效单旋式换热器本身具备很强的自清洁能力，抗堵能力强；高效单旋式换热器可以实现管程侧机械清洗以及管、壳程两侧的化学清洗；高效单旋式换热器管、壳程进出口均可兼作为设备维修人孔使用，在停工期间对设备的检查、维修简单快捷。

特别适合在炼油、化工、化肥、冶金、环保等领域大型化装置的使用要求。

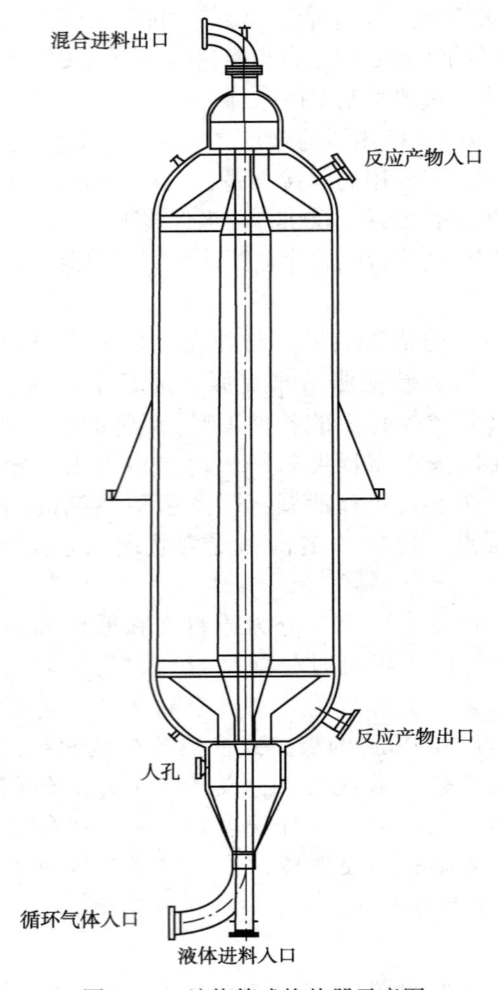

图 9-15　缠绕管式换热器示意图

五、粉尘收集器

在连续重整装置的反应再生系统中，大颗粒催化剂从料斗缓冲罐进入再生器或反应器后循环使用，含尘气流从料斗或缓冲罐顶部进入粉尘收集器，从粉尘收集器中收集含铂催化剂尘粒，用以回收贵重金属铂。

粉尘收集器有不同的结构形式，见图 9-16 和图 9-17。粉尘收集器是一种气固分离的新型过滤器，是利用离心力、重力、惯性截面扩散、筛分等作用从气体中分离粉尘(弥散颗粒)的技术。

图 9-16 是由一级小型旋风分离器和二级滤管过滤器组成的，采用两级回收的粉尘收集器，含粉尘气流从入口管沿内壁切向进入外旋式、低阻力降的旋风分离器，利用含尘气流的旋转流动，使粉尘在重力、惯性、离心力的作用下达到与气流分离的目的。经一级旋风分离器分离之后，90% 5μm 以上的粉尘可被收集下来。滤管容易堵塞，堵塞后需要反吹，因此，

在上部设置了带程序控制的反吹系统。当滤管压降达到一定值(如10kPa)时便自动反吹，反吹气体使粉尘从滤管上清除，然后又继续运行。在下部设有松动风入口，有利于粉尘的排出。经过两级回收之后，90% 2μm以上的粉尘可被回收。这种形式的收集器，除尘效果好，但压降稍大。

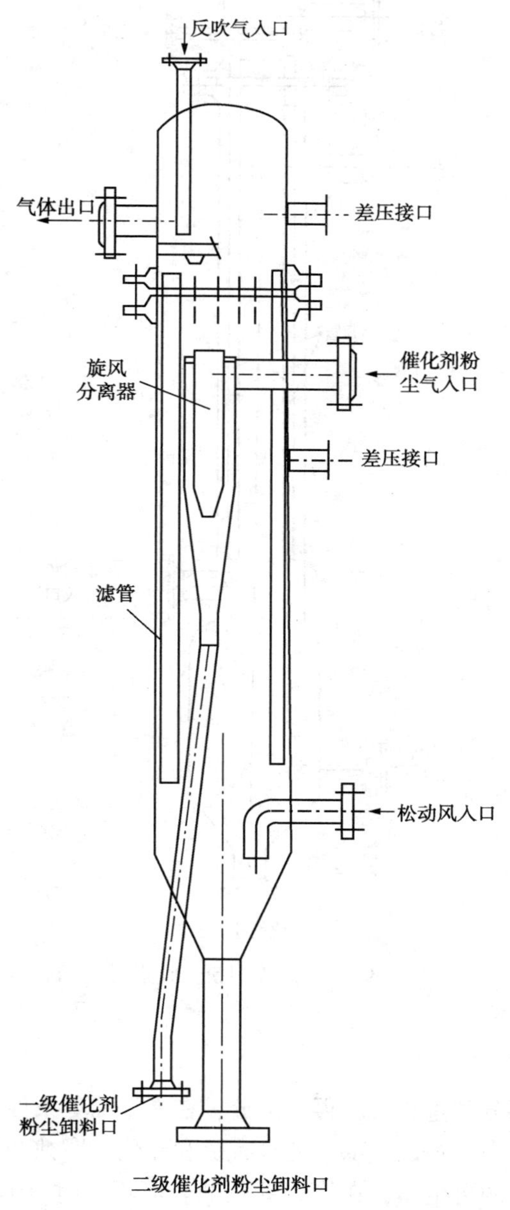

图9-16　旋风分离器加滤管型粉尘收集器

图9-17所示收集器有若干根过滤管，结构较简单，是生产中常用的形式之一。根据粉尘收集器的操作温度，过滤元件有布袋和粉末冶金过滤管两种，温度高时选用粉末冶金过滤管，温度低时可选用布袋。

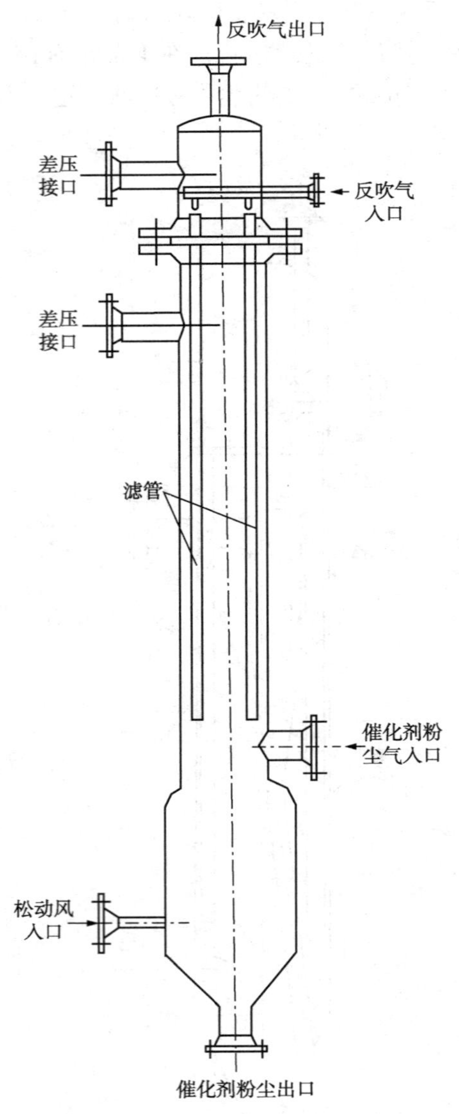

图 9-17　滤管型粉尘收集器

六、主要设备选材

重整装置的预加氢部分和重整反应再生部分，在高温临氢条件下操作的设备选材应当满足耐高温和抗氢腐蚀的要求，预加氢部分还含有硫和硫化氢腐蚀介质，还需要考虑高温和低温硫化氢腐蚀。再生部分的再生器，在烧去催化剂表面积炭时有 CO、CO_2 和氯化物等腐蚀气体产生，这就是有可能造成奥氏体不锈钢在氯化物溶液中的应力腐蚀开裂。下面分别论述重整装置主要设备用材应具有的基本性能以及结合装置特点需要考虑的一些特殊问题。

(一) 基本性能

(1) 较高的室温强度，对于受压元件通常是以钢材的屈服强度和抗拉强度作为强度设计的依据。为了适应各种压力容器承受压力的需要，确保元件的安全性，同时考虑经济性，所用钢材必须具有较高的屈服强度和抗拉强度。

（2）足够的蠕变极限和持久强度。对于设计温度已进入材料蠕变范围的受压元件通常是以钢材的高温蠕变极限和持久强度作为强度设计的依据。选用蠕变极限和持久强度高的钢材不仅可以保证在高温条件下的安全运行，还可以减少壁厚。

（3）良好的韧性。只有在具有足够韧性的情况下，压力容器才能在正常工作和开停工条件下承受外加载荷而不致发生脆性破坏。在选择材料时，必须防止片面追求钢材的强度而忽视韧性的倾向。

（4）具有良好的抗氢性能。确保长期在高温临氢状态下操作的压力容器，能安全地运行，不致于因氢损伤而发生破坏。

（5）具有良好的抗回火脆化性能。确保长期在315~595℃范围内操作的2.25Cr-1Mo钢制压力容器不致因回火脆化而发生脆性破坏。

（6）具有良好的抗硫腐蚀能力，以确保长期在高温或低温 H_2S 腐蚀环境下操作的压力容器，不致于因 H_2S 腐蚀而导致设备失效。

（7）良好的加工工艺性能和焊接性能。以满足压力容器在制造过程中的冷热加工成型和焊接过程的需要。

（二）腐蚀

重整装置的操作介质中分别含有氢、硫化氢和氯化物等腐蚀介质，对设备可能会产生相应的腐蚀，现就这些类型的腐蚀分述如下。

1. 氢腐蚀

（1）氢腐蚀机理。在高温高压条件下，侵入钢中的氢与钢中的渗碳体（Fe_3C）和不稳定碳化物析出的碳起化学反应成甲烷，导致钢材破裂的现象，称为氢腐蚀。即：

$$2H_2+Fe_3C \longrightarrow 3Fe+CH_4$$

$$C+2H_2 \longrightarrow CH_4 \text{ 或 } C+4H \longrightarrow CH_4$$

生成甲烷的化学反应在晶界上进行，它在钢中的扩散能力很小，没有能力从钢材中扩散出去，在钢材缺陷部位聚集，在孔穴处生长且连接起来，形成局部高压，造成应力集中，导致微观孔隙发展，以致形成内部裂纹，使钢材强度和延性显著降低，最后导致材料破裂。氢腐蚀不是突然发生的，先要经过一段孕育期，在此期间钢材性能无明显变化，然后才发展成氢腐蚀。氢腐蚀一旦发生，便无法消除，是不可逆的。

影响氢腐蚀敏感性最关键的因素是钢材的化学成分，操作温度，暴露期间的氢分压和应力水平。

（2）临氢压力容器壁中的氢浓度。处于临氢状态下操作的压力容器，氢气通过容器金属表面的物理吸附、化学吸附、氢分子的分解，氢原子的溶解和氢在晶格内扩散等过程而进入钢中，氢在钢中的平衡浓度与氢分压的平方根成正比，与温度成一指数关系，随着压力和温度的升高而增加。2.25Cr-1Mo钢在临氢状态下的平衡溶解氢浓度可用 下式来计算：

$$C = 134.9p^{1/2}\exp^{-3280/T}$$

式中　C——平衡浓度，μL/L；

p——氢分压，MPa；

T——温度，K。

表 9-3 列出的 2.25Cr-1Mo 钢制临氢压力容器壁中平衡溶解氢浓度是在表中所列的操作氢分压和操作温度条件下，按式(9-1)计算出来的。

表 9-3　钢中平衡溶解氢浓度

容器名称	温度/℃	氢分压/MPa	氢浓度/(μL/L)
重整热壁反应器	503	2.0	2.79
重整热壁反应器	530	0.8	2.05
重整冷壁反应器	250	2.0	0.36

(3) 纳尔逊(Nelson)曲线。临氢压力容器在较低温度(≤200℃)下，即使压力较高(甚至达 69MPa)，如加氢裂化装置中的冷高压分离器、合成氨装置中冷壁氨合成塔外壳，选用较高强度的碳素钢制造就会产生氢腐蚀。美国 API RP 941“临氢作业用钢防止脱碳和微裂的操作极限”(见图 9-18)，通常称为纳尔逊(Nelson)曲线，该图中显示了各种 Cr-Mo 钢的抗氢性能。根据容器的操作温度和操作氢分压便可从纳尔逊曲线中选取相应的用钢。钢材氢腐蚀的速率随压强和温度的升高而加快。这是因为压强增加，促进了氢气在钢材中溶解，而温度的升高则增加氢气在钢中的扩散速率及钢材脱碳反应速率。通常钢材产生氢腐蚀有一个起始温度和起始压强，它是衡量钢材抵抗氢腐蚀的两个指标。起始温度是指在一定的压强下开始发生氢腐蚀的温度，低于这个温度不是没有氢腐蚀发生，而是氢与钢中的碳反应速率很慢，以至于孕育期长到超过了设备的正常使用寿命。起始压强是指在一定温度下开始发生氢腐蚀的压强，低于该压强时，钢中平衡溶解氢浓度较低，也不会发生氢腐蚀。从图 9-18 可知，抗氢钢均是含有一定量的铬和钼的钢种，抗氢性能随钢中铬钼含量的增加而提高，临氢压力容器常用的钢种有 1Cr-0.5Mo、1.25Cr-0.5Mo-Si、2.25Cr-1Mo、2.25Cr-1Mo-2.25V、3Cr-1Mo、3Cr-1Mo、3Cr-1Mo-0.25V 等。在 API RP941 中还可选用 0.5Mo 钢，它是一种仅含 Mo 的抗氢钢，由于它的焊接性能较差和易发生石墨化倾向而且出现过多台容器发生氢腐蚀失效的案例，目前已基本不能采用，在曲线中已被取消。为提高含钼钢的组织稳定性，在钢中加入铬元素，可显著地提高钢的热稳定性，当钢中的铬含量超过 1%时，石墨化倾向明显降低。在铬钼钢中加入钒、铌和硼等形成碳化物的元素，可进一步提高钢的蠕变极限和组织稳定性，同时也显著地提高钢材的抗氢性能。

在纳尔逊曲线中，容器操作工况处于实线的上部时表示会发生氢腐蚀，处于实线的下部时不会发生氢腐蚀，处于虚线的上部时表示会发生表面脱碳。每种牌号的钢材，发生氢腐蚀的温度和压力有一个组合关系。当操作氢分压或操作温度低于某一临界值时，氢腐蚀便不会产生，反之便有产生氢腐蚀的危险。

在工程设计实践中，用纳尔逊曲线选用钢材时，尚需在操作温度和操作氢分压的基础上增加一定的裕量作为选材条件，例如有的工程公司对操作温度增加 28℃，操作氢分压增加 0.35MPa。

(4) 合金元素对抗氢性能的影响。要防止在某一温度和压力条件下工作的临氢压力容器发生氢腐蚀，就要尽量减少和避免在钢材中生成甲烷，这就需要在钢材中添加一些能形成强碳化物或提高碳化物稳定性的合金元素，下面着重说明铬、钼、钒等元素对铬钼钢抗氢性能的作用。

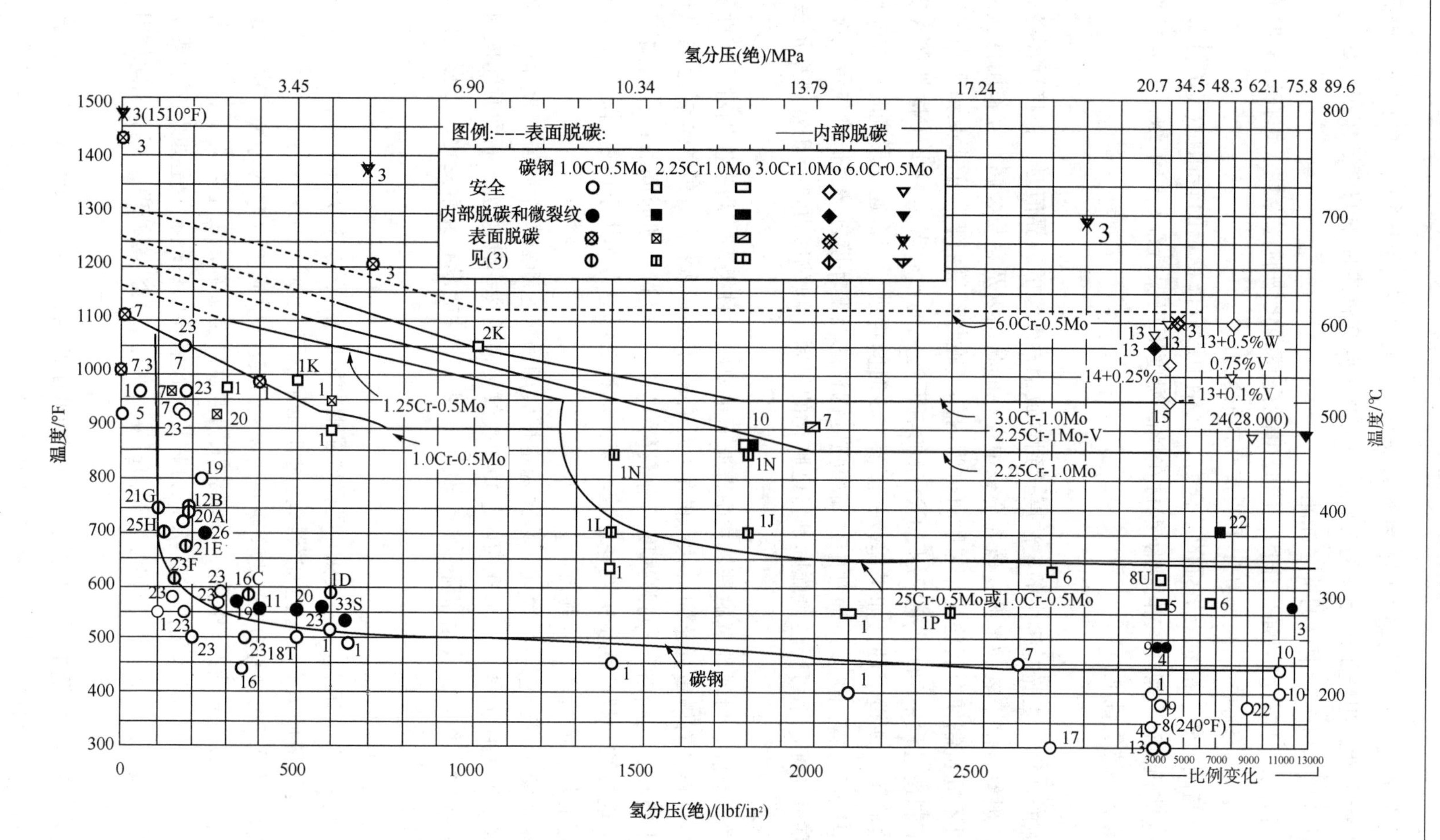

图9-18 临氢作业用钢防止脱碳和微裂的操作极限(纳尔逊曲线)

① 铬：在低碳合金钢中的铬主要存在于渗碳体(Fe_3C)中。溶于渗碳体中的铬，提高了碳化物的热力稳定性，阻止了碳化物的分解，并减弱了碳在铁素体中的扩散作用，这就减少了甲烷的生成，从而可提高钢材的抗氢蚀能力。

② 钼：钼对铁素体有固溶强化作用，同时也能提高碳化物的稳定性。钼在钢中形成特殊的碳化物，从而改善钢材在高温高压下的抗氢蚀的能力。

③ 钒：钒与碳、氮、氧都有极强的结合力，在钢中形成极稳定的碳化物(V_4C_3)及氮化物(V_4N_3)。这些钒的碳化物和氮化物使钢材在较高温度下仍保持细晶粒组织，大大增加钢材在高温高压下的抗氢性能。

2. 氢脆

(1) 氢脆的特征。氢脆是钢中的氢浓度达到导致钢材破裂的临界值时，在接近环境温度下出现的开裂现象。由于氢的来源、氢在合金中存在的状态以及它与金属交互作用性质的不同，氢可通过不同机制使金属脆化。氢脆可分为内部氢脆与环境氢脆。前者是由于在材料冶炼或零件加工制造过程中(如焊接)吸收了过量的氢而造成的；后者则是由于构件在含氢环境中使用时吸收了氢所造成的。如果卸载并停留一段时间再进行正常速率形变时，原先已脆化的材料的塑性可以得到恢复。通常中、高档强度钢材的轻度环境氢脆及低含氢量状况下的内部氢脆具有可逆性。不可逆性氢脆则是指已脆化的材料，卸载后再进行正常速率形变时，其塑性不能恢复。

(2) 可逆性氢脆。可逆性氢脆是氢脆中普遍而重要的一种类型。高强度钢对可逆性氢脆非常敏感。当材料含有微量处于固溶状态的氢(无论是材料中原来含有的，或者是服役过程从环境介质中吸收的)，在低于屈服强度的静载荷作用下，经过一段时间后，材料内部的拉应力区可能出现裂纹，裂纹逐步扩展并导致断裂。这种在低应力作用下由氢引起的延滞断裂现象，称为延滞氢脆或可逆性氢脆。

氢致延滞断裂过程也包含孕育期、裂纹稳定扩展期和快速断裂三个阶段。外加应力超过氢临界应力时，所加应力越大，孕育期便超短，裂纹传播的速率便越快，断裂时间提前。材料发生延滞氢脆时，除断面收宿率降低外，其他常规力学性能没有异常变化。工程上的氢脆很大一部分属于这类氢脆。

延滞氢脆具有如下特点：

① 延滞氢脆只在一定温度范围内出现。高强钢的敏感温度为-100~150℃；

② 材料的延滞氢脆只有在慢速加载试验时才能显示；

③ 可逆性。在低压力慢速应变试验期间尚未超越裂纹生成孕育期的标准样品，卸载停留一段时间后，其氢脆便消退。同样，如果将试验温度降至临界温度下限以下，或者升至临界温度上限以上，氢脆也可以消除。相反的过程将导致氢脆的重现。但是如果在承载期间材料已出现氢脆微裂纹，则无论形变和温度如何改变，甚至进行消氢处理，都不能使材料的塑性和韧性再度恢复。

(3) 氢脆的控制。氢脆的预防和控制，一方面要阻止氢自环境介质进入金属和除去金属中已含有的氢，另一方面是改变材料对氢脆的敏感性。

阻止氢进入金属，可以采取涂(堆焊)保护层的方法。对氢脆敏感性的材料，在焊接之后应及时进行消氢或中间消除应力热处理，以除去钢材中的氢。关于合金材料对氢脆敏感性，这涉及材料的化学成分、金相组织结构和强度水平。对容器用钢而言，随着碳、锰、硫和磷等元素的增加而提高钢的氢脆敏感性，并且随着钢材强度水平的提高而加剧。铬、钼、钨、钛、和铌等碳化物形成元素，能细化晶粒，提高钢的韧性和塑性，对降低氢脆敏感性是有利的。钙或稀土元素的加入，由于使钢中 MnS 夹杂物形成状圆滑、颗粒细化、分布均匀，从而降低了钢材的氢脆倾向。促进回火化的杂质元素，如砷、锡和锑对氢脆抗力则是有害的。

材料的强度水平对氢脆敏感性有着重要的影响，氢脆敏感性随着钢材强度的提高而增高，强度高于 700MPa 的钢材便具有较明显的氢脆敏感性，因此氢脆成为高强钢应用中一个十分引人注目的问题。为了改善材料对氢脆的抗力，通常需要进行焊后消除应力热处理。钢材金相组织对氢脆敏感性大致按下列顺序递增：球状珠光体、片状珠光体、回火马氏体、贝氏体、未回火马氏体。

3. H_2S 腐蚀

干燥的 H_2S 在较低的温度(如低于 250℃)下，对钢材无腐蚀作用。在高温条件下，H_2S 才会发生腐蚀，且随着温度的升高和 H_2S 尝试的增加而加剧。高温 H_2S 腐蚀为均匀腐蚀，在选材时，根据容器的操作温度和 H_2S 浓度选择一种合适的材料即可。低温湿 H_2S 腐蚀则是一种局部的硫化物应力腐蚀开裂，它的破坏形式与高温 H_2S 腐蚀是另一种截然不同的形态，因此，对材料的要求也是天壤之别。

(1) 高温 H_2S 腐蚀。原油中存在各种硫和硫化物，但只有活性硫和活性硫化物才能与金属进行化学反应。含硫原料在预加氢反应中，生成活性 H_2S，造成反应系统中设备和管线的高温 H_2S 腐蚀。碳素钢和不锈钢的腐蚀率根据设备的操作温度和 H_2S 浓度(体积分数或摩尔分数)从高温 H_2S/H_2 腐蚀曲线(图 9-19 或图 9-20)中查得。对 5Cr-0.5Mo、9Cr-1Mo 和 12Cr 钢材，根据操作温度和 H_2S 浓度从相关文献中查取。当腐蚀率超过 0.3mm/a 时，宜选用不锈钢，当壁厚较厚时，也可选用复合钢板或内壁堆焊不锈钢耐蚀材料。

(2) H_2S-H_2O 或湿 H_2S 环境下的应力腐蚀开裂 SSCC。当压力容器操作介质的液相中含有水，且具备下列条件之一时属于湿 H_2S 应力腐蚀环境，在该环境下容器用材应考虑防止应力腐蚀开裂 SSCC 的问题。

① 水中溶解的 H_2S 超过 50μg/g；

② 水中溶有大于 1μg/g 的硫化物，且溶液的 pH 小于 4.0；

③ 水中溶有少量 H_2S，其 HCN 含量超过 20μg/g，且其溶液的 pH 大于 7.6；

④ 气相中的 H_2S 分压大于 3.43×10^{-4}MPa(绝压)。

(3) 钢材在该环境中的腐蚀反应过程表示如下：

$$H_2S \longrightarrow H^+ + HS^-$$

$$H^+ + S^{2-}$$

阳极反应：

$$Fe \longrightarrow Fe^{2+} + 2e$$

$$Fe^{2+} + HS^- \longrightarrow FeS\downarrow + H^+$$

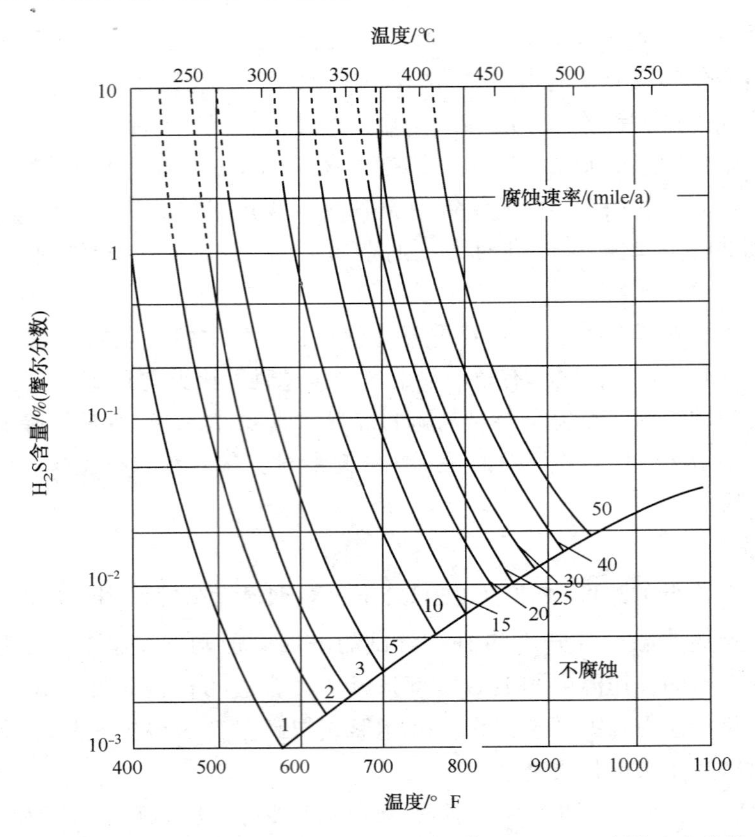

图 9-19　温度和 H_2S 含量与碳钢(在轻油中)高温 H_2S-H_2 腐蚀速率的关系

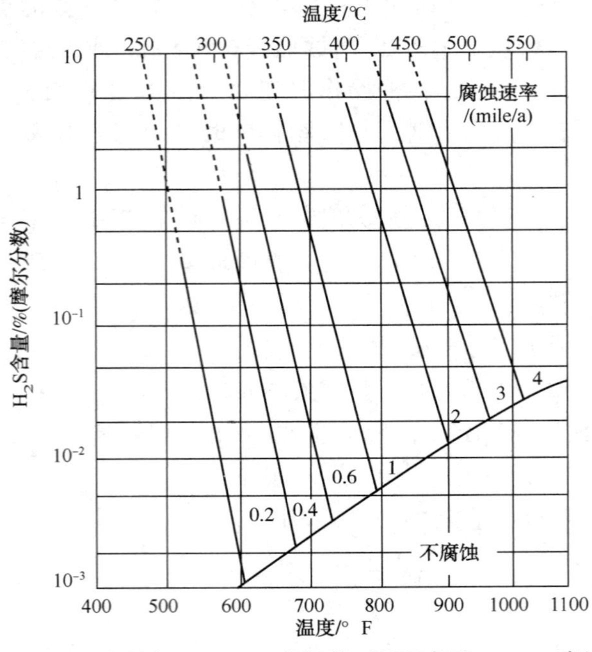

图 9-20　温度和 H_2S 含量与 18Cr-8Ni 奥氏体不锈钢高温 H_2S-H_2腐蚀速率的关系

或　$Fe^{2+}+S^{2-}\longrightarrow FeS\downarrow$

阴极反应：

$$2H^{+}+2e^{-}\rightarrow 2H\rightarrow H_2\uparrow$$

2H(渗入金属内部)

总反应：

$$Fe+H_2S\rightarrow FeS\downarrow+H_2\uparrow$$

2H(渗入金属内部)

从反应过程可知，硫化氢在水溶液中离解出的氢离子，从钢材表面午到电子后还原成氢原子。氢原子之间有较大的亲和力，易结合形成氢分子排出。然而，介质中的硫化物、氰化物(氯离子)等削弱这种亲和力，部分抑制了氢分子的形成，这样一来原子半径极小的氢原子就很容易渗入到钢材内部并溶入晶格中。固溶于晶格中的氢有很强的游离性，在一定条件下将导致材料的脆化和氢损伤。因此，湿 H_2S 环境除了可以造成过程设备的均匀腐蚀外，更重要的是引起一系列与钢材渗氢有关的腐蚀开裂。一般认为，湿 H_2S 环境中的开裂有氢鼓泡(HB)、氢致开裂(HIC)、硫化物应力腐蚀开裂(SSCC)、应力导向氢致开裂(SOHIC)四种形式。

① 氢鼓泡(HB)。腐蚀过程中析出的氢原子向钢中扩散，在钢材的非金属夹杂物，分层和其他不连续处易聚集形成氢分子，由于氢分子直径较大难以从钢材组织内部逸出，从而形成巨大的内压，导致周围组织屈服，形成表面层下的平面孔穴结构称为氢鼓泡。它的分布与钢板表面平行。它的发生无需外加应力，与材料中的夹杂物等缺陷密切相关。

② 氢致开裂(HIC)。在氢气压力的作用下，不同层面上的相邻氢鼓泡裂纹相互连接，形成阶梯状特征的内部裂纹称为氢致开裂，开裂有时也可扩展到金属表面。HIC 的发生也无需外加应力，一般与钢中高密度、大平面夹杂物或合金元素在钢中偏析所产生的不规则微观组织有关。

③ 硫化物应力腐蚀开裂(SSCC)。湿 H_2S 环境中腐蚀产生的氢原子渗入钢材内部，固溶于晶格中，使钢材脆性增加，在外加拉应力或残余应力作用下形成的开裂，叫做硫化物应力腐蚀开裂。工程上有时也把受拉应力的钢材及合金在湿 H_2S 及其他硫化物腐蚀环境中产生的脆性开裂统称为硫化物蛮力腐蚀开裂。SSCC 通常发生在中高强度钢材中或未经焊后热处理的焊缝及其热影响区等硬度较高的部位。

④ 应力导向氢致开裂(SOHIC)。在应力引导下，在夹杂物或缺陷处因氢聚集而形成的小裂纹叠加并沿着垂直于应力方向(即钢板的厚度方向)发展导致的开裂称为应力导向氢致开裂。这种开裂在一例胺吸收塔爆炸事故中首次得到确认，其典型特征是裂纹沿之字形扩展。有人认为，它也是 SSCC 的一种特殊形式。SOHIC 也常发生在焊缝热影响区及其他高应力集中区，与通常所说的 SSCC 不同之处是，它对钢中的夹杂物比较敏感。应力集中常引起裂纹状缺陷或应力腐蚀裂纹。据报道，在多个开裂案例中都曾观测到 SSCC 和 SOHIC 并存的情况。以上四种氢损伤形式中，SSCC 和 SOHIC 是最具危害性的开裂形式。

钢材对硫化物开裂敏感性和钢的强度、应力水平以及环境的氢浓度有关。提高钢材强度或增加应力水平，开裂就更可能出现。虽然，含硫化氢的水溶液是产生开裂所必要的，但开裂并不只是发生在液体中，在气相中亦会出现，因为冷凝水产生了适合于引起 SSCC 的环境。环境的 PH 值越低，开裂的倾向越大。

利用图 9-21 可以方便地判断在 H_2S 环境中，H_2S 分压是否超过了 3.43×10^{-4}MPa。

例如：(a)在一个含 H_2S 浓度为 0.01%(摩尔分数)、总压为 7MPa 的系统中，其 H_2S 分压超过了 3.43×10^{-4}MPa(见图 9-21 中的 A 点)。

(b) 在一个含 H_2S 浓度为 0.005%(摩尔分类)、总压为 1.4MPa 的系统中，其 H_2S 分压未超过 3.43×10^{-4}MPa(见图 9-21 中的 B 点)。

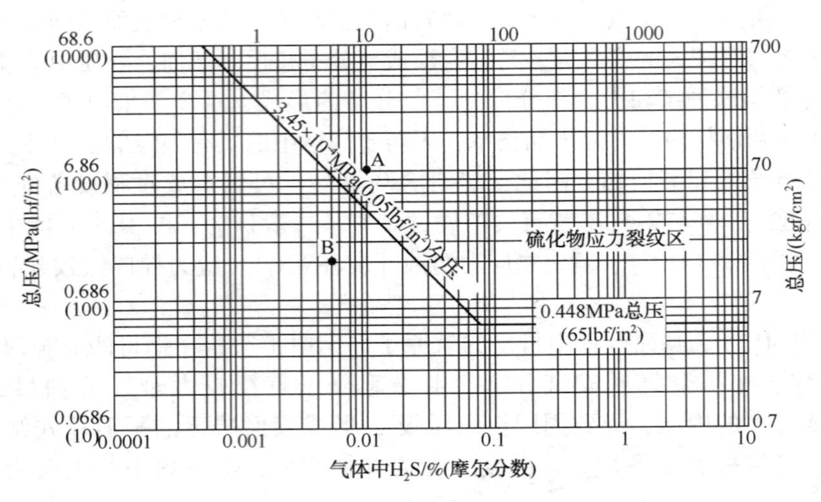

图 9-21 湿硫化氢环境判别图

耐蚀材料：一般情况下可选用硫和磷含量低以及硬度也低的镇静碳钢或不锈钢或复合钢板，当介质中含有氯离子时，不能选用单相奥氏体型不锈钢。

4. 应力腐蚀

金属材料的应力腐蚀开裂，是指在静拉伸应力和腐蚀介质的共同作用下导致的腐蚀破裂。它与单纯由应力造成的破坏不同，这种腐蚀在极低的应力条件下也能发生；它与单纯由腐蚀引起的破坏也不相同、腐蚀性极弱的介质也能引起应力腐蚀破裂。它往往是没有变形预兆，进展迅速地突然断裂，容易造成严重的事故。因此它是危害性很大的一种腐蚀破坏形式。

金属材料发生应力腐蚀的特征，可从以下四方面说明：

(1) 应力。产生应力腐蚀的应力主要是其中的静态部分，它可以是外加载荷或装配力(例如拧螺栓的力、胀接力等)引起的应力、也可以是构件在加工、热处理、焊接等过程中产生的应力。不论来源如何，导致应力腐蚀破裂的应力必须有拉伸应力的成分，压缩应力是不会引起应力腐蚀破裂的。此外，这种应力通常是比较微小的。如果不是在腐蚀环境中，这样小的应力不会使构件发生机械性的破坏。构成破坏的应力值要根据材料、腐蚀介质等具体情况来确定。

(2) 腐蚀介质。不是所有介质都能引起应力腐蚀、也不是所有材料在应力腐蚀介质中都会发生应力锈蚀，只有当介质和材料构成某种组合时才会发生应力腐蚀。引起应力腐蚀的常见介质见表 9-4。

表 9-4　引起应力腐蚀的常见介质

材料	介　质
普通钢	氢氧化物溶液；含有硝酸盐、碳酸盐、硫化氢的水溶液；海水、硫酸-硝酸混合液；溶化的锌、锂；热的三氯化铁溶液；液氨
奥氏体不锈钢	酸性和中性的氯化物溶液；海水；熔融氯化物；热的氟化物溶液；热的氢氧化物溶液

（3）材料。一般认为，极纯的金属不会产生应力腐蚀破坏。只有在合金或含有杂质的金属中才会发生。例如：纯铜在氢氧化铵溶液中不发生应力腐蚀，但只要其中含有 0.004%的磷，就有产生应力的可能性；纯铁在硝酸盐中能耐腐蚀，但工业纯铁的应力腐蚀现象就很明显。因此，在工业上应用的各种材料差不多都具有应力腐蚀敏感性，而且其成分、组织、热处理等对它的敏感性有很大的影响。

（4）破坏过程。金属材料的应力腐蚀破坏过程一般可分为以下几个阶段：

① 孕育阶段。这是在应力腐蚀裂纹产生以前一段时间（孕育期），为裂纹的成核作准备。

② 裂纹稳定扩展阶段。在应力和腐蚀介质的联合作用下，裂纹缓慢地扩展。

③ 裂纹失稳扩展阶段。这是最后发生的机械性破坏。

不是所有的应力腐蚀过程都能明显地观察到这几个阶段。如果材料表面具有足以引起应力腐蚀裂纹的缺陷，则它一开始就会进入扩展阶段而不需要孕育期；还有些材料对应力腐蚀很敏感，裂纹一旦成核后，就以很快的速度扩展，几乎没有裂纹稳定扩展期。

（三）抗氢钢

在预加氢部分和重整部分的反应器、换热器和分离器等设备的操作介质通常是氢气或氢气占很大比例的混合油气，而且工艺过程又多是在高温条件下进行的，例如重整反应器的操作压力为 0.5~2.0MPa，温度为 530℃。因此这些设备不但需要解决高温下的强度问题，还需要解决氢腐蚀问题。

氢气在温度低于 200℃和压力低于 69MPa 的条件下，对普通碳素钢是不会发生氢腐蚀的，但在温度较高和压力较低的条件下也会对碳素钢产生氢腐蚀。钢材氢腐蚀的速率随压强和温度的升高而加快。钢材发生氢腐蚀的起始温度和起始压强见图 9-18（纳尔逊曲线）。

钢材抗氢性能的好坏，主要取决于钢材中合金元素的含量，它随着钢中铬、钼含量的增加而提高。碳钢仅限于在一定的温度和压力范围内使用，随着温度和压力的逐渐提高，应依次选用合金含量逐步增高的，公称成分为 1Cr-0.5Mo、1.25Cr-0.5Mo-Si 和 2.25Cr-1Mo 等钢材。但重整反应器等容器在使用 2.25Cr-1Mo 等铬钼钢时，会产生回火脆性，这就要求我们了解回火脆性的特性及防止措施。

（四）Cr-Mo 钢的回火脆性

钢材长期在某一温度范围内操作而产生的冲击韧性下降（或韧脆转变温度升高）现象称为回火脆性。

1. Cr-Mo 钢回火脆化的一般特性

（1）Cr-Mo 钢回火脆化发生在 315~595℃的温度范围内，接近这个温度范围的上限时，脆化速率高，接近这个温度范围的下限时，脆化发展缓慢。炼油工业中的重整反应器等临氢压力容器就正好长期操作在这一温度范围内，故这一现象引起了人们的极大关注。

(2) 脆化材料和非脆化材料的差别，仅表现在缺口冲击韧性和韧脆转变温度的不同，而拉伸性能无明显差别。回火脆化的程度一般是靠韧脆转变温度的升高来表明的。回火脆化对上平台冲击仅有轻微的影响。

(3) 大量试验表明，在压力容器常用的Cr-Mo钢种中，含Cr量为2%~3%的Cr-Mo钢回火脆化倾向最严重。

(4) 在P(磷)、Sb(锑)、Sn(锡)、As(砷)微量不纯元素含量高的情况下，脆化倾向特别显著，多量的Si和Mn对脆化具有促进作用。

(5) 钢材不论是脆化状态，还是韧性状态，其金属组织用一般显微镜观察看不出有什么差别。奥低体晶粒度粗大的，脆化敏感性高。脆化敏感性的程度，按金相组织马氏体、贝氏体、珠光体的顺序依次降低。

(6) 脆化是可逆的。严重脆化了的材料，在593℃(1100℉)以上加热一段时间便可脱脆。

2. 回火脆化与化学成分的关系

通过大量的研究工作发现，2.25Cr-1Mo钢的回火脆化敏感性，主要取决于钢中P、Sb、Sn和As杂质元素的含量。通常降低钢材脆化敏感性的方法是尽可能降低杂质元素含量。

伯拉斯柯托(Bruscato)提出了预计焊缝金属脆化敏感性的关联系数：

$$X = (10P + 5Sb + 4Sn + As) \times 10^{-2}$$

(在国外标准和技术文件中，通常表示为X)

式中，X为焊缝金属回火脆化敏感性系数，各元素单位为μg/g。

当氢X系数与Mn、Si含量之和相关联时，显示出与手工焊缝熔敷金属的脆化敏感性有很好的关联性，X系数和(Si+Mn)含量都高时，脆化敏感性很高。X系数大于15，(Si+Mn)含量大于1.4%的手工焊熔敷金属，经分步冷却脆化处理后，夏比V冲击功为54J时相应的转变温度增量明显加大。

日本渡边等从对板材和锻件所做的试验研究工作提出了一个与X系数相似的回火脆化敏感性系数，考虑到Sb在2.25Cr-Mo锻件和钢板中的含量通常较低(≤0.003%)，As的影响相对较小，因此提出了用J系数来预测钢材的脆化敏感性。

$$J = (Si + Mn) \times (P + Sn) \times 10^{4}$$

式中，J为钢材回火脆化敏感性系数，各元素的含量以百分数给出。

日本宫野等对大量的2.25Cr-1Mo钢进行了脆化敏感性试验，并将试验结果和对应的J系数绘制成图(见图9-22)，从图中可以看出，回火脆化敏感性随着J系数的增加而加大。

3. 防止产生回火脆化的措施

回火脆化在生产中逐渐为人们所了解，并积累了大量的经验。普通认为回火脆化是由于微量有害元素P、Sb、Sn和As沿奥氏体晶界产生偏析所致，其中P的影响最大，另外Si、Mn元素对脆化起促进作用。因此，控制钢材中的Si、Mn含量和微量有害元素含量是防止产生回火脆化的基本措施，同时开发出了简易的评定钢材回火化倾向的方法。

（1）回火脆化的评定。回火脆化表现为夏比V冲击功值的下降，通常采用脆化前后的韧脆转变温度差，即图9-23中ΔTr来表示。

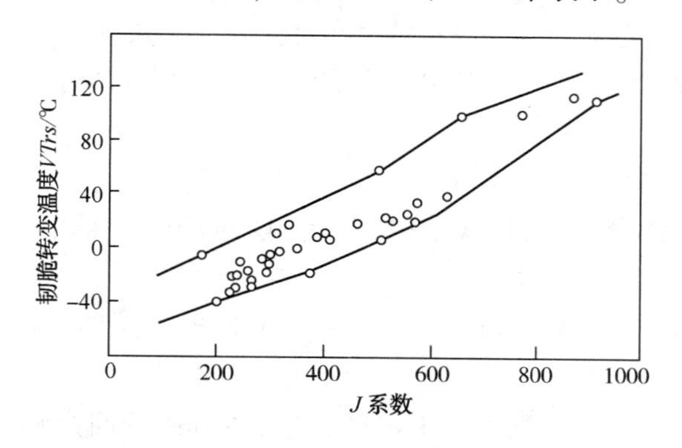

图9-22　J系数与韧脆转变温度$VTrs$的关系

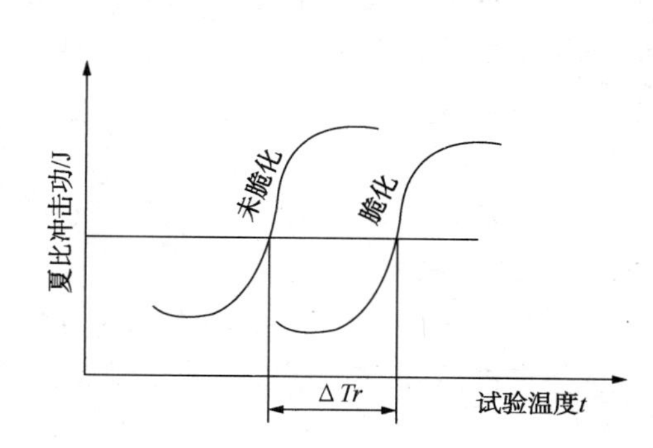

图9-23　脆化的图示说明

要比较和检测钢材的脆化程度，最符合实际的方法是在脆化温度范围内进行等温时效处理，但需要长达几万小时的时间，工程上是难以实现的。现在普遍采用美国通用电气公司开发、经美国SOCAL公司改进、在短时间内进行的使钢材产生一定程度脆化的模拟法，即分步冷却(Step cooling)法。其程序如图9-24所示，此图称为“SOCAL No1”。

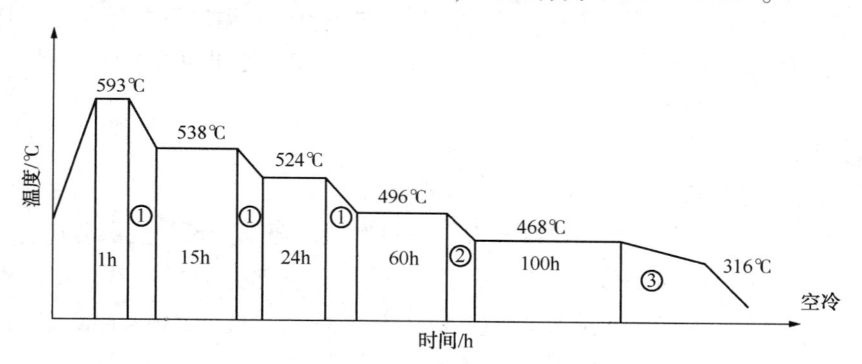

图9-24　分步冷却脆化处理程序

（2）控制回火脆化倾向的措施。根据对Cr-Mo钢回火脆化的试验研究、结合我国当前钢厂的炼钢技术能力和压力容器制造厂的生产条件和技术水平，通常采用以下方法来防止Cr-Mo钢在使用中产生的脆化问题。

① 控制钢材的回火脆化敏感性系数J和焊缝金属的回火脆化敏感性系数X。目前很多工程公司对2.25Cr-1Mo钢采用下列控制指标：

$$J=(\mathrm{Si}+\mathrm{Mn})(\mathrm{P}+\mathrm{Sn})\times10^{4}\leqslant120$$

式中元素以其百分数含量代入，如0.15%以0.15代入；

$$X=(10\mathrm{P}+5\mathrm{Sb}+4\mathrm{Sn}+\mathrm{As})\times10^{-2}\leqslant15\times10^{-6}$$

式中元素以10^{-6}含量代入，如0.01%以100×10^{-6}代入。

此外，尚应限制硫含量小于0.010%。

当然，这些要求不是一成不变的。在最早发现Cr-Mo钢回火脆化现象时，曾要求$J\leqslant250$，$X\leqslant25\times10^{-6}$。现在国内外相关工程公司，根据自己的经验，其要求也有所不同。

② 控制钢材和焊缝金属的脆性转变温度。通过对钢材和焊缝金属的加速脆化处理，看其脆化倾向。通常以分步冷却前后转变温度增中值 $\Delta VTr54$（见图 9-25）来衡量钢材及焊缝金属脆化倾向的程度，此值越大，意味着脆化倾向越明显。钢材操作若干年后，预计的转变温度如下式所示，其中 x 系数是调整短期加速脆化和长期等温脆化之间的差别，y 值是钢材脆化后转变温度的控制值。

$$VTr54 + x\Delta VTr54 \leqslant y(℃)$$

式中　$VTr54$——经最小焊后热处理（Min PWHT）后的夏比 V 冲击功为 54J 时的转变温度，见图 9-25 中曲线 A；

$\Delta VTr54$——经 Min PWHT+SC（分步冷却）脆化处理后（曲线 B）的夏比 V 冲击功为 54J 时相应于曲线 A 的转变温度增量，如图 9-25 所示。

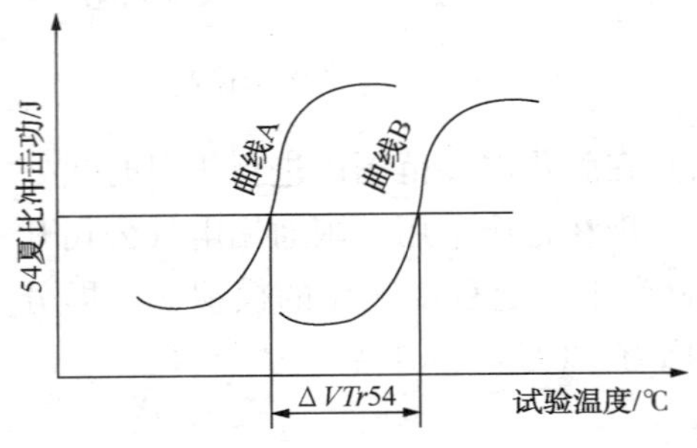

图 9-25　冲击功与试验温度的关系曲线

目前，国内外工程工司对 2. 25Cr-1Mo 钢回火脆化转变温度的要求也趋于接近，例如 ASTM A-387/工-387 同-99（2001）中要求 VTr54+2. 5$\Delta VTr54$ ≤10℃。

图 9-25 中曲线 A、曲线 B 各取 8 个（也有取出个的）适当的试验温度进行夏比 V 冲击试验，曲线 A、曲线 B 在每个试验温度下各需 3 个试样，试样的总数为（3×8×2）48 个，曲线应平滑完整，并应有上下平台值。

（五）设备选材

重整装置的预加氢部分和反应再生部分在高温临氢条件下操作，设备选材应当满足耐高温和抗氢腐蚀的要求。预加氢部分还含有硫和硫化氢腐蚀介质，还需考虑高温和低温硫和硫化氢腐蚀。再生部分的再生器，在烧焦时有 CO、CO_2 和氯化物等腐蚀气体产生，在确定再生器的材料时，应注意到烧焦生成气对钢材的腐蚀和氯化物溶液对奥氏体不锈钢的应力腐蚀开裂。

从纳尔逊曲线可知，钢材抗氢性能的好坏，主要取决于钢材中合金元素的含量。碳钢仅限于在一定的温度和压力范围内使用，随着温度和压力的逐渐提高，应依次选用合金公称万分含量逐渐增高的 1. 25Cr-0. 5Mo、1. 254Cr-0. 5Mo-Si 和 2. 25Cr-1Mo 钢等。

1. 预加氢反应器和预加氢进料/反应产物换热器

预加氢反应器和预加氢进料/反应产物换热器的操作压力约为 2MPa，操作温度约为 370℃，根据这样的操作条件和操作介质，国内外公司通常选用公称成分为 1Cr-0. 5Mo 钢。又由于预加氢反应器和预加氢进料/反应产物换热器的操作介质中含有 H_2S，需要考虑高温 H_2S 腐蚀. 根据 H_2S 含量及操作温度，从 H_2S 腐蚀曲线中可查出腐蚀率，以此来确定预加氢系统高温部位的选材，如选用 0Cr13、0Cr18Ni10Ti 或 00Cr17Ni14Mo2 等不锈钢材料。从充分发挥 15CrMo 钢的强度和不锈钢的耐腐蚀性以及从节省投资等综合考虑，预加氢反应器及预加氢时料/反应产物换热器壳体选用 0Cr13（0Cr18Ni10Ti 或 00Cr17Ni14Mo2）+15CrMoR 复合钢板界面产生的温差应力小，但耐蚀性不如 0Cr18Ni10Ti（00Cr17Ni14Mo2），可焊性不好。

0Cr18Ni10Ti 或 00Cr17Ni14Mo2 钢虽然存在 370℃时与 15CrMo 钢的线膨胀系数不同而产生的温差应力，但随着这些年来复合钢板制造工艺的改进和制造技术的提高，复合钢板界面的贴合率和剪切强度有了大幅度的改善，界面结合率可以达到 100%，界面剪切强度远远高于 200MPa，只要供应的复合钢板性能符合设计技术条件，可以承受 1000℃以上高温冲压封头和其他的热加工，不会由于温差应力大而使得复合钢板在加工和使用过程中出现分层和鼓泡现象。

在一些公司的预加氢进料中，还含有微量的氯化物，在有凝结水出现的低温环境中，氯化物会离解产生氯离子，先成奥氏体不锈钢的应力腐蚀开裂，此时可选用能防止微量氯离子产生应力腐蚀开裂的 00Cr17Ni14Mo2+15CrMoR 复合钢板和 00Cr17Ni14Mo2 换热管。低温部位的预加氢进料/反应产物换热器同时会出现低温湿 H_2S 腐蚀环境，宜选用低强度的 Q245R、10 号换热管等材料，加上防腐层，不宜选用 18-8 型奥氏体联绵不锈钢。如选择用 Q345R，需控制钢材的碳当量和 S、P 含量，设备进行削除应力热处理，控制钢材和焊接接头的硬度等。

2. 重整反应及重整进料/反应产物换热器

重整反应器及重整进料/反应产物换热器等设备的操作压力约为 0.5～2.0MPa，操作温度约 530℃。根据这样的操作条件和操作介质，从纳尔逊曲线可知，选择用公称成分为 1Cr-0.5Mo、1.25Cr-0.5Mo-Si 和 2.25Cr-1Mo 钢材均可。但这些设备几乎不用 1Cr-0.5Mo 钢而是普遍采用 1.25Cr-0.5Mo-Si 和 2.25Cr-1Mo 钢。这是因为 1Cr-0.5Mo 钢中，铬含量低，在约 545℃设计温度下的许用应力偏低。更为重要的是，同于铬含量低，设备长期在此高温下操作时，碳化物从晶内析出到晶界以外，由于低熔点杂质和微量元素偏析而使晶界结合力下降，当结晶晶粒内部与晶界的原子结合力之差较大，且在高温下钢材发生变形，伴随着产生应力释放，在应力集中区（如开口接管与其他形状不连续处）由于应力释放所引起的变形量超过了晶界的变形能力时，就导致了晶界的开裂。在生产中曾有过报道，采用 1Cr-0.5Mo 或 1.25Cr-0.5Mo-Si 钢制造的反应器或管线，长期在 500℃以上的条件下操作，应力集中区出现了裂纹。因此，最近国内外在重整反应器类高温临氢设备中，实际上已很少甚至不选用 1Cr-0.5Mo 钢。

1.25Cr-0.5Mo-Si 钢具用高温强度高、抗氢性能好，回火脆化不敏感，可焊性好和造价低等优点，但高应力区存在产生高温裂纹的危险，在作了一系列改进之后，1.25Cr-0.5Mo-Si 钢在重整反应器类高温设备上应用还是可行的。改进 1.25Cr-0.5 Mo-Si 钢的措施如下：

（1）降低形成弱化晶界元素的含量，如 P 含量小于 0.012%，Sn 含量小于 0.015%。

（2）提高焊后热处理温度。就最佳结综合力学性能来讲，1.25Cr-0.5Mo-Si 钢的焊后热处理温度采用 675℃是比较合适的，但为了较彻底消除残余应力，宁可强度（在满足钢材标准规定的强度指标条件下）储备少一点，避免高温裂纹的产生，将焊后热处理温度采用 690℃或更高是恰当的。

（3）在设计受压壳体时，尽量减少应力集中区，如开口接管采用翻边对接补强，连接过渡处采用一定的圆角，不采用不连续结构。

（4）容器的操作温度超过 441℃（825℉）时，应选用强度级别较低的 SA387Gr1GL1。

1.25Cr-0.5Mo-Si 钢的回火脆化倾向是存在的，但其脆化量较小，且不明显。回火脆化量的大小与微量元素（特加盟是 P）含量的多少、*X* 系数的高低有关。有的公司要求对1.25Cr-0.5Mo-Si 钢进行回火脆化进行评定，而有的公司只求控制 *J* 系数和 *X* 系数，且把 S、P 和 Sn 含量控制在一定的水平即可。另外，现已发生在纳尔逊曲线安全区内使用的 1.25Cr-0.5Mo-Si 钢，出现了氢损伤，其原因之一是微量元素偏高，*X* 系数过高(达到31.5μg/g)。因此，在使用1.25Cr-0.5Mo-Si 钢时，应对 *X* 系数提出较严的要求。

从抗氢角度考虑，重整反应器等高温临氢设备选用2.25Cr-1Mo 钢显得裕量偏大。但由于2.25Cr-1Mo 钢的抗高温蠕变裂纹的能力好，且温度大于500℃时的许用应力比1.25Cr-0.5Mo-Si 高，所以在设计压力较高、容器直径较大、壳体壁厚较厚时，选用2.25Cr-1Mo 钢是合适的。虽然2.25Cr-1Mo 钢的回火脆性较大，对材料中的杂质元素和微量元素含量限制较严，制造要求也高，但随着炼钢技术的日益提高，制造技术的日趋完善，现在用2.25Cr-1Mo 钢制造的容器，满足抗回火脆性要求已是一项成熟的技术。

综上所述，重整反应器类高温设备用钢，不宜选用1Cr-0.5Mo 钢和选用2.25Cr-1Mo 钢较好。

3. 再生器

为了保持催化在最佳性能条件下操作，催化剂表面的积炭需要在再生器内烧掉，并在再生器内完成氧氯化和干燥等工序，恢复催化剂活性性能。再生器的操作温度高(550℃)，并含有氯化物等腐蚀气体，烧焦时又产生各类碳氧化物，一旦再生器的温度出现在露点之下，便会形成氯化物等的水溶液，对奥氏体不锈钢造成应力腐蚀开裂，因此国外某工公司对再生器主体材料曾一度选用价格较贵的能抗应力腐蚀开裂的 Incoloy800(Cr33Ni25)钢，现已改为316 型(0Cr18Ni12Mo2)或 321 型(0Cr18Ni10Ti)钢。而另一家国外公司则一直选用0Cr18Ni10Ti 或 0Cr18Ni12Mo2 型钢。主要措施是设计再生器内件的结构时不能有死角，同时在操作上采取措施，避免再生器的温度低于露点，防止氯化物水溶液的形成和积聚，从而避免发生应力腐蚀开裂，达到降低用材等级的目的。

4. 预加氢分馏塔和塔顶回流罐

在预加氢装置，分馏塔上部、塔顶冷凝器、空冷器和塔顶回流罐等容器中含有 H_2S，且操作温度会低于露点，如果出现湿 H_2S 环境，设备就有可能出现 SSCC 或 SOHIC，与钢的强度，应力水平及环境的 pH 值有关。通常在预加氢装置的分馏塔和塔顶回流罐中的 H_2S 浓度不高，操作压力较低，选用强度级别较低的钢，如 Q345R。若选用 Q345R 类钢材时，就应采取避免发生硫化物应力腐蚀开裂和应力导向氢致开裂的措施。此外，在回流罐下部有 H_2S 水溶液存在，它会电成 H^+ 和 S^{2-}，S^{2-} 与器壁反应生成 Fe_3S，易腐蚀容器，因而回流罐无论是选用 Q245R 还是 Q345R，均宜在容器下部涂环氧树脂类涂料或衬耐酸水泥衬里，防止 H_2S 水溶液腐蚀。

第二节　加热炉

催化重整装置中的油品蒸馏和重整反应其所需的热量由加热炉提供，因此在装置中常常可以见到庞大的炉群，原料预处理部分和重整反应部分一般有 7~8 台加热炉。

催化重整装置中的管式炉是直接见火的加热设备。燃料在管式炉的辐射室内燃烧，释放出的热量通过辐射传热和对流传热传递给炉管，再经过传导传热和对流传热传递给管内的被加热介质。管式炉的盘管要承受高浊、压力和介质腐蚀；而且介质是易燃、易爆的油和氢气。与本装置中其他设备完全不同的是管式炉内的传热递是通过炉管管壁进行的。由于需要足够的传热温差，加上内膜热阻、焦垢层热阻、管壁金属热阻和各种受热不均匀性的作用，管壁温度一般要比管内介质高几十到一百多度。管式炉中的盘管直接见火，任何泄漏都可能造成爆炸或火灾，这也是非见火设备不能相比的。

管式加热炉是连续运转的，它的运行是否平稳将影响全装置的长周期操作。

在重整装置中，管式炉的主要特点表现为加热温度高，传热能力大。如果由于设计和操作不当而使炉温局部过高，就会发生管内流体结焦、炉和烧穿、炉衬烧塌等事故，从而迫使装置停工检修；反之，如果设计和操作不当而使炉温过低或局部过低，则管内流体达不到工艺所需的温度，直接影响装置的处理量。重整装置中加热炉数量众多，特别是大型、高温、高传热强度的管式炉，其选型、设计、操作的好坏对装置的正常生产、燃料节约和经济效益的提高十分重要。据国内近几年开工投产的重整装置投资数据统计，加热炉的投资约为全装置的12%~18%，由北可见，加热炉在重整装置中占有举足轻重的地位，是重整装置中的核心设备之一。

重整装置的加热炉按用途可分为三类：预加氢进料加热炉、各种塔底重沸炉、重整反应进料加热炉。

一、炉型

（一）预加氢进料加热炉和塔底重沸炉

预加氢进料加热炉和塔底重沸炉一般采用炼油厂常用的对流-辐射型圆筒炉(见图9-26)。加热炉的对流段炉管为水平管。“下部”对流管由于靠近加热炉的辐射段，受到炉膛火焰和高温类烟气的强烈辐射，为避免局部过热，一般对流管的下部三排炉管为光管，其他各段均采用高效传热的翅片管或钉头管。

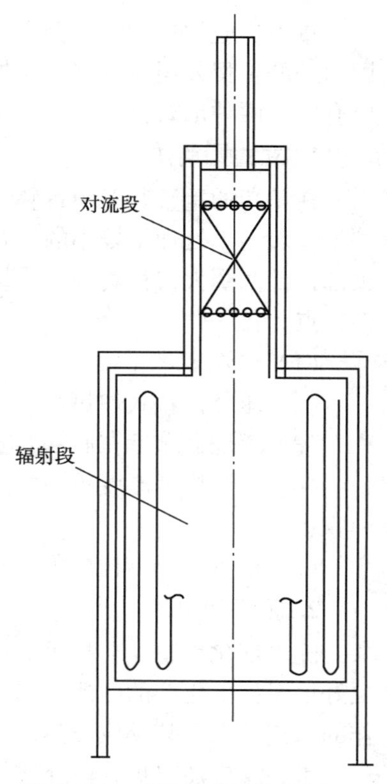

图9-26　对流-辐射型圆筒炉

加热炉的辐射段炉管为靠墙布置的立管，直接接受火焰和炉墙的高温辐射。工艺介质先经加热炉的对流段预热，然后经转油线进入辐射段加热到工艺所要求的温度。

一般采用的燃烧器为气体燃烧器或油-气联合燃烧器。气体燃烧器温控灵敏，调节方便灵活；油-气联合燃烧器温控响应速率比气体燃烧器慢一点。对于预加氢进料加热炉，由于工艺的出炉温度要求较为严格，出炉的温度偏差较小，要求温度控制响应快，常常采用气体燃烧器。塔底重沸炉出炉温度的范围较宽，一般可采用油-气联合燃烧器。

预中氢进料加热炉的管材比较特殊，由于管内被加热介质中含有一定量的H_2和H_2S，对炉管有腐蚀。常规的选材为抗H_2+H_2S腐蚀的Cr5Mo或06Cr9Ni10。预加氢炉一般为

2~4路，管内流速一般为300~500kg/(m^2·s)。

塔底重沸炉的炉管材质为碳钢，一般选用10号钢或20号钢石油裂化管。重沸炉管路一般为2~4路，管内流速一般为730~980kg/(m^2·s)。

对于多路进料的加热炉，流量过低容易造成偏流，严重时，炉管局部过热，造成炉管破裂或事故。因此在操作上必须重视各路流量的调节和控制。

对于一般的加热炉，炉膛温度控制其实质就是加热炉的燃烧控制，在常规的控制系统中，一般将加热炉的炉膛温度作为副参数，被加热介质的总出口温度为主参数构成与燃料油、燃料气阀门的串级调节回路。

加热炉支路出口温度控制的常规方法是，在各支路入口上安装各自的流量变送器和控制阀，用炉出口汇合后的温度来调节加热炉的燃料量。这种调节方法，只能将加热炉总出口温度保持在规定的范围内，而各支路的出口温度会有变化，某一路炉管有可能局部过热而结焦。为了改善和克服这种情况，对于多流路的加热炉也可采用支路均衡控制，其调节方法为：保持通过加热炉的总流量一定，而允许支路流量微小变化；各支路的出口温度自动与炉总出口温度比较，通过公式计算自动调节各支路的进料流量，维持各支路的温度均衡。但各路的流量不能低于流路的流量限制。

（二）重整反应加热炉

重整反应部分的加热炉与重整反应器是一一对应的，有几台反应器就有几台加热炉，一般为3~4台。对于规模较小的重整装置，重整反应加热炉一般采用结构比较简单的圆筒炉；对大型重整装置则采用炉管压降较小、辐射室联合在一起的箱式加热炉。

重整反应加热炉是炉群中的核心，资料统计，其投资占加热炉炉群总投资的60%左右。国内外的工程公司对重整反应加热炉作了大量的工作，分别推出自己公司的炉型和结构，主要有以下两种形式：

1. 立式圆筒炉

在早期的重整装置中重整反应加热炉通常采用纯辐射型立式圆筒炉（见图9-27）。这种炉型一般用于处理量较小的150~300kt/a半再生重整装置，炉内管线呈立管多路并联，辐射顶部设计两圈大口径集合管，炉内出入口管线与该环形集合管连接。燃烧器布置在炉底。炉型特点为：

（1）炉管多路并联。

（2）压降比箱式加热炉大。

（3）燃烧器布置在底部，要以油、气混烧，一般烧气居多。

（4）单炉排烟温度较高，其热效率低。需将排放的高温烟气引入余热回收系统进行热量回收；

（5）单台炉子结构简单，建立造周期短，投资小。

2. 箱式加热炉

随着催化重整工艺技术的进步，重整反应加热炉的结构也发生了重大变化。低压重整能更好地发挥催化剂的效能，因此降低系统压力已成为现在催化重整的发展方向。采用低压操作的工艺要求重整反应加热炉的压降要小。

重整反应加热炉管内介质体积流量小，允许压降小，出炉温度高。加热炉的炉管一般设计为多路炉管并联。多台燃烧器联合供热。早期的立式圆筒型加热炉在结构上已不能满足大

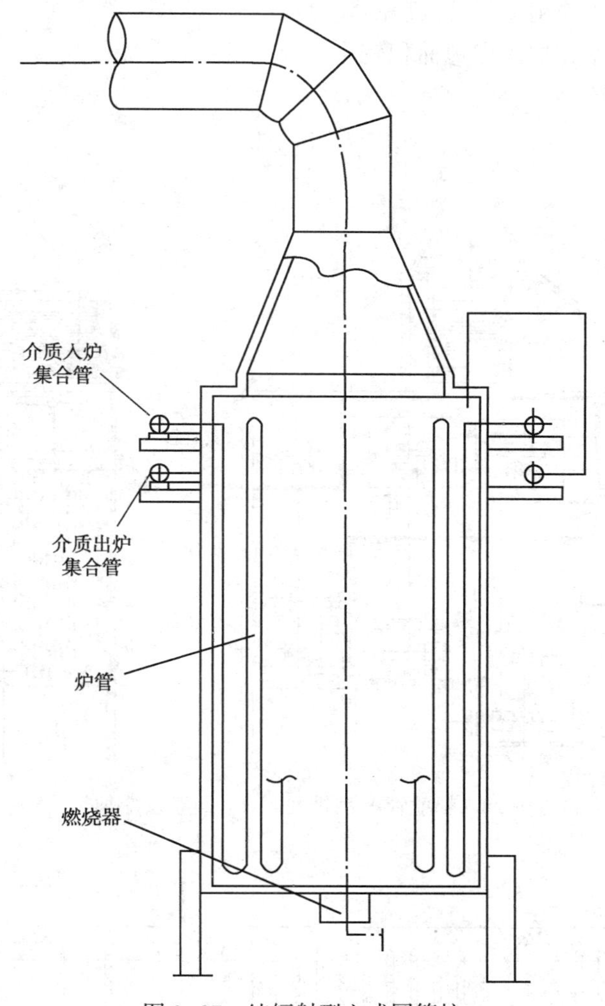

图 9-27　纯辐射型立式圆筒炉

型化的工艺要求。为此，设计上出现了大型联合箱式炉。

（1）辐射室的设计。大型重整反应加热炉的典型设计是将三台或四台加热炉合并为一台大型的箱式加热炉，中间用火墙隔邮三间或四间辐射室，以避免温度相互干扰。每间的炉管为多路并联，一般设计 20~45 路支管甚至更多。各支管的出入口与炉外的大型集合管相连。辐射室的高温烟气进入一个公用的对流室，在对流室产生装置所需的中压蒸汽。燃烧器则根据炉管的排列特点进行特殊布置，有的在炉底，有的在侧墙布置。这种炉型适用于大处理量（400kt/a 以上）重整装置。

辐射室内的炉管，可按 Y 型、竖琴型、正 U 型和倒 U 型排列。不同的炉管排列具有不同的特点。

① Y 型排列。辐射室内的炉管按 Y 型排列（见图 9-28 和图 9-29），此种炉管的排列特点为：

（a）燃烧器底烧时，可烧油也可烧气；燃烧器侧烧时，宜烧气；

（b）集合管位于辐射室顶部，管内的滞留杂物不容易清出；

(c) 炉管采用急弯管相连，管内压降较大；

(d) 炉管排列紧凑，炉体占地面积较小；

(e) 钢结构投资较小。

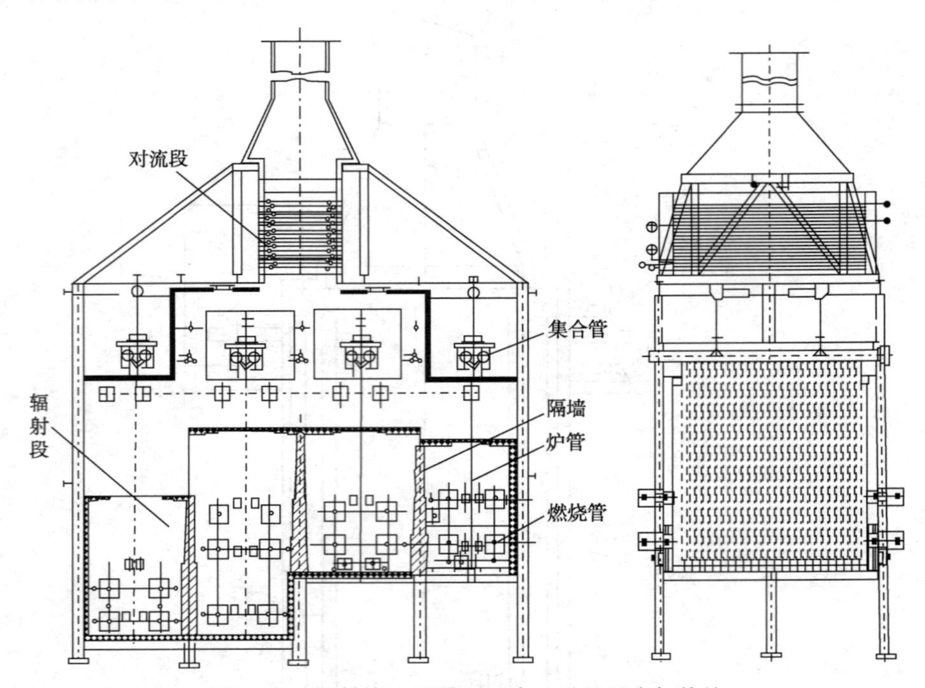

图 9-28　辐射管 Y 型排列四合一重整反应加热炉

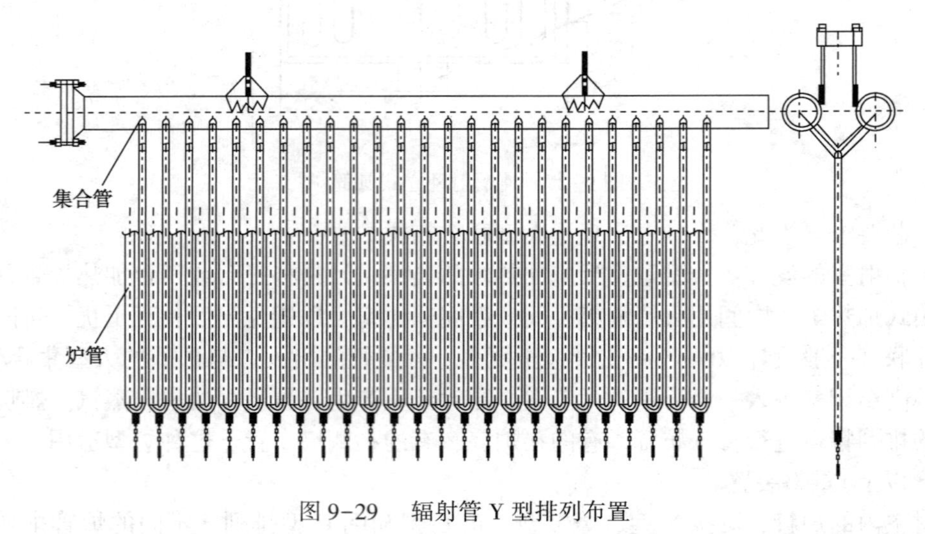

图 9-29　辐射管 Y 型排列布置

② 竖琴式排列。炉管按竖琴式排列，顶底双侧集合管(见图 9-30 和图 9-31)，此种炉管排的特点为：

(a) 适用底烧，可用于油、气混烧；

(b) 集合管位于辐射室顶部和底部，管内的滞留杂物易清出，可通过炉底集合管排放；

(c) 炉管为竖琴式连接，管内压降较小；

(d) 适用于较大的装置；

(e) 集合管由辐射室顶部的弹簧吊挂，易于吸收管系的膨胀；

(f) 由于有上下两组集合管，管系设计、施工较复杂；

(g) 占地较大；

(h) 建设投资较大。

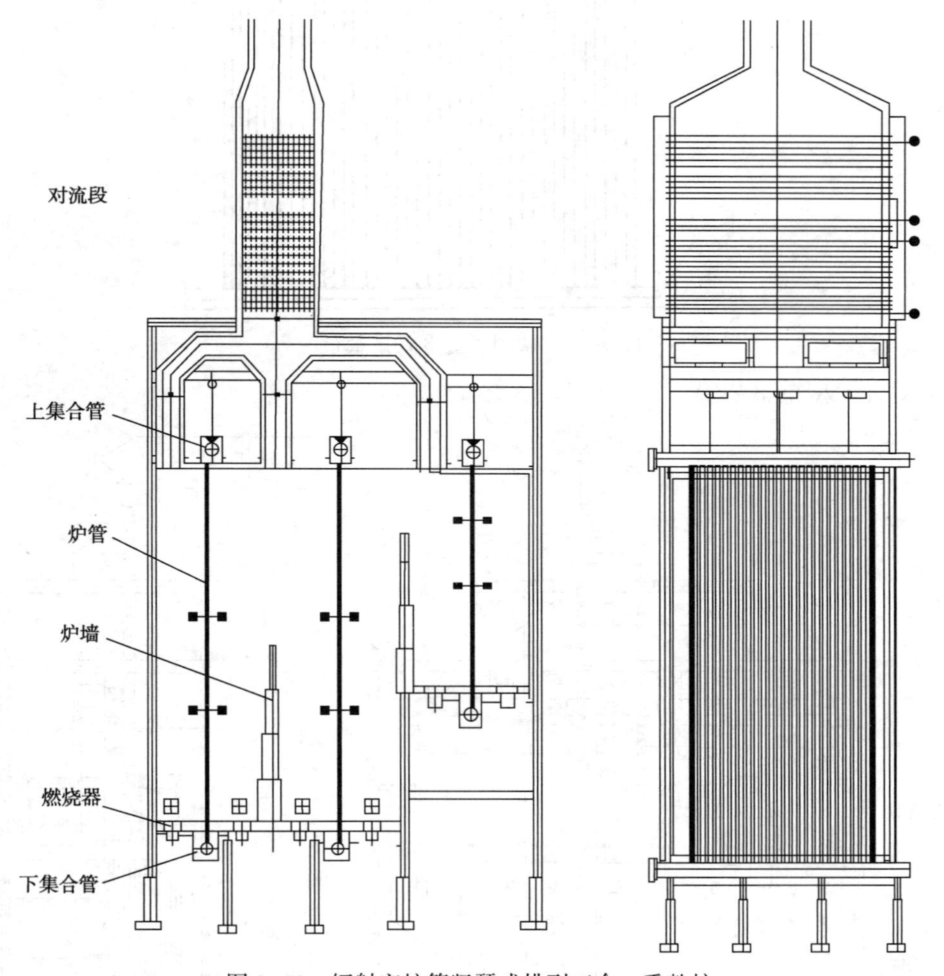

图 9-30　辐射室炉管竖琴式排列三合一重整炉

③ 正 U 型排列。炉管按正 U 型排列(见图 9-32 和图 9-33)此种炉管排列的特点为：

(a) 适宜于侧烧气体燃烧器；

(b) 燃烧器设置在加热炉侧墙上，沿加热炉高度方向多层布置，炉管表面热强度均匀。适合高大的炉膛；

(c) 集合管位于辐射室顶部，管系由集合管顶部的弹簧吊挂，炉顶钢框架承力较大；

(d) 管系由大曲率半径的弯管在炉内相连，管内压降较小。但管内的滞留杂物不易清出；

(e) 占地较大；

(f) 建设投资较大

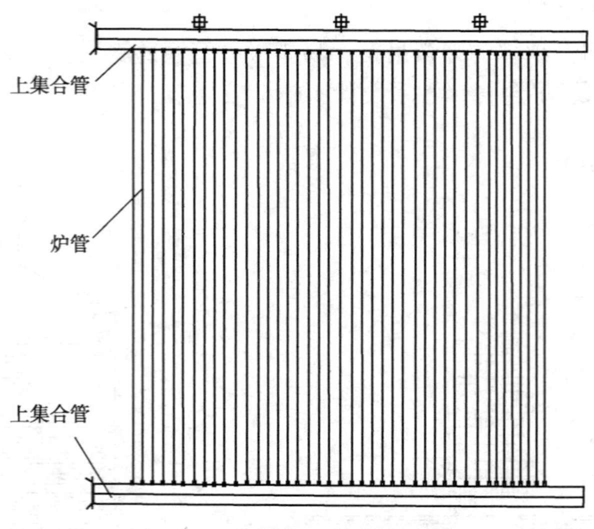

图 9-31　辐射管竖琴式排量布置

(g) 适合大型重整装置。

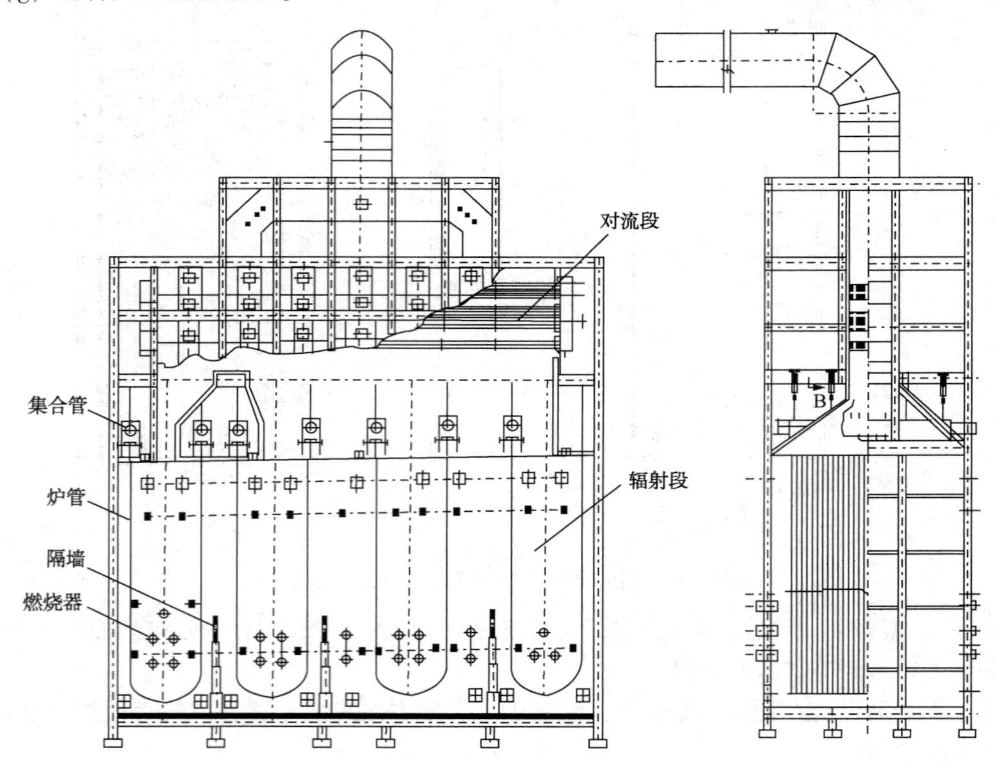

图 9-32　正 U 型炉管排列四合一重整反应加热炉

④ 倒 U 型排列。炉管按倒 U 型排列(见图 9-34 和图 9-35)，此种炉管排列的特点为：

(a) 适用于底烧，可油气混烧；

(b) 集合管位于辐射室底部，管内滞留杂物容易清出；

(c) 管系由大曲率半径的弯管在炉内连接，管内压降小；

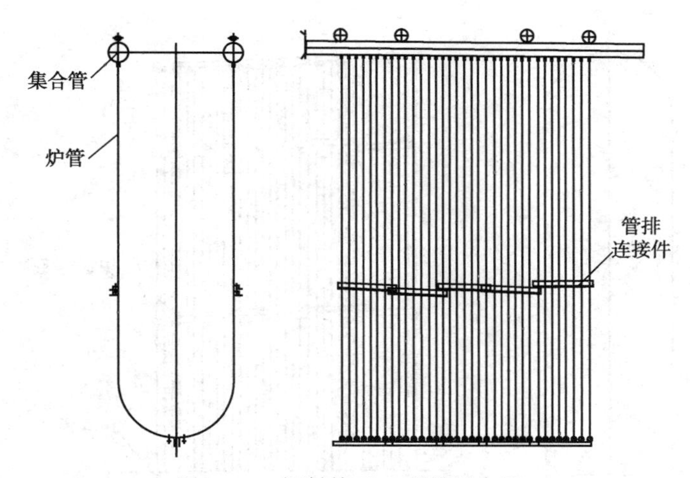

图 9-33 辐射管正 U 型排量布置

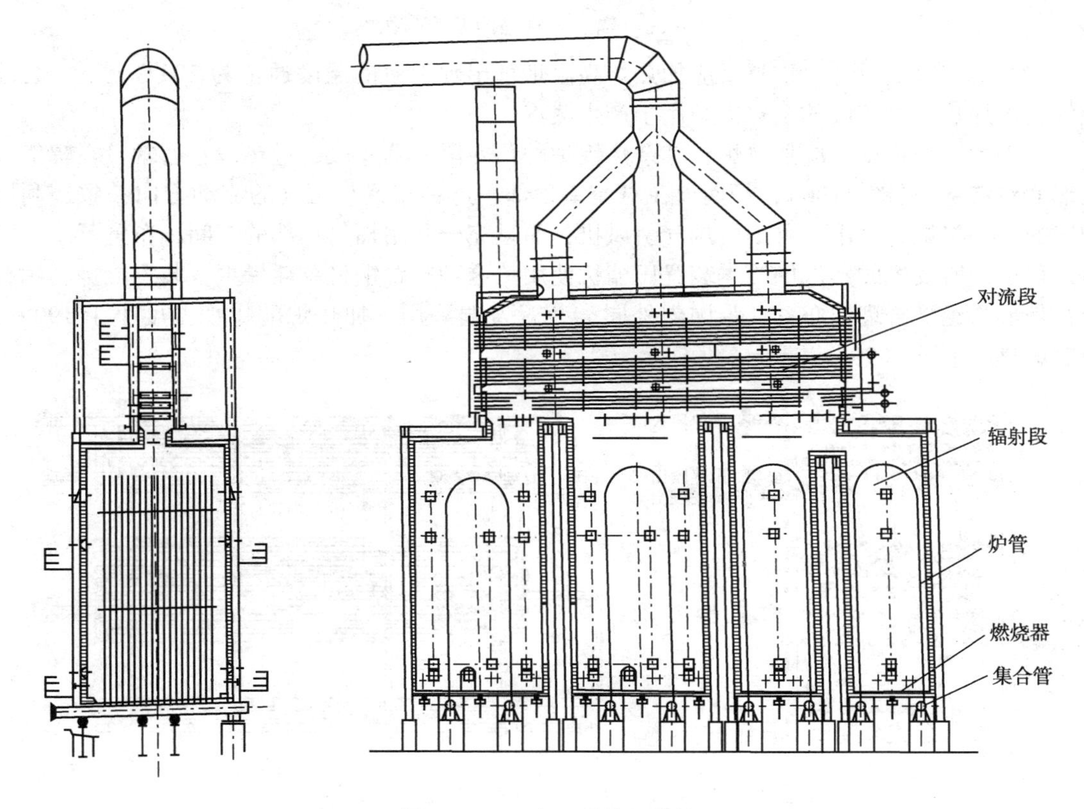

图 9-34 四合一重整加热炉

(d) 集合管在炉底，炉管位于集合管上，且为炉外单独支承，钢结构投资较正 U 型炉省；

(e) 燃烧器安装在炉底，炉管表面热强度的分布不如正 U 型炉均匀；

(f) 炉管不宜太高，太高容易失稳，且固定困难

(g) 适用于中大型重整装置。

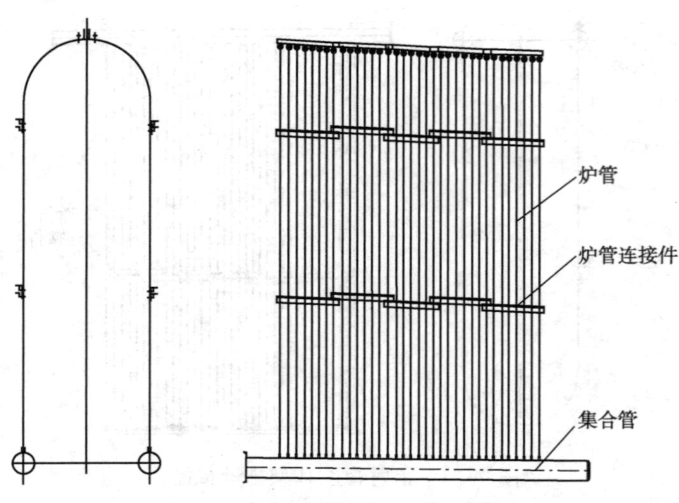

图 9-35　辐射炉管呈倒 U 型排列

(2) 对流室的设计。重整反应加热炉高温烟气出辐射室的温度通常为 770℃上下。高温烟气引入加热炉对流段的余热锅炉用于产生蒸汽。

对于中大型重整反应加热炉，其余热锅炉的预热段、蒸发段、过热段，通常设在辐射室顶部的对流室(见图 9-36)，烟囱设在对流室顶部，这种布置与烟气的流动方向一致，利用烟囱的抽力将烟气排出，可不用烟气引风机，而且充分利用辐射顶部的空间，布置紧凑，占地面积小。所发生的蒸汽供给本装置压缩机使用。这种布置钢材总耗量少，装置能量利用合理，是最为经济合理的布置，为国内外同类装置普遍采用，加热炉的排烟温度小于 190℃，加热炉热效率可达 90%以上。

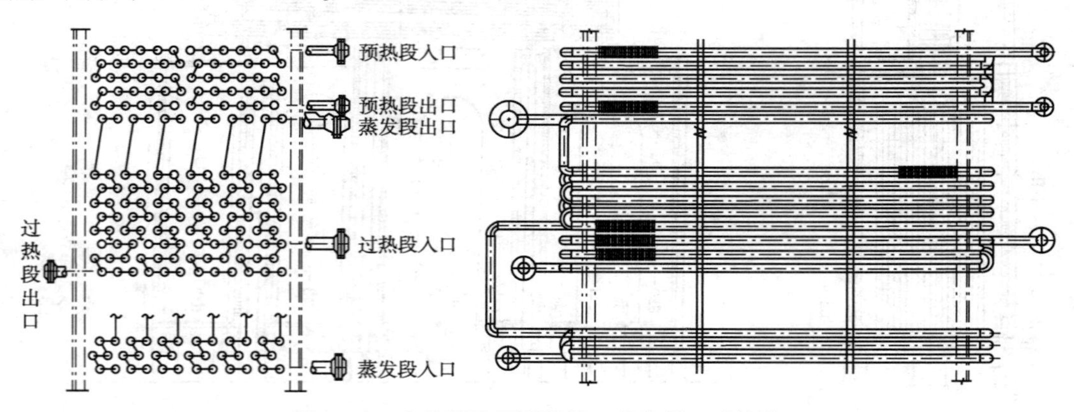

图 9-36　余热锅炉的预热段、蒸发段、过热段

(三) 双面辐射技术的应用

处理量在 1.20Mt/a 以下的重整反应炉多采用“四合一”、“三合一”的形式，即四个或三个加热炉的辐射室在一个辐射段箱体内。处理量在 1.40Mt/a 以上的重整反应炉则发生了较大的变化。炉体从合一走向分离，多采用“三加一”或“二加二”形式。

一般小负荷重整反应炉的辐射盘管多采用单面辐射形式，只有热负荷最大的一段进料加热炉在 U 型管的内外侧均设置燃烧器，采用了双面辐射的炉型。在 1.20Mt/a 以上的重整反应炉设计时，如果继续采用单面辐射形式，炉体结构将会变得较大。对于

2. 00Mt/a以上的重整反应炉，炉体将会放大一倍以上。显然，单面辐射的形式不适应大型化的需要。近几年，大型重整广泛采用了双面热辐射(见图9-37)的传热技术。双面辐射炉型有以下的优点：

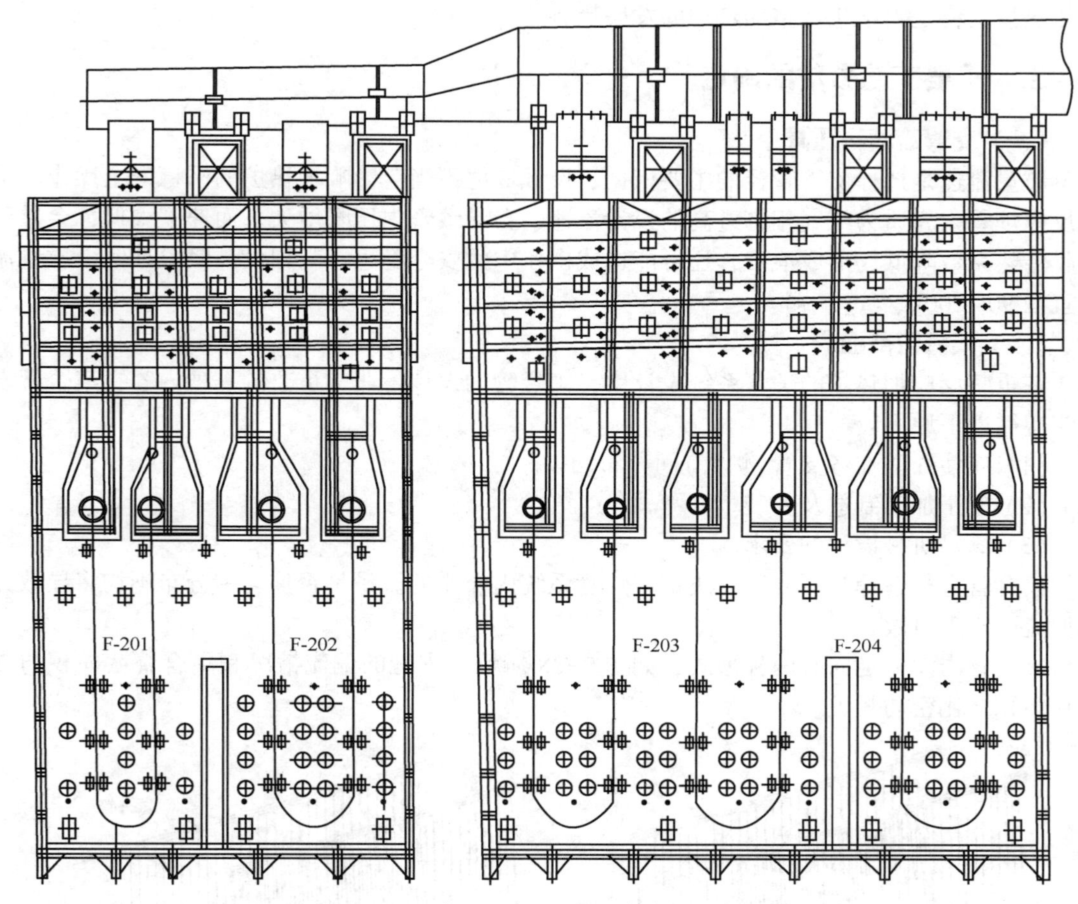

图9-37　“二加二”式双面热辐射的重整加热炉

1. 平均热强度高

与单面辐射炉型相比，双面辐射炉型在同样的最高允许炉管热强度下，平均热强度是单面辐射的1.4~1.5倍。

2. 压降最小

由于单排管双面辐射的平均热强度是单面辐射的1.5倍，其水力长度一般就只有单面辐射的$\frac{1}{1.5}=0.66$，即在管内流速相同的条件下，其压降仅是单面辐射的66%。

3. 管材利用率高、一次投资最小

重整反应炉的炉管为铬钼合金钢，提高炉管的利用率是减少投资的关键之一。一般来说，双面辐射的炉管表面利用率是83.8%，而单面辐射仅有56.2%。采用单排管双面辐射的炉型，其辐射盘管投资可减少33%左右。

在同样热负荷、同样炉管面积的条件下，双面辐射炉管的热强度峰值较单面辐射炉管低，有利于辐射炉管进行相对均匀的加热，提高了传热的有效性，避免(或缓解)了炉管因局部过热引起的结焦甚至烧穿。采用双面辐射加热炉，燃烧器布置在炉管两侧，高温烟气可在炉管两侧呈湍流流动，明显改善烟气在辐射室的不均匀公布，使传热更均匀。双面辐射强化传热技术将是大型化重整加热炉的发展趋势。

二、重要工艺参数的确定

(一) 支管流速与压降

质量流速是选择支管管径的主要依据。设计取值不当会影响加热炉的平稳安全操作。重整反应炉管内介质为纯气相，过高的设计流速，会导致管内压降增大。而速度太低，会导致内膜传热系数降低、形成浪费，还可能造成操作中的安全隐患。工程设计经验证明，质量流速宜在 90~200kg/(m^2·s)。

(二) 集合管截面积

在重整反应加热炉的炉管系统设计中，集合管的设计是非常重要的一项内容，集合管设计应遵循以下原则：

(1) 应使介质在各支管(炉管)间分布均匀。

(2) 便于加工制造及安装。

(3) 满足机械设计的要求。

集合管直径选择是否合适，决定了炉管系统内介质的流量是否均匀，分布不均将导致介质偏流而出现事故。

集合管内流体走向有两种形式，如图 9-38 所示。支管的偏流情况和集合管截面积与支管总面积之比密切相关。

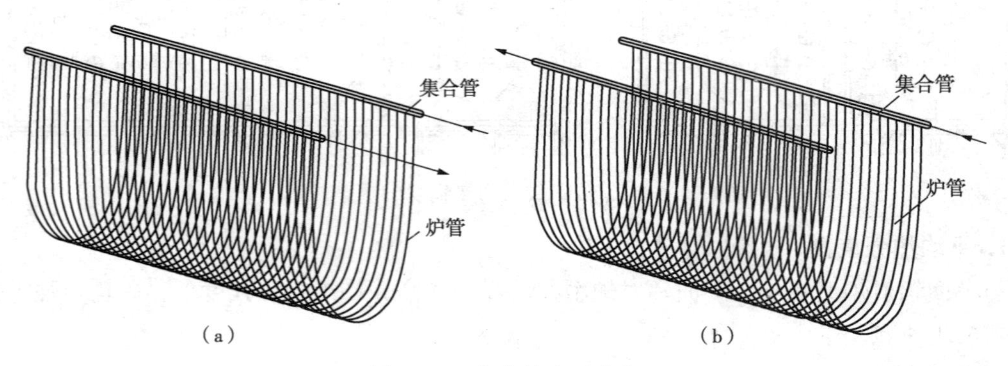

图 9-38　集合管介质流向

应用流体力学模拟计算软件，分别对图 9-38 中(a)、(b)两种形式和不同集合管截面积与支管截面积比进行了 1 号和 35 号管之间的流量偏向差分析计算，结果见表 9-5。

表 9-5　炉管流量分布

集合管截面积/支管总截面积	第 1 根管与平均流量之间的偏差/%		第 35 根管与平均流量之间的偏差/%	
	(a)	(b)	(a)	(b)
0.11	142.72	-60	-49.4	271.27
0.246	39.315		-15.398	
0.437	12.496	-21.636	-4.612	30.985

续表

集合管截面积/支管总截面积	第1根管与平均流量之间的偏差/%		第35根管与平均流量之间的偏差/%	
	(a)	(b)	(a)	(b)
0.683	5.060		-2.050	
0.984	2.360	-4.628	-0.997	1.254
1.339	1.231		-0.531	
2.123	0	-0.993	0	1.254

从表9-5可知，当集合管截面积与支管总面积比达到0.984时，(a)型第1根支管及第35根支管的流量与平均流量之间的偏差分别仅为2.360%和-0.997%，也就是说各路支管的流量是比较均匀的，当比值为1.339时，流量偏差公为1.231%和-0.531%。在设计上一般把此比值定为0.9~1.5，作为选择集管合管直径的依据。模拟计算显示集合管(a)型流向优于(b)型，因此工程设计上一般采用(a)型。

（三）辐射管平均热强度

炉管表面平均热强度的取值范围因辐射管排的受热方式方法不同，而在较大范围内变化；同时炉管材质所允许的最高金属管壁温度，管内的内膜温度对所选取的炉管表面热强度起关键作用。另外，炉管表面平均热强度的高低，也将影响加热炉的建设投资。

对于重整反应加热炉，当采用单面辐射管时，炉管表面平均热强度一般取20000~33000W/m^2。当采用双面辐射炉管时，炉管表面热强度的不均匀系数降低，因此，炉管表面平均热强度可高一些。

（四）挡墙温度与辐射室的热效率

挡墙温度是指隔墙上方的温度，即高温烟气从辐射室进入对流室的温度。工艺介质仅在辐射室加热的加热炉为纯辐射加热炉。从传热的角度看，重整反应进料加热炉也可以视为纯辐射加热炉。炉膛产生的高温烟气通过沪顶烟道送入对流段的余热锅炉，利用烟气余热发生蒸汽。

对于箱式加热炉来说，挡墙温度是一个重要参数。工程设计经验常将挡墙温度控制在720~850℃，辐射室的热效率一般为55%~62%，对流室热负荷与辐射室热负荷的比例比较合理。而对于大型化重整加热炉，辐射室的热效率一般为60%~62%。如设计的挡墙温度过高，必将投入更多的钢材用以回收烟气热量。

另外，挡墙温度也是加热炉操作中的一个重要参数，操作中挡墙温度过高，说明火焰太猛烈，容易烧穿炉管、管材及损坏炉衬材料。

三、炉管选材

（一）辐射室内分支炉管的材料选择

分支炉管的材料选择与管内被加热的介质、温度、压力有关；重整反应炉管内介质为烃内+氢气，炉出口温度为420~553℃，压力为0.3~0.53MPa，在这种条件下，抗氢耐热钢通常优先选择Cr5Mo和Cr9Mo钢。Cr5Mo和Cr9Mo的化学成份，许用应力和温度限制见表9-6~表9-8。

表 9-6 Cr5Mo、Cr9Mo 化学成分 %

钢的牌号	C	Si	Mn	S	P	Cr	Mo
Cr5Mo	≤0.20	≤0.72	0.40~0.70	≤0.035	≤0.035	4.0~6.5	0.45~0.65
Cr9Mo	≤0.20	≤1.00	0.35~0.65	≤0.035	≤0.035	8.0~10.0	0.90~1.20

表 9-7 Cr5Mo、Cr9Mo 许用应力 MPa

材　质		许用应力		
	ASTM	500℃	550℃	600℃
Cr5Mo	P5	74	41.2	23
Cr9Mo	P9	75	54	26

表 9-8 Cr5Mo、Cr9Mo 温度限制 ℃

材　质		最高使用温度	抗氧化温度	级限设计金属温度	临界下限温度
Cr5Mo	ASTM A333 P5	600	650	650	820
Cr9Mo	ASTM A335 P9	650	705	705	825

炉管材料的确定受到最高管壁温度的限制，因此对炉管的最高管壁温度进行详细计算，计算方法详见 SH/73037 或 API530 标准。一般最高管壁温度小于 600℃时，采用 Cr5Mo，而最高管壁温度大于 600℃可选用 Cr9Mo。

（二）集合管材料的选择

集合管通常设置在炉外的保温箱内，它与炉内支管相连，通过它将被动加热介质送入炉内各支管，加热后导入另一根集合管将被加热介质送出加热支管至反应器。集合管的管壁温度接近管内介质温度，它的最高壁温低于炉内各支管的管壁温度，材料可选择 1Cr-0.5Mo（P11）或 Cr5Mo（P5）。1¼Cr-0.5Mo、Cr5Mo 许用应力见表 9-9。这种材料在集合管的使用温度范围内具有良好的机械性能、并且抗氢耐热。

表 9-9 1¼Cr-0.5Mo、Cr5Mo 许用应力

材　质	许用应力/MPa		
	500℃	550℃	600℃
1¼Cr-0.5Mo(P11)	78	57	16
Cr5Mo(P5)	74	41.2	23

从表 9-9 中可见，温度在 500~550℃，对 P11 与 P5 的机械性能差不多。目前广泛采用 P11，当采用该材料时，应对材料中的 S、P、Sn 等微量元素加以限制，防止出现材料的脆化。从价格上来看 P11 比 P5 的便宜。如果集合管受复杂，介质温度较高，也可采用 P5。

（三）对流段管材的选择

在对流段余热锅炉中，各段工艺参数如表 9-10 所示。

表 9-10　工艺参数

项　目	过热段	蒸发段	预热段
出口温度/℃	约 450	约 260	约 220
压力/MPa	3.9	3.9	3.9

各段管材的确定主要取决于各段的管壁金属温度和管内介质压力。最高管壁金属温度由计算得出，材料根据计算分段选取。

过热段出口温度为 450℃左右，炉管的管壁温度已超过碳钢的允许使用温度，常选用 1¼Cr-0.5Mo 或 Cr5Mo，蒸发段和预热段的出口温度为 200~260℃，材质可选用碳钢。

四、炉管支撑件的选料和设计原则

常见的炉管支承件是管架和管板。除两端管板可采用钢板焊制外，其他炉管支承件均在炉内，一般为铸件。炉管支承件应根据其设计温度、设计荷载、许用应力和烟气腐蚀性进行选材和设计。

（一）设计温度

炉内的炉管支承件直接暴露在烟气中，通常按其所在部位的烟气温度再加上温度裕量作为设计温度。辐射室和遮蔽管段部位的炉管支承件按烟气出辐射室的温度加 100℃作为设计温度，且不得低于 870℃；而对流室中的炉管支承件按其接触的较高的烟气温度加 500℃。

炉管支承件根据其设计温度和钒+钠的腐蚀等因素按表 9-11 选材。

表 9-11　选材依据

材　质	最高使用温度/℃	材　质	最高使用温度/℃
碳钢	430	25Cr-12Ni	980
RQTSi-4.0	600	25Cr-12Ni	1100
RQTSi-5.0	750	25Cr-12Ni	>649
18Cr-8Ni	800		（且燃料中含钒+钠>100×10^{-6}）

（二）设计荷载

炉管支承件承受的荷载与其支承方式有关。支承水平管的中间管板或管架，其静荷载应按多点连续梁确定，且应承爱炉管热膨胀时由于磨擦力产生的瞬时水平推力，计算磨擦荷载的磨擦系数一般取 0.3；辐射室炉管的吊钩或吊架的静荷载应按其所吊的炉管、管件及管内充水重的 1.5 倍计，没有磨擦水平推力。

（三）许用应力

支承件在设计温度下管架最大许用应力应不超过下列各值：

1. 对静荷载

（1）抗拉强度的 1/3。

（2）屈服强度(0.2%残余变形)的 2/3。

（3）10000h 产生 1%蠕变时平均应力的 50%。

（4）10000h 发生断裂时平均应力的 50%。

2. 对静荷载加摩擦荷载

（1）抗拉强度的 1/3。

（2）屈服强度（0.2%残余变形）的2/3。

（3）10000h 产生1%蠕变时平均应力。

（4）10000h 发生断裂时平均应力。

对于铸件，许用应力应乘以 0.8 的铸造系数。许用应力值见 SH/T 3036《一般炼油装置用火焰加热炉》的附录 D。

辐射室内的炉管连接件的安装位置如图 9-33 所示。根据辐射室的工况条件，连接件的材质为 06Cr25Ni20。其特点是耐高温且强度高。

对流段炉内中间管板则根据不同部位的烟气温度分段选材。常规的设计为：位于烟气高温段的管板材质为 06Cr25Ni2，低温段的材质为 RQTSi-5.0 或 RQTSi-4.0。由于 RQTSi-5.0 或 RQTSi-4.0 已经停产，采购比较困难，加之随着重整加热炉的大型化，对流管板的宽度越来越大，要注管板提供更大的承载力。近几年的设计，在靠近辐射段出口处的高温段，管析多已采用 06Cr25Ni20，在这部分以上的各个管段均为 06Cr25Ni12。

炉管支承件的厚度应根据强度计算确定。

五、辐射室管系的热膨胀

辐射室管系由炉外集合管与炉内支管组成。在管系的设计中，除了满足传热的要求，还应考虑炉内每根炉管及炉外相连管线的热膨胀。某厂在烘炉时，有物体将加热炉这一侧自由移动端卡住，管线热膨胀反向位移，致使反应器顶端倾斜。实际生产操作中重整炉介质出炉温度一般在 550℃左右，管线的热膨胀不可忽视。

热膨胀来自两部分，一是炉内管线即各个支管自身的热膨胀，另外是来自集合管和外部工艺管线的热膨胀。

炉内管线的热膨胀主要靠支管来吸收，支管被动设计成可自由移动的结构，在必要的位置上设有导向结构和管排连接结构，使支管按照设计规定的方向自由膨胀。对于上部县挂式的管排受热后将向炉底自由膨胀。而底部支承的管排受热后将向炉顶自由膨胀。

集合管是炉内支管与炉外工艺管线的连接部件，因此炉内支管的膨胀和工艺管线的膨胀对它均有影响。为了补偿集合管及其相连管线的热膨胀，一般将整个管系设计成可以自由移动的结构，集合管的设置通常有三种形式：

（1）集合管置于辐射室顶部外侧。

（2）集合管置于辐射室底部外侧。

（3）集合管位于加热炉的顶-底双侧。

每种结构形式对吸收热膨胀都有特殊的考虑。其特点如下：

集合管置于辐射室顶部外侧（图 9-32），特点是管系受热部分处于悬垂状态，利于炉管热膨胀和受热变形，同时通过安装时冷预紧措施，还能吸收一部分来自工艺转油线的水平膨胀；集合管采用恒力弹簧吊挂，能吸收部分转油线的垂直热膨胀。采用这种结构，整个管系悬挂在炉顶大梁上，增加了辐射室钢结构的复杂性，增大了钢结构的截面尺寸。

集合管置于辐射室底部外侧（图 9-34），其特点是避免了辐射室上部的复杂结构；不需采用恒力弹簧吊挂；通过安装时的冷预紧措施可吸收来自工艺转油线的水平热膨胀；下部支承改善了炉体的受力形式。采用这种结构，管系受热部分在加热过程中易产生变形，必须采取定位措施；且这种形式决定了辐射盘高度不宜太高，因而限制了辐射炉管的有效长度；由于是下部支承，这种形式不能吸收来自转油线的垂直位移。

顶-底双侧集合管(见图9-30)管系为顶部吊挂，通过安装时冷预紧措放，能吸收一部分来自工艺转油线的水平膨胀；但上下集合管对与之间相连的直线状支管有较大的约束，当炉内的支管受热膨胀不一致时容易产生较大的附加应力。

六、燃烧器

燃烧器是加热炉的关键设备之一，其好坏直接影响热量在炉内的分布和传递。对燃烧器的要求不仅应满足供热还应满足环保要求。燃烧器的设计和选用应满足以下条件。

(一) 燃烧器应与燃料特点相适应

根据不同的燃料，选择不同类型的燃烧器。由于炼油厂自产燃料油，又有副产燃料气，重整装置中的圆筒炉普遍采用油-气联合燃烧器。所用的燃料油大多是高黏度的减压渣油，因此，必须先用雾化效果好的油喷嘴与其相适应。

炼油厂重整装置的重整反应时料加热炉，一般使用混有本装置的副产气作燃料。该燃料中有时氢含量较高，火焰传播速度快，容易回火。因此，大多采用外混式，而不应选用预混式或半预混式的燃料气喷嘴，以免回火影响正常操作，甚至造成事故。

当燃料改变时，往往需要对原用气体燃烧器进一步核算。特别是燃料由气体改为液化气时，常常需要更换燃烧器，并增设液化气气化设备和拌热管线，将液化气气化后送到气体燃烧器进行燃烧。

(二) 燃烧器应满足加热炉的工艺要求

燃烧器的放热量应满足加热炉热负荷的要求。在不同的装置中，燃烧器的操作参数(燃料性质和压力、雾化蒸汽的压力和温度)不完全一样，设计通用燃烧器时，一般以较低的操作参数作为设计计算依据，以保证燃烧器在较差的工况下运行时能达到额定能量。确定燃烧器数量时，其总能量比加热炉所需燃料供热量多20%~25%，以便在个别燃烧器停运检修时，仍能保证加热炉的操作负荷不致下降。

设计和布置燃烧器时还应保证炉管不致局部过热，燃烧器的火焰应稳定不飘动，不舔炉管。且不应使火焰过分靠近炉管。

设计和布置燃烧器的另一个要求就是要使炉管表面热强度均匀。炉管表面热强度的均匀与否直接影响加热炉的处理量、操作周期和炉管的寿命。根据不同的炉型和工艺条件，需要采用不同的燃烧器，并进行合理布置。对于特殊的加热燃烧器还应采用分区布置，通过分区调节的方法来控制加热满足工艺要求。

(三) 燃烧器应与炉型相匹配

加热炉的炉型与燃烧器是密切相关的。不同的炉型要求不同的燃烧器与之匹配。如果燃烧器与炉型不匹配，将影响操作，甚至难以满足工艺要求。对于炉膛较高大的加热炉，一般采用圆柱形火焰的燃烧器，集中布置在炉底或侧墙上。对于炉膛高度不高、炉膛深度有限的加热炉，不宜采用火焰太长的燃烧器。为保证热强度沿炉管分布均匀，应采用能量较小的燃烧器均匀布置。对于炉膛较高的加热炉，宜采用强长火焰的燃烧器。一般认为火焰长度为炉管高度的2/3较合适。

大型加热炉，需要用大能量的燃烧器，以减少燃烧器的数量，便于操作维护和自动控制。

例如：正 U 型重整反应加热炉，其燃烧器为侧墙布置，炉内火焰为水平状。应具有如下特点：

（1）要有一定的火焰直径，最大为两倍的喷嘴直径，且火焰应刚直有力；

（2）要有一定的火焰长度，两侧的燃烧器对峙燃烧时，火焰尖端要有一定距离，火焰不能触及炉管。

（3）较低的 NO_x产物。

（四）燃烧器应满足节能和环保要求

燃烧器是加热炉的供能设备，它应该满足既节约能源又符合环保的要求。前者要求燃烧器尽可能地减少自身能耗，并在尽可能少的过剩空气量下达到完全燃烧。后者指能实现低氧燃烧。燃烧器也是污染源，燃烧产生的 SO_3和 NO_x会污染大气，SO_3还会造成加热炉低温部位的腐蚀。为了满足环境保护方面的要求，宜采用低 NO_x燃烧器。

1. NO_x的产生

在燃烧过程中，NO_x可以三种方式产生：

（1）瞬时或直接转化（瞬发 NO_x），在烃基燃烧过程的早期阶段，由空气中的 N_2生成 NO_x产物。

（2）热转化（热 NO_x）一般表现为分子氮（N_2）转化成 NO_x，这一转化过程取决于转化温度，高温有利利于热 NO_x反应。

（3）燃料中化学氮转化（燃料 NO_x），由燃料中的氮转化成 NO_x。

为了降低烟气中 NO_x的含量，减少对大气的污染，燃烧器需采用特殊设计和措施减少 NO_x的生成量。

2. 分级配风低 NO_x燃烧器

分级配风燃烧器属于低 NO_x燃烧器。分级配风燃烧器通过限制燃烧反应区温度来限制热 NO_x产生。通过提供一个燃料富余区，在该区内燃料的有机氮能转化成分子氮，从而减少 NO_x生成。

分级配分燃烧器在两个独立的燃烧区内完成燃烧。即初级燃烧区和二级燃烧区。空气被分别引入燃烧区，每一区内的火焰温度不会接近普通标准燃烧器内的温度。燃烧发生在两个不同的阶段。这种燃烧器由此被称作分级配风燃烧器。图 9-39 是典型的分级配风燃烧器。

在初级燃烧区中，一部分空气和燃料进入初级燃烧区。在该区中由于没有足够的空气许多燃料未被点燃。这种不完全燃烧导致火焰温度低于普通标准燃烧器。火焰外缘的热量通过热辐射向周围传递。较低的火焰温度及有限的氧浓度有助于降低热 NO_x生成。在燃料富余（还原）条件下，由于燃料分子分解，限制了燃料 NO_x的产生。由燃料氮生成的部分氮原子能结合成氮分子（N_2）而没有氧化成 NO_x。

在二级燃烧区（二级）中，另一部分剩余空气被引入初级燃烧的燃烧气流中，燃烧在二级燃烧区内完成（多数情况下位于燃烧器砖的外侧）。由于初始燃烧阶段的热损失，火焰外缘的热量继续通过热辐射不断地向周围传递，火焰温度不会接近标准燃烧器中的温度。

分级供风燃烧器与普通标准燃烧器相比，这种燃烧器火焰最高温度可降低 100℃左右，NO_x生成量可减少 30%~35%。该种燃烧器用于烧燃料油时需要多个进风调节挡板，操作控制较为复杂。

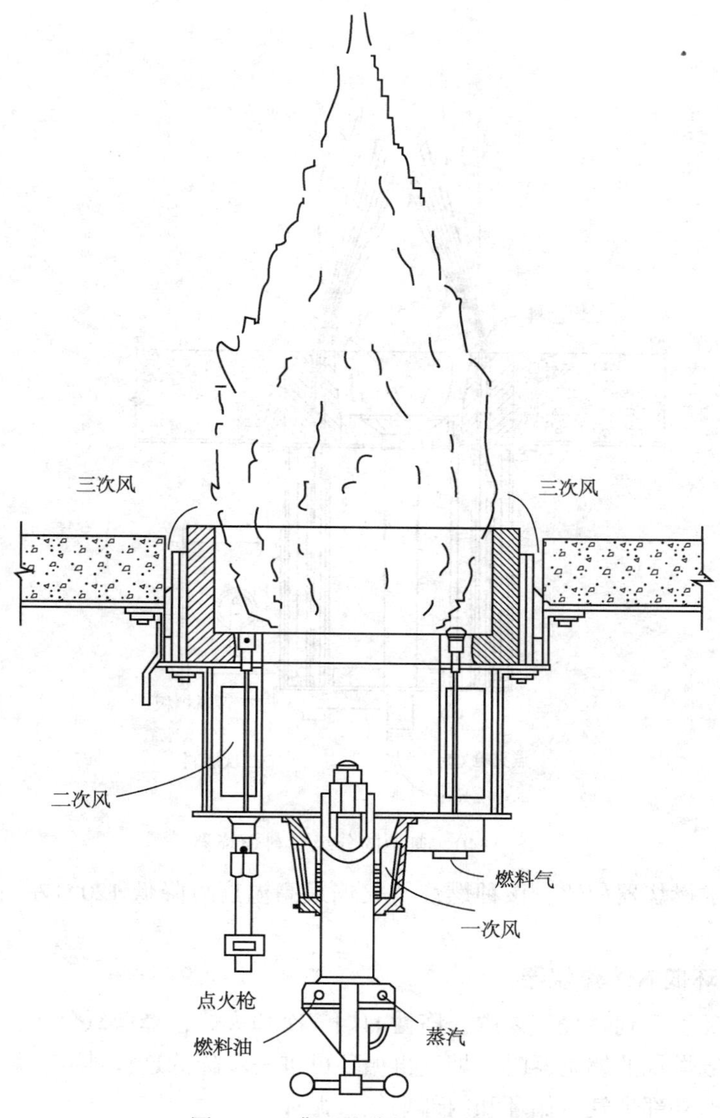

图 9-39　典型的分级配风燃烧器

3. 分级配燃料的低 NO_x 燃烧器

分级配燃料的燃烧器归类于低 NO_x 燃烧器。该燃烧器通过限制燃烧反应区的温度来限制低 NO_x 产物。

分级配燃料的燃烧器在两个独立的燃烧区内完成燃烧。燃料被分别引入燃烧区，任一燃烧阶段的火焰温度不会接近标准燃烧器内的温度。燃烧在两个阶段完成。该种燃烧器由此称作分级燃料燃烧器。图 9-40 为典型的分级燃料燃烧器。

在初级燃烧区中，将部分燃料和全部助燃烧空气引入初级燃烧区。燃料的燃烧在过量的空气中完成，过量的空气降低了火焰温度，火焰外缘的热量通过热辐射向周围传递。

在二级燃烧区中，剩余燃料被引入燃烧区与来自初级区的剩余空气完成燃烧。火焰外缘的热量继续通过热辐射向周围传递，火焰温度不会接近标准燃烧器中的温度。分级供应燃料

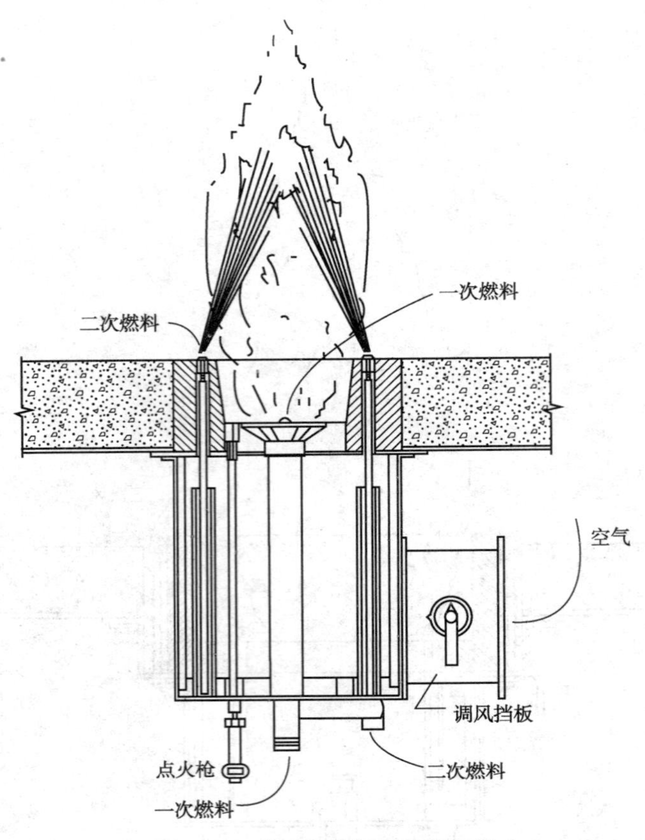

图 9-40　典型的分级燃料燃烧器

燃烧器与普通标准燃烧器相比，该种燃烧器火焰最高温度可降低 120℃左右，NO_x生成量可减少 55%~60%。

4. 烟气再循环低 NO_x燃烧器

将烟气再循环引入到燃烧气体中，惰性的烟气冷却火焰，降低氧分压，并减少氮氧化物排放，当使用分级燃烧的燃烧器时，烟气再循环可进一步降低这种排放。烟气再循环一般可采用两种方式，即外部烟气再循环和内部烟气再循环。

外部烟气再循环时，利用引风机将烟气从加热炉引出（通常在对流段下游）并返回到燃烧器中。

内部烟气再循环时，利用燃烧空气或烘焙气流产生的低压区将炉膛内的烟气引入燃烧器的燃烧区。

烟气再循环燃烧器与普通燃烧器相比，进入燃烧空气中的烟气再循环量会影响火焰的稳定性。内部烟气再循环的燃烧器必须注意，避免出现类似于预混燃烧器中出现的回火等问题。

重整反应炉一般烧气，燃烧器多采用分级燃料的燃料器。

较之常用的标准普通燃烧器，当采用了空气分级或燃料分级+烟气循环等燃烧技术以后，可有效降低氮氧化物的生成量。表 9-12 列出了各种环保型号低 NO_x燃烧器的参考数值。

（五）火焰检测技术的应用

对炼油厂加热炉运行过程中的 HSE 愈来愈受重视，由此燃烧器火焰的检测显现出其重要性。某厂重整加热炉在开工过程中就遇到过燃烧器熄火闪爆事故，重整装置中加热炉数量多，加强燃烧器的火焰检测更引起了炼油厂管理、操作人员的高度重视。

1. 相关标准

我国目前已有与燃烧器火焰检测相关的标准，其提出的要求见表9-13。由表9-13可见，我国标准与国外标准相近。

表9-12 不同形式的燃烧器的NO_x排放值 mg/Nm³[μg/g(体积分数)]

燃烧器的形式	采用环境空气时	采用预热空气时
烧气过剩空气系数15%		
标准燃烧器	225 (110)	312 (152)
低NO_x空气分级燃烧器	15 (77)	218 (106)
低NO_x燃料分级燃烧器	24 (61)	171 (83)
超低NO_x燃烧器	48 (20)	65 (30)
烧油过剩空气系数25%		
标准燃烧器	575 (280)	793 (386)
低NO_x空气分级燃烧器	431 (240)	595 (290)

注：(1) 本表的数据是对国内使用的引进或国产燃烧器的统计值；

(2) 其中烧油的燃烧器的排放数据来源于国外燃烧器。如果燃料中含有氮化物，其燃烧产物中NO_x的量会高于上表中的数据。

表9-13 火检的设置

序号	标准名称	标准号	相关条款	要求
1	石化化工企业设计防火规范	GB 50160—2008	5.7.8	烧燃料气的加热炉应设长明灯，并宜设置火焰检测器
2	石油工业用加热炉安全规程	SY 0031—2004	9.6.1	具备电力供应条件的加热炉应设置燃烧器熄火报警装置。火筒式加热炉应设置加热段低液位报警装置；管式加热炉应设置炉膛超温报警装置
3	燃油(气)燃烧器安全技术规则 总则第二条 本规则适用于各类燃油(气)锅炉用燃烧器，其他用途燃烧器可参照本规则执行	TSG ZB001—2008	第三章第14条	在其《安全与控制装置》中的第十四条：燃烧器应当设有火焰检测装置，并且符合以下要求： a）能够验证火焰存在 b）火焰检测装置的安装位置，能免使其不受外部信号的干扰 c）在点火火焰和主火焰分别设有独立的火焰检测装置的场合，点火火焰不能影响主火焰的检测
4	美国API标准			燃烧系统的设计应尽可能降低火焰熄灭的可能性。可以通过提供可靠的燃料系统、稳定可靠的长明灯及燃烧器燃料压力控制手段得以实现。如果长明灯燃料气的来源不可靠或者在火焰有可能熄灭的情况下，应该设置火焰监视设备。有多个火焰检测器时，应设置相应的逻辑功能实现紧急停车。即任何一个检测器显示燃烧器熄火后应立刻报警，当燃烧器熄火的个数达到用户设定值时应自动触发紧急停车功能，且火焰熄灭后不允许再次自动点火。若长明灯具备单独的燃料气系统，一般不需要再设置火焰检测器

2. 常用的火焰检测设备

国内炼油厂加热炉上常用的火焰检测设备主要有两类。一类是直观监视燃烧器火焰情况，主要类型为工业电视，由人通过监视设备看到图像判断火焰是否燃烧。另一类属于非直观检测类，主要类型有红外火焰检测器、紫外火焰检测器、离子火焰检测器三种，通过给出电子信号自动判断火焰是否熄灭。

(1) 高温工业电视火焰监视器。高温工业电视火焰监视器是设置在炉壁上可监视炉内所有燃烧器燃烧状况的彩色工业电视监视系统，主要由输像系统(镜头、潜望镜管、摄像机等)、运动系统、控制系统等组成。控制室的操作人员可以在监视屏幕上看到炉内燃烧器燃烧火焰的真实图像，操作人员根据图像及时处理、调整发现的问题。高温工业电视是目前国内炼油厂应用最广泛的火焰监测手段。该火焰监视方法最大的缺陷是不能够实现自动报警和连锁功能，需要操作人员对监视器的屏幕进行观察识别。

目前设计单位与科研单位联合开发了具有报警功能的高温(防爆)电视监控系统，可直接观察炉膛内情况，而且可对各个燃烧器单独进行监视。一旦检测到某个燃烧器火焰熄灭，即可输出实时报警信号，并可将报警前后 2min 的画面录制下来，供分析研究使用。

(2) 红外火焰检测器。红外火焰检测器属于非接触式的火焰检测设备，它采用了传感器原理，响应红外光谱的波长，通常响应的波长范围为 760~1700mm，根据检测目标火焰产生红外线强度及火焰闪烁频率来确定火焰是否存在。当任何一个火焰熄灭后，可立即给出报警信号。

红外火焰检测器可以单独检测燃烧器长明灯火焰或主火焰，且更适合于液体燃料、重油火焰和惰性气体含量较大的燃料的火焰检测。这是因为液体燃料燃烧产生的红外线强度高，气体燃料燃烧产生的红外线强度低，而且红外线不易被粉尘颗粒、水蒸气和其他燃烧产物吸收。红外火焰检测器只能检测单独火焰，如果长明灯火焰和主火焰都要检测，每个燃烧器就需要安装 2 台红外检测器。

(3) 紫外火焰检测器。紫外火焰检测器也属于非接触式火焰检测设备。它采用传感器原理，响应紫外光谱的波长(范围在 400nm 以下，主要在 300nm 附近)，检测目标火焰产生紫外线强度及火焰闪烁频率来确定火焰是否存在。当任何一个火焰熄灭后，可立即给出报警信号，当达到设定个数燃烧器火焰熄灭后可进一步给出信号触发安全联锁。

紫外火焰检测稳定性好，灵敏度高，抗干扰能力强，可单独检测燃烧器长明灯火焰或主火焰。与红外检测器不同的是，紫外火焰检测器更适用于干净的气体燃料工况，因为气体燃料燃烧产生的紫外线强度高，液体燃料燃烧产生的紫外线强度低，且紫外线容易被水蒸气、粉尘颗粒等吸收。

紫外火焰检测器只能检测单独火焰。如果长明灯火焰和主火焰都要检测，每个燃烧器就需要安装 2 个紫外检测器。

(4) 离子火焰检测器。离子火焰检测器主要由探头(离子导电杆)、检测电缆和信号处理箱组成，属直接接触型火焰检测装置。工作时，探头泊探针深入火焰区，利用燃料高温汽化时产生电离特性，解离成正负离子，在极化电压形成的电场中，正负离子向各自相反的电极移动，形成离子流，导通电极，发出火焰建立信号，该信号经阻抗转化，放大器放大(100~1000 倍)便获得可测量电信号。放大处理后的信号送入 DCS，当任何一个火焰熄灭后，可立即给出报警信号。

离子火焰检测器属于直接接触式，工作时探针处于高温区，易受污染，它通常适合于较为洁净的燃料气。工程上用它检测长明灯火焰。离子火焰检测器虽然单体价格相对较低，但其有效使用寿命较短，因此后期使用和维护的工作量及费用还是比较大的。离子棒在国内两个厂的使用过程中，业主反映投用一段时间后，相继失去信号，离子火焰检测器还需要进一步完善。

3. 火检报警

目前国内各个炼油厂的设计一般是长明灯熄灭则报警，甚至给出强烈报警。提醒操作人员查明原因及时处理，保证设备完好运行。美国某公司规定：长明灯熄灭报警，同时规定熄灭率大于50%，立即联锁停炉。法国某公司规定：长明灯熄灭报警，熄灭率大于50%时，如果炉膛温度低于600℃，则联锁停炉。

七、吹灰器

重整装置中的部分加热炉需要烧重质燃料油，对流段炉管积灰是不可避免的，目前国内的吹灰器常规用的有三种形式，特点如下。

（一）蒸汽吹灰器

蒸汽吹灰器仍然是最为常用的吹灰设备，由于它结构简单，便于操作，目前仍然广泛应用在欧美国家的加热炉上。一般常见为伸缩式蒸汽吹灰器。利用高压蒸汽直接对积灰表面进行吹扫清除积聚在炉管表面的积灰。其特点是安全可靠。

（二）声波清灰器

声波清灰技术是利用声波发生器把一定强度的声波送入运行中的加热炉的对流段中，通过声波能量的作用，使空气分子与粉尘颗粒产生振荡，破坏和阻止粉尘粒子在炉管表面沉积，使黏附在炉管表面的粉尘颗粒处于悬浮流化状态，借助烟气流动和扰动流将其带走或使其自动脱落。

（三）激波除灰器

在炉外一个特殊的容器中使可燃气体中产生爆燃，剧烈爆燃的气体在容器内瞬时升压，并产生压缩波，通过管线将冲击波引入加热炉的对流段，辐射至积灰的炉管表面，通过调整和控制产生的激波强度，使积聚在炉管表面上的积灰在足够强度的激波冲击下碎裂，最终脱离炉管表面。

激波除灰器在电站和锅炉行业应用较多，炼油炉上应用较少，每次清灰大约30min。

值得注意的是，对于声波清灰器和激波除灰器在设计上和选用时应充分对其进行安全评估，因为低频声波和爆燃冲击波泄漏均危害人身安全，为此除应充分考虑该设备的安全性外，在使用中还应对人身进行必要的安全防护。

八、耐火材料

重整反应加热炉的辐射室炉墙以前多为砖砌结构，施工周期较长，施工困难大，隔热效果较差，后来过渡至采用轻质衬里，这种材料可塑性强，可用于各种形状复杂的场合，抗气流的冲刷能力强，便于施工。

近年来又出现了耐火陶瓷纤维衬里。陶瓷纤维炉衬最大的特点是耐热隔热性能好。在同等条件下可获得最薄最轻的炉墙。炉墙外壁温度低，散热损失小。

陶瓷纤维炉料具有以下特点：

(1) 耐高热，陶瓷纤维一般由 Al_2O_3 构成，使用温度可达 1260℃；

(2) 重量轻，密度为 128kg/m³，为轻质耐火砖墙的 1/3，重质耐火砖墙的 1/14；

(3) 热导率低，陶瓷纤维毡的热导率见表 9-14。用此材料可降低所需耐火材料的设计厚度，一般为轻质砖墙的 1/2，重质耐火墙的 1/4。使用陶瓷纤维炉衬可以大大减轻钢结构的承重；

表 9-14　陶瓷纤维毡(喷涂陶瓷纤维)的热导率

密　度/(kg/m³)	在平均温度 t(℃)下的热导率/[W·(m·K)]				
	t=204	t=427	t=649	t=871	t=1093
96	0.062	0.12	0.211	0.332	0.493
128	0.058	0.105	0.179	0.273	0.395

(4) 热容小，为轻质耐火砖墙的 1/4，重质耐火转墙的 1/21，有利于快速升温、降温；

(5) 由于陶瓷纤维炉衬为多孔柔性耐热材料，还具有耐震动、吸音等特点。

陶瓷纤维成本较高，因此，炉墙高温向火面一般采用高温陶瓷纤维毡而背衬采用低温陶瓷纤维毡或矿渣棉板的复合结构，以节省投资。陶瓷纤维里衬不能承受机械载荷，在加热炉炉墙的某些部位和喷嘴处，炉墙结构都需特殊设计。例如，喷嘴的外壳结构应加强，并支承于炉外壳的壁板上。另外，陶瓷纤维不耐高速气流冲刷，气流速度高的部位，往往不采用此种材料。

需要注意的是陶瓷纤维炉衬怕水浸泡，浸水之后体积缩小，炉衬变形乃至坍塌。因此在施工和正常生产期间应注意防范。

目前，国外设计的重整炉均应采用陶瓷纤维复合层，向火面的热面层为耐温 1260℃、容重 128kg/m³针刺纤维毡，背衬为耐温 870℃、容重 96kg/m³的针刺纤维毡，这种结构需要层层施工，纤维毡需用保温钉固定，暴露在炉膛内部的保温钉端部需用陶瓷螺帽或小块陶瓷纤维毡覆盖，以避免热量通过金属保温钉在钢板外壁形成高温热点。这种结构施工质量要求较高，国内设计并投产使用的重整炉，耐火隔热结构曾采用过用喷涂陶瓷纤维或陶瓷纤维可塑料。向火面热面层为耐温 1260℃的高铝纤维，背衬层为耐温 870℃以上的普铝纤维，施工方便，速度快，可用于形状复杂的部位。它施工周期短，隔热效果好，现场实测炉外壁温度通常在 60℃左右，散热损失小，得到了用户的欢迎。

对流段的温度低于 600℃，此段烟气流速较大，气流冲刷严重。衬里采用陶粒-蛭石-高铝水泥结构。生产实践证明采用这种衬里材料，炉体外壁温度通常低于 800℃，是既经济、隔热性能又好的材料。

近几年来，炉衬结构又有了新的发展。

1. 组合炉料的应用

为了充分发挥各种材的性能，目前辐射段、对流段和炉底的衬里结构发生了变化，不再是单一的材料，而是不同材料的组合。

(1) 辐射段炉壁组合炉衬。以往的设计，辐射段常常采用陶瓷纤维。近几年发现，辐射段炉壁因烟气露点腐蚀造成的损坏时有发生。为了阻止酸性气体穿透陶瓷纤维在低温段前冷凝，通常采用陶瓷纤维折叠块+阻气不锈钢箔的特殊结构。新的设计采用了陶瓷纤维折叠块

+浇注料的组合结构，这一特有的结构在工程应用中被证实非常有效。

（2）辐射段炉底组合炉衬。加热炉的炉底采用耐火砖+憎水性纤维板=隔热耐火烧注料

（3）对流段的组合炉衬。对流段炉衬采用憎水性纤维板+隔热耐火烧注料。中国石化工程建设有限公司(SEI)研发了高强度低导热率的浇注料，在相同的炉衬厚度条件下，其外壁温度可比普通烧注料降低15℃左右。这种材料被用于加热炉的对流段和辐射段。

2. 改进加热炉出现热点部位的炉衬结构

加热炉炉壁易出现热点的部位常见于看火门、泄压门、燃烧器周圈与壁板连接位置、对流弯头箱等。这些部位的热点长期以来困扰着生产部门。设计人员为此进行了诸多改进，对于看火门、泄压门部位，采用了与门孔配套的陶纤真空成型块，减少了门孔四周裸露的缝隙从而避免热点。对于燃烧器周圈与壁板连接部位，多采用垫设陶瓷纤维编织带或高效绝热材料，降低该区域的温度。

对流段的弯头箱也时有超温现象，对于弯头箱这样特殊部位，必要时可采用定制的陶瓷纤维真空成型块包裹裸露弯头，以减少散热损失。

长期以来，衬里锚软固件给炉壁带来的热点是最难于消除的，纵观国内外炼油加热炉，这种热点比比皆是。为减少这种热点，SEI开发了陶瓷+金属组合保温钉。

上述持术已在几个工程中应用，效果显著，使加热炉的热点温度明显降低。

九、余热回收系统

用于重整装置中的烟气热回收的方案很多，其设计和选用一般原则为：

（1）选用的方案技术上应是安全可靠，且能满足长周期运转的要求；经济上一般要求三年内回收基建投资。余热回收方案的选用应通过详细的技术经济比较来决定。

（2）选用的余热回收方案应能满足环保的要求。

（3）选用余热回收方案时，应首先考虑充分利用对流室的受热面降低排烟温度。排烟温度与对流室末端被加热的工艺介质温度之差应按经济温差确定，一般情况下，对流室采用钉头管时为90~120℃，采用翅片管时为60~90℃。烟气侧换热面的低温露点腐蚀和积灰堵塞问题是决定余热回收方案的关键因素，在选用余热回收方案、确定设计参数和结构时均应充分重视。

在重整装置的炉群中，反应进料加热炉烟气出辐射室的温度为750~850℃，一般采用余热锅炉进行热量回收，并产生装置所需要的中压蒸汽，最终排烟温度为190℃以下。

预处理进料加热炉和塔底重沸炉，对流室的排烟温度为280~360℃。这部分烟气热量需要回收利用，一般将此烟气集中收集，并导入空气预热器与冷空气换热，产生燃烧器所用的热空气。排烟温度为130℃以下，热效率可达92%以上。

目前常用的空气预热器有管式、扰流子式和热管式等多种形式。根据不同的工况条件，设计者往往有不同的选择。

（一）管式空气预热器的特点

管式空气预热器(图9-41)为列管式结构，空气与烟气分别进入管程和壳程进行垂直交错换热。列管可用钢管、铸铁管或玻璃管。根据烟气高温硫腐蚀及露点腐蚀程度来确定采用单一式列管或组合式列管。耐露点腐蚀钢管、合金铸铁管和硼硅玻璃管都耐低温露点腐蚀，但受热面积灰和堵塞问题需在设计时予以解决。

管式预热器一般采用二组或三组，最后一组应采用易检修或可更换的结构。根据使用经验，烟气走壳程、空气走管程可减少管内积灰。反之则增大烟气侧阻力，甚至堵塞通道。烟气走壳程可便于吹灰和冲洗。

本方案结构简单，技术成熟，可回收500℃以内烟气余热。缺点是传热效率低，结构庞大、钢材耗量大。

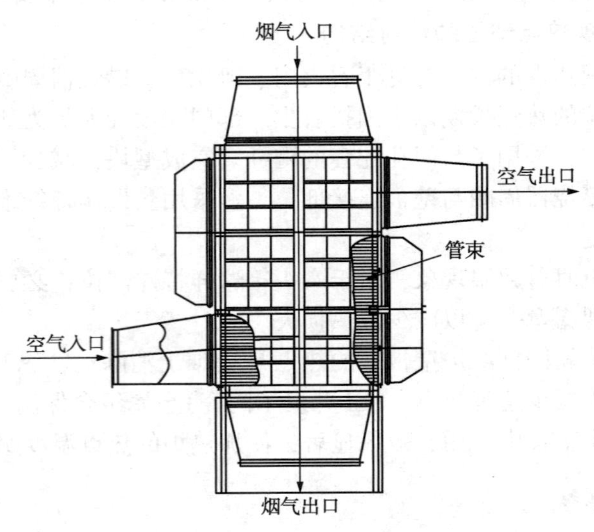

图 9-41　管式空气预热器

(二) 扰流子式管式空气预热器的特点

为了强化传热，在传热管的内部增设扰流装置所形成的换热器，称之为扰流子式管式空气预热器，设备结构简图见图 9-42，单管见图 9-43。

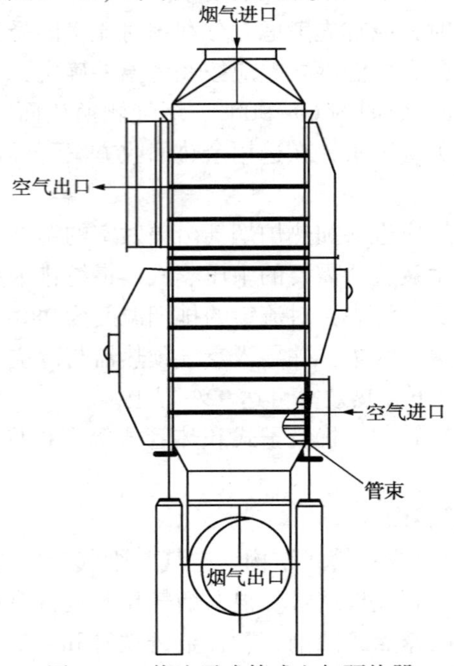

图 9-42　扰流子式管式空气预热器

本方案结构简单，技术成熟，可回收500℃以内烟气余热。传热效率较高。缺点是气体的流动阻力较大，钢材耗量大。

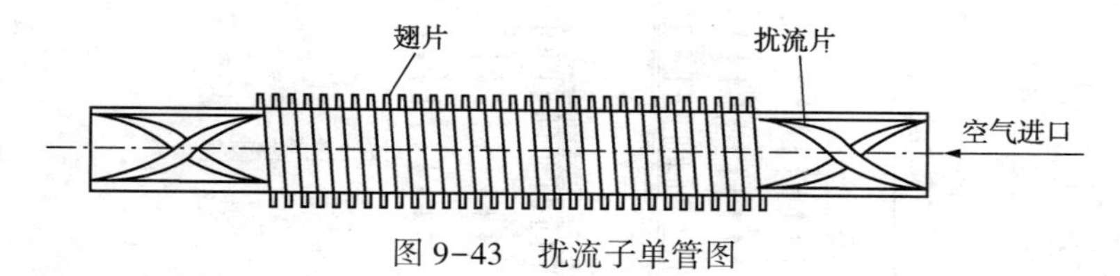

图9-43　扰流子单管图

（三）水-钢热管预热器

水-钢热管预热器是由多个传热单管组成，烟气侧与空气侧用隔板密封，防止气体窜漏，结构形式见图9-44。

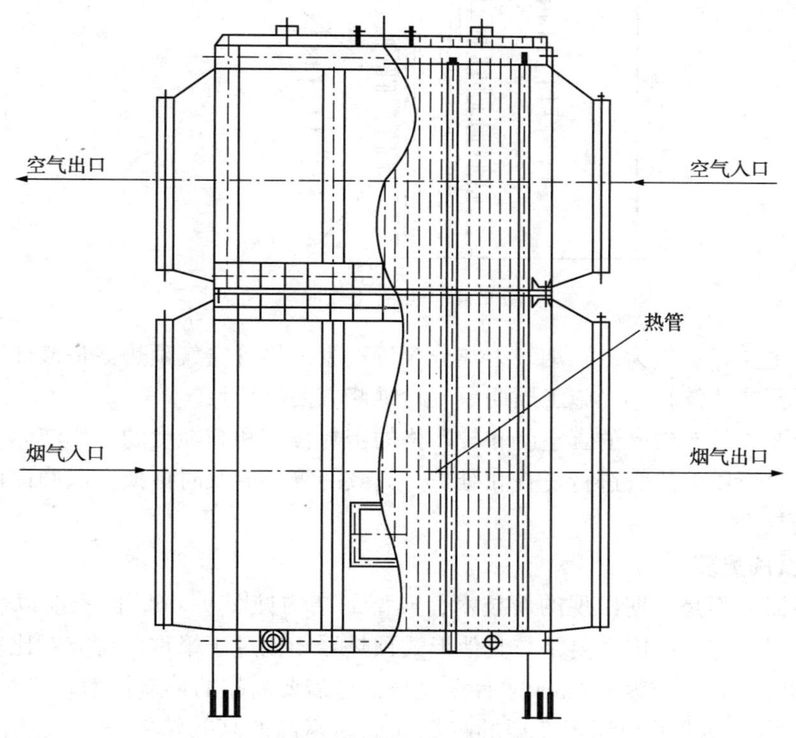

图9-44　热管空气预热器

水-钢热管以水为工质，单管结构如图9-45所示，该管在真空条件下封装了传热工质，工作时，高温烟气将管底的工质加热，工质在高真空下受热汽化上升，在管顶放出汽化热将管外的空气加热，工质冷凝再次回流到管底。

为了进一步强化传热，冷端（空气侧）常常采用翅片管，热端（烟气侧）在烧气时一般采用翅片管，烧油或油气混烧时宜采用钉头管可齿形翅片管，并应设置吹灰装置。

热管常用管径为Φ25、Φ32、Φ42、Φ51等。热管可水平倾斜10°放置或垂直放置。热管预热器设计负荷0.1~10MW，适合于大、中、小炉余热回收应用。

热管失效后可送制造厂再生。单管要定期取出清洗。

本方案具有设计紧凑、传热系数比管式预热器高2~5倍，无泄漏，用钢量少等优点。

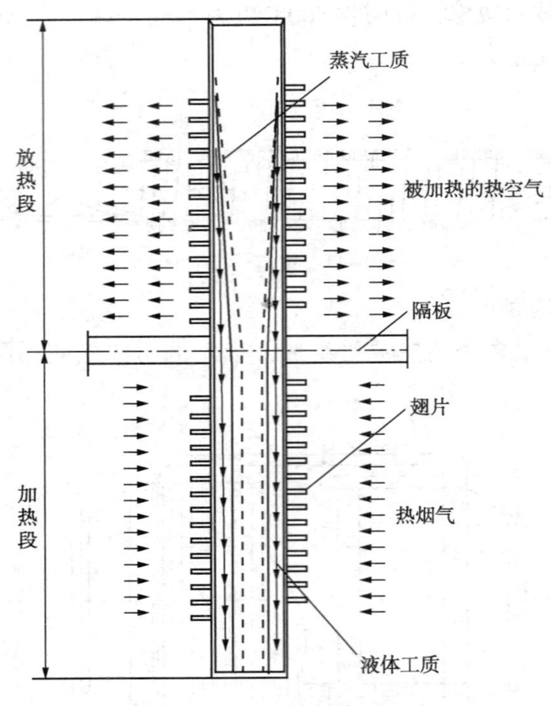

图 9-45　热管工作原理

重整装置主要以烧气为主，烟气中灰分含量极少，热管空气预热器是最佳选择，它具有传热效率高、预热器体积小、施工周期短、检维修方便等特点。

由于热管要求具有较高的真空度和较严格的密封技术和高纯度的工作液体，在使用几个周期后，必须对所用的热管进行复查和维护。失效的管束应及时更换，以确保该预热器高效地回收烟气余热。

（四）铸铁预热器

铸铁预热器并不是近期出现的新技术，典型的结构见图 9-46。但长期以来，该技术几乎没有得到发展，究其原因主要是与其他形式预热器相比过于笨重。研究对比发现：铸铁预热器板片的厚度只有小于等于 6mm 才有竞争力，这需要高超的铸造技术。

2009 年国内成功开发研制了新型的耐烟气低温腐蚀的高效铸铁空气预热器，设计了新型的双向板片结构和特殊的齿形，并在金属材料中加入了微量元素，铸铁预热器板片厚度可以做得很薄，单位质量的预热器传热面积大，预热器的总质量轻。特殊形状的翅片还获得了最小的气体流动阻力，微量合金元素的加入不但提高了板片的强度而且提高了耐蚀能力。其技术水平已经达到了国际同类产品的水平。

为了确保新材料能够适应空气预热器的工作温度变化工况及离线后及时水冲洗时的温度急剧变化，进行了大量的试验，使设计的预热器可以承受 600℃ 高温下急速水冷却的冷热急剧变化，图 9-47 为快速火焰加热后急速水冷却的试验情况。试验结果证明换热元件没有出现裂纹，翅片完好无脱落。

铸铁双向翅片空气预热器与其他类型的预热器相比具有以下的特点：

（1）板片双面具有翅片，比表面积大，传热效率高，结构紧凑。

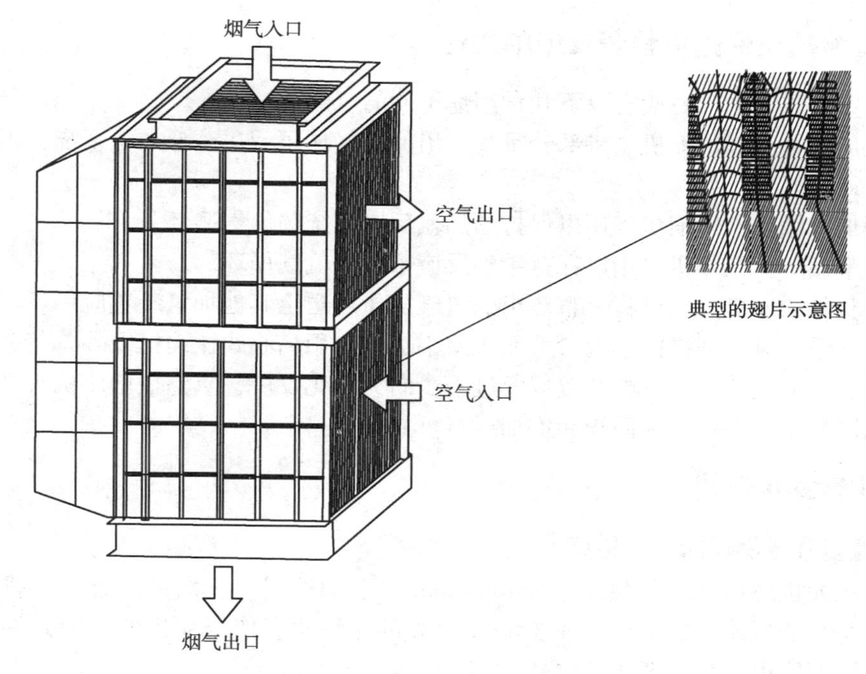

图 9-46　典型铸铁空气预热器

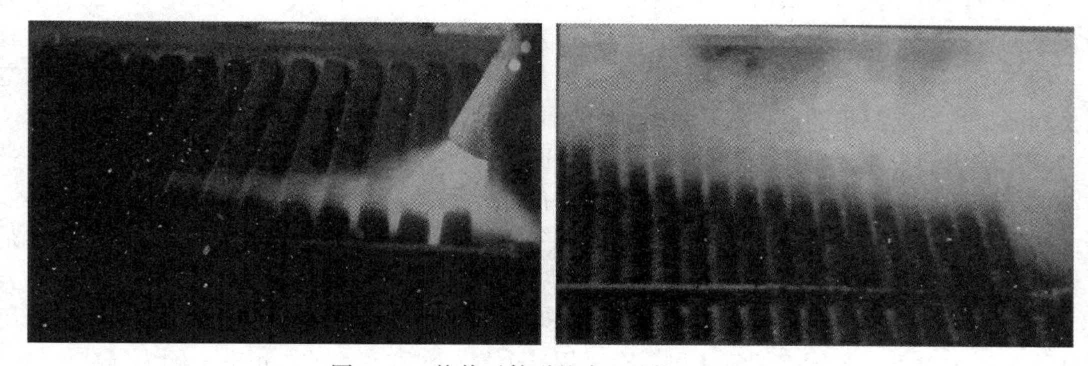

图 9-47　换热元件耐骤冷、骤热急变试验

（2）空气侧与烟气侧的不连续翅片采取错列式并列排布，翅片的排列形式具有扰流的作用，可强化流体的湍流状态，在强化换热的同时具有一定的自清洁能力。

（3）换热元件有较好的热震稳定性，可离线后及时进行水冲洗，有效缩短维护时间，提高设备的在线率。

（4）抗露点腐蚀能力好，低温腐蚀速率较小，使用寿命长。可进一步降低排烟温度，排烟温度达 120~130℃，有的厂用到了 110℃。（暂不推荐 100℃的排烟温度，过低的排烟温度会造成大量的含酸冷凝水出现，需要进一步处理。）

第三节　主要转动设备

催化重整装置中的转动设备主要包括压缩机、风机和泵，压缩机是其中最重要的设备。

一、压缩机在催化重整装置中的用途

在催化重整装置中，一般有以下几种用途不同的氢气压缩机：

（1）预加氢补充氢压缩机。将部分重整产出的氢气加压后送至预加氢系统，用以补充预加氢反应所耗的氢气。

（2）预加氢循环氢压缩机。用以保持预加氢反应系统的氢气循环。

（3）重整循环氢压缩机。用以保持重整反应系统的氢气循环。

（4）重整氢增压机。用以将重整产出的氢气加压后送至其他加氢装置应用。

除了重整循环氢压缩机由于流量大而压差小适宜采用离心式压缩机以外，其余一般采用往复式压缩机。但随着催化重整装置规模进一步向大型化发展，重整氢增压机有必要采用离心式压缩机以减小压缩机占地面积和增加运行可靠性。

二、往复式压缩机

（一）往复式压缩机的一般特点

往复式压缩机适用于吸气量小于 $450m^3/min$ 以下的情况。它们最适合于低排量、高压力的工作。每级的压缩比通常小于 3.5∶1，更高的压缩比会使压缩机的容积效率和机械效率下降。排气温度也限制压缩比的增高。

预加氢的循环氢压缩机由于进出口压差小，一般采用一级压缩，压缩比在 1.5 左右。而预加氢的补充氢压缩机根据氢气来源不同采用一级到二级压缩。重整氢增压机根据催化重整工艺的不同，采用一级到二级压缩，在连续重整装置中，一般采用二级压缩。再生系统的空压机和氮压机一般都不超过二级压缩。

往复式压缩机顾名思义，其运动部件除了曲轴以外都是作往复运动的，气流流动也是带脉动性质的，容易造成某些运动部件的损坏，例如气阀弹簧和阀片，压力填料和活塞环等。因此往复式压缩机不能长周期运行，一般需要备用压缩机。有一台操作，一台备用的；也是二台操作，一台备用的。

往复式氢气压缩机要求采用对称平衡型或对置式结构，其他用途的压缩机也应尽量采用对称平衡型。对于一级压缩的氢压机，有采用二个气缸对称布置的；也有一侧为气缸，另一侧为虚拟缸的。

为了防止催化重整装置中的催化剂受到润滑油的污染，要求装置中的往复式压缩机采用无油润滑。

1. 转速及活塞线速度

有油润滑压缩机的活塞平均线速度控制在 4.5m/s 以下，而无油或少油润滑的压缩机则控制在 4.0m/s，大型的甚至可以更低一些。

对大型压缩机而言，电动机的转速一般采用 300r/min、333r/min 或 375r/min，对中小型压缩机可采用 500r/min 甚至 600r/min 转速的电动机。

2. 气体载荷及活塞杆净载荷(综合载荷)

气体载荷是由作用于活塞两侧面气体压差产生的力；而活塞杆综合载荷是气体载荷和惯性力的代数和。惯性力是由往复运动部件质量的加速度产生的力。

最大许用气体载荷是制造商对压缩机静止部件(如机身、中体、气缸和连接螺栓)所允许承受连续运转的最大的力。氢压机的实际计算气体载荷在任何规定的工况下，包括可能出现的最低进口压力及最高出口压力(安全阀调定压力)，应不超过制造商规定的最大许用气体载荷，并在额定工况下留有5%~10%的余量。同样，实际计算的活塞杆综合载荷也不应超出最大许用活塞杆综合载荷，并应留有10%以上的余量。

实际计算的气体载荷最大值一般不等于实际计算的活塞杆综合载荷，并且最大值出现的相位角也不相同。

3. 压缩机各级的排气温度

在压缩机的数据表中，可以看到有绝热排气温度和预期排气温度两种。

绝热排气温度是假设气体在气缸内的压缩过程为绝热过程时得到的排气温度。而预期排气温度是实际压缩过程的排气温度。

预期的排气温度取决于介质组分、气缸的输入功率、压缩比、气缸尺寸、冷却通道表面积和冷却液流速等因素。一般来说，有以下特征：

(1) 氢压机单级的预期排气温度要高于绝热排气温度。

(2) 无油或少油润滑的氢压机，单级的预期排气温度要高于有油润滑的氢压机。

(3) 对于大功率、大压缩比和大尺寸气缸，预期的排气温度与绝热排气温度的温差会稍大，而对于小功率、小压缩比和小尺寸的气缸，此温差会小一些。合适的冷却液流速及换热面积会降低此温差。

制造商应在其数据表中明确给出每级的预期排气温度和绝热排气温度。美国石油学会标准(API-618)中明文规定，对于富氢(相对分子质量≤12)的预期排气温度不超过135℃，其他气体预期排气温度应不大于150℃。过高的排气温度会降低润滑油的黏度，使气缸的润滑性能恶化。对于无油润滑的压缩机来说，则会降低填料，活塞环等易损件的寿命。

4. 反向角的概念和尾杆的应用

当曲轴每转一周，活塞杆受力方向会发生变化(由拉力变压力或相反)，在十字头销引起反向载荷，即在十字头销和轴瓦之间存在反向作用，反向作用持续时间所对应的曲柄角度称为反向角。

维持一定的反向角度是为了保证十字头销和轴瓦之间维持充分的润滑。根据API-618的规定，反向角应不小于15°，而且其反向载荷的综合峰值至少为相反方向实际综合载荷的3%。

为了满足上述对反向角的要求，在那些流量小、压缩比小、活塞杆直径 d 与气缸直径 D 之比大的循环氢压缩机和石油化工装置压缩机上采用尾杆结构(即在活塞的两侧均有活塞杆，通常称盖侧的活塞杆为尾杆)。尾杆可以降低活塞力，增大反向角。

(二) 往复式氢压机的结构特点和材料

往复式压缩机由机身(曲轴箱)、曲轴、连杆、十字头、中间连接体、气缸、活塞、活塞杆、压力填料、气阀及卸荷器等部件组成，典型的结构如图9-48所示。

在系统中还包括每级气缸进出口的缓冲罐、级间冷却器和分液罐以及机身润滑油站、气缸和填料的注油器和软化水站等部件。

在API-618的附录中对压缩机主要零部件材料的选择提供了一般的要求，具体选择哪种材料还要结合制造商的标准以及买方或工程公司的意见确定。制造商在数据表中应提供压缩机主要零部件的材质供买方确认。

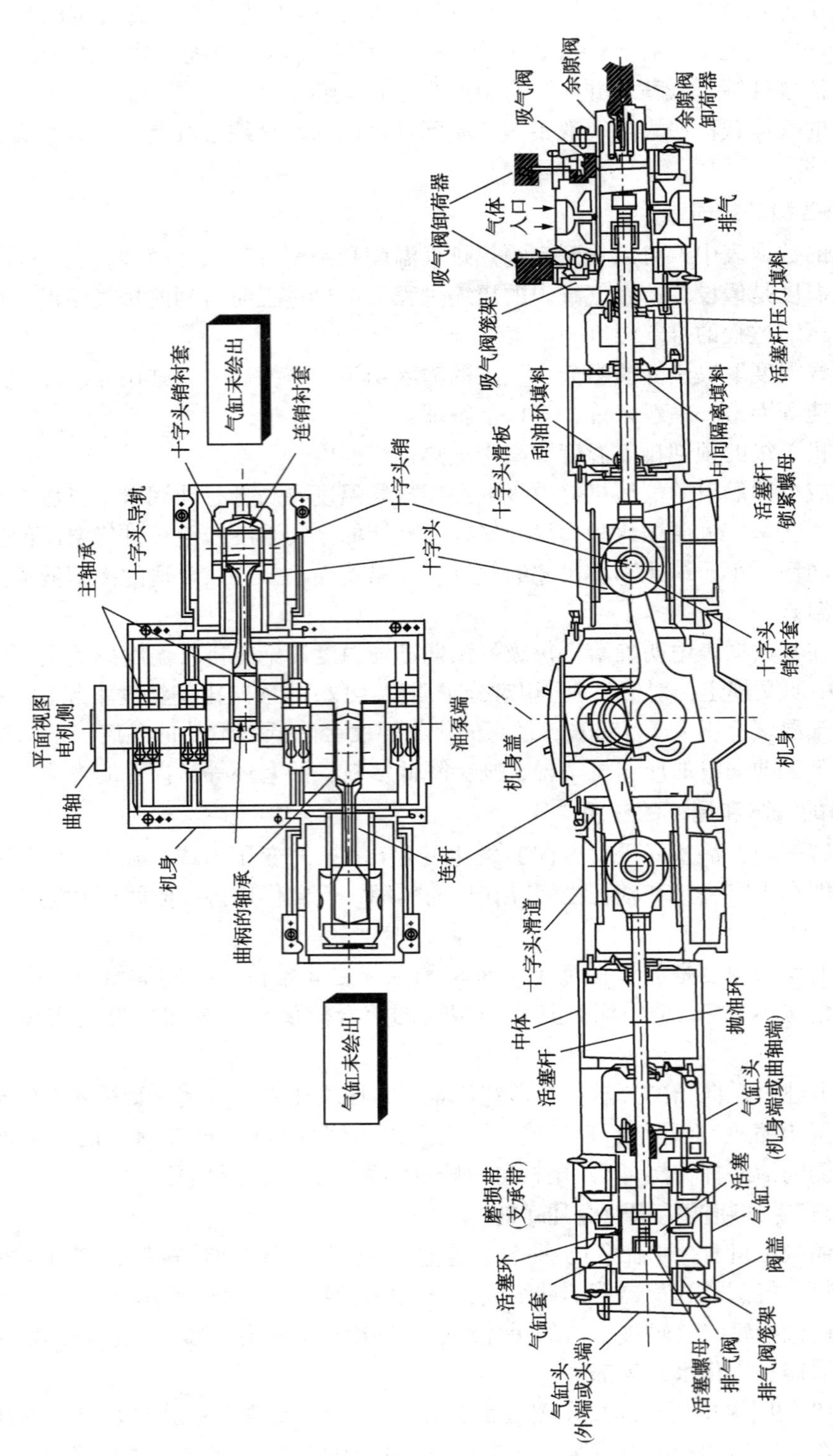

图9-48　往复式压缩机剖面图

API-618 中又规定，如果材料暴露在含硫化氢的介质中，那么要执行美国腐蚀工程师协会(NACE MRO175)标准，即与气体接触的碳钢或低合金钢类承压零件，材料的屈服限不应超过 620MPa，硬度不得大于 HRC22，对于沉淀硬化不锈钢和其他非奥氏体不锈钢来说，屈服限可适当提高到 880MPa，硬度不大于 HRC34。但活塞杆表面、阀片和弹簧例外，因为过低的硬度对这些零件是不合适的。

1. 机身

机身(见图 9-49)一般由高牌号的铸铁浇铸而成。为了提高加工精度，将其毛坯置于高精度的座标镗床中一次加工完成。国外设计的压缩机身在驱动端使用双轴承结构，为的是可以承受单支承(外侧轴承)电动机转子作用在机身上的外力。采用这种结构的目的：一是为了降低电动机的制造成本；二是为了减少曲轴与电动机转子连接偏差(不同心度)所产生的不匀衡力。

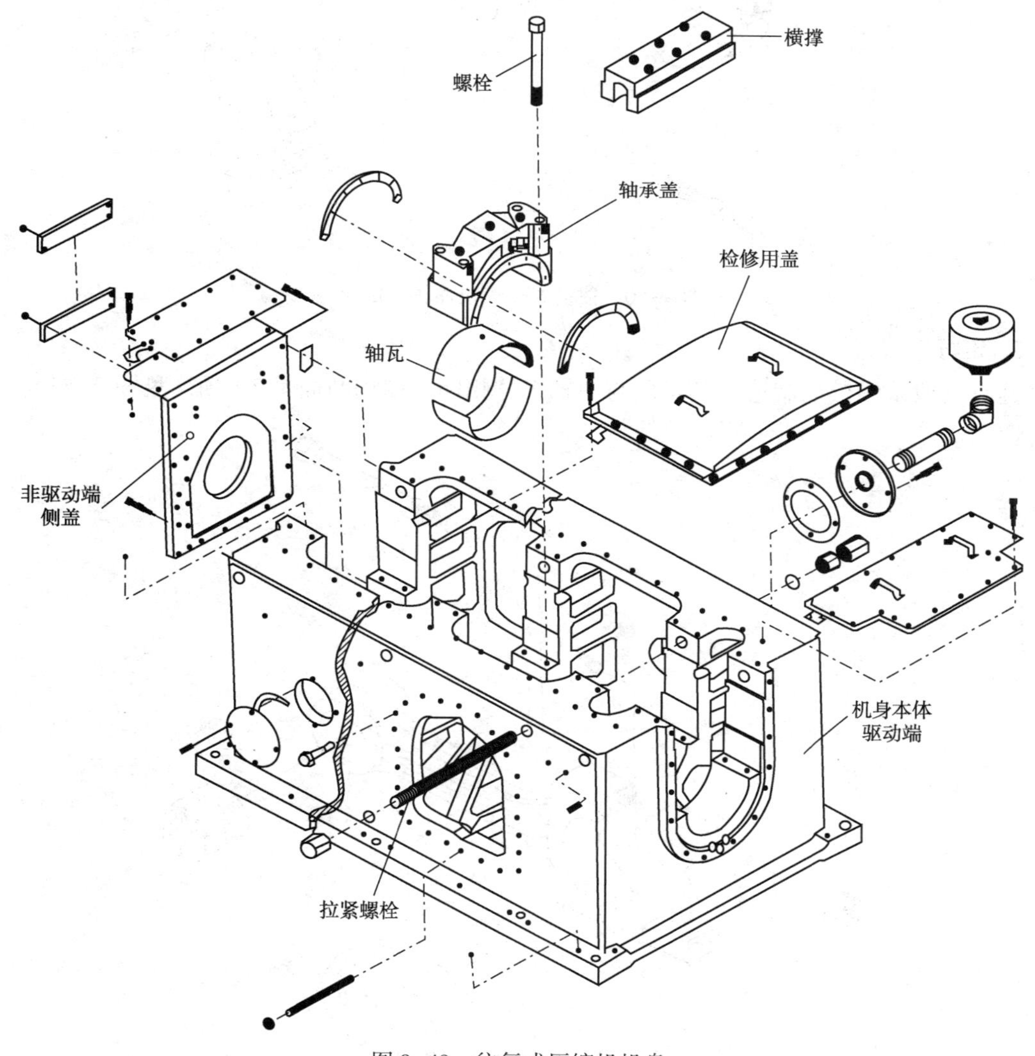

图 9-49　往复式压缩机机身

2. 曲轴

曲轴(见图 9-50)与电动机大多采用刚性法兰连接，大型压缩机的曲轴采用高强度的合金钢锻造，小型的则采用普通碳钢锻造。曲轴经热处理消除应力，轴颈和曲拐部分经过精密磨削与抛光。为了保证质量，加工后的曲轴要经过超声和着色探伤检查，以确保其内部和表面无缺陷。在某些压缩机的曲轴上加配重可以减少活塞作用在曲轴上的不平衡力。

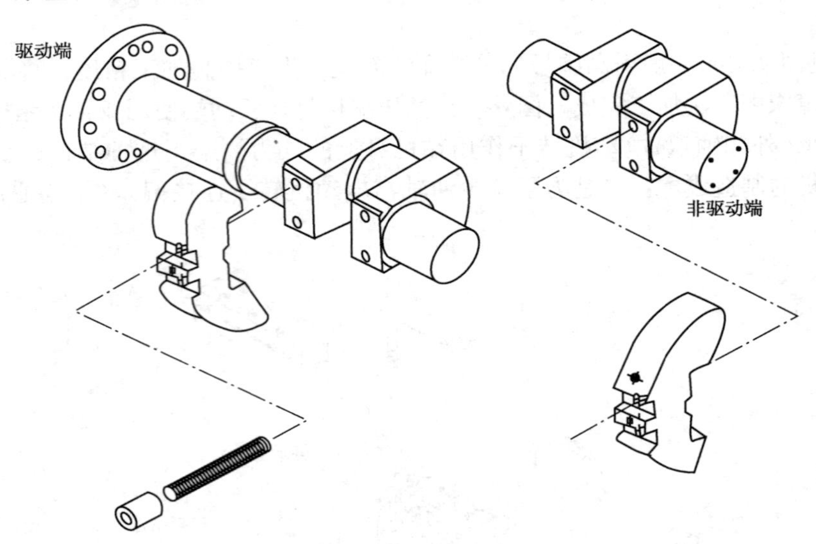

图 9-50　往复式压缩机曲轴与配重

3. 连杆

连杆一般采用模锻制造，其材质与曲轴大体相同，结构断面呈工字形(见图 9-51)。

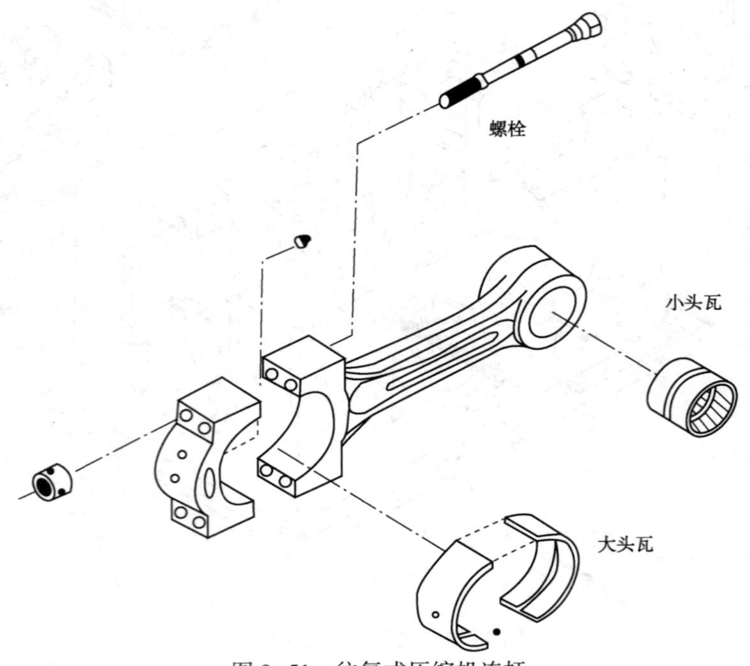

图 9-51　往复式压缩机连杆

4. 十字头销和轴承

中、小型压缩机的十字头一般采用灰铸铁铸成，大型的采用铸钢或球墨铸铁铸成(见图9-52)。十字头滑动部分是可更换的铸铁滑履，其上敷设了一层很薄的巴氏合金，这种称之为薄壁瓦的轴承不但耐磨损并且可以承受很高的应力，延长使用寿命，连杆小头瓦用青铜制成。

主轴承、连杆和十字头都有油孔相通，依靠机身润滑系统提供压力滑润。

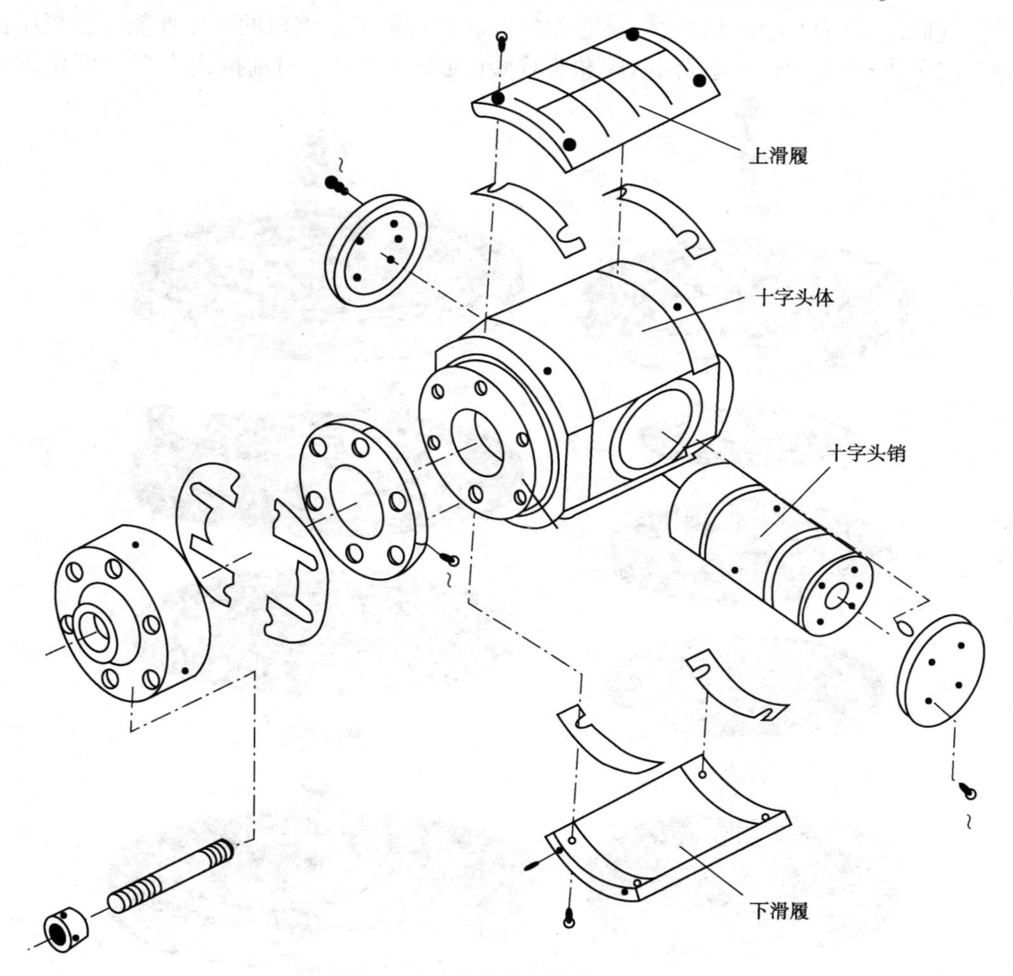

图9-52　往复式压缩机十字头

5. 气缸

低压气缸一般由铸铁制成，中压气缸用铸钢或球墨铸铁浇铸，而高压气缸则采用碳钢锻造。铸造气缸的气体通道必须光洁无型砂等铸造残留物存在，否则在使用过程中，这些残留物会进入气缸中而损坏活塞、气阀等部件。

6. 活塞和活塞支承环

活塞一般采用球墨铸铁或铝合金，但高压缸的活塞为铸钢或锻钢制成。活塞环和支承环均采用填充石墨的四氟塑料制成。

7. 活塞杆

活塞杆用高碳钢或合金钢的棒料加工而成，采用表面淬火、渗氮或喷涂硬质合金等加工工艺使其表面硬度达到 HRC50 以上，螺纹采用滚压加工以提高其使用寿命。此外，活塞杆的表面光洁度也要求提高。大中型压缩机的活塞杆与活塞、十字头采用液压涨紧螺栓连接；小型的由于条件受限也有使用扭力板手的。

8. 进排气阀

进排气阀是压缩机重要部件之一，它们的好坏直接影响压缩机的工作性能。在氢压机上有三种气阀可供选择：环状阀、网状阀和菌状阀(见图 9-53)。目前国内大多数催化重整使

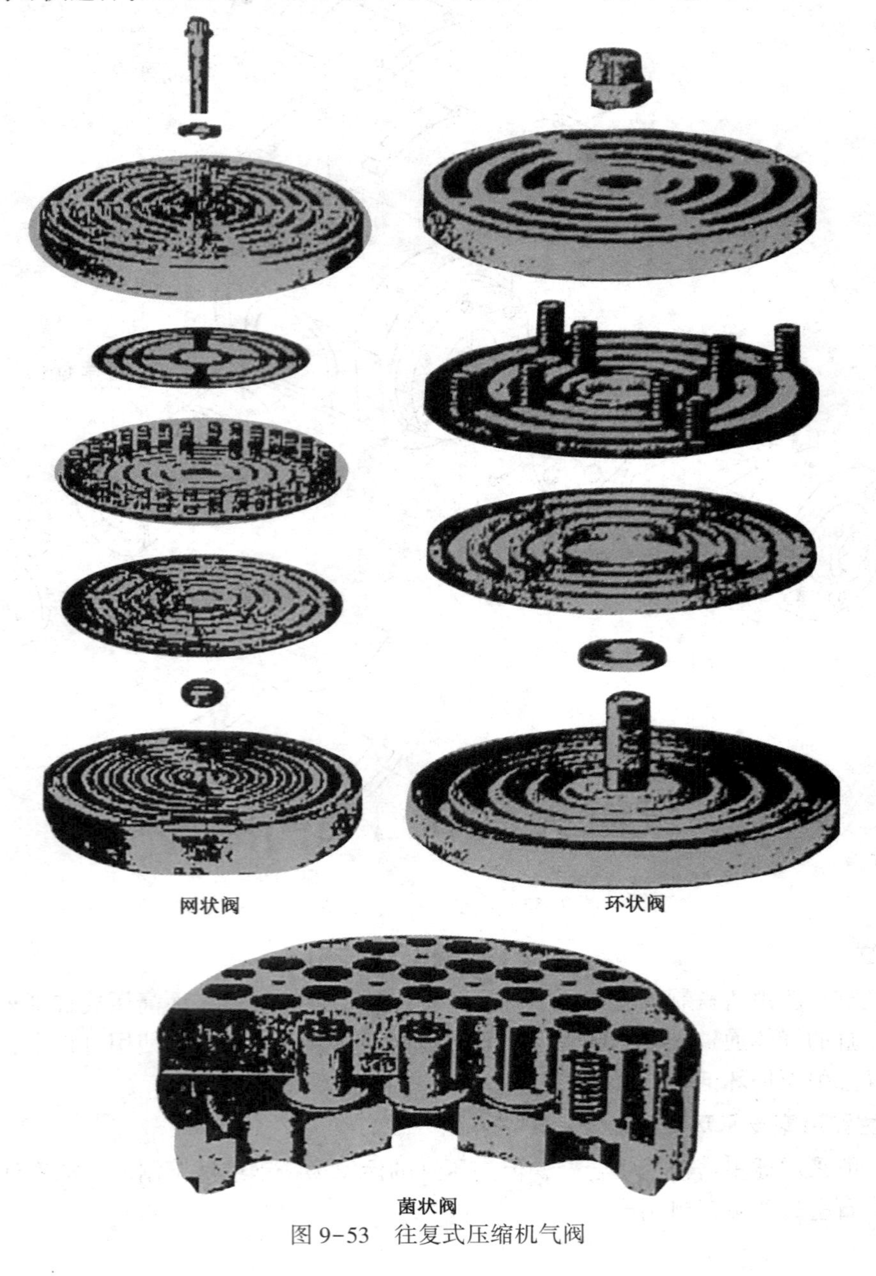

图 9-53　往复式压缩机气阀

用的氢压机都选用环状阀或网状阀。环状阀结构简单、流通面积大，适用于在中低压范围内使用。

网状阀在结构上与环状阀的区别在于阀片各环连在一起，呈网状，并有缓冲片，阀片与缓冲片不需要导向块即能很好地导向，避免了导向块与阀片之间的摩擦。缓冲片可减小阀片对升程限制器的冲击，从而延长气阀的寿命。

菌状阀的结构特点是流通阻力小，即流过气阀的压力损失小，缺点是在同等面积的阀座上布置的菌状阀的流通面积相对于上述两种阀片要小，为此要适当提高气阀的升程。菌状阀适宜在高压和超高压场合下使用。

环状阀和网状阀的阀片用不锈钢制成，近来一种新型的塑料阀片替代了不锈钢阀片，塑料阀片质轻，强度大，耐冲击寿命长，密封性能好。菌状阀芯也是用高强度的塑料制成，弹簧则用17-4PH的沉淀硬化不锈钢丝制作。

9. 卸荷器

调节压缩机流量的卸荷器(见图9-54)都是用电磁阀控制压缩风操纵的。卸荷器有塞式和指式两种。指式是指卸荷器的爪子在卸荷状态下像手指一样压在进气阀的阀片上，使阀片不能随气体的流动而动作。多用于环状阀和网状阀，要求每一个进气阀安装一个卸荷器。塞式卸荷器的阀芯类似于截止阀的阀芯，它一般安装在气缸的进气通道上。在卸荷状态下，阀芯是打开的，使气缸的进气通道与气缸腔是连通的，正常操作时，阀芯将进气通道环气缸腔隔断。塞式用于菌状阀居多，并可作为余隙调节用。

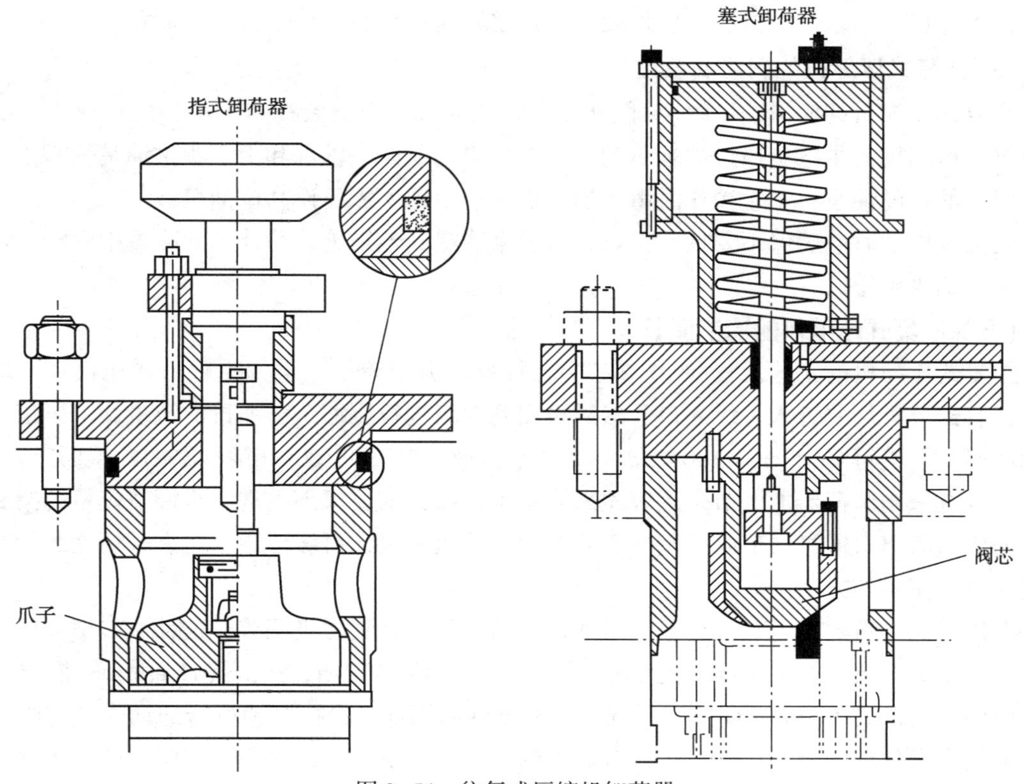

图9-54　往复式压缩机卸荷器

10. 压力填料

在气缸和活塞杆之间安装压力填料的目的是为防止加压的工艺气从活塞杆处泄漏出去。填料都是用填充石墨的四氟塑料制成。填料的数量和类型由压力和用途确定。

11. 中间连接体

作为氢压机，机身与气缸之间都必须采用双室结构的中间连接体，这是为了收集易燃、易爆气体设计的。为了防止氢气通过压力填料泄漏到大气中去或进入机身内，在连接体的两个腔室中要引入氮气和放空、排凝等管线，氮气要注入压力填料和中间填料中去，从压力填料中泄漏出来的少量氢气和氮气被引入一个集气罐中，集气罐与火炬线相连。靠近气缸的腔室放空至火炬或高点放空至大气(根据环保要求而定)；而与机身相邻的腔室可就地放空，因为该腔内没有可燃气体存在(见图 9-55)。这种方式所使用的氮气量很小，而隔离效果最好。

12. 气缸夹套和填料函的冷却

根据 API-618 的说明，进入气缸冷却夹套中的冷却水温度要高于吸气温度 6℃，这是为了防止气体中重组分和饱和水析出，尤其对循环氢压缩机的正常操作会造成有害的影响。另一方面考虑到我国一般炼油厂的循环冷却水质很差，水在夹套中尤其在填料函的水腔中容易结垢，造成冷却质量的下降，从而影响机组的正常运行，为此，要设立一套闭式循环的软化水系统。

软化水站也可设计成供若干台压缩机共同使用。有关水站的布置的要求如图 9-56 所示。以整体提供的水站放置在一层地面上，而水箱应放置在二层平台上。

13. 往复式压缩机的润滑油系统

往复式压缩机的润滑油系统(见图 9-57)除主油泵外都安装在一个单独的底座上。通常主油泵由压缩机的主电机通过曲轴驱动。压缩机启动前向主轴承和十字头供油是依靠由单独电机驱动的辅助油泵，正常操作时由主油泵供油。由此不需要设高位油箱。

主油泵启动时应确保不要抽空，可设置灌泵线或其他措施。另外，油冷器中润滑油油压应大于冷却水水压。

(三) 往复式压缩机的流量调节

往复式压缩机的工艺流程(见图 9-58)往往要求调节流量，例如重整氢增压机在一级压缩后，有部分氢气要进入一级入口，然后再回到二级进行压缩。压缩机的流量调节可依靠吸气阀的卸荷器进行 0、50%、100%或 0、25%、50%、75%和 100%(随气缸的配置而定)几级调节，也有采用卸荷器加调节余隙容积来满足工艺操作的要求。更进一步调节流量的措施是从压缩机末级出口通过调节阀控制冷却后返回压缩机一级入口缓冲罐，也有采用逐级设置返回线来调节流量的方法。

上述依靠卸荷器进行有级调节，再通过返回线调节达到无级调节，这种调节把高压级的氢气向低压级排放，损失了部分能量很不经济。奥地利贺尔碧格公司(Hoerbiger)推出了一种无级调节的称之为 HYDROCOM 系统，这种系统利用计算机控制卸荷器的动作，使吸气阀按规定的要求延迟关闭，达到无级调节流量的作用，而没有损失功率。在国内催化重整装置的增压机和加氢装置的补充氢压缩机上已得到广泛应用。

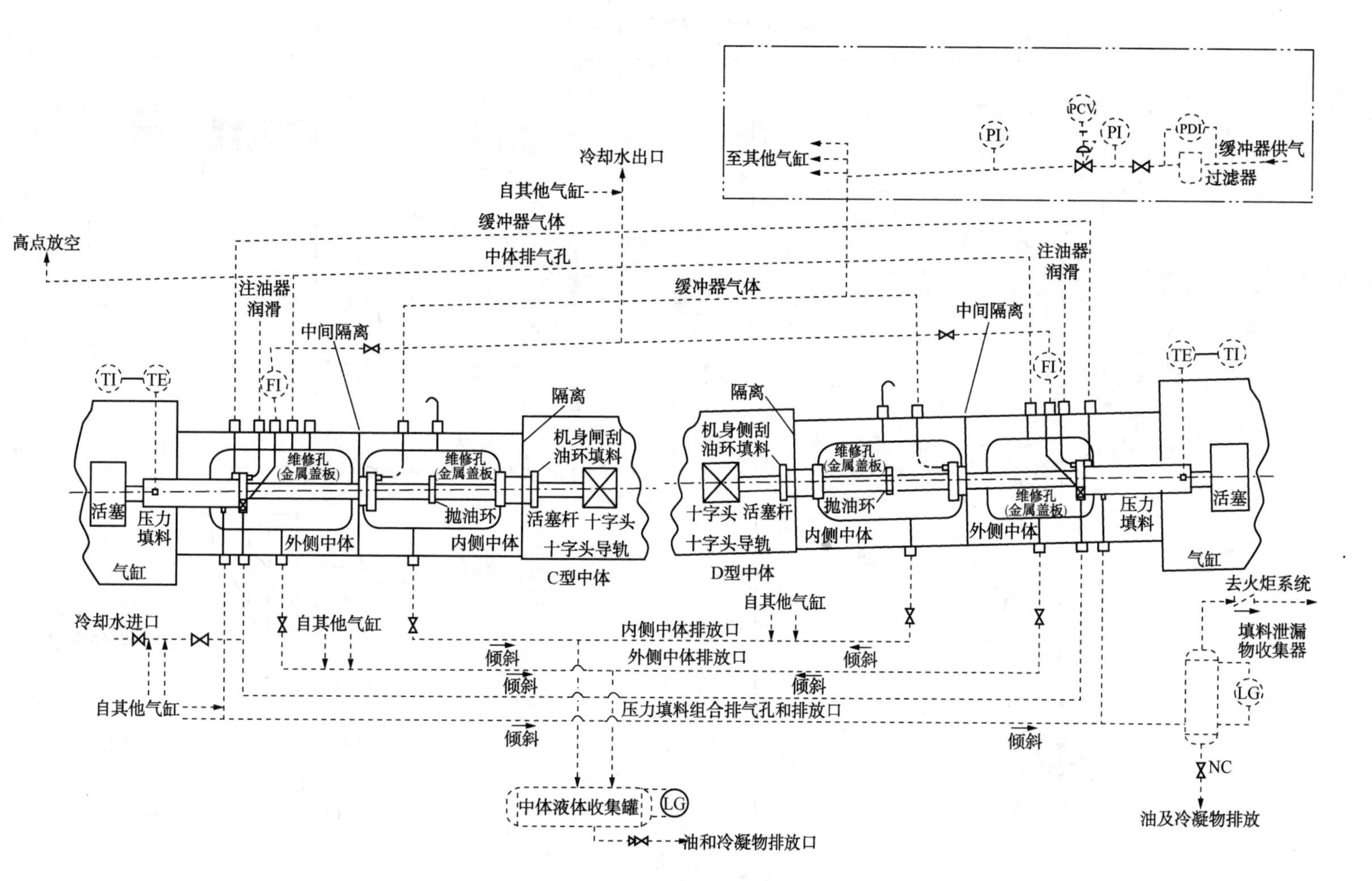

图9-55　往复式压缩机双室中间连接体充气、放气和排凝布置图

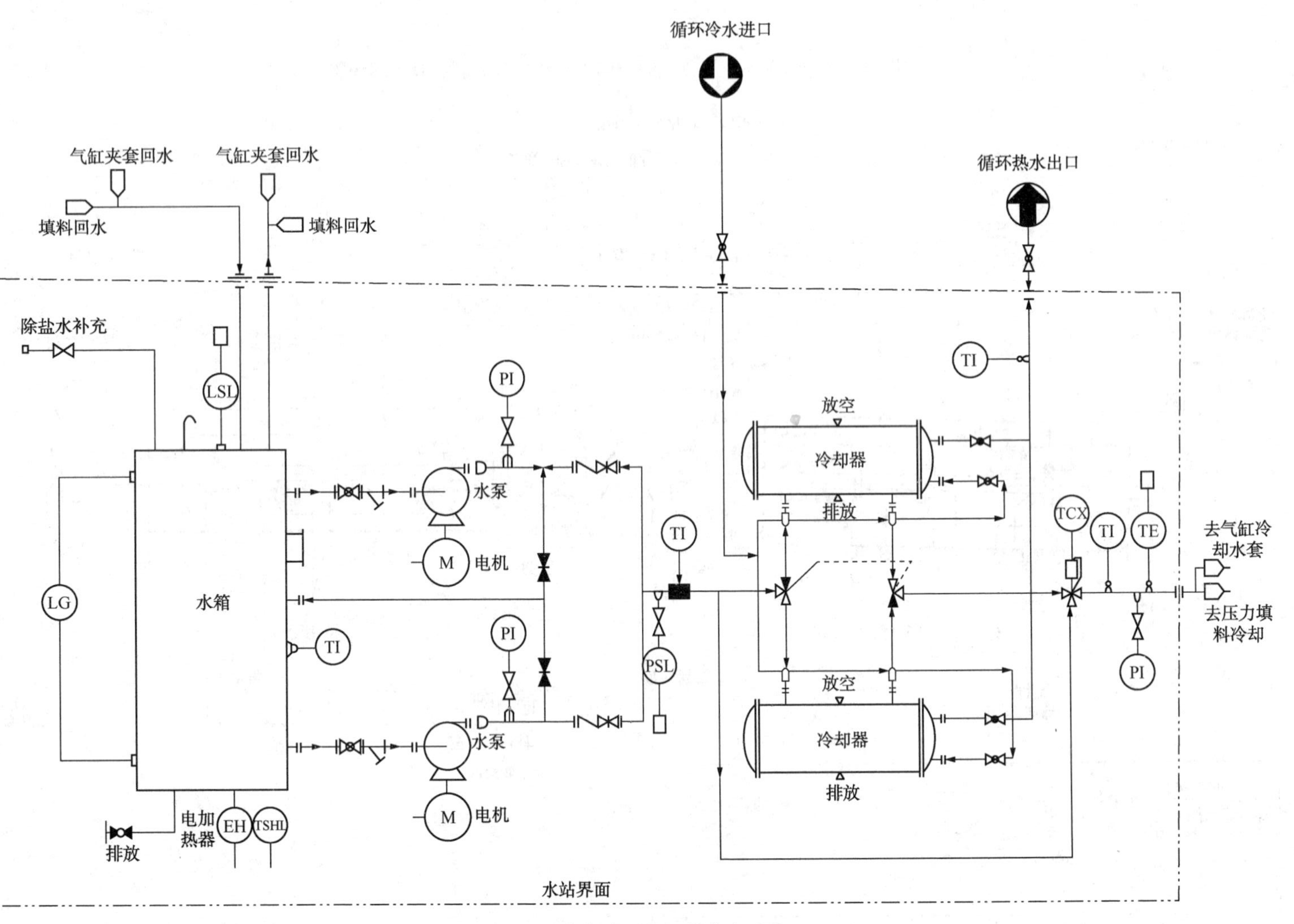

图9-56　往复式压缩机软化水系统

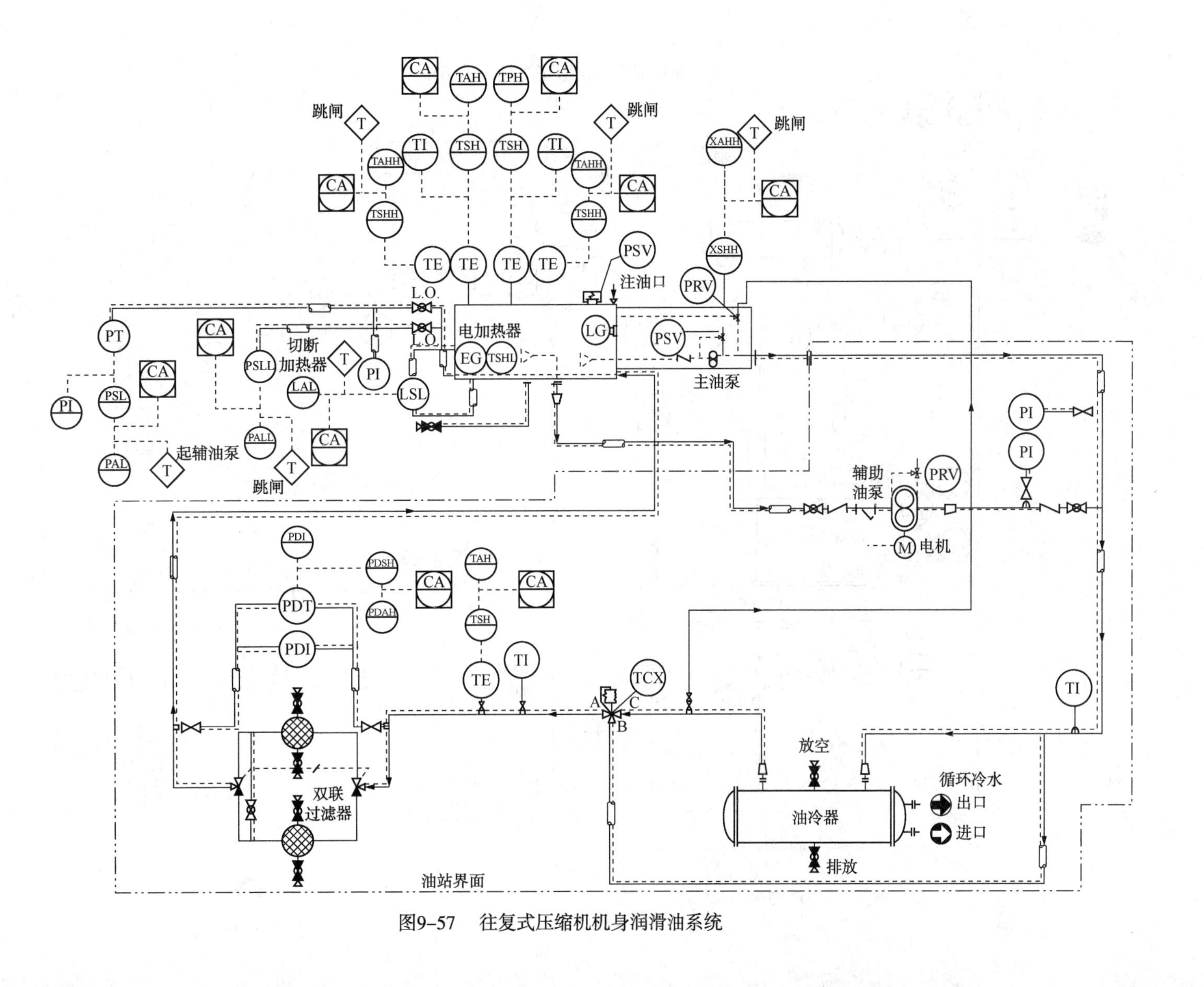

图9-57　往复式压缩机机身润滑油系统

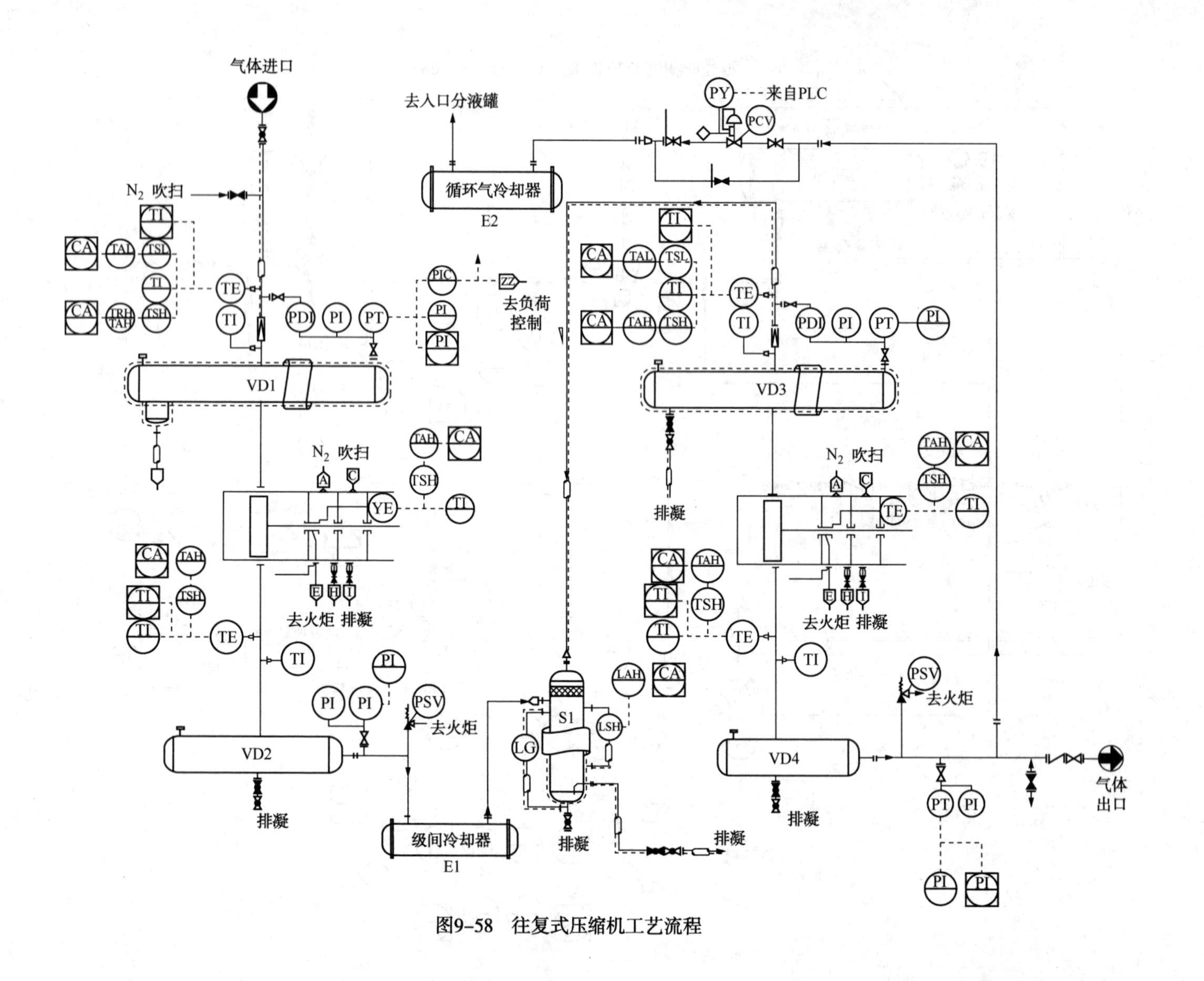

图9-58　往复式压缩机工艺流程

（四）往复式压缩机对工艺配管的要求

往复式压缩机的工艺配管是一个必须予以高度重视的问题，众所周知，由于往复式压缩机的特性决定气体在管路中的流动是脉动的。如果管路设计不当或者压缩机进出口缓冲罐过小都会造成管路振动和增加噪音。在 API-618 中，对进出口缓冲罐的大小和管路中气体压力的脉动不均匀度都作出了明确的规定，而且按照规定，工艺管线必须经过声学模拟分析和机械应力分析，确保管路中气体压力的脉动不均匀度低于标准的规定(必要时可在管路中设置孔板)。气体的脉动频率、管路的自振频率和压缩机的激振频率必须相互错开。需要用相应的计算机程序对压缩机管路进行分析。

（五）往复式压缩机对基础的要求

由于活塞以及其他部件的交替运动，产生了方向和大小周期性变化的激振力(惯性力)，这些力和静载荷一样在设计基础时应充分考虑。

根据激振力及其产生的力距平衡情况，往复式压缩机可以放置在钢结构平台上、楼板上或混凝土上。大、中型压缩机通常采用大块式(或墙式)混凝土结构。

压缩机各处的振动速度根据国家标准应尽量控制在 4~7mm/s，而基础顶面的振动速度控制小于 6.3mm/s。

三、离心式压缩机

（一）催化重整装置中离心式压缩机的一般特点

离心式压缩机适用于吸气量为 25~3000m^3/min 的情况。作为重整氢循环压缩机来说，处理量一般都在 12000m^3/h 以上，由于循环氢含富氢，相对分子质量较小，单级叶轮传递的能量头小，所以循环氢压缩机要求转速高，级数多，这是氢压机的特点之一。虽然根据 API-617 中的规定，当氢分压超过 1.38MPa(表压)时，机壳采用钢质径向部分结构，即圆筒型结构。但为了安全起见，我国催化重整装置中的循环氢压缩机大都是圆筒型结构。

转子叶轮顶尖的圆周速度最好控制在 280m/s 以下，这是因为过高的速度会导致离心力的增加，从而影响叶轮所受的应力。

重整氢循环压缩机一般不设备机，这是因为离心式压缩机除轴承和轴端密封外，几乎无相互接触的摩擦，即使轴承和密封等摩擦付之间也是用油膜隔开的，所以其转动部分能长周期无故障地工作，加上现代的离心式压缩机具有完善的监测、诊断和控制仪表，因此不需要备机。这也是离心式压缩机在操作上优于往复式压缩机的一个方面。但是从价格上来说，离心式压缩机比往复式压缩机要贵得多。

（二）离心式循环氢压缩机的结构特点和材料

如上所述，离心式循环氢压缩机都是采用圆筒型壳体结构的，其结构主要由内筒体、机壳、轴承、密封和联轴器等部件(见图 9-59)所组成。此外，在系统中还包括润滑油站、密封油站、油气分离器、蜜封高位油罐和紧急停车高位油箱等部件。

1. 内筒体

内筒体是离心式压缩机的心脏部分，它由转子和定子两大部分组成。众所周知，离心式压缩机主要依据转子的高速转动，将气体加速，增加动能，然后将高速流动的气体通过定子部分的扩压器和弯通，将气体的流速降下来，使其转变为压力能(势能)并导入下一级叶轮，故离心式压缩机是一种高速旋转的机器，尤其对相对分子质量小的氢气介质来说，为了要得到一定的势能(或称压力能)，转速要高，级数也要多。

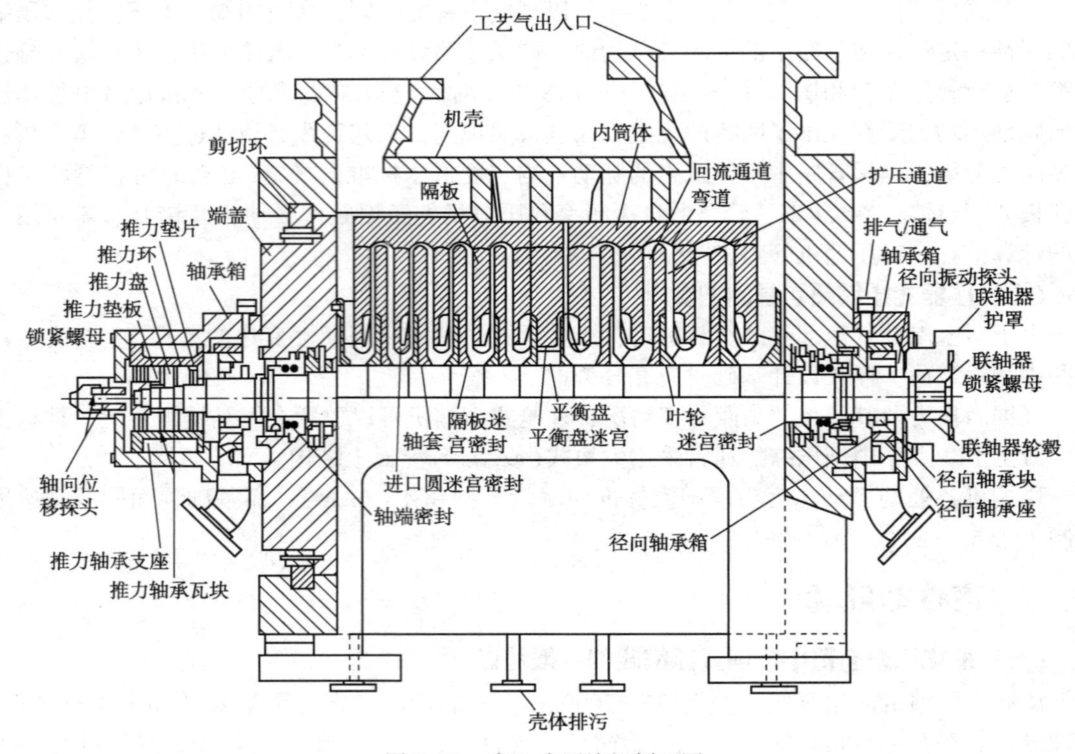

图 9-59　离心式压缩机剖面图

(1) 转子部分。转子部分(见图 9-60)包括叶轮、主轴、轴套(级间轴套和轴端轴套)和平衡盘。叶轮是转子的主要部分，气体通过叶轮获得动能；平衡盘主要用于减少由于叶轮两侧压力差所产生的推力。也有采用背靠背的叶轮布置方式来平衡差压，从而取消平衡盘。转子在出厂前都要经过动平衡试验，以确保压缩机在正常进行时转子振动值在允许范围内。

(2) 定子部分。定子部分可分为进气段、隔板(包括扩压段、弯道和导流叶片)、蜗室和级间密封迷宫式密封。定子为轴向剖分结构(见图 9-61)，上半部与下半部用螺栓连接形成筒体，转子则放置在它的中间。此外，两半部分各部件又在轴向位置上用螺栓固定起来形成两个半圆筒体，便于拆卸。

2. 机壳

机壳为一圆筒形壳体，两端的头端用螺栓与它连接，它们都是用锻钢制成的。轴端密封和轴承都是安装在两个头盖内的。

3. 轴承

径向轴承(见图 9-62)承受转子重量，止推轴承承受转子在轴向上不平衡力(平衡盘把大部分轴向力平衡掉了)。由于离心式压缩机是高速轻载旋转机械，皆采用压力润滑的油膜轴承。为了消除油膜振荡的不良影响，都采用多油楔调心瓦块。止推轴承有金斯伯雷型(见图 9-63)，这种轴承的瓦块支撑在调整垫板上，使得所有的瓦块都能随着止推环的变形自动调整位置，从而使分布的各瓦块上的力更均匀。

图 9-60　离心式压缩机转子

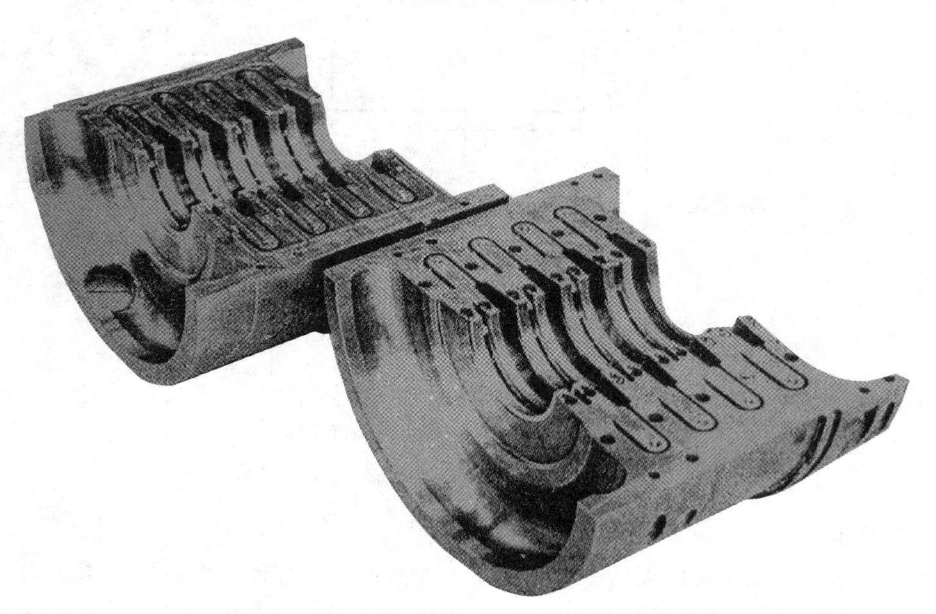

图 9-61　离心式压缩机定子

图 9-62　可倾瓦径向轴承

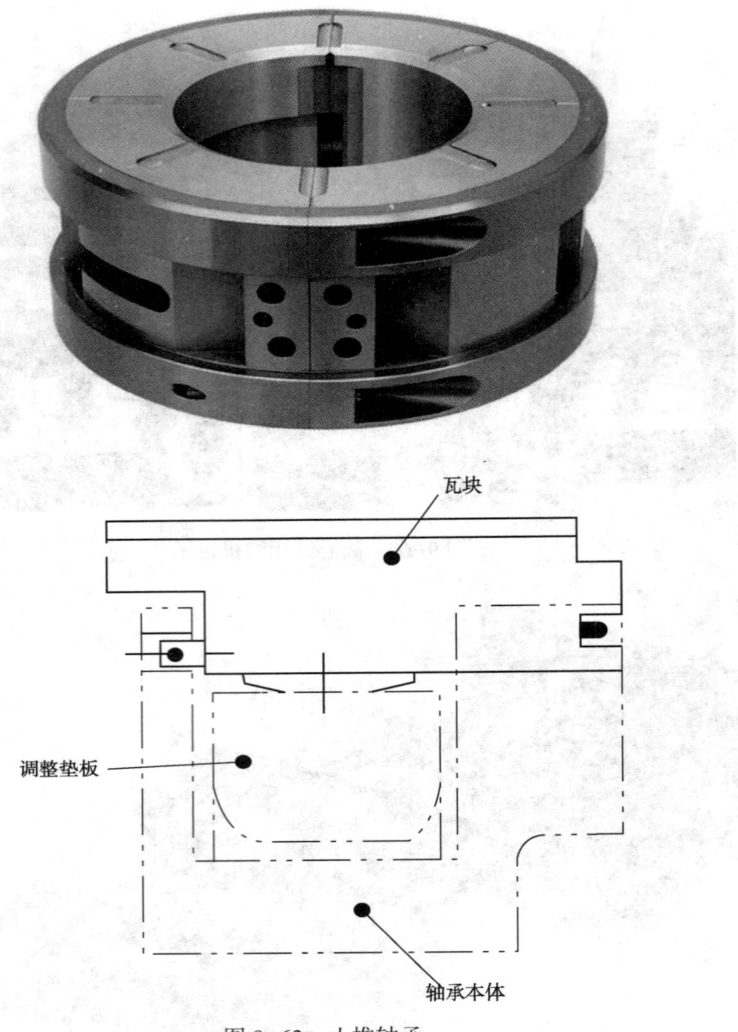

图 9-63　止推轴承

4. 轴端密封

轴端密封是防止气体从压缩机两侧轴伸出处泄漏的重要部件。在氢压机中使用的主要有机械密封(见图 9-64)、浮环密封(见图 9-65)和干气密封(见图 9-66)。机械密封与离心泵所使用的相似，它是依靠动环和静环的端面引成的油膜阻止气体向大气侧泄漏。油站提供密封油，这种密封最高使用压力达 5. 0MPa 左右，密封产生的污油量(与气体接触的油)较少。超过 5. 0MPa 特别是超过 12. 0MPa 的密封，一般都使用浮环密封。浮环密封也是利用浮环与轴套之间形成的油膜达到密封的作用。它的结构简单、使用压力高，早期我国加氢裂化装置和重整氢循环压缩机都使用浮环密封。它的缺点是污油量大。对于高、中压的循环氢压缩机来说，由于润滑油和密封油压力相差甚远，又为了防止密封污油污染润滑油，有必要将润滑油站和密封油站分开。干气密封是近几十年来发展起来的一种新型密封装置，它依靠动环(表面为硬质合金)端面上的螺旋形槽与静环(石墨环)形成微小的气隙，从而阻止气体的泄漏(有微量泄漏存在)。动环在转动中与静环是不接触的，由于气隙中的气体介质黏度小，所耗功率和发热量都非常小，不需要密封油装置(有一套干气控制系统)，对润滑油不会造成危险，也不会污染介质本身，在国外发展很快。近年来在我国一些离心式压缩机中也得到了广泛应用。

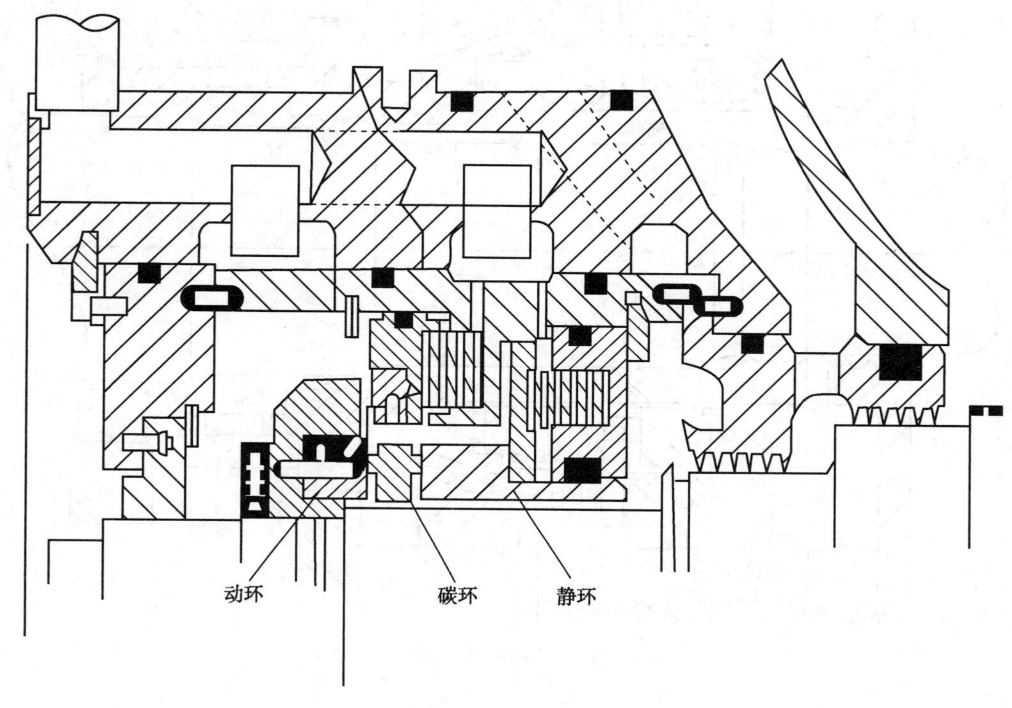

图 9-64　机械密封

5. 材料选择

离心式压缩机主要零部件的材料在 API-617 标准的附录中列出了较详细的要求，供用户或设计单位选用。

与往复式压缩机一样，在 API-617 标准中与含硫化氢介质的工艺气相接触的零件材料在屈服限和硬度方面都有规定。

(三) 离心式压缩机的工艺流程及配管要求

离心式压缩机的工艺流程部分(见图 9-67)最主要的是防喘振系统。众所周知，离心式压缩机在特定的压差情况下，入口流量减少到某一定量时，叶轮不能连续输送介质，形成喘振。喘振会损坏压缩机，防止压缩机喘振最有效的方法是设置一套防喘振系统。防喘振系统的核心是防喘振控制器和防喘振调节阀，该阀受出入口压力和入口流量(必要时可进行温度补偿)的调节，在喘振发生前能迅速打开此阀，使出口介质返回入口，避免喘振的发生。但是对循环氢压缩机来说，也不一定非要设置防喘振系统不可，因为它们是循环工作，一般不会发生喘振。因此，催化重整装置的离心式循环压缩机一般不设该系统。

在压缩机的入口应设置过滤器，防止从管路中带入固体粒子(如焊渣、锈皮等杂质)。对于浮环密封来说，封油的控制就要复杂一些，封油压力依靠密封高位油罐的恒定液位来控制。相对来说，机械密封尤其是干气密封(见图 9-68)的控制就要简单一些。重整循环氢压缩机的干气密封通常采用双端面的串联密封。在工艺侧的密封称为主密封；在大气侧的密封

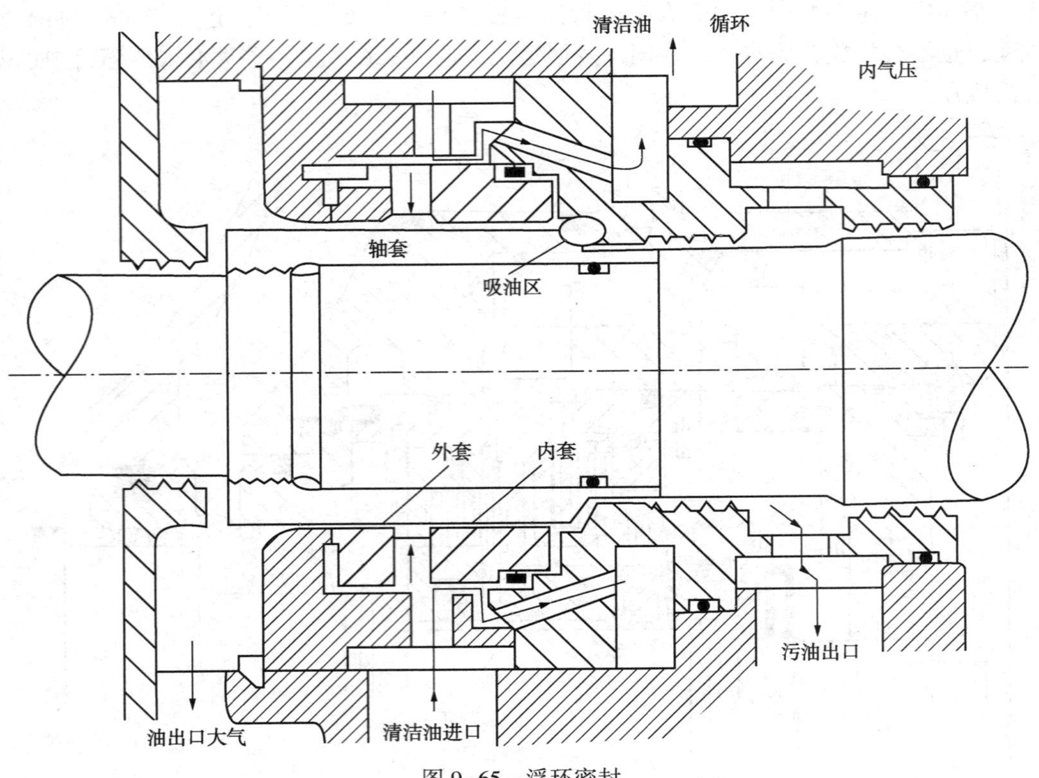

图 9-65　浮环密封

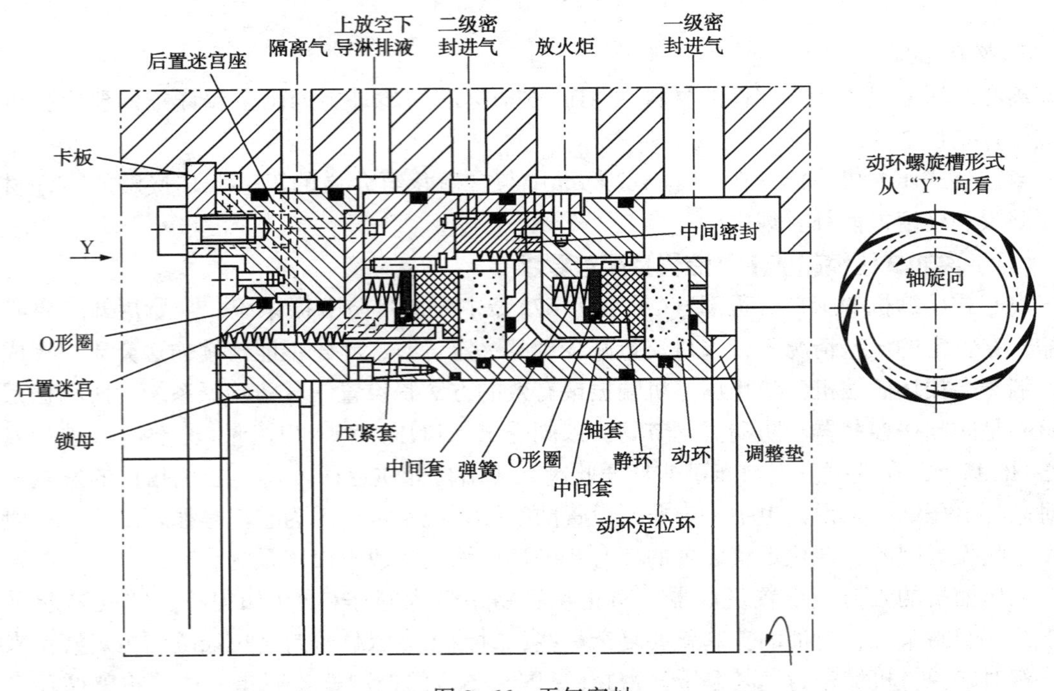

图 9-66　干气密封

称为二次密封或辅助密封)。首先在主密封与压缩机腔体之间要引入一股密封气，防止工艺气进入主密封，在开工初期密封气可以采用外部引入的氮气；正常操作时可以从压缩机的出口引入工艺气。不论工艺气或氮气在进入密封腔之前，都要经过一个精过滤器对密封气进行过滤并脱液。密封气的压力要比压缩机平衡腔内的压力高0.05MPa，因此需要用调节阀来控制。从主密封泄漏出来的少量密封气则引入火炬系统，为了监控主密封的运行状况，在泄漏管线上设置压力和流量仪表。一旦主密封发生大量泄漏，这些仪表就会报警并停机。此外，在二次密封外侧的迷宫密封处注入一股0.3MPa左右的低压隔离氮气，其作用是防止从二次密封处泄漏出来的气体通向大气。干气密封最关键的是在缓冲气管路中要设置1~3μm过滤精度的过滤器，以保证进入密封的缓冲气是干净的，并且在压缩机运行过程中不能间断。

离心式压缩机的配管中虽然没有像往复式压缩机那样产生脉动的气流(压缩机在喘振状态下除外)，但是设计合理的配管能减少作用于压缩机和汽轮机嘴子的受力和力矩(尤其是汽轮机)，从而防止压缩机或汽轮机机壳由于管线受力不当而变形。在API-617和美国电气制造商协会(NEMA)SM-23标准中对压缩机和汽轮机嘴子允许受力和力矩都有明确的规定，作为一名配管设计工程师来说，就要通过计算机程序的应力计算来满足上述标准的要求。

四、压缩机的驱动机选择

选择压缩机的驱动机要综合考虑能量的来源、全厂的蒸汽平衡、余热回收等多种因素。

(一)电动机

往复式压缩机一般选择由电动机通过刚性联轴器直接驱动的方式，也有在压缩机和电动机之间加入一台减速齿轮箱的。使用汽轮机驱动往复式压缩机的在我国很少见。对于大型往复式压缩机来说，都是选择同步电动机驱动，这是因为同步电动机的超前功率因数对电网的功率因数可以进行补偿，改善电网的作业。对于一些中小型往复式压缩机，一般都是选择异步电动机来驱动，这是因为异步电动机比同步电动机便宜，结构简单，也容易操作，只要电网已有足够的补偿能力，大型的往复式压缩机也可选择用异步电动机来驱动。

目前国内外生产的同步电动机都是无刷励磁结构的。励磁机直接安装在同步电动机的主轴上，采用可控硅整流器将交流电整定为直流电。这样不但使整个电动机的结构紧凑，而且避免电刷(指有刷励磁)磨损。

电动机的启动转矩要合适，要满足加速要求，避免过大的电流脉动，轴系扭转/横向响应及过大的转速波动，要有足够的功率满足所有的工况。

电动机的启动转矩不仅要考虑满载荷下的转矩特性，还要考虑起动情况下的转矩要求。这主要取决于压缩机型式、卸载方式以及惯性矩的大小等，另外还有电动机制造商对起动时间的限制。电动机制造商应提供各类电动机的起动曲线以符合压缩机起动的要求。

氢压机所选择的电动机在防爆等级上比一般烃类加工所用的电动机要高。从价格和操作、维护方面考虑，选择增安型电动机比较合理，但是由于增安型电动机在启动时会产生火花，据国外报道，这类电动机曾发生过多起事故，因此为了保证增安型电动机的运行可靠性，重新修订了老版的使用标准。除了在启动前要向机壳内充以惰性气体或不含危险气体的空气，并像正压外壳型电动机那样安装有检测和报警、联锁仪表，在满足启动条件的情况下

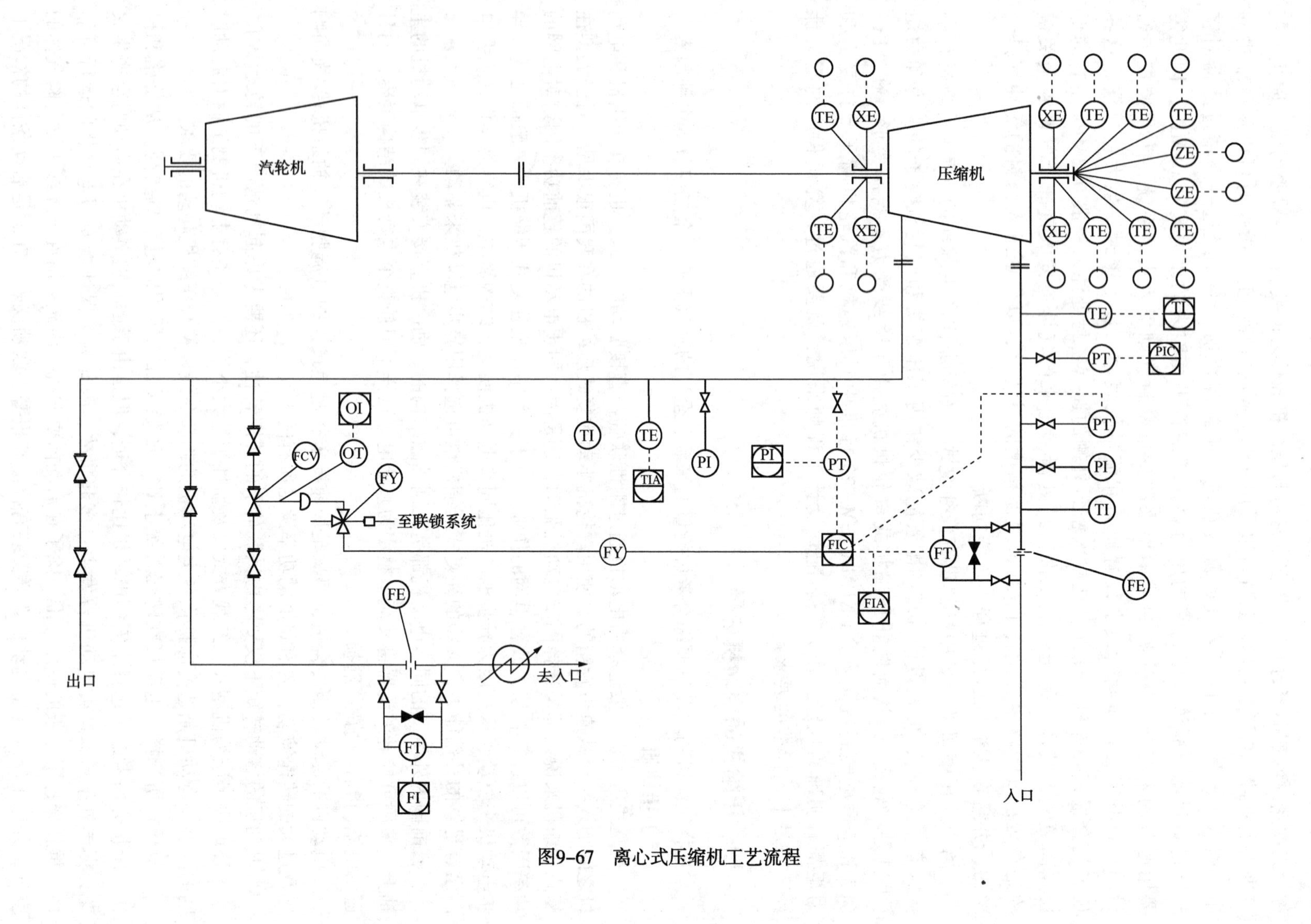

图9-67　离心式压缩机工艺流程

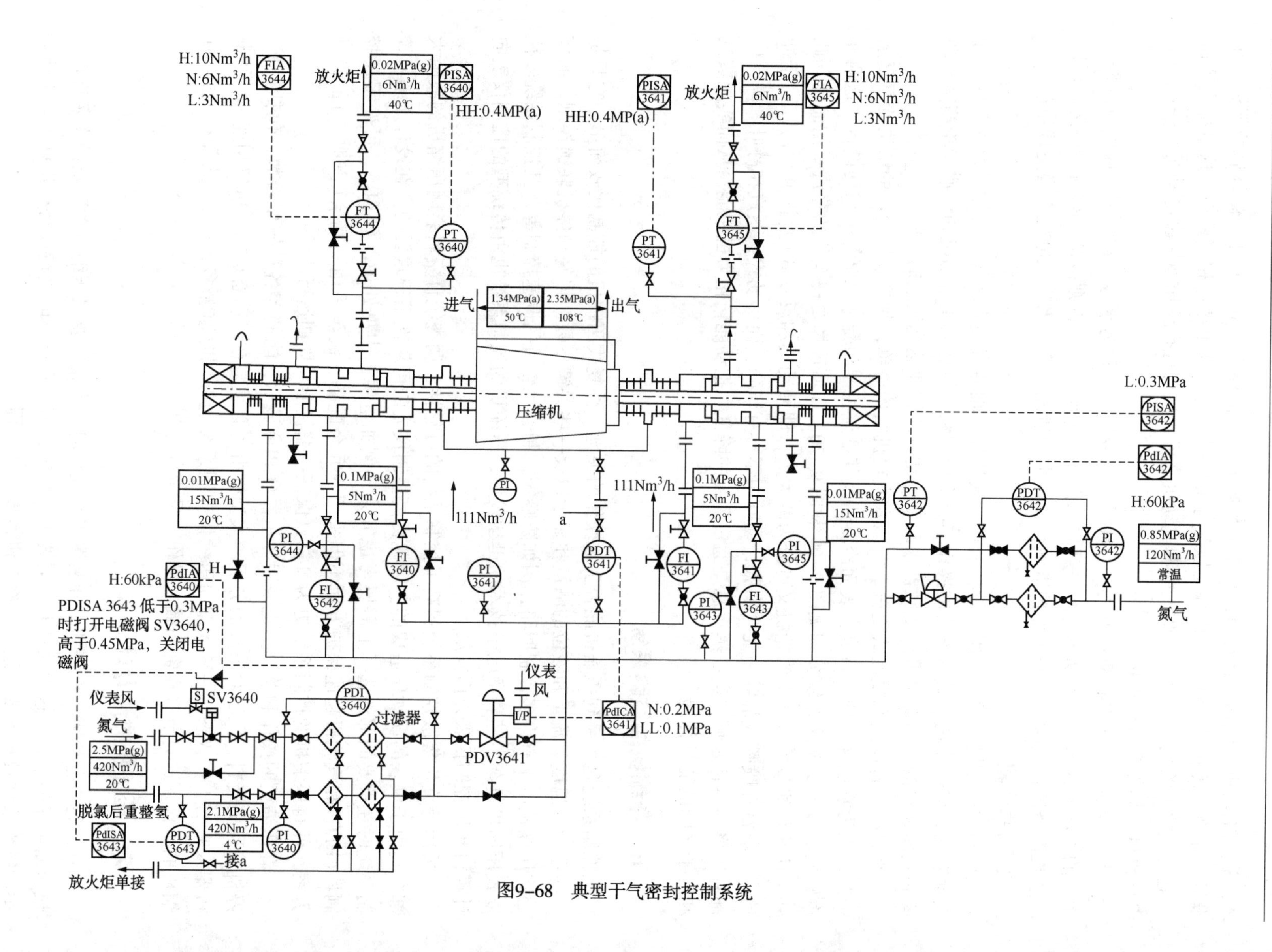

图9–68　典型干气密封控制系统

才能启动电动机。电动机在运行过程中和停机时是不需要充气的。此外，修订后的新标准在设计、制造、测试和验收等方面都比以往标准要严格，认证手续也相当繁琐，这也推高了这类电动机的采购成本。对于一些大中型电动机来说，也可选择正压通风型电动机，一些小型电动机可选择隔爆型电动机。

大型电动机的冷却有两种方式：一种采用风冷，另一种为水冷。在我国一些电机制造厂生产的大部分为水冷式电动机。水冷就要求循环水水质要高，否则冷却效果就会随运转时间的加长而降低；其次要有漏水保护措施，一旦水箱泄漏，冷却水进入电枢中会造成事故。

(二)汽轮机

离心式压缩机通常都是用汽轮机通过干式迭片联轴器直接驱动的。这是因为汽轮机具有变速功能，对改变离心式压缩机的操作工况十分有利。也有采用电动机和增速齿轮箱来驱动离心式压缩机的，因此可采用变频器来改变电动机的转速达到调速的目的。

汽轮机有背压式和凝汽式之分。背压式汽轮机结构简单，凝汽式汽轮机的结构就要复杂一些，因为它包含了抽空系统，表面冷凝器及其液位控制和凝结水泵等一系列设备。这两种汽轮机的蒸汽及疏水系统分别见图 9-69 和图 9-70。如何选择要视全厂的蒸汽平衡而定。此外，从获得能量的方式上汽轮机又可分为两大类，即冲动式和反动式(见图 9-71)。对于冲动式，蒸汽在喷嘴或静叶中完全膨胀，动叶中不再有压降；而反动式，蒸汽在静叶和动叶中都有压降。不管是哪一类，蒸汽总是通过速度的降低，把动能转化为机械能，从而实现蒸汽和转子之间的能量传递。

五、压缩机的控制系统

控制系统是关系到压缩机能否正常操作的关键，往复式压缩机的控制比较简单，它只是一些压力、温度、流量和液位的测量和显示以及一些关键参数的报警和停机联锁控制。而离心式压缩机由于有许多控制回路，例如防喘振控制、汽轮机的调速控制等，其控制系统较往复式压缩机复杂。随着微电子技术的迅猛发展，压缩机的控制系统也由传统型的控制仪表向计算机集散控制仪表方面发展。

采用计算机集散控制系统提高了控制系统的可靠性，调查统计资料表明压缩机的故障大部分是由于仪表的误动作造成的，因此提高控制仪表的可靠性是很重要的。在设计压缩机控制系统时在重要的部件选择上需要考虑冗余，例如电源、中央处理器(CPU)、可变程序控制器(PLC)和汽轮机超速保护方面不但采用双冗余配备，甚至采用三冗余(三取二)的设计方案，使得压缩机的控制系统更为可靠，保证压缩机能长周期运行。

在压缩机的操作和监测上也采用显示器(CPU)显示，能储存各种操作参数，包括报警、停机等历史资料，便于对事故的分析。大型机组还必须与在线动态振动分析仪相连，可预测机器未来的工作状态。一套大型的压缩机控制系统能够同时监测多台(离心式和往复式)压缩机的工作。这对节省投资和减少操作人员十分有利。

六、压缩机的热力计算

在进行工艺研究、经济评估和装置工程设计时，常常需要对压缩机功率及操作条件进行快速而可靠的估算。这类估算并不需要十分精确，因为在询价时制造商将根据询价单中所列举的操作条件及技术要求进行精确的机械设计和工程设计。

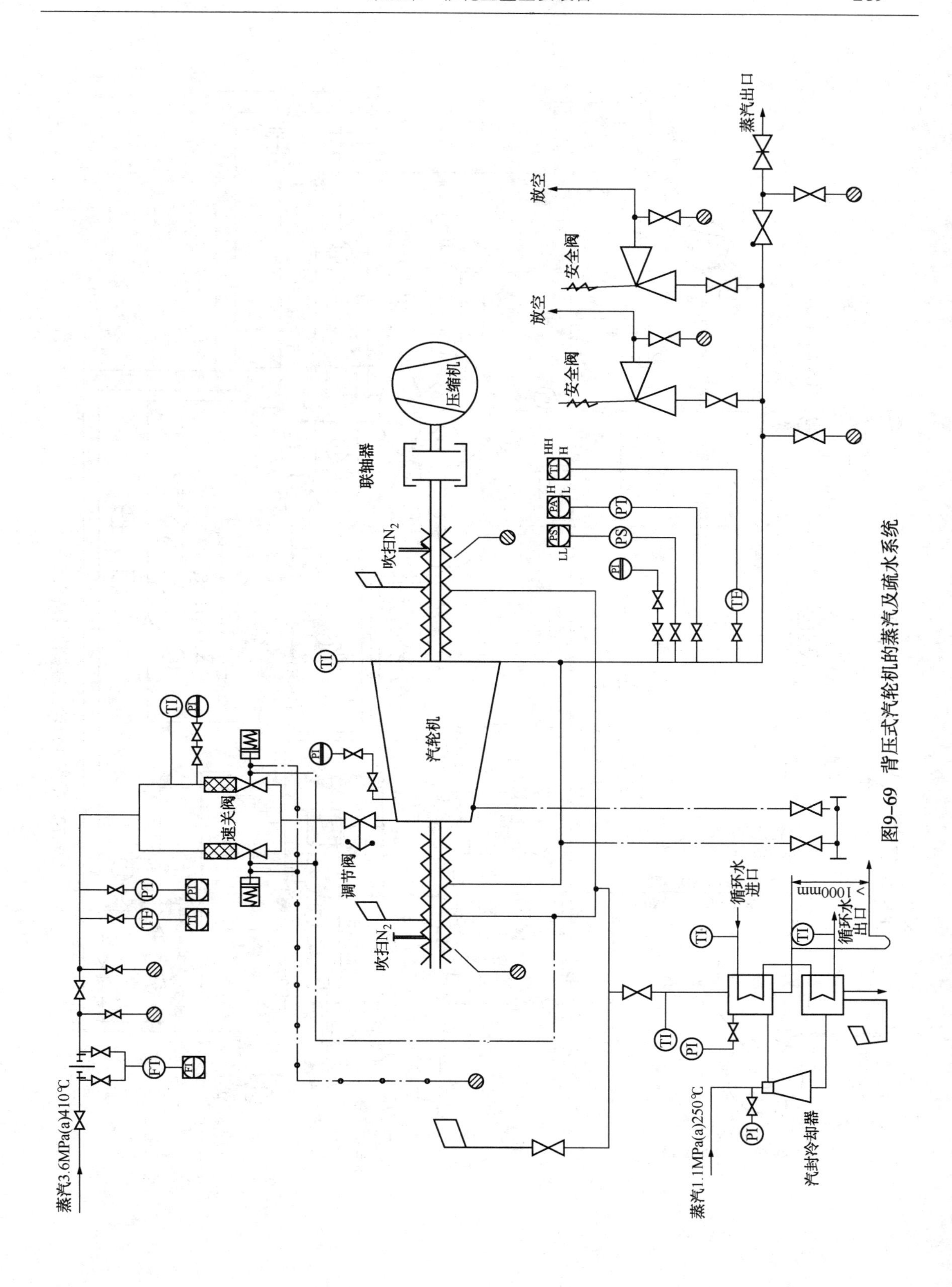

图9-69　背压式汽轮机的蒸汽及疏水系统

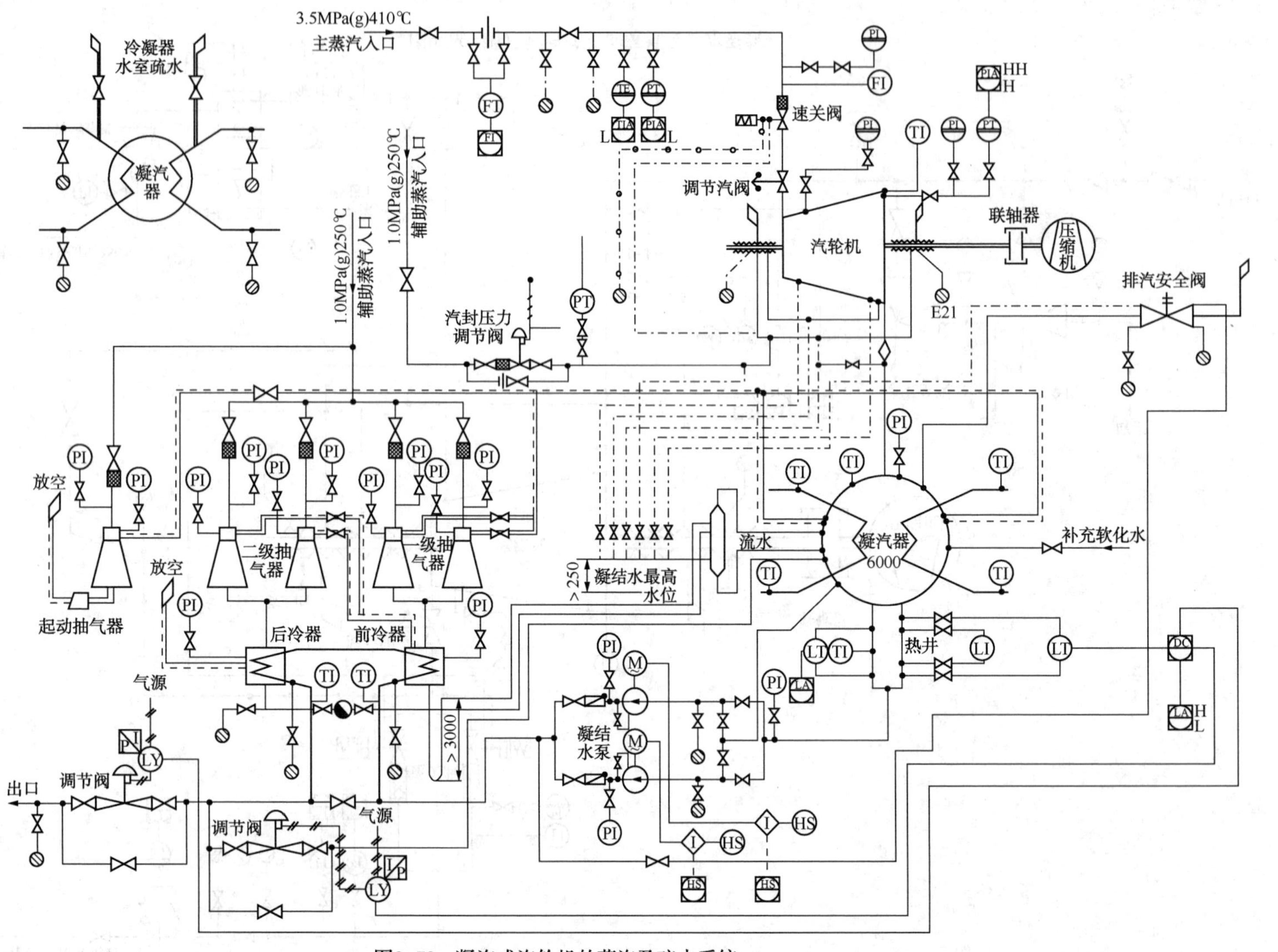

图9–70 凝汽式汽轮机的蒸汽及疏水系统

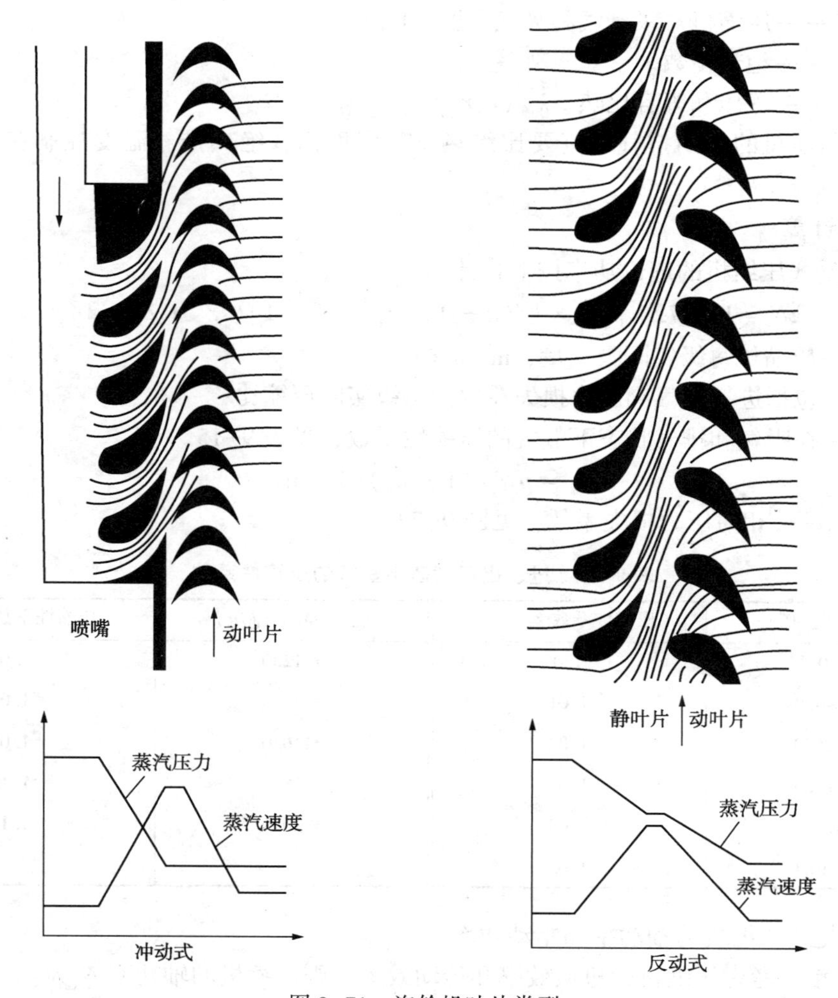

图 9-71　汽轮机叶片类型

（一）往复式压缩机

1. 级数的确定

氢气压缩机每级压缩比一般控制在(2∶1)~(3.5∶1)，更高的压缩比会使压缩机的容积效率和机械效率下降。排气温度也限制压缩比的增高。过高的排气温度会降低润滑油的黏度，使气缸的润滑性能恶化。此外，高温下氢气与润滑油的混合物，如果与空气接触也容易引起爆炸。

如前所述，按目前催化重整装置的设计参数，重整氢增压压缩机、预加氢循环氢压缩机和预加氢补充氢压缩机一般为一级压缩至二级压缩。

2. 排气温度

往复式压缩机的排气温度可按绝热压缩公式计算

$$T_d = T_s(p_d/p_s)^{(k-1)/k}$$

$$k = C_p/C_v$$

式中　p_d、p_s——压缩机每级排气和吸气压力，MPa；

T_d、T_s——压缩机每级排气和吸气温度，K；

k——绝热指数。

C_p、C_v——等压和等容比热，$k_j/(k_g \times k)$。

考虑到氢压机的预期排气温度要比绝热排气温度高，绝热排气温度控制在130℃以下为宜。

3. 功率计算

(1) 往复式压缩机的理论功率按下式计算。

$$\Sigma N = 16.67\Sigma\{p_s V_s \times k/(k-1)[\varepsilon_a^{(k-1)/k} - 1](Z_s + Z_d)/2Z_s\}$$

式中　V_s——压缩机每级实际吸气量，m^3/min；

ε_a——包括进、排气阀压力损失在内的每级实际压缩比；

Z_s、Z_d——在吸气和排气状态下氢气的压缩性系数，见表9-15。

$$\varepsilon_a = p_d/p_s(1 - a_1)(1 - a_2)$$

式中　a_1、a_2——相对压力损失系数，见图9-72。

表9-15　进、出口状态下氢气的压缩性系数

压力/MPa(绝压)	压缩性系数 Z_s、Z_d	压力/MPa(绝压)	压缩性系数 Z_s、Z_d
≤1.0	1.0	≤12.0	1.06
1.0~≤3.0	1.01	≤14.0	1.07
3.0~≤4.0	1.02	≤16.0	1.09
4.0~≤6.0	1.03	≤18.0	1.10
6.0~≤8.0	1.04	≤20.0	1.12
8.0~≤10.0	1.05		

(2) 往复式压缩机的轴功率和驱动功率。

① 轴功率。考虑压缩机的机械效率和传动效率，则压缩机的轴功率 N_s 为：

$$N_s = N/(\eta_g \times \eta_c)$$

式中　N——理论功率，kW；

η_g——机械效率，对大中型压缩机，取 $\eta_g = 0.90 \sim 0.95$；对小型压缩机，取 $\eta_g = 0.85 \sim 0.90$；

η_c——传动效率，皮带传动，$\eta_c = 0.96 \sim 0.99$；齿轮传动，$\eta_c = 0.97 \sim 0.99$；直联，$\eta_c = 1.0$。

② 驱动机功率。考虑到压缩机运转时负荷的波动、吸气状态的变化、冷热水温的变化以及压缩机泄漏等因素，会引起功率的增加，驱动机应留有10%~25%的储备功率，选用的驱动机功率为：

$$N_d = (1.1 - 1.25)N_s$$

大中型压缩机 N_d 取小值；小型压缩机 N_d 取大值。

4. 确定往复式压缩机的尺寸

(1) 气缸直径。单位时间内气缸的理论吸气容积，称为气缸行程容积，以 V_t(m^3/min)表示：

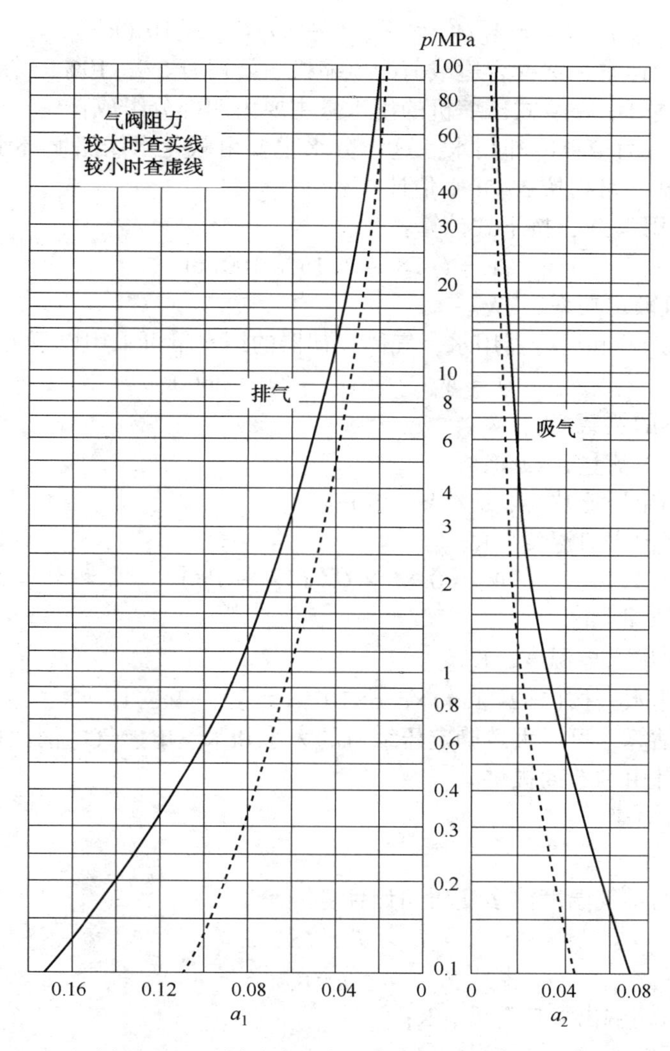

图 9-72　不同公称压力下的相对压力损失系数

$$V_t = V/\lambda$$

式中　V——压缩机换算到吸气状态下的排气量，m^3/min；

λ——排气系数，估算时按 0.75~0.83 选取。

一般氢压机活塞杆不贯穿，双作用。气缸的行程容积按下列计算：

$$V_t = \pi/4(2D^2 - d^2)SnI(m^3/min)$$

式中　D——气缸直径，m；

d——活塞杆直径，m；

S——活塞行程，m；

n——曲轴转数，l/min；

I——同级气缸数。

活塞杆直径、活塞行程和转数按制造商样本中的同类产品选取。

（2）气体载荷。

$$F_{max} = \pi/4[D^2 P_d - (D^2 - d^2)P_s] \times 10^3(kN)$$

按制造抽提供的样本，选择合适载荷的压缩机。要留有5%~10%的余地。

(3) 冷却水的估算。往复式压缩机的用水量主要由四部分组成：

① 气缸夹套和压力填料冷却用水。这部分水主要由软化水闭路循环水系统供给，但软化水需用循环水冷却，每列按3~5t水估计。

② 油站冷却器用水 W，按下式计算：

$$W = (0.8 \sim 1.1)N/100(t)$$

式中　N——压缩机额定功率，kW。

③ 级间气体冷却器和后冷器用水，气体冷却器的用水量可采用以下公司估算：

$$Q = W_h C_{p,h}(T_{h_1} - T_{h_2})/3600$$

式中　Q——冷却器的热载荷，kW；

W_h——气体质量流量，kg/h；

$C_{p,h}$——气体的定压比热容，kJ/(kg·K)；

T_{h1}、T_{h2}——冷却水出入口温度，K。

$$W_c = 0.86 \times Q/(T_{c_2} - T_{c_1})$$

式中　W_c——冷却水量，t；

T_{c_2}、T_{c_1}——冷却水出入口温度，K。

主电动机冷却用水，按(1.2~1.4)×8.6×10^{-3}N 计算，单位 t。

通过上述初步估算，可以大致确定压缩机的大小和水、电、气的消耗量等工程初步设计资料，至于精确设计由制造商提供。

(二) 离心式压缩机

1. 排气

离心式压缩机的排气温度按多变压缩计算

$$T_d = T_s \varepsilon^{(m-1)/m}$$

$$\varepsilon = p_d/p_s$$

式中　T_d、T_s——压缩纲出入口温度，K；

ε——压缩比。

p_d、p_s——压缩机出入口压力，MPa(绝对压力)；

m——多变指数。

气体的绝热指数 k 和多变效率 η_p 在图9-73中可以查取。在选用估算时，多变效率可在图9-74中查得。

2. 多变能量头

对压缩机来说，能量头的概念相当于泵的扬程概念。离心式压缩机的多变能量头按下式计算：

$$h_p = m/(m-1) ZR\ T_s(\varepsilon^{(m-1)/m} - 1)$$

式中　h_p——多变能量头，kJ/kg；

R——气体常数，kJ/(kg·K)；

Z——压缩系数。

3. 离心式压缩机的功率

(1) 理论功率。

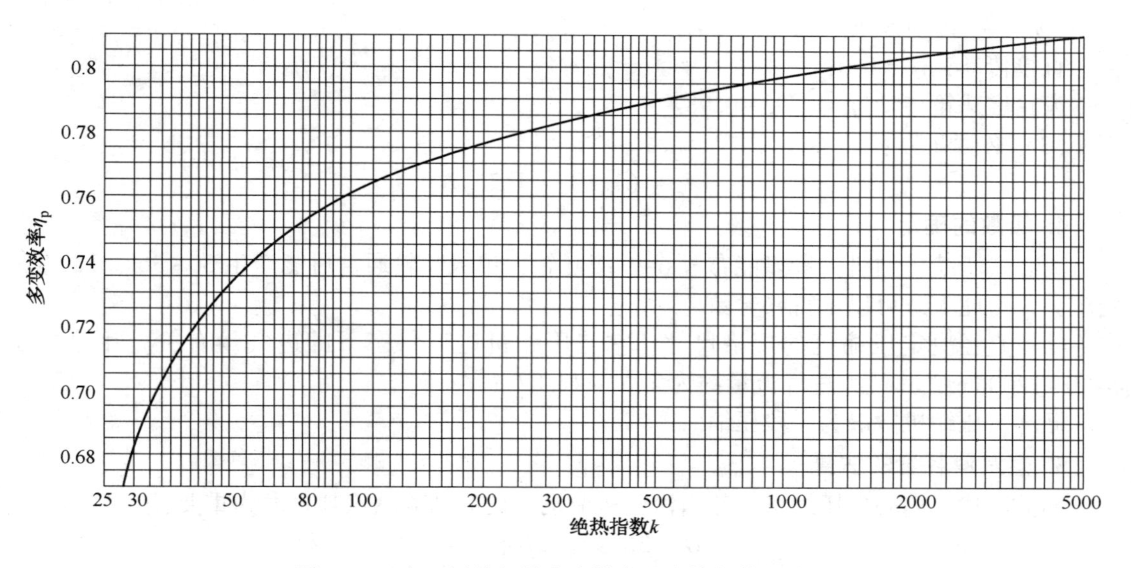

图 9-73　离心压缩机的多变效率和绝热指数的关系

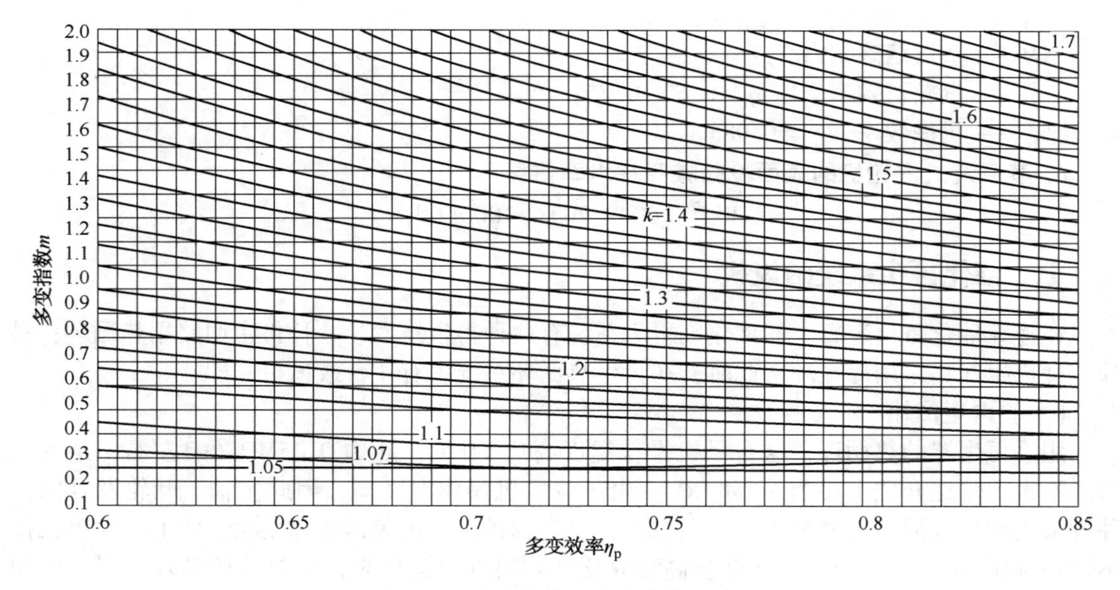

图 9-74　多变指数和多变效率的关系

$$N = 16.67\ P_d V_s m/(m-1)(\varepsilon^{(m-1)/m}-1)\ \eta_p(\text{kW})$$

式中　V_s——入口体积，m^3。

（2）轴功率。

$$N_s = N/(\eta_g \times \eta_c)$$

式中　η_g——机械效率；

$N>2000$kW，$\eta_g=0.97\sim0.98$；

$N=1000\sim2000$kW，$\eta_g=0.96\sim0.97$；

$N<1000$kW，$\eta_g=0.94\sim0.96$。

η_c——传动效率。

直接传动，$\eta_c = 1.0$；

齿轮增速箱传动 $\eta_c = 0.93 \sim 0.98$。

（3）驱动机功率

$$N_d = (1.10 \sim 1.25) N_s$$

4. 级数的确定

离心式压缩机的机壳最多能布置 6~9 级叶轮，单级叶轮通常可能产生 30~36kJ/kg 的多变压头，为此大致可以求得叶轮数。

叶轮直径决定压缩机的规格尺寸，它与压缩机进口状态下的进气量有关。叶轮直径 ϕ400~1200mm，其最大进气流量约为 4.67~42.07 m^3/s。

循环氢压缩机一般为一段压缩。

5. 蒸汽消耗量的估算

如前所述，离心式压缩机一般由汽轮机驱动，此时估算蒸汽耗量尤为重要：

$$G = 3600 N_d / \Delta H \eta_i \times \eta_g$$

式中　G——蒸汽耗量，kg/h；

N_d——汽轮的额定功率，kW；

ΔH——蒸汽焓降，kJ/kg；

η_i——汽轮机效率，取 $\eta_i = 0.60 \sim 0.75$；

η_g——机械效率，$\eta_g = 0.985$。

6. 蒸凝汽式汽轮机的表面冷凝喊叫耗水率估算

$$W_c = (60 \sim 70) G / 1000 (t/h)$$

七、催化再生系统的风机

在连续催化重整装置中的催化剂再生系统有两种再生技术、一种再生回路用热循环；另外一种再生回路采用冷循环。此时，在再生热循环系统中有 4 台鼓风机，即：

（一）再生风机

用手再生器的热循环，这台风机操作温度高达 516℃，压力 0.25MPa(g)左右，出入口差压不大，输送介质主要为 N_2 和 CO_2。由于该风机操作温度高，因此主轴、叶轮及其紧固件皆采用耐高温的 INCONEL600 合金材料；机壳和机盖采用美国钢铁协会(AISI)316 奥氏体不锈钢制作(见图 9-75)。为了防止高温介质从轴封处泄漏出来，轴封采用碳环密封，中间通入 N_2。轴承与常规风机一样采用滚珠轴承，用风扇冷却，整个机体用隔热材料覆盖。入口接管设有膨胀节能有效地吸收管线的位移，防止机壳变形。

（二）提升风机

将来自再生器顶部粉尘收集器的 N_2 通过提升风机输送到待生催化剂的提升线使待生催化剂从反应器底部进入再生器的上部。

（三）除尘风机

提升到再生器顶部的待生催化剂中含有一些催化剂粉尘，通过除尘风机经淘析器将粉尘分离出来。

（四）再生空冷器风机

用于再生空冷器的冷却。

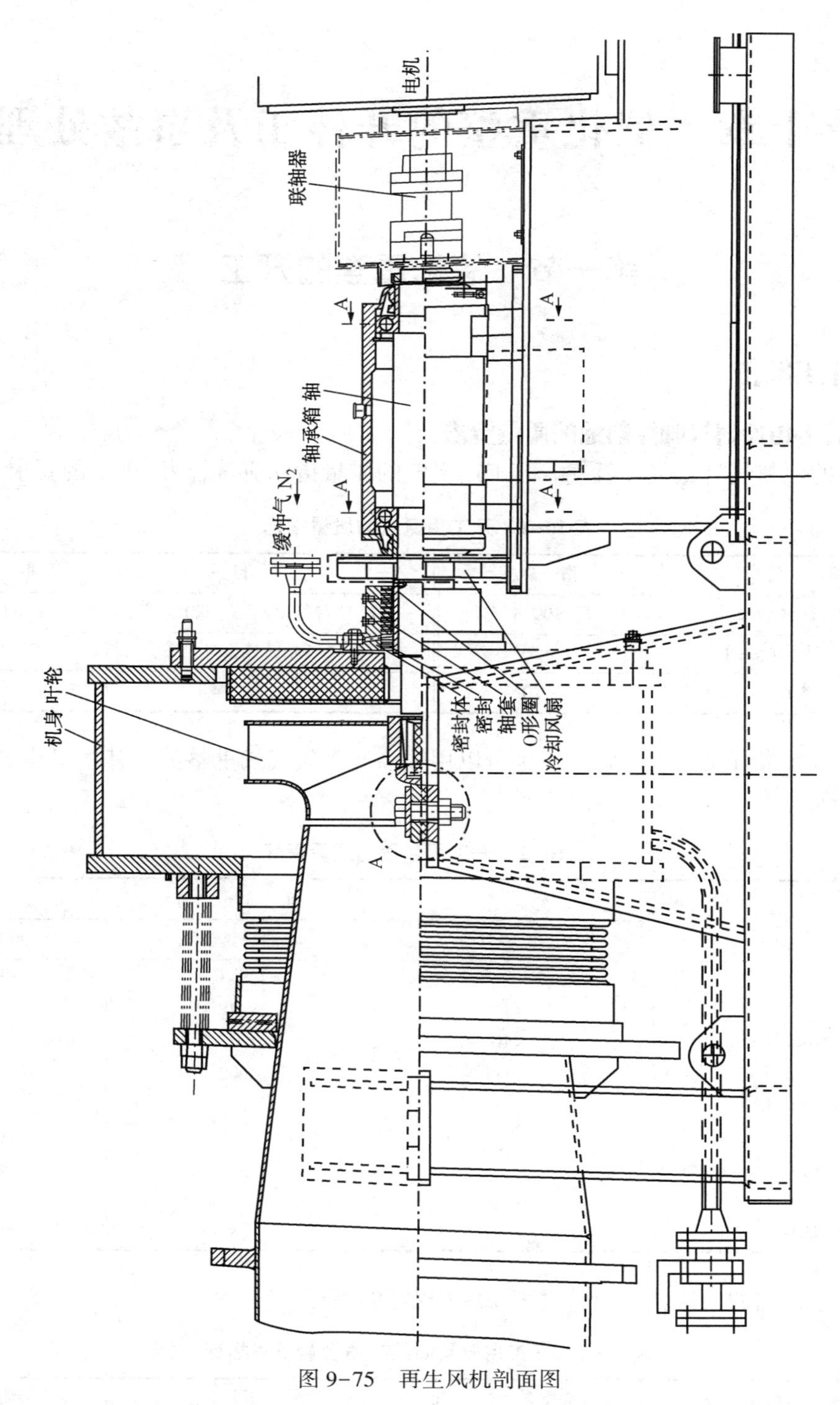

图 9-75　再生风机剖面图

在冷循环再生回路中没有高温再生风机，以下列 4 台压缩机和鼓风机代之：再生气循环压缩机、空气压缩机、提升气压缩机和淘析气风机。

第十章　催化重整的开停工及事故处理

第一节　催化重整的开工

一、开工准备

（一）开工用原料气和原料油的质量要求

开工用的原料气有氮气和氢气。开工用氮气的质量指标应符合表10-1的要求。

表10-1　开工用氮气的质量指标

项　　目	指　　标	项　　目	指　　标
N_2 含量(体)/%	>99.5	H_2O 含量(体)/(μL/L)	<1000
CO 含量(体)/(μL/L)	<20	O_2 含量(体)/%	<0.2
CO_2 含量(体)/(μL/L)	<20		

开工用氢气最好是高纯电解氢，也可以用轻油制氢氢气或重整氢。其质量应满足表10-2所列的指标。

表10-2　开工用氢气的质量指标

项　　目	指　　标		
	电解氢	轻油制氢氢气	重整氢
H_2/%(体积)	>99.5	>95.0	>95.0
CO 含量(体)/(μL/L)	<10	<10	
CO_2 含量(体)/(μL/L)	<10	<10	
H_2O 含量(体)/(μL/L)	<600	<600	<600
H_2S 含量(体)/(μL/L)			<1
C_2^+/%(体积)			<0.5
CH_4/%(体积)			余量
N_2/%(体积)	余量		
(N_2+CH_4)/%(体积)		<5	

开工用原料油的杂质含量应符合表10-3规定的指标。

表10-3　开工用原料油的杂质含量质量指标

项　　目	杂质含量	项　　目	杂质含量
As/(μg/g)	≯1	S/(μg/g)	≯0.5①
Pb/(μg/g)	≯10	N/(μg/g)	≯0.5
Cu/(μg/g)	≯10	H_2O/(μg/g)	≯5

① 为了避免出现器壁金属催化结焦，重整进料的硫含量应严格控制在0.25~0.5μg/g范围内。

（二）化工试剂

在重整催化剂开工和运转过程中，采用的化工试剂主要有硫化物、氯化物、乙醇、分子筛、活性碳等。

1. 硫化物

通常采用二甲基二硫醚(DMDS)，其性质见表10-4。在连续重整中，硫化物用于重整进料中补硫，目的在于抑制加热炉、反应炉、换热器等设备内金属器壁的积炭。

表10-4 二甲基二硫醚性质

项　目	指标值	项　目	指标值
外观	微黄色透明液体	密度 d_4^{20}/(g/cm^3)	1.063~1.064
分子式	$(CH_3)_2S_2$	纯度/%	≥99
相对分子量	94.189		

2. 氯化物

以γ-Al_2O_3为载体、以氯为主要酸性组元的全氯性重整催化剂，进油初期的氯调整和运转过程中水氯控制都需要使用氯化物。常用氯化物及其性质见表10-5。

表10-5 常用氯化物的有关数据

氯化物名称	分子式	相对分子质量	相对密度(20℃)(g/mL)	密度(20℃)/(g/mL)
1,2-二氯乙烷	$C_2H_4Cl_2$	99	1.253	0.72
1,1,1-三氯乙烷	$C_2H_3Cl_3$	133.5	1.339	0.80
四氯乙烯	C_2Cl_4	166	1.623	0.86
四氯丙烯	$C_3H_2Cl_4$	180	1.537	0.79
四氯化炭	CCl_4	154	1.595	0.92

二、开工方式

（一）确定开工方式的原则

确定开工方式的一般原则是：在质量符合重整开工要求的氢气来源容易的情况下，采用顺向开工方式；在有足够的合格氢气和精制油的情况下，采用逆向开工方式；在无重整开工用氢气和精制油的情况下，采用直馏石油制取重整开工用精制油和氢气的重整装置开工工艺专利技术时，也可采用逆向开工方式。

（二）顺向开工方式

顺向开工方式具有如下优点：

(1) 预加氢的进料从一开始就使用石脑油，中间不存在切换原料油的操作变化问题，因而预加氢开工过程步骤比较简单，并可避免在预加氢与重整联合运转后，因预加氢原料油切换和操作条件改变的不适当而造成重整进料质量的波动。

(2) 可使汽提塔塔底油中水含量较快降到重整进料所需的水平，从而使重整进油后能较快地进入正常运转阶段；

(3) 预加氢有足够的调整操作时间，能够确保在重整进料的各项杂质含量完全合格后才开始重整进油。

（三）逆向开工方式

采用逆向开工方式开工的主要优点是能在缺少外供氢气的条件下开工，高纯度氢气的消耗量较少，约为顺向开工方式的40%～50%。

采用逆向开工方式开工的缺点是：重整开工的精制油用量较大；预加氢调整操作的时间受精制油储备的限制；预加氢原料油存在由精制油切换为石脑油的操作变化，而造成重整进料质量波动的可能性。

三、催化剂装填

正确的催化剂装填是催化重整装置正常运转、充分发挥催化剂性能、获得良好操作性能和重整效果的重要因素之一。

（一）装剂前的准备

1. 装置的净化

装催化剂前必须对装置作彻底地清扫。新建装置必须清除设备管线内的一切泥污、铁锈、铁屑等杂物。使用过高硫原料油(3μg/g以上)的装置，加热炉管、反应器、换热器等设备内壁被硫污染，产生鳞片状的硫化亚铁必须清除。否则，在运转过程中硫化亚铁被带入反应器内，造成反应器中心管堵塞引起器内油气分布不均匀、反应器压降增大、催化剂流动不畅等问题。

2. 装置的热态考核(干燥)

水对催化剂十分有害。如果是新装置首次开工，由于设备和管线曾用水试压或用蒸汽吹扫，所以在装催化剂前必须用氮气对设备和管线进行干燥，以便除去施工及水压试验时残留的水分；通过热态考核(干燥)，可以考察装置反再系统内构件和高温管线在高温条件下的热变形情况；对于新建装置，热态考核可以与烘炉同时进行。如果是旧装置，停工后未作较大检修，未用水试压，只是更换催化剂，则可免去装置的干燥步骤。如果旧装置换剂前受到严重的硫污染，可考虑在反应系统干燥的高温阶段补入适量空气，清除硫化亚铁。

(1) 反应系统干燥。

① 隔断反应系统与其他部分的连接，防止污染物串入，在连接管处加装盲板，关闭所有放空、放水阀；

② 关闭循环压缩机进出口阀；

③ 进行装置临氢系统的氮气气密；

④ 气密合格后，用氮气升压到设备允许的压力范围内，并用氮气吹扫循环压缩机，排去空气，使压缩机压力平衡，打开压缩机出入口阀；

⑤ 按操作规程启动反应产物冷换设备；

⑥ 按操作规程启动循环压缩机进行氮气循环，密切注意压缩机出口温度及出入口压差；

⑦ 加热炉按操作规程点火，以30～50℃/h的速率向250℃升温(以反应器入口温度为准，下同)。保持250℃，定时从高分及系统各低点放水；

⑧ 当高分及系统各低点的每小时放水总量小于1L后，再以30～50℃/h的速率向500℃升温。保持500℃，直到高分及系统各低点的放水总量低于100mL/h，结束500℃干燥阶段；

⑨ 以 30~50℃/h 的速率降温，待温度降到 60℃以下，关闭循环压缩机，结束装置干燥过程。

(2) 再生系统干燥。对于新建连续重整装置，装剂前再生系统必须进行干燥。一般情况下，再生系统的干燥与重整反应系统干燥同时进行。再生系统干燥应参照专利商提供的原则方案，依据本装置的实际情况，制定具体实施方案。

(3) 注意事项。

① 不能用空气来进行装置干燥；

② 升温过程中密切观察并记录反应器、管线等高温部位的热膨胀情况；

③ 对于新建装置，装置净化、干燥步骤可以与烘炉同步进行，但中间步骤的升温速率、恒温时间应以烘炉方案为准，最终反应器入口温度应达到 500℃；

④ 干燥结束后，注意检查、吹扫死区，避免明水残留。

3. 反再系统内构件检查

新建连续重整装置反再系统的内构件应严格按照专利商的要求进行全面检查并记录所有检查结果。对于换剂开工的装置，应注意检查以下内容：

(1) 催化剂输送管线检查。

① 催化剂提升管线、下料腿通球试验；

② 检查所有催化剂输送管线连接处或法兰焊接处打磨光滑，无利边或毛刺。

(2) 中心管检查。

① 约翰逊网无变形、无断裂开焊、无利边或毛刺；

② 约翰逊网无催化剂粉尘或杂物堵塞；

③ 约翰逊网缝隙分布均匀，间隙应符合专利商提供的指标；

④ 中心管开孔区的上边应与扇形桶开孔的上边在同一高度；

⑤ 检查中心管底座法兰的垫片和中心管与底座的间隙是否合适。

(3) 扇形桶检查。

① 扇形桶贴壁良好，扇形桶到反应器壁的距离应符合要求；

② 扇形桶无变形、无断裂开焊、无利边或毛刺；

③ 扇形桶开孔宽度或筛网间隙符合要求，且无催化剂粉尘或杂物堵塞；

④ 各扇形桶间距分布均匀。

(4) 粉尘收集器。

① 过滤器内部清理或更换滤芯(布袋)；

② 粉尘收集器内及其连接管线除尘、吹扫；

③ 检查相关控制阀并清理内部粉尘。

(5) 提升器。

① L 阀组的双波纹网；

② 进出提升罐的管线。

(6) 闭锁料斗。

① 导流锥和立管的焊接情况：要无裂缝、打磨光滑；

② 立管通畅，无异物。

(7) 其他。

① 还原气体出口管线、过滤器粉尘清理；

② 反再系统所有容器的压力、压差引出线及过滤网清理。

（二）重整催化剂装填

1. 反应部分催化剂装填

装置经净化和干燥，并完成反应器内构件检查后即可进行催化剂的装填。

催化剂的装填可采用连续重整装置常规装剂方法——逐个反应器装剂法。对于叠式反应器，也可采用从反应器的顶部装入法，即：在还原区或缓冲区的催化剂入口法兰的上方固定一个加料漏斗，然后用软管将料斗与催化剂入口法兰相连，使得催化剂从还原区或缓冲区流经一反、二反，直到末反。

（1）准备工作。

① 装置干燥或热态考核完成后，做好反应系统的隔离，防止湿空气经反应器出入口管线串入反应器形成对流；检查确认反应器内件符合要求；

② 两只催化剂输送料斗和一只催化剂装填的固定料斗清理干净；用于催化剂装填的固定料斗下部必须加装 4 目筛网；

③ 催化剂运抵现场，搭建装剂平台；联系一台大吊车和两台叉车配合装剂；若无大吊车，则必须提前调试好电动葫芦或卷扬机；

④ 准备好苫布、石棉板、盖板，以备下雨时保护催化剂；

⑤ 准备好防尘面具等劳保用品；

⑥ 对装剂现场环境进行清理，防止杂物带入反应系统内；

⑦ 反应器的扇形筒加盖，以防止催化剂进入扇形筒；

⑧ 准备好磅秤、真空吸尘器或吸尘车及量筒、磨口瓶等工具；

⑨ 用于卸料管口的陶瓷纤维绳为 Φ10m，Φ3mm、Φ6mm、Φ19mm 的瓷球各一袋；

⑩ 在反应器顶部和分离料斗顶部用苫布搭起挡风墙；

⑪ 校正还原段料位开关及料位仪，要求零位准确，并在装剂前完成初步校验工作；校验完毕，将核料位仪辐射源关闭并做好防护措施，避免核辐射。

（2）催化剂装填步骤。

① 将桶装催化剂倒入输送料斗，用吊车将载满催化剂的输送料斗吊至反应器顶部，输送料斗卸料管放入固定料斗中；

② 打开输送料斗下面闸阀，使催化剂经过筛网进入反应器内，催化剂分别通过还原区（或缓冲区），第一、二、三、四反应器，到达催化剂收集器（收集器吹扫气可给一定流量，以防止催化剂压实造成循环启动困难并带走部分水分）。随着催化剂的不断装入，催化剂料位不断上升；期间由专人记录催化剂的装填数量，最好记录各反应器的实际装填数，并填入预先设计好的表格内。

③ 还原区（或缓冲区）催化剂的料位仪标定：

（a）当催化剂料位上升至还原区（或缓冲区）低料位报警开关处，从顶部或人孔检测催化剂料面高度，开始进行还原区（或缓冲区）料位标定；

（b）将实测催化剂料位高度变化与核料位计所显示的料位高度变化相比较，以检验料位仪表的反应灵敏度和线性变化情况，试验报警及联锁信号；

④ 由专人负责自上而下清理各反应器内催化剂粉尘、拆除扇形桶盖板，并对每个反应

器检查确认后，自下而上逐个封好人孔；

⑤ 催化剂装填结束，清理现场，拆除反应器出口盲板；

⑥ 用 N_2 置换合格后，将反应器充压至操作压力气密。

（3）注意事项。

① 装置干燥阶段结束后，将系统压力降到常压，然后打开反应器人孔；

② 装剂前务必检查和关闭催化剂收集器下面的手动球阀，采样分析反应器内的气中氧含量，且须符合安全规定，确保安全；

③ 反应器内气中氧含量符合安全规定后，派专人进入反应器内，对其内部构件，特别是中心管、扇形筒（或约翰逊网）进行仔细地检查；

④ 应使所有装剂人员了解装剂的重要性和装剂方案、方法；

⑤ 进入反应器内的操作人员要有确保人身安全的措施，严禁装剂人员将杂物带入反应器内；

⑥ 重整催化剂忌水，因此装催化剂应在晴天进行，且尽可能缩短装剂时间，催化剂桶一定要在装剂时方可开启，并要求反应器内用干燥仪表风保持微正压，以防止催化剂在装剂过程中吸水；

⑦ 对催化剂进行逐桶验重后，打开桶盖并按规定数量（每桶 5mL）采样；

⑧ 在装剂过程中要力求催化剂床层高度均匀上升，否则催化剂可能呈现出小堆，催化剂沿着锥面向下流动而使反应器径向各处的催化剂堆积密度不一样；

⑨ 催化剂装填完毕后，应清扫干净反应器盖板，拆除所有扇形筒（或约翰逊网外环空间）入口的盖子或其它封口物，并仔细检查是否有催化剂掉入扇形筒（或约翰逊网外环空间）内。若有，则应用强力吸尘器或其它办法取出。要立即严密封紧反应器的人孔。如果开工不是立即进行，应将反应系统隔离，用干燥氮气维持反应系统正压，以保护催化剂。

2. 再生部分催化剂装填

以 CycleMax 装置为例说明再生系统的催化剂装填步骤和方法。

（1）准备工作。

① 再生系统干燥完毕，检查确认分离料斗、再生器、氮封罐、闭锁料斗内构件安装完好；各容器内清扫、除尘，检查确认无异物后将人孔封闭；

② 确认分离料斗、再生器、闭锁料斗之间不具备自然通风对流条件，做好隔离工作；

③ 关闭氮封罐上方的手动 V 阀；

④ 闭锁料斗、分离料斗料位仪调试校验完毕，确认辐射源关闭并做好防护措施；

⑤ 拆除分离料斗顶部催化剂入口管线。从再生器下部通入干燥仪表风。

（2）装填步骤。

① 在分离料斗顶部拆开部位固定一个装剂的料斗，料斗底部加装 4 目筛网。

② 将桶装催化剂装入催化剂输送料斗，用吊车吊至分离料斗顶部，将卸料口放入装剂料斗。

③ 缓慢打开输送料斗底部闸阀，催化剂经装剂料斗进入分离料斗、再生器。

④ 分离料斗料位仪标定：

（a）当催化剂装填至分离料斗低料位开关开始变化，显示有催化剂料位存在时，停止催化剂装填，核实料位计显示是否准确。

(b) 继续装填催化剂，分别记录料位仪显示5%、10%、30%、50%、70%、90%、100%时的催化剂装入量、并用检尺测催化剂的料位高度，检验料位计显示的准确性及线性关系；

⑤ 再生器、分离料斗装填完成后，进行闭锁料斗标定；

⑥ 催化剂装填、料位仪标定结束后，将所有拆卸的观察口、连接管线复位；

⑦ 再生系统 N_2 置换、气密；

⑧ 记录再生系统每个容器的实际催化剂装量。

(3) 闭锁料斗标定。精确测量闭锁料斗的装载量是确定正常操作期间催化剂循环速率的基础。新建连续重整装置首次开工时，必须标定闭锁料斗缓冲区料位仪以便能确定操作期间闭锁料斗的装载量(即闭锁料斗每一周期输送的催化剂量)。按照专利商的设计规格，闭锁料斗的闭锁区中的催化剂高位及低位核料位仪(点)辐射源及检测器的初始位置必须安装在设计位置。根据标定结果调节低位辐射源及检测器的位置，确保闭锁料斗的装载量达到设计范围。

根据专利商提供的方法和步骤进行闭锁料斗缓冲区和闭锁料斗区料位仪的标定。

四、重整反应部分的开工

(一) 临氢系统的气密

装剂完毕，氮气置换合格后，即可充压进行临氢系统气密，其方法、步骤应按装置操作规程进行，但装置吹扫置换和气密介质都必须采用干燥的合格氮气。氮气气密合格，系统泄至微正压后，引入合格氢气以活塞流式快速一次通过吹扫全部重整临氢系统，直到吹扫所消耗的气量达系统容积的4~6倍时为止。然后用合格氢气升压至反应压力。在氢气气氛下对临氢系统再次气密至合格。

注意事项：

(1) 不能采用空气进行气密，否则会对催化剂的性能造成严重的影响；

(2) 气密结束后的泄压过程中，应先从临氢系统死区部位(重整进料控制阀、高分等)低点导淋排放，检查无凝液后关闭导淋，按正常流程泄压；

(3) 控制系统升降压速率，避免冷换设备损伤。

(二) 反应器升温、进油

1. 准备工作

(1) 检查、确认重整系统进油流程；

(2) 各控制仪表处于完好待用状态；投用相关安全阀；

(3) 在线氢分析仪、水分析仪安装、调试完毕，处于备用状态；

(4) 完成注氯罐、注硫罐玻璃板液位计的标定；注氯罐已装满氯化剂，注氯管线已经充满氯化剂，反应注氯泵、注水泵已调试校验完毕；注硫泵已调试完毕，注硫管线已经充满硫化剂；

(5) 冷冻系统液氨已加完，调试完毕，具备投用条件；

(6) 确认开工用氢质量合格；

(7) 确认重整加热炉余热回收系统具备投用条件；

(8) 公用工程已投入正常运行；

(9) 再生系统具备投用条件；

（10）系统氢气置换合格，氢纯度至少在85%以上，氧气含量小于0.5%（体积分数），临氢系统氢气气密合格；

（11）若采用正向开工，预分馏塔、蒸发脱水塔操作正常，重整进料油质量符合要求；若采用逆向开工，应储备足够的精制油。

2. 操作步骤

（1）氢气置换、气密合格后，将系统压力调整到正常操作压力；

（2）检查和改好气体循环流程，按规程启动循环压缩机，全量循环。启动冷却系统，各重整加热炉按规程点火，并以40~50℃/h的升温速率向370℃升温；在温度升到200℃以上后，开始以每2h一次的频率，自系统各低点放水；

（3）建立催化剂收集器及还原罐吹扫气流量：重整循环压缩机启动后，开始投用催化剂收集器及还原罐（缓冲区）的循环气吹扫流程；

① 催化剂收集器吹扫气尽快升到设计流量；

② 催化剂收集器吹扫气的温度随着反应器入口温度一起升至250~300℃，待反应部分操作稳定后或启动待生催化剂提升前将收集器吹扫气温度调整至正常操作温度（通常为150~200℃）；

③ 将循环氢压缩机出口的氢气经开工线引入还原罐（二段还原气入口管线），以保持还原区压力高于反应器压力。

注：此时应还原气出口管线应处于关闭状态。

（4）各反应器温度均达到370℃后，调整好分离器压力，改好重整进料流程，开始以设计进料量的50%~75%进油。进油后即应开始以20~30℃/h的升温速率向480℃升温，进行催化剂的脱水干燥和操作调整；

（5）重整进油后，要及时调整高分压力控制，控制高分的压力为0.24MPa，根据本厂的具体情况决定重整产氢的排放方式（进燃料管网或氢气回收系统）；

（6）重整高分油经开工旁路进入稳定塔，根据本厂的具体情况决定开工初期稳定塔塔底油的去向。尽快调整稳定塔的操作，待产品汽油质量分析合格后，改进成品罐。

注：再接触部分先走旁路，待重整系统运行稳定后，再启动再接触部分。

（7）当重整循环气中水含量低于200μg/L后，可提温至490℃；

（8）当重整循环气中水含量低于50μg/L后，重整方可提高到正常苛刻度下运转；

（9）在重整进油的同时即应开始在反应系统进行注氯。这是因为在进油初期，重整循环气中水含量较高，催化剂的氯流失较快，而催化剂再生系统此时尚未开工，无法补充、调节催化剂氯含量。进油初期的注氯量应根据重整循环气中水含量确定，可参照表10-6进行操作。

（10）在重整开始进油的同时，即向反应系统注入硫化物，保持重整进料中的总硫含量在0.25~0.5μg/g之间，以钝化金属器壁，防止催化结焦，并坚持长期稳定注硫；

（11）催化剂再生系统运转正常后，即可停止反应系统的注氯。

注：在反应系统注氯期间，要派专人定时按注氯罐的玻璃液位计来确认泵的流量，按需要调节泵的冲程。

表 10-6　进油初期反应系统的注氯量

循环气中水含量(摩尔)/(μL/L)	氯化物注入速率[对重整进料(质量)]/(μg/g)	
	PS-II、PS-III	PS-IV、PS-V 和 PS-VI
>500	50	30
300~500	30	18
200~300	20	12
100~200	10	6
50~100	5	3

3. 注意事项

（1）进油前检查确认缓冲区密封气或还原罐开工线投用，防止油气串入缓冲区或还原罐；检查确认下部收集器吹扫气流量、温度达到要求，防止油气串入收集器造成开工初期催化剂流动不畅；

（2）检查工艺介质引入在线分析仪前的管线上安装适宜的分液罐，防止液态烃进入仪器导致在线分析仪损坏；

（3）当重整进料后，应立即增点火嘴，维持反应器入口温度在 370~400℃；

（4）随着反应温度的升高，余热锅炉的产汽量、压力增加，及时检查、调整余热锅炉部分的操作，并根据操作规程及时进行蒸汽并网；

（5）必须有人现场监视分离器液位，当达到 20%~30%时，及时启动高分底部油泵，严禁液面超高！

（6）对于新建装置，应提前做好拆装、清洗高分底油泵入口过滤器工作，防止过滤器切换不及时造成油泵抽空、高分液面超高、甚至被迫停工等现象；

（7）应立即适当提高循环压缩机转速，确保氢油比合适；

（8）重整进料的同时，根据循环气中水含量，投用注氯设施，进行水氯平衡的调节；根据重整进料硫含量分析结果，及时投用注硫设施并进行调整；

（9）升温过程中再次对整个反应部分和再生部分的热膨胀进行详细检查。

（三）再接触系统开工

重整反应部分操作平稳，且产氢量稳定，即可将重整产氢引入再接触系统，启动增压机，根据再接触系统压力控制方案，建立各级再接触罐的压力，待重整反应及稳定塔操作正常后，再将重整高分油引入再接触系统。再接触系统开工步骤概述如下：

（1）增压机系统氮气置换、气密合格后，用氢气置换。

（2）改好再接触气相流程。

① 开增压机各级出入口阀门。

② 投用级间冷却器。

③ 确认高分泄压控制阀、增压氢外排控制阀关闭，各级出口返回线控制阀全开。

④ 缓慢充压至与重整高分压力相同。

（3）按操作规程启动增压机，缓慢提高增压机负荷，调整各级出口返回线控制阀的开度，直到各级出口的压力分别达到设计压力后投用分程控制。在此过程中，应根据设计的压力控制方案调整，保持高分压力稳定在 0.24MPa。

(4) 按操作规程启动氨压缩机，投用氨冷系统(如果有)。

(5) 再接触系统进油(以两级逆流再接触的流程为例说明其操作步骤)。

① 缓慢打开高分油出口油泵到2号再接触罐的阀门，启动油泵把重整生成油引向2号再接触罐，同时关小高分出口油泵出口到稳定塔的开工旁路阀门。切换时应注意平稳操作。

② 当2号再接触罐液位达到40%时，打开2号再接触罐液控阀，通过自压方式把生成油引向1号再接触罐。

③ 当1号再接触罐液位达到30%时，启动1号再接触罐出口油泵，把生成油引向稳定塔。

注意：进油时，应现场监控1号、2号再接触罐液位，严禁液位超高！

(6) 投用脱氯罐，将增压氢外送，并逐渐关闭经重整高分压控氢气放火炬阀，根据重整产氢量，调整增压机负荷以及重整高分、1号再接触罐、2号再接触罐的压力，同时分析进出脱氯罐的氢气组成及HCl含量。

(7) 将增压氢引至预加氢装置，同时停止开工氢补入。

注意：再接触系统开工也可以和反应系统同步进行。

五、催化剂连续再生系统的开工

重整反应系统进油运行平稳后，即可启动催化剂循环，首先要建立再生系统气体循环，根据专利商的要求建立各部位压差，启动催化剂循环。部分新建装置催化剂循环正常后需要在线标定闭锁料斗装量。正常情况下，待生催化剂的碳含量达到3%，即可启动催化剂烧焦。

(一) 催化剂连续再生系统开工原则步骤

催化剂循环和再生系统开工的详细步骤及参数控制由专利商提供。其原则步骤如下：

(1) 再生系统氮气置换合格，在线分析仪表具备投用条件；

(2) 启动风机或压缩机，建立气体流量和各部位压差；

(3) 启动各电加热器，按规定程序和升温速率升温；

(4) 启动催化剂循环，根据粉尘情况调整淘洗气流量；

(5) 采样分析待生催化剂碳含量大于3%；

(6) 当各区域达到目标温度并稳定后，启动催化剂“黑烧”：停止催化剂循环，烧焦区引入空气，在线氧分析仪与空气流量串级，控制烧焦区入口氧含量，开始进行催化剂的烧焦；当空气流量降至起始流量的一半时，启动催化剂循环，根据操作曲线确定催化剂循环速率，调整各操作参数到控制指标；

(7) 在催化剂循环和“黑烧”操作稳定的情况下，每2h一次连续采样分析再生剂碳含量小于0.2%且无黑芯球时，方可启动催化剂“白烧”：将燃烧空气缓慢切换至再生器下部；

(8) 启动再生系统注氯，同时停止反应部分注氯，根据催化剂专利商的要求和再生剂氯含量分析数据调整再生注氯量，使再生剂氯含量达到和保持在控制指标；

(9) 再生器维持正常条件操作，进入正常运转。

(二) 催化剂再生正常和效果良好的关键

就再生系统工艺参数而言，确保催化剂再生正常和效果良好的关键是：

(1) 催化剂循环速率必须适当。催化剂循环速率提高，再生频率增加，比表面积下降快，催化剂粉尘量增多；而催化剂循环速率太低，又将使催化剂积炭量增加，如果不能保证催化剂彻底烧焦，进入氯化区催化剂含碳量偏高，则将导致严重后果。

(2) 再生气中氧含量必须适当，确保催化剂烧炭彻底(残炭低于0.2%)。过高的氧含量导致烧焦区峰温过高，会加速催化剂比表面积的损失；而氧浓度过低，烧焦不能在烧焦区完成，则可能出现氯化区超温，导致催化剂和设备损坏。

(3) 氯化物的注入量必须适当，确保再生后催化剂的氯含量适宜。

(4) 干燥空气含水量和干燥(焙烧)区温度必须达到设计指标，确保催化剂干燥效果良好。

(5) 通过烧焦区的再生循环气流量必须大于设计值的90%，确保催化剂烧炭速率和效果。再生循环气流量低于设计值的90%时，应及时清理再生器中心网。

(6) 催化剂还原介质的质量应满足要求。

第二节　催化重整的停工

一、正常停工

(一) 反应系统停工

1. 准备

(1) 确定装置已备足下次开车用的精制石脑油。

(2) 确保火炬、污油、污水等公用工程系统畅通。

(3) 通知与本装置有关的单元做好停工的准备。

(4) 停再生系统(视停工目的决定是否降低反应器内催化剂碳含量)。

(5) 做好重整和再生部分的隔离。

(6) 再生装置停运后，若时间超过8h再停重整，则重整反应部分需根据循环气中水含量情况，恢复重整进料注氯。

(7) 要确保停工时蒸汽压力正常，以保证循环压缩机继续运行。

2. 停车步骤

(1) 降温降量。

① 以15~30℃/h的速度，将重整各反入口温度降至450℃，在降温时，应注意余热锅炉的产汽温度，若低于管网要求的温度，则应及时将蒸汽脱网；同时采用外供蒸汽维持压缩机正常运行。

② 在降温至480℃后，逐渐将重整进料量降至60%负荷，在降量过程中要遵循先降温、后降量的原则。

(2) 切断进料。

① 当各反应器入口温度降至450℃，反应进料降至60%负荷时，切断重整进料。

② 若重整反应部分尚在注氯、注水，则停注氯、注水。

③ 调整加热炉操作，维持各反入口温度为450℃，并尽可能提高循环机转速，保持最大循环量循环至少2h，以除去反应系统残存的烃类。

④ 待重整高分液面不再上升之后，将重整各反入口温度降至400℃，重整原料控制阀至

混氢点存油接皮管改至指定的油罐。

⑤ 稳定塔改全回流操作，进行单塔循环降温。

（3）停气液分离器和氢气提纯系统。

① 重整切断进料后，反应部分不久就停止产氢，重整高分压力就下降。此时应按规程停增压机，关闭氢气出装置阀门，关闭一返一、二返二阀维持再接触压力。

② 在450℃热氢带油时，若重整高分液面降至5%则停高分底油泵，关闭液控阀，将重整高分油排至地下罐(必须缓慢排放，高分液体排空后应立即关闭排放阀门，避免含氢气体串入地下罐)。

③ 将二级再接触罐液面压至一级再接触罐(严禁高压窜低压，引起低压段超压)。

④ 当一级再接触罐液面降至5%，该罐出口油泵停运，将罐内残液排至地下罐(注意防止窜压)。

⑤ 当一级再接触罐、二级在接触罐内残油退净后，缓慢打开一返一、二返二控制阀，将再接触部分的氢气逐渐泄压至重整高分，此时，若高分压力上升超过0.25MPa，则打开压控阀泄压至火炬，控制好高分压力平稳，确保循环压缩机正常运行。

（4）停重整四合一炉。

① 当各反入口温度降至450℃，并且循环带油至少2h后，逐渐将各反入口温度降至400℃，停所有重整反应加热炉，切断燃料气阀门。

② 压缩机继续循环降温，直到催化剂床层温度冷却至60℃。

（5）稳定塔停工。

① 保持塔底重沸炉循环和塔顶回流，直到稳定塔塔底温度冷却至40℃。

② 在冷却降温过程中，塔的压力将下降，此时可引开工补压氢气或接临时N_2线，维持塔的压力平稳。

③ 将回流罐内液体全部用回流泵打至塔内。

④ 塔底液位用泵或自压经不合格线或退污油线出装置。

⑤ 塔底油排尽后，将塔泄压至火炬系统。

⑥ 遵照蒸汽吹扫方案，对塔进行蒸汽吹扫。

（6）停循环压缩机。

① 当反应器催化剂床层温度(出口温度)降至60℃后，按规程停压缩机，并将其切出系统。

② 压缩机机体内泄压后，用N_2进行吹扫置换，不允许湿空气进入机体。

③ N_2置换后，用N_2保持微正压。

④ 停运空冷器。

（7）反应系统的降压和吹扫。

① 以0.05MPa/min的速度，将反应系统压力降至与低压瓦斯系统压力平衡为止。

② 做好反应系统与其它系统之间的隔离工作。

③ 按系统吹扫置换方法，将反应系统用N_2置换干净。

3. 停工注意事项

（1）重整降温降量时，石脑油加氢装置可不必切换精制油，但必须确保石脑油加氢反应部分和汽提塔的操作平稳，直到重整切断进料为止。

（2）重整450℃热氢带油时，各低点必须放油，但排放中应安全，尽可能减少气体的排出量，以保持系统压力。

（3）气体循环降温度的时间不宜太长，一般要求小于12h；降温过程中，系统压力可能不能维持，应提前考虑从系统管网引氢补压措施。

（4）容器、塔等设备退油时，必须注意采用密闭排放（接胶皮管）至地下罐，绝不允许将油脱至含油污水系统；脱油至地下罐时，应防止高压气体窜入地下罐引起冒罐，同时，应及时将放空罐油送入地下罐，然后送出装置。

（二）再生系统停车

再生装置停车的方式有自动联锁停车和手动停车两种。其中，自动联锁停车的目的是防止再生系统不适当和不安全的情况发生，由CRCS再生器控制系统控制，分为热停车、冷停车、N_2污染停车、保护PES硬件停车等（详细内容请参见专利商提供的相关手册）。而手动停车则用于计划停车或其它操作人员认为需要停车时。根据需要停车时间的长或短，分为冷停车和热停车两类。

再生系统停止运行后，如果重整反应部分尚在运行，则需根据水氯平衡情况，向重整反应系统注氯、注水，以维持催化剂的良好活性。

二、紧急停工

紧急停工均由意外原因引起。造成紧急停工的原因很多，常见的主要有：循环氢压缩机或重整进料泵断电，爆炸、起火，管线破裂或严重泄漏，重整进料/产物换热器泄漏等。

另外，如果循环氢压缩机是透平带动的，则蒸汽中断时，重整也势必要紧急停工；预加氢装置的紧急停工，通常会引起重整装置的紧急停工。

紧急停工总是和紧急事故直接相关。紧急停工是处理紧急事故的办法。然而，紧急停工的办法正确与否，对于紧急事故的后果有直接和重大影响。在事故发生时，如果处理不当或不及时，就有可能产生严重后果，造成巨大损失。

紧急停工必须果断决策，及时进行，否则会造成更为严重的后果。

装置被迫紧急停工时，重整系统应按下列程序进行：

（1）紧急降温，同时降低重整进料量或直接切断进料

（2）气液分离罐低液位操作，将分离器油尽量排至稳定塔中。

（3）反应床层温度降到370~400℃，停止进料。

（4）加热炉熄火，系统自然降温。

（5）将系统内残油全部排至稳定塔，根据现场实际情况决定是否泄压和氮气置换。

若遇到无法紧急降温的事故，应立即停止进料并熄灭加热炉，同时向炉膛喷射蒸汽冷却加热炉，待炉膛温度降至490℃以下时用氮气吹扫。

第三节　事故处理

事故的处理，一方面要在事故发生时冷静地作出决定，熟练地操作，正确地解决；另一方面也要靠平时多思考各种可能出现的事故以及解决的办法。事故处理不当，可能会造成更大损失。下面给出的仅是处理事故的基本原则，具体实施方案需要根据不同装置的具体情况制定。

一、断电事故处理

停电时采取的应急措施随停电情况的不同而差别很大，这主要取决于停电范围、停电对设备的影响程度及停电时间的长短。通常，装置一旦出现停电，处理的首选措施是确保装置能安全地处于备用状态，并且尽可能地避免对催化剂的损害，具体处理方法如下：

1. 瞬间停电

（1）立即启动停运压缩机、泵和空冷风机。

（2）将操作室仪表由自动改手动，并将加热炉主火嘴熄灭。

（3）调整各操作，逐步将工艺参数调整到正常操作位置。

（4）待平稳之后，仪表恢复自动控制。

2. 长时间停电

（1）立即熄灭加热炉主火嘴和长明灯，关闭燃料气控制阀组的截止阀，确保加热炉熄火。

（2）隔离各独立单元，防止物料互串。

（3）切断进料与产品出料。

（4）注意做好大机组的隔离、保护工作。

（5）来电后及时恢复开工调整。

二、爆炸、起火、管线破裂或严重泄漏事故处理

出现爆炸、起火、管线破裂或严重泄漏情况后的处理办法如下：

（1）所有加热炉停火。如果加热炉或控制阀已无法接近，则用装置界区的切断阀。

（2）停止重整进料。

（3）如有可能，循环压缩机应继续循环，使炉管冷却，将烃类吹扫到分离器。

（4）泄压。把气体引到火炬中去。必要时可用分离器的安全阀旁路加速泄压。

（5）当压力降到极限时，循环压缩机停止运转。

（6）如果炉管破裂，则不要把烟道挡板关死，也不要用蒸汽迫使火焰外冒，因为火在炉膛内燃烧比在炉膛外燃烧更为安全。

三、其他紧急事故处理

1. 循环压缩机停机或不上量

对于催化重整装置，氢气循环压缩机就像人的心脏一样重要，它停机的情况应尽可能避免。一旦出现循环压缩机停机，必须火速进行处理。办法如下：

（1）四合一加热炉停火；

（2）停止重整进料泵，关闭入、出口阀；

（3）关闭分离器的气体排出阀，防止反应系统物料流动并保持系统压力；

（4）接着按正常停工，隔断稳定塔；

（5）循环压缩机再次运行时，用正常方法开工。

必须注意：（1）、（2）、（3）三项必须立即执行，越快越好。当炉管内流体停止流动时，

炉膛内原存的物料会变得很热；一旦很热的物料进入反应器，就可使催化剂严重受损。所以，在循环压缩机停运后再次启动时，炉膛温度应低于490℃。如果炉膛温度高于490℃，要用蒸汽吹扫炉膛，冷却加热炉管。

2. 重整进料中断

重整进料中断的处理方法是加热炉停火及向炉膛内喷射蒸汽，冷却加热炉。同时注意观察反应器入口温度的变化。

必须将反应器入口温度降低到450℃以下，才能再次开始进料。最好是降低到420℃后才再进料。

3. 增压机故障

一旦增压机发生故障，进入再生催化剂提升器组件的增压气会突然消失，这将导致自动热停车。同时还原气总管增压气也消失，导致该部分停车。应急循环气自动打开进入还原区，还原气出口控制阀联锁关闭，维持反应器顶部的还原区压力高于一反入口压力，防止一反油气串入还原区。

根据手动热停车步骤完成再生区的停车步骤。但由于无流量，还原气加热器不会运转。

若催化剂已跌落到闭锁料斗吹扫区/缓冲区，必须使用黑催化剂开工程序，重新启动再生器。

4. 冷却水故障

冷却水故障的处理办法是：

(1) 如果估计水量不足，则降低反应器温度和减少进料量，同时做停工的准备。

(2) 如果只是局部停水，可以适当降低进料，以维持产物冷却和分离效果。

(3) 如果水全部停止，则必须停工。除了加热炉立即停火外，其它尽可能正常停工。循环压缩机运转的时间尽可能长些，以便将烃类从各反应器内吹扫到分离器，保持系统压力。

5. 仪表风故障

(1) 尽可能快地寻找故障原因，恢复供风。

(2) 若动力风正常，外操及时将动力风与仪表风串通，确保装置正常运行；

(3) 仪表风中断后，控制阀可改副线操作，确保温度、压力、流量，液位等操作参数的平稳。

(4) 若仪表风无法恢复，必须执行停车或改为手动(再生部分已联锁热停车，需确认)。

6. 蒸汽中断

在蒸汽中断时，重整装置停工与否，取决于用蒸汽带动的设备的多少。

(1) 如蒸汽透平带动的循环压缩机的蒸汽中断，透平会自动停车，应依循环压缩机故障的处理办法进行处理。

(2) 如蒸汽中断影响到冷换系统，则必须采取措施，恢复水的正常循环。

(3) 如果必须停工，则应将装置与外界隔断，正常停工。

(4) 正常供气后，按正常程序开工。循环压缩机再次启动时，炉膛温度应低于490℃。

7. 燃料气中断

(1) 立即关闭燃料气分配到各加热炉的阀门。

(2) 停止重整进油。

（3）停止气体外排。

（4）循环压缩机继续循环，将油吹扫到重整分离器。

（5）等待燃料气供应后再开工。

8. 预加氢装置紧急停工

预加氢装置与重整装置紧密联系在一起，它的紧急停工，通常也会引起重整装置紧急停工。

当预加氢压缩机发生故障时，进行如下处理：

（1）重整装置立即切换为油罐内的精制重整原料油，使重整装置能继续运转。

（2）如无足够的精制油，则重整装置按正常停工程序停工。

（3）预加氢加热炉立即停火，炉膛内通入蒸汽降温。

（4）立即停止预加氢进料，关闭有关阀门。

如果预加氢压缩机在1h内不能启动，应从高压分离器适当泄压，往火炬排气。这样做的目的在于吹扫预加氢反应器内的烃类，减少预加氢催化剂的结焦。

9. 四合一炉联锁

（1）重整系统。停四合一炉，自产中压蒸汽脱网，停进料，停注硫，注氯泵，氢气闭路循环，注意重整高分的液面与压力，严防超高。

（2）氢气提纯系统。停增压机与氨压机，注意氢气提纯系统压力，防止高压串低压。

（3）各个分馏塔的重沸炉停，改单塔循环，严防塔或回流罐满塔或冒罐，如回流罐无液位停回流泵，各塔压力同时也要上升防止超压。

（4）再生停车，停再生注氯，如温度下降，小于400℃，再生风机改低速档。

10. 重整产品气液分离罐压控失灵

（1）现象。

① 产品分离器压力波动；

② 再生器和闭锁料斗压力波动；

③ 再接触部分操作条件波动。

（2）处理。

① 由于产品分离器压力波动，将引起再生器和闭锁料斗的操作压力波动；若压力大幅度波动，将会导致“氮气泡”处的差压失控，使氢烃环境和空气环境互串。因此，必须对再生器采取“冷停车”处理；

② 按“冷停车”规程，将再生器“冷停车”，并检查和确认“冷停车”进行的情况，确保再生器安全；

③ 密切注意再生器、闭锁料斗、分离料斗各部的操作压力以及相互间的压差，尽可能保持压力和压差平稳。必要的话，再生器压力可采用人工手动控制；

④ 及时调整和平稳重整产物分离罐的压力。

四、常见典型事故及处理对策

以下故障处理指导不包括所有可能发生的异常情况，其目的是对一些可能发生的异常情况起到指导作用。

(一) 连续重整装置器壁结焦

目前，连续重整不断向超低压、低氢油比、低空速、高温等苛刻度不断提高的方向发展。在这种情况下，特别是新建连续重整装置，由于反应器壁和加热炉管表面金属催化活性较强，处在高温、临氢气氛中的反应器和加热炉管器壁结焦的倾向在增加。到目前为止，国内外已有多套连续重整装置出现过器壁结焦现象，给炼油厂带来巨大经济损失。

1. 结焦的表现

由于第一代与第二代 CCR 装置在结构上和反应苛刻度上有较大差异，因此装置器壁结焦初期的表现也有明显不同：

(1) 反应压力为 0.85MPa 的装置。对于 UOP 装置，第一代 CCR 装置反应系统的反应压力为 0.85MPa，氢油分子比 3~4，产品辛烷值 RON 为 102 左右。重整催化剂从第四反应器移出时，催化剂经过第四反应器底部的一组下料管进入催化剂计量料斗，并用高速吹扫气将催化剂的计量料斗与第四反应器隔离。催化剂经由一组特殊的阀门从计量料斗进入 1 号提升器，最后经过提升管催化剂进入再生系统的缓冲料斗。由于第一代 CCR 装置具有上述结构，因此在出现装置结焦时会出现以下现象：

① 催化剂收集料斗的高速吹扫气的流量曲线明显变化；

② 第四反应器下部的部分催化剂下料管表面温度降低，

③ 在某一时段催化剂粉尘量异常增多，尤其是细粉增多；

④ 催化剂计量料斗进出现延时报警；

⑤ 1 号提升器内出现炭块；

⑥ 待生剂上的炭含量下降；

⑦ 芳烃产率或 RON 略有下降；

⑧ 再生剂中出现“侏儒”球，说明有炭块或高炭含量(通常大于 7%)的催化剂颗粒进入再生系统，这部分颗粒在烧焦区内不能将炭全部烧尽。氧氯化区是高温、高氧含量的操作环境，未烧尽炭的催化剂颗粒进入该区域后，残余炭得到充分的燃烧，造成局部超温，使得局部高温区内的催化剂颗粒被烧结、发生相变，颗粒缩小成“侏儒”球，直径≤1.2mm，并可能将再生器筛网局部烧坏。侏儒球已没有活性，且容易分辨。

第一代 CCR 装置在出现装置器壁结焦的过程中，从芳烃产率、液体产品收率和反应器的床层温降等工艺参数来看，变化不明显，难以作为装置结焦的指示性标志。上述提出的八点症状中催化剂收集料斗的高速吹扫气的流量曲线明显变化和第四反应器部分催化剂下料管表面温度变低，是重要的装置器壁结焦的指示性标志。

(2) 反应压力为 0.35MPa 的装置。第二代、第三代 CCR 装置与第一代 CCR 装置的反应系统相比，反应压力更低，只有 0.35MPa，氢油分子比 1.5~2.5，产品辛烷值 RON 为 104~106 左右。也就是说第二代、第三代 CCR 装置的反应条件更为苛刻，更易造成装置器壁结焦的趋向，因此装置器壁结焦时出现的症状也会有明显的不同。由于第三代 CCR 装置与第二代相比，反应的工艺条件基本相同，反应器的进出料方向由上进下出变为上进上出，第三代 CCR 装置主要的改进是在催化剂的循环控制系统和设备上有变化，使催化剂的磨损进一步减少，控制更加平稳。因此可以认为，第三代 CCR 装置出现装置器壁结焦的现象与第二代 CCR 装置将会十分相似：

① 重整反应系统出现温降分布不正常情况。正常的反应器温降分布是各反依次减少，

但是在装置积炭初期，前三个反应器的温降变小，然后出现各反间的温降倒置，此时芳烃产率或产品辛烷值变化不明显。

② 待生剂提升器提升量不正常或出现炭块；

③ 待生剂上的炭含量下降；

④ 再生剂中出现“侏儒”球；

⑤ 在某一时段催化剂粉尘量异常增多，尤其是细粉增多；这是由于扇形筒内被炭粉或催化剂碎颗粒填充，造成扇形筒流通面积大幅减少，反应器床层内汽流速度大大提高引起催化剂流化，磨损加剧，产生大量催化剂粉尘。

⑥ 一反顶部的催化剂缓冲料斗或还原区料面不稳定；

⑦ 待生剂中可能出现一定数量的黑亮球，这部分的黑亮球比其它正常催化剂的含炭量明显的高，例如正常催化剂含炭为4%~5%时，黑亮球含炭量大于8%，如果催化剂的循环速率较低，黑亮球还能在再生器内完成烧炭，如果此时催化剂循环速率达80%~90%，黑亮球不能在再生器内将炭全部烧完，含炭催化剂颗粒将进入氧氯化段，造成局部超温并生成“侏儒”球。待生剂中黑亮球出现，说明有部分催化剂在反应器中停留时间比正常催化剂长很多，催化剂在反应器内的流动速度不均匀，需要引起足够的警惕。但是，在短时间内，例如1天内，将催化剂循环速率调大过快（如增大30%），也会出现待生剂中携带少量高炭催化剂，这与装置器壁结焦无关。

⑧ 反应器压降突然上升或因堵塞催化剂不能循环再生，装置被迫停工。

2. 处理对策

（1）出现炭块后的首选处理方法是尽早停工处理。由于反应器内构件可能损坏，而且在处理前不了解内构件损坏的程度和数量，因此必须备够内构件的数量和规格，同时要考虑好损坏部件的修复办法；另一方面，由于积炭时，部分催化剂被炭包裹，清出后无法使用。为此需准备好一定数量的催化剂。在做好准备工作的基础上，再停工检修；

（2）由于反应器内有大量炭、少量硫化铁及油气，遇见空气易自燃。为此卸剂、清炭工作需在氮封条件下进行。同时准备好必要的清理工具，如大功率吸尘器等。最好请专业队伍进行清理，以保证安全；

（3）清炭后必须对反应器内构件进行全面清扫，将扇性筒和中心管缝隙中的夹杂物清除干净。尤其要注意的是仔细检查四反中心管夹层缝隙中有无夹杂物，如果有夹杂物，必须在中心管内进行彻底吹扫，以防运转时引起压降不正常；

（4）由于反应器内的积炭附着在设备的壁上，它们都是进一步积炭的种子，因此最好在器内进行喷砂处理；

（5）如果全厂因生产需要，CCR装置暂时不能停工。在此情况下需维护操作，建议注意以下几点：

① 在准确分析重整原料油硫含量的基础上，从重整开工开始进油，就将重整进料硫含量调节到0.2~0.5μg/g，并稳定长期注硫，以钝化金属器壁的催化活性；

② 装置必须稳定操作，尽量不出现大的波动，如停电、停油泵或循环氢压缩机等；因为大的波动可能使得被炭块包裹着的催化剂团块破裂，导致反应器下部的催化剂下料管堵塞或引起反应器压降上升；

③ 密切注视装置的压降变化，定期测定各反压降；

④ 最好在待生剂提升线上加装过滤网，以防止炭块带入再生系统；

⑤ 加大淘析气量，将炭粉和与催化剂颗粒大小相近或更小的炭粒尽可能淘析出来；

⑥ 在装置满足全厂最低要求的条件下，尽管能在较缓和的苛刻度下运转，以免积炭情况恶化过快影响运转周期和造成更严重的内构件损坏。

（二）重整混合进料换热器内漏

1. 现象

（1）氢气产量下降。

（2）稳定汽油辛烷值和芳含下降。

（3）换热器压降下降。

2. 判断方法

由于原料压力比产物压力高，原料可能从换热器中泄漏出来。相当小的泄漏可降低产品的辛烷值和芳烃含量。

判断换热器的泄漏的方法有多种，从重整反应的特性及保护催化剂的角度出发，推荐采用以下两种方法：

（1）分别从末反出口、稳定汽油（或高分油）采样分析油品组成（PONA）、辛烷值。

（2）大幅度提高重整进料注氯量，采样分析重整进料油、稳定汽油（或高分油）中有机氯含量。

3. 处理办法

若泄漏较小，生产上允许则维持操作，若泄漏严重则只能停工维修。

（三）再生剂出现“侏儒”球

（1）再生剂出现“侏儒”球的原因。

① 炭块或高炭含量（通常大于7%）的催化剂进入烧焦区造成局部超温；再生气入口温度、氧含量失控。

② 含炭催化剂进入氧氯化区。

（2）“侏儒”球可带来的危害。

① 由于“侏儒”球的硬度和密度比正常催化剂的大，在提升线中会增加对催化剂的磨损，增加粉尘量；

② “侏儒”球的增多会堵塞约翰逊网，造成反应器和再生器的压降增加；

（3）处理对策

① 侏儒球量较少时，反应再生系统可维持正常操作。侏儒球量很大时，装置必须停工，采用重力沉降分离的方式将侏儒球从催化剂中分离出来；

② 再生正常操作（白烧）时为防止炭块进入再生系统，可以采用在待生剂提升线上增加过滤网并加强淘析的方式；

③ 出现催化剂碳含量过高（大于7%）的情况时，一定要采取黑烧的方式；

④ 加强原料的管理，防止高干点原料油进入反应系统；

⑤ 反应系统操作要平稳，防止反应条件大幅度波动。

（四）催化剂提升管弯头破裂事故

采取措施：

（1）按照操作规程，严格控制催化剂提升气流量。

（2）每年大修对提升弯管进行检测厚度，并确定二年更换一次弯头。

（3）每次大修更换至 CCR 的氢气截止阀。

（五）重整第一反应器堵塞事故

事故现象：重整一反压降过高。

事故原因：主要是催化剂粉尘回收系统开的不正常，回收系统不能把催化剂循环过程破损的碎颗粒淘析干净。碎颗粒催化剂带到反应器内堵塞反应器内的中心管约翰逊网，随着时间的延长催化剂破损增多，加剧了反应器中心管约翰逊网堵塞严重，最终会造成装置停工检修清扫反应器中心管约翰逊网。

采取的措施：

（1）优化催化剂粉尘回收系统的操作，控制好淘析气量流速，使催化剂粉尘全部吹除。

（2）定期检查、更换过滤器布袋或滤芯。

（3）反应器压差上升时，及时查找原因，必要时可停工、卸剂过筛。

（六）再生循环气流的快速下降或损耗

（1）可能的原因。

① 再生鼓风机故障。

② 燃烧区内网或外网堵塞。

③ 由于异物或机械上的故障，再生气回路中各种设备的差压增大导致再生器烧焦压差升高。

（2）措施。

① 检查是否有机械缺陷包括检查鼓风机轴承箱的温度、振动和马达的电流。

② 再生系统停工，卸剂后清理烧焦区内外筛网。

（七）燃烧区筛网堵塞

（1）可能的原因。

① 流入再生器催化剂中的粉尘和碎片含量较高。

② 至再生器的催化剂损耗。

③ 再生器内筛或外筛的破裂。

（2）措施。

① 保证淘析系统操作正常。

② 检查催化剂输送设备的机械状况和操作情况，包括催化剂提升管线是否有任何可能导致催化剂不断破损的情况：

（a）催化剂提升管线是否异常；

（b）V 型球或 B 型球阀是否发生故障(未完全打开)；

（c）过高的提升气速率；

（d）由于较高的气速或催化剂输送管堵塞导致再生器、闭锁料斗或还原区的催化剂发生流化；

（e）分离料斗和再生器之间的高压差；

③ 如果堵塞严重，烧焦受到影响，再生系统必须停车，卸剂清理筛网。

④ 检查从分离料斗到再生器的催化剂移动管线是否堵塞。检查分离料斗中催化剂的料

位，由于较低的料位会使再生器中催化剂发生流化。

⑤ 再生系统立即停车，进行修补。

(八) 粉尘量增加

(1) 可能的原因。

① 催化剂提升管线部分堵塞；

② 较高的提升气速率；

③ 淘析系统的操作不当；

④ 催化剂输送管内壁光洁度不合格；

⑤ V 型球或 B 型球阀发生故障；

⑥ 还原区、氯化区、干燥区、冷却区、氮密封区或闭锁料斗中催化剂流化；

⑦ 再生器燃烧区操作不当引起的催化剂损坏；

⑧ 还原区或分离料斗中较低的催化剂料位。

(2) 措施。

① 请参阅(六)和(七)中可能产生的原因；

② 检查提升气流量；

③ 催化剂输送管光滑抛光；

④ 进行粉尘测量并相应调节淘析气量；

⑤ 不要超过设计的催化剂循环率并保持稳定的提升管线压差；

⑥ 检查这些阀位置是否恰当，移动是否平稳；

⑦ 检查实际流量是否高于设计水平；

⑧ 由于高温造成的载体损坏导致不断产生粉尘。按照通用操作曲线调整燃烧区的操作参数。如果怀疑催化剂损坏，应及时采样分析催化剂物化性质。

⑨ 维持这些料位在正常操作范围内。

(九) 氧分仪回路管线堵塞

(1) 可能的原因。

① 堆积了盐或腐蚀性物质；

② 催化剂粉尘堵塞。

(2) 措施。

① 根据炼油厂安全规范，清除在样品气流管线中的异物；

② 检查蒸汽伴热，蒸汽伴热的目标温度应该不小于设计值，要确保伴热管道尽量和管子表面相接触以消除可能发生堵塞的死角；

③ 尽量缩短样品气回路的管线。

(十) 还原区高床层温度或结焦

(1) 可能的原因。

① 由还原气中含高浓度烃类化合物(C_4^+)引起的还原区中放热反应；

② 聚液器排液口或排液管线堵塞；

③ 还原区与一反入口差压失控。

(2) 措施。

① 再生热停车，同时停止还原气加热器直至放热受到控制；

② 检查、疏通聚液器出口管线；分析增压气组成，如果增压气中 C_4^+ 高于正常浓度，降低还原段温度 50℃，再次启动。若还原气中重碳氢化合物已回正常状况，恢复正常操作；

③ 控制还原区与一反差压在设计范围内，防止反应油气上窜至还原区。

（十一）再生催化剂向还原区的流量减少

（1）可能的原因。

① 闭锁料斗缓冲区和再生催化剂 L-阀之间的压差不够；

② 闭锁料斗底部或提升管线中有异物堵塞。

（2）措施。

① 通过自适应方式循环或改变补偿阀控制参数，改进向闭锁料斗缓冲区提供的补偿气阀的操作情况；

② 检查闭锁料斗下面手动阀的位置，或停止循环、清除异物。

（十二）闭锁料斗中的催化剂失去密封（不能装载或卸装闭锁料斗区）

（1）可能的原因。

① 任何闭锁料斗立管或节流孔板出现被异物堵塞；

② 平衡阀不能根据 CRCS 中的斜动曲线开关；

③ 闭锁料斗控制程序参数设置不当。

（2）措施。

① 检查装载或卸装次数并与基线数据作比较；

② 检查每个区的操作压力；

③ 再生系统停工，检查、清除闭锁料斗内异物；

④ 检查平衡阀功能：将开启和关闭时间与过去的操作情况相比较；

⑤ 检查闭锁料斗控制程序参数的设置。

（十三）失去待生或再生催化剂氮气泡（隔离系统经常关闭）

（1）可能的原因。

① 氮供应故障；

② 过量的催化剂循环；

③ 仪表故障；

④ 管线中堵塞或阀门故障。

（2）措施。

① 检查氮气总管的压力并使之稳定；

② 检查催化剂循环率使之不超过设计的 100%；

③ 检查上、下隔离阀控制是否正常；

④ 检查所有的仪表使用情况。

（十四）反应器或再生器中的高压降

反应器或再生器的高压降通常由催化剂过度磨损（碎颗粒或粉尘）造成。此外，装置的器壁结焦也可能导致压降增加。

压降的升高按下列过程进行：破碎的催化剂颗粒被滞留在中心管的竖直金属丝间，并阻塞了开口区域，然后粉尘聚集在中心管周围形成一个饼状，此时，压降值开始显著增高。最大允许压降取决于操作要求的苛刻度和生产量，而循环气流速会显著降低。

预防措施：

加强淘析系统的操作，根据粉尘样品的颗粒分布情况适当调整淘析气量。

当压降不能接受时，唯一的办法是停工、卸剂，清理内构件，并对催化剂进行过筛。

参 考 文 献

[1] 徐承恩等. 石脑油催化重整[M]. 北京：中国石化出版社，2009
[2] 徐承恩主编. 催化重整工艺与工程(第二版)[M]. 北京：中国石化出版社，2014